# ビジュアル 犬種百科図鑑
THE DOG ENCYCLOPEDIA

# ビジュアル
## THE DOG ENCYCLOPEDIA
# 犬種百科図鑑

監修・神里 洋

A DORLING KINDERSLEY BOOK
www.dk.com

Original Title: The Dog Encyclopedia
Copyright © Dorling Kindersley Limited, 2013

Japanese translation rights arranged with
Dorling Kindersley Limited, London
through Fortuna Co.,Ltd. Tokyo
For sale in Japanese territory only.

Printed and bound in China

Dorling Kindersley Limitedより出版された
The Dog Encyclopediaの日本語の翻訳・出版権は、
株式会社緑書房が独占的にその権利を保有する。

# CONTENTS

## 1 犬の世界への誘い

| | |
|---|---|
| 犬の進化 | 8 |
| 犬の骨格と筋肉 | 10 |
| 感覚器 | 12 |
| 心臓血管系・消化器系 | 14 |
| 泌尿器系と生殖器系、ホルモン系 | 16 |
| 皮膚と被毛 | 18 |
| 神話、宗教、文学、映画に登場する犬 | 20 |
| 芸術作品や広告に登場する犬 | 22 |
| 犬とスポーツ、使役犬 | 24 |

## 2 犬種の解説

| | |
|---|---|
| 古代犬種（プリミティブ・ドッグ） | 28 |
| 使役犬種（ワーキング・ドッグ） | 38 |
| スピッツ・タイプの犬種 | 98 |
| 視覚ハウンド（サイトハウンド） | 124 |
| 嗅覚ハウンド（セントハウンド） | 138 |
| テリア | 184 |
| 鳥猟犬種（ガンドッグ） | 220 |
| 愛玩・家庭犬種（コンパニオン・ドッグ） | 264 |
| 交雑種（異犬種交配） | 288 |

# 3 犬との暮らし方

| | |
|---|---|
| 犬を飼うということ | 304 |
| 犬を家に迎える | 306 |
| 新しい環境に慣れる | 308 |
| バランスの取れた食餌 | 310 |
| 食餌の内容を変える | 312 |
| 食餌の質と量をチェックする | 314 |
| 運動について | 316 |
| グルーミング（お手入れ） | 318 |
| グルーミング時のチェック | 320 |
| リーダーシップをとる | 322 |
| 基本的なしつけ | 324 |
| 問題行動 | 330 |
| 動物病院 | 332 |
| 健康の目安 | 334 |
| 遺伝性疾患 | 336 |
| 寄生虫 | 338 |
| 病気の看病 | 340 |
| 応急処置 | 342 |
| ブリーディング（繁殖） | 346 |
| | |
| 用語解説 | 348 |
| 犬種名索引 | 350 |

第 1 章

# 犬の世界への誘(いざな)い

犬の世界への誘い ｜ 犬の進化

# 犬の進化

現在、全世界にはおよそ5億頭のイエイヌ（家犬）がいるとされていますが、これらの犬たちは、歴史をさかのぼるとすべて同じ祖先を持っています。進化の系統樹を見ると、イエイヌの起源はタイリクオオカミであり、形態や犬種を問わずすべてタイリクオオカミの子孫ということになります。遺伝学者の研究によれば、犬とオオカミのDNAの違いはごくわずか。自然淘汰によって、あるタイプの犬が別のタイプの犬と区別されるということもありますが、われわれ人間が犬の進化に及ぼした影響は非常に大きなものです。今日知られている犬種のほとんどは、人間によって作り出されたといっても過言ではありません。

## イエイヌの出現

イエイヌの歴史、そしてイエイヌがオオカミから進化し、家庭犬として人と暮らすようになるまでの変化の過程をたどっていくと、古く先史時代、人間が狩猟採集を行って定住し始めたころまでさかのぼることができます。当時の原始的な人間社会においては、オオカミは人間の居住地をうろついて残飯をあさり、人間はオオカミの毛皮と食肉を利用していました。オオカミはまた、侵入者（部外者）が居住地に近づいていることを、（そうとは意識せずに）人間に教えてくれるという役割も果たしていました。人間がなぜ自分たちの居住地にオオカミを連れ込んだのか。これについては、おそらく次のような事実である程度は説明できます。人間は一般的に、遊び仲間として、あるいはステータス・シンボルとして、動物を受け入れるようにプログラムされているということです。ふわふわの毛皮で覆われたオオカミの子犬は、現代に生きる私たちと同じように、遠い祖先の目にもとても愛らしく映ったことでしょう。オオカミは群れで生きる動物なの

**社会的な動物**
オオカミは群れで生活し、群れの仲間で協力して狩りや子育てをします。群れを作るという習性のおかげで、オオカミの家畜化は太古の人間にとって比較的容易だったようです。人間に「選ばれた」子オオカミたちは、ほかのオオカミと群れを作る代わりに人間の群れの中で生きることを喜んで受け入れたのです。

**考古学的な痕跡**
イスラエルで出土した、1万2000年ほど前の人骨と犬の骨。一緒に埋葬された痕跡は、犬が人間によって家畜化された最初の動物であった可能性を示しています。

で、人間の居住地に連れて来られ"居候"になったとしても、群れのほかのオオカミと同じように人間と絆を結ぶことは容易だったのかもしれません。安全なすみかと食料が手に入るという利点があれば、なおさらだったはずです。

自身もハンターだった当時の人々にとっては、オオカミの行動は理解しやすいものだったでしょうし、チームを組んで一緒に獲物を追跡して仕留めようとする際にオオカミが見せる粘り強さや狩りの技術は、ありがたいものだったに違いありません。鋭い嗅覚と獲物を殺そうとする強い本能を持ったオオカミを飼い慣らせば、狩猟時に非常に役に立つということを人間が理解するようになると、人間と犬の間にパートナーシップが生まれました。そうした狩猟の仲間として最も期待できる動物が選ばれていたら（おそらくそうだったのですが）、それはまさにわれわれ人間にとって好ましい形質を残

すための選別の始まりでもあったはず。それは今なお世界中のブリーダーたちによって続けられているのです。

オオカミの家畜化は、固有の場所で限定的に起こったわけではなく、いろいろな時代に世界各地で、繰り返し起こりました。人間とともに埋葬された犬は、（家畜化が最初に起こった地方のひとつと考えられている）中東、中国、ドイツ、スカンジナビア半島、そして北米などの広範囲で考古学的資料として発見されています。最近までは、最も古いものはおよそ1万4000年前のものだと考えられていました。しかしシベリアで発見された犬の頭蓋骨の化石の研究結果（2011年発表）では、3万年前にはすでに家畜化されていたと示されています。

オオカミの家畜化がいつどこで起こったにせよ、家畜化されるようになると、オオカミの外見と気質も変化し始めました。新しい形態のイヌ科の動

## イヌ科イヌ属の動物

キツネ　エチオピアオオカミ（アビシニアジャッカル）　キンイロジャッカル　コヨーテ　タイリクオオカミ（ハイイロオオカミ）　イエイヌ

この図は、イエイヌとイヌ属に分類されている動物との遺伝学的関係を示しています。イエイヌとタイリクオオカミは、DNA的に同じで、最も近い関係にあるといえます。イエイヌやオオカミから離れるほど、DNA上の共通点は少なくなります。

物が生まれ、異なる個体群の間で異犬種交配が行われて、多様性が増しました。狩猟民族のなかには移住する人々も現れ、犬もまたそれを追って、自分たち一族以外の犬と出会い、交尾するようになったのです。こうした初期の形質や特徴のやり取りが、多くの犬種の進化の基礎を築くことになるのですが、「犬種」として確立されるには、それからさらに何千年もの時間の経過を待つことになります。

## 現代の犬種

人間はまず、特定の仕事に適した犬を作出し始めます。獲物を狩るためのハウンド、敷地や家畜の護衛のためのマスティフ、牧畜犬としてのシェパードといった具合です。さらに選択的にこれらの犬を交配させ、身体的にも気質的にもその役割に適した犬を作出してきました。狩猟のためには鋭い嗅覚を、走るためには長い四肢を、屋外の重労働のためには体力と持久力を、そして護衛のためには強い防衛本能を備えた犬に改良してきたのです。テリアや愛玩犬はもっと後に登場することになります。遺伝の法則が発見され、法則を操作することが可能だとわかると、人間による改良は一気に加速しました。やがて実用というよりむしろペットとして犬が飼われるようになると、機能よりも外見が重視されるようになります。19世紀後半に最初のケネルクラブが設立されると、純血種の厳密なスタンダード（犬種標準）が制定されました。これらスタンダードは、理想的なタイプ、毛色、体型などを犬種別に定め、スパニエルの耳のあり方からダルメシアンの斑に至るまで、考えうるあらゆる点をカバーしています。

犬種が爆発的に増加したのは比較的短期間のことで、とくに20世紀以降に盛んでした。現代の犬はともするとファッションアイテム化しているようにも見えますが、人間が犬の進化に介入することは、じつはもっと深刻な懸念をもたらしています。スタンダードに沿った「正しい」外見を無理やり作り出すために、健康が損なわれているケースもあるのです。過度に平たくされた鼻は呼吸の問題、子犬の大きすぎる頭は出産時の問題、そして長すぎる胴は脊髄の障害を起こしがちですが、こうした障害は、信頼できる良心的なブリーダーが軽減のために取り組んでいる数例です。新しい試みとしては、計画的な異犬種交配によって両親犬の遺伝的な特徴が混在するさまざまな珍しい犬が作出されることもあります。片方の親からはカーリー・コート（被毛）を、もう片方の親からは素直な性質を受け継ぐ、などがその例です。

現代の犬はオオカミだったころとは外見も性質もまったく異なりますが、人間が犬に抱く友情は変わっていません。そしてやはり、人間はこれからも自分たちの望む改良を犬に加えていくのでしょう。ハスキーやジャーマン・シェパード・ドッグのように、犬種によってはオオカミに似た特徴が今でも残っていますが、もともとの形質がわからないほどに変わってしまった犬もいます。大昔のハンターが、たとえばペキニーズに遭遇したら、自分の前にいる動物が犬であるとは気づかないかもしれません。

**外見の変化**
1800年代には、セント・バーナードやキング・チャールズ・スパニエルを含む数多くの犬種が生み出されました。しかし、犬種のスタンダードが確立されるまで、その外見は変化し続けたのです。

犬の世界への誘い｜犬の骨格と筋肉

# 犬の骨格と筋肉

すべてのほ乳類には骨格があり、靭帯・腱・筋肉によって固定されて可動性を得ています。犬の骨格は、肉食動物として速く走るのに適した進化を遂げました。しかし人間による家畜化が起こると、仕事に応じてさまざまなタイプの犬が作出され、その過程で骨格にも変化が見られるようになりました。ドワーフ（矮小）化など、突然変異によって起こった変化もありますが、今日見られる犬種のほとんどは、人為的な選択育種によって作られたものです。

## 特殊化した骨格

狩りをする動物にとって、スピードと敏捷性は非常に重要です。走る速度と方向は獲物となる動物に左右されますが、狩りを成功させるためには、犬はすばやく動き、瞬時に方向転換することが必要となります。

犬のスピードは、肢を前へ出すたびに容易に屈伸する柔軟な背骨にかなり依存しています。力強い後躯は前への推進力を生み、それが両前肢につながって1歩を大きくします。そして、出たままで引っ込まない爪がスパイクの付いた「スタッド」のような働きをして、牽引力のもととなるのです。

犬は4本の肢で体重を支えています。両前肢は人間の鎖骨のように他の骨へ付着しておらず、筋肉のみで体につながっています。これは前肢が胸郭の上を前後になめらかに動くことを可能にし、1歩の幅を大きくしています。前肢の橈骨と尺骨はヒトの前腕の長骨とは異なり、双方が密接に付いていますが、これは獲物の追跡中に急な方向転換をしなければならない動物にとって重要なものです。ぴったり付いていることで骨が回転するのを防げる上、骨折のリスクが減るからです。また、さらに安定性を増すように、手根骨の関節にある小さな骨のいくつかは結合していて、足先の回転が限定され、ケガのリスクを最小限にしています。ケガをすれば狩りが成功する確率は下がりますし、深刻なケガの場合は餓死する危険にもつながりかねません。ハンターである犬にとって、これは重要なことなのです。

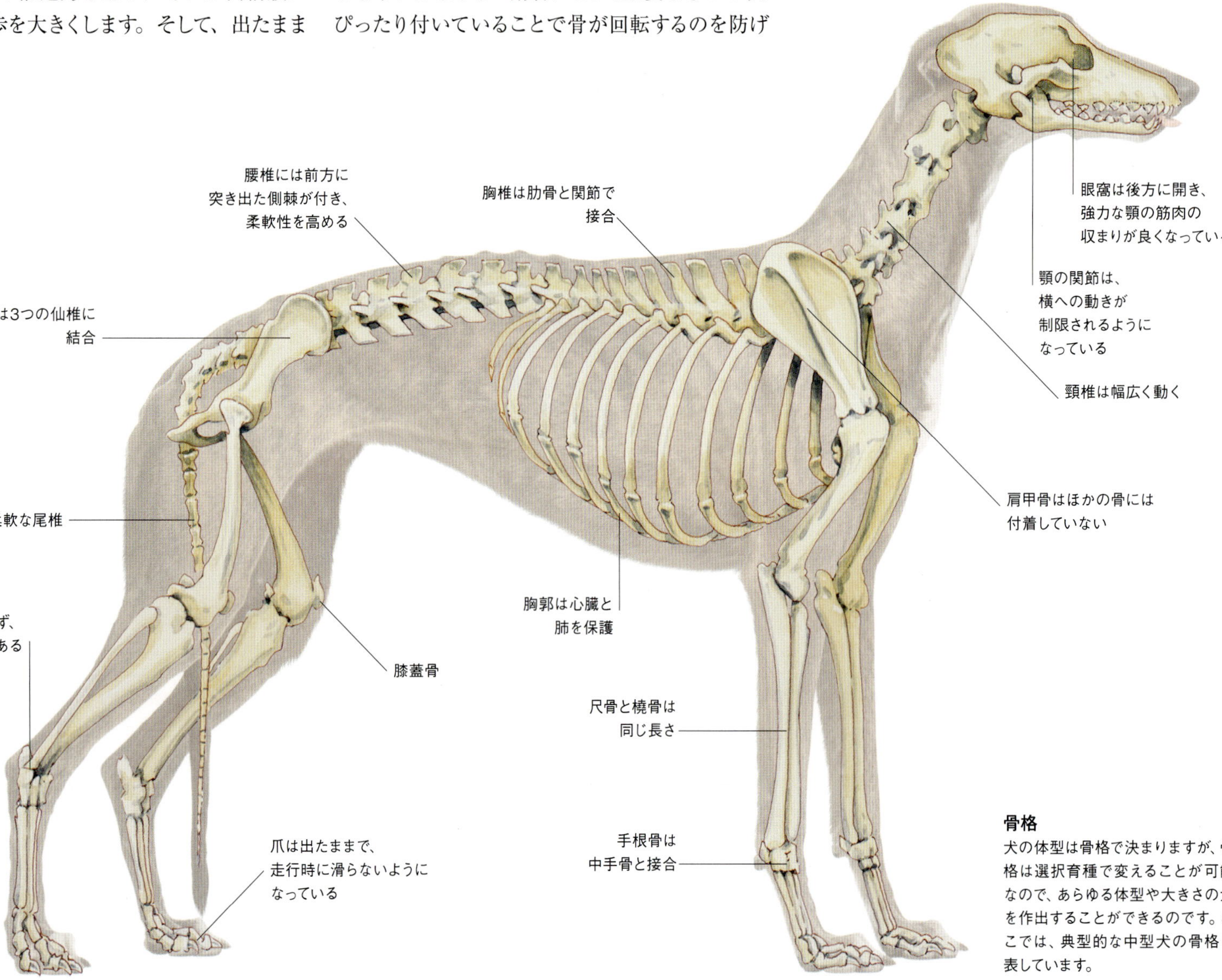

腰椎には前方に突き出た側棘が付き、柔軟性を高める

胸椎は肋骨と関節で接合

骨盤は3つの仙椎に結合

柔軟な尾椎

飛節は地面に着かず、高い位置にある

膝蓋骨

爪は出たままで、走行時に滑らないようになっている

胸郭は心臓と肺を保護

尺骨と橈骨は同じ長さ

手根骨は中手骨と接合

眼窩は後方に開き、強力な顎の筋肉の収まりが良くなっている

顎の関節は、横への動きが制限されるようになっている

頸椎は幅広く動く

肩甲骨はほかの骨には付着していない

### 骨格
犬の体型は骨格で決まりますが、骨格は選択育種で変えることが可能なので、あらゆる体型や大きさの犬を作出することができるのです。ここでは、典型的な中型犬の骨格を表しています。

犬の骨格と筋肉

### 頭蓋骨の形

犬の頭蓋骨には、3つの基本形があります。長頭型（長く狭い）、中頭型（オオカミに似た形で頭蓋と鼻腔の長さがほぼ同じ）、そして短頭型（短く幅広い）です。家庭犬の頭蓋骨の形が多様なのは、選択育種によってもともとの犬の頭形が変化したためです。

長頭型（サルーキ）

中頭型（ジャーマン・ポインター）

短頭型（ブルドッグ）

犬は独特の「つま先歩き」をします。それぞれの肢には体重を支える4本の足指があり、両前肢の内側には退化した狼爪があります。これは人間の親指に相当するものです。チベタン・マスティフのように後肢にも狼爪が見られる犬種や、グレート・ピレニーズのように後肢のそれぞれに狼爪が2本付いている犬種もあります。

骨の大きさは選択育種によって比較的簡単に変えることができるため、人間は犬の骨格のプロポーションを変えて小型犬や大型犬を作り上げました。チワワのような小型犬からグレート・デーンのような超大型犬をも作り出したのです。このことは、犬の頭蓋骨にもかなりの変化をもたらしました。

## 筋力

犬の四肢は主に上肢の筋肉によって制御されています。下肢は筋肉よりも腱が多い分軽く、エネルギー消費を抑えられます。グレーハウンドのような俊足の犬は、速筋繊維と呼ばれる筋繊維の比率が高く、速筋繊維のエネルギー調達の特性から一気に加速することができます。ハスキーやレトリーバーのように持久力を求められる犬なら、より長く走ることを可能にする遅筋繊維の比率が高くなっています。

狩りをする犬は、獲物より速く走れることだけでなく、捕まえて離さないでいられることも必要です。ほかのすべての肉食動物に見られるように、犬の頭蓋骨はたくさんの筋肉が付くようになっています。筋肉が顎を制御し、もがく獲物を離さないようにしっかりくわえているときにも、顎がずれたり外れたりするのを防いでいるのです。大きな頸の筋肉は、獲物を持ち上げて運ぶための力を供給します。犬は人間よりも微妙に筋力を使い分けます。犬同士のコミュニケーションでは主にボディランゲージが使われることもあり、犬はつねに筋肉を動かしています。うなり声をあげながら唇を巻き上げたり、何かに注意を向けているときには耳を立てたり、歓迎や和解の印に尾を振ったりするのです。

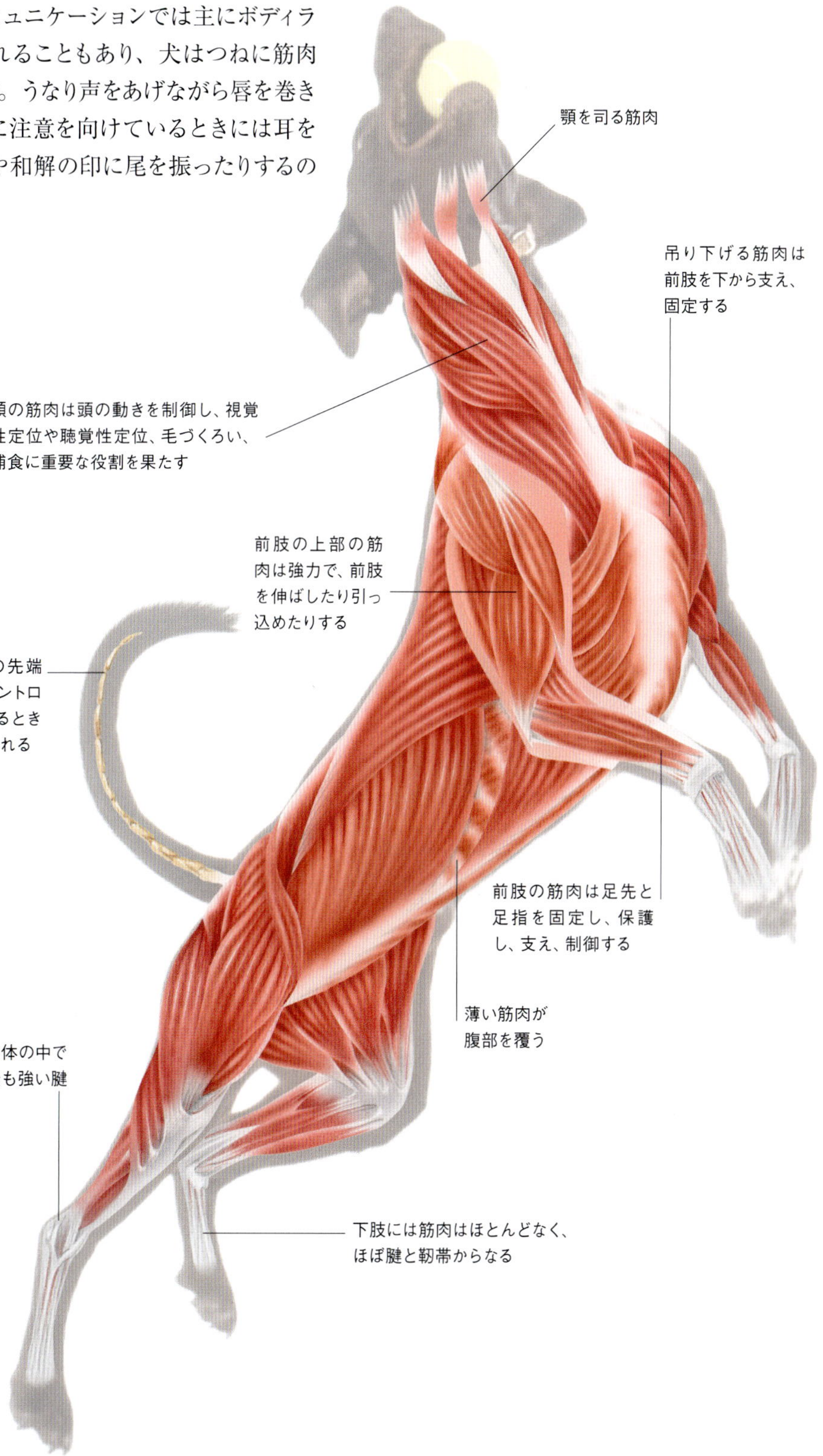

顎を司る筋肉

吊り下げる筋肉は前肢を下から支え、固定する

頸の筋肉は頭の動きを制御し、視覚性定位や聴覚性定位、毛づくろい、捕食に重要な役割を果たす

前肢の上部の筋肉は強力で、前肢を伸ばしたり引っ込めたりする

尾の筋肉は、尾の先端や全体の動きをコントロールする。尾を振るときはこの筋肉が使われる

前肢の筋肉は足先と足指を固定し、保護し、支え、制御する

薄い筋肉が腹部を覆う

アキレス腱は犬の体の中で最も強い腱

下肢には筋肉はほとんどなく、ほぼ腱と靭帯からなる

### 筋肉

筋肉は動きを可能にするという重要な役割を担います。四肢の筋肉には「一方が脚を伸ばし一方が引っ込ませる」というように対になって逆の動きをするものがあります。

犬の世界への誘い ｜ 感覚器

# 感覚器

犬は周囲の環境に非常に敏感で、感覚器が捉える情報に鋭敏に反応します。彼らは人間と同じように、見聞きして周囲の状況を判断します。人間は犬に比べてはるかに鮮明に物を見ることができますが（犬の視覚のほうが有利に働く夜間をのぞく）、聴覚に関していえば犬のほうがはるかに優れていますし、犬は驚くほど発達した嗅覚を持っています。嗅覚は犬にとって最も重要と言っていいほどで、自分の世界で起こるさまざまなことを分析するときに、それで得られる情報にかなり依存しているのです。

## 視覚

犬は人間ほどさまざまな色を識別することはできませんが、まったくわからないわけではありません。色の識別が限定されているのは、3種類の色覚応答細胞（3色型色覚）を持つ人間とは異なり、犬の網膜（眼の奥にある光感受性の層）には2種類の色覚応答細胞（2色型色覚）しかないことが原因です。犬は灰色、青、黄色の濃淡で世界を見ており、赤、オレンジ、緑は識別できません。これは、犬が赤緑色盲のある人とほぼ同じように世界を見ているということです。しかし犬は優れた遠距離視力を持っています。とくに動きを察知することに長けており、獲物が足を引きずっていることも見逃しません。これは楽に仕留められる獲物を見つけられるように適応した結果でしょう。犬の視覚は夜明けや夕暮れどきに最もよく機能しますが、野生の世界では最も狩りが盛んな時間帯です。近距離の視覚はあまり良くないので、近くにあるものを調べるときには、嗅覚や繊細なひげを通して感じる触覚を使います。

大脳は感覚器官が捉えた情報を処理

視床は睡眠と覚醒を司るほか、触覚、痛覚、視覚、聴覚などの情報を伝達

松果体は脳の底部に位置し、体内時計の調節を行う

下垂体は何種類かのホルモンを分泌し、また、神経系とほかの内分泌線とをつなぐ役割も果たす

視床下部は摂食行動や飲水行動、さらには下垂体ホルモンを司る

小脳は運動を制御する

間脳には唾液分泌を制御する部分と、聴覚、味覚、平衡感覚に関連する情報の伝達を行う部分がある

脊髄は、感覚器で得た情報を全身に運ぶ末梢神経系とつながる

### 耳のタイプ

プリック・イヤー（立耳）
（アラスカン・マラミュート）

キャンドル・フレーム・イヤー
（イングリッシュ・トイ・テリア）

ローズ・イヤー
（グレーハウンド）

ボタン・イヤー
（パグ）

ドロップ・イヤー
（ブロホルマー）

ペンダント・イヤー
（ブラッドハウンド）

犬の耳は、大きく3つのタイプに分けられます。立ち耳（上列）、半立ち耳（中列左）、そして垂れ耳（中列右〜下列）です。これら3つのタイプそれぞれにも多様な形が存在しています。耳の形は犬の全体的な容貌に大きく影響するので、多くの犬種で正しい耳の位置、形、付き方や動き方などの詳細がスタンダード（犬種標準）で定められています。

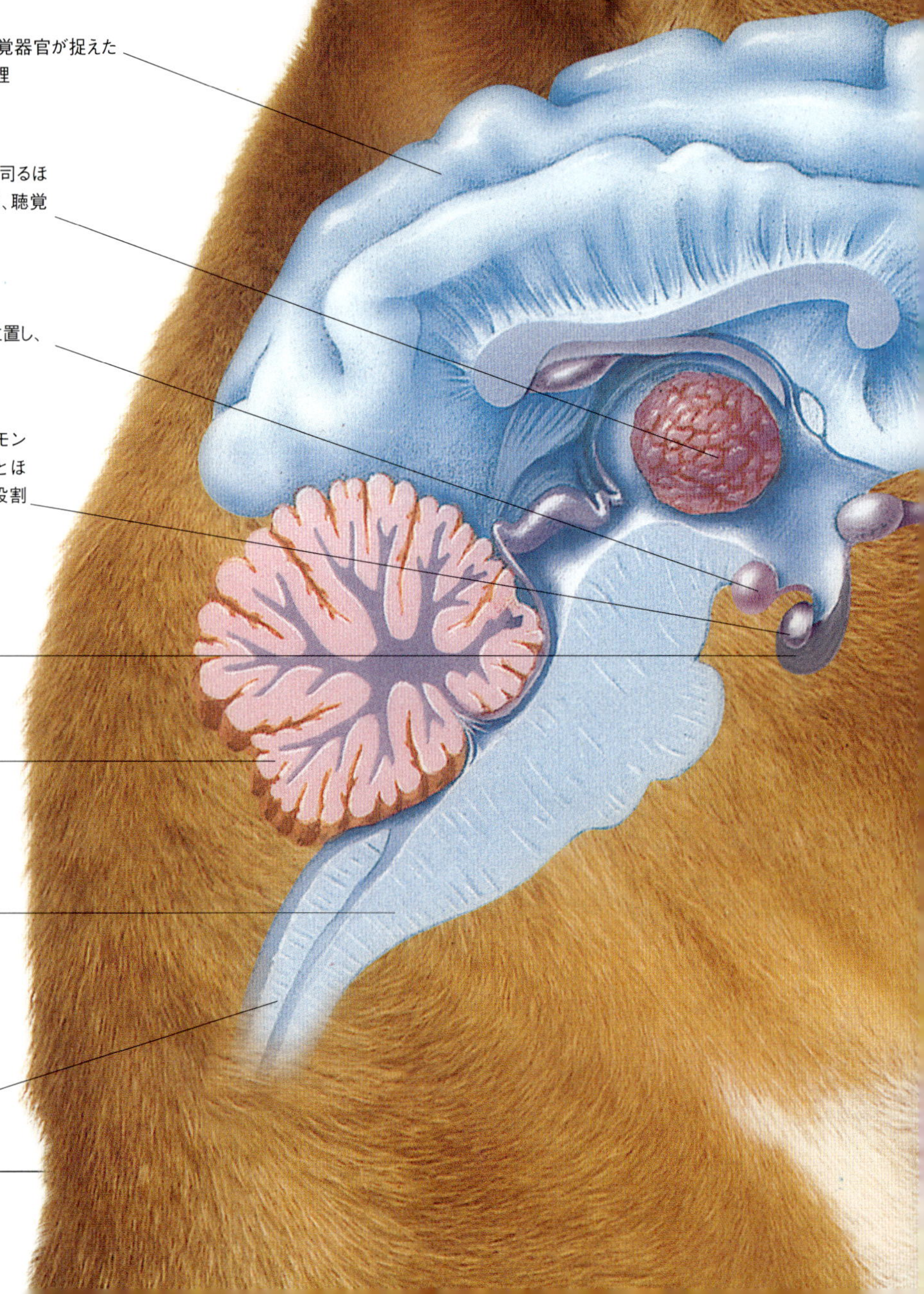

# 感覚器

## 聴覚

　生まれたばかりの子犬は耳が聞こえません。成長するにつれて聴覚が発達し、人間の4倍も敏感な聴覚を持つようになります。人間には高すぎて（あるいは低すぎて）聞こえないような音も聞くことができ、音源の方向を特定する能力も持っています。通常耳が立っている犬種（立った耳は音を集めるのに最適）は、垂れ耳の犬種よりも鋭い聴覚を持っています。また、犬の耳はよく動き、コミュニケーションの手段としてもよく使われます。

　立ち耳の場合、後ろにやや伏せた耳は友情のサインですし、垂れた耳、後ろに完全に伏せた耳は恐怖や服従のサインになります。耳を立てている場合は攻撃のサインの可能性もあります。

## 嗅覚

　犬は嗅覚を使って多くの情報を取り込みます。人間には検知できないような臭いから、複雑なメッセージを嗅ぎ取るのです。臭いを嗅いでみることでメスの発情の状態がわかります。年齢や性別、獲物となる動物の状態、果ては飼い主の機嫌までも、その鋭い嗅覚で嗅ぎ取ることができるのです。

　さらに、自分の歩いているところを自分の前に誰が（何が）通ったのかを嗅ぎ分けたり解明したりすることも可能。犬が追跡に秀でているのはそのためです。トレーニング次第で、犬は薬物や人間の病気まで嗅ぎ分けることを学習します。

　犬の脳の中で、嗅覚から入るメッセージを分析する領域はヒトの脳にある同じ領域の40倍もの大きさがあると見られています。嗅覚は犬の大きさやマズルの形にもよりますが、平均して2億個ほどの臭いの受容体を持っています。一方人間の受容体は500万個ほどです。

## 味覚

　ほ乳類の味覚は嗅覚と密接に関連しています。ところが、犬はその鋭い嗅覚で食物について非常に多くのことがわかるにもかかわらず、味覚はそれほど発達していません。人間はおよそ1万個の味蕾で苦味、酸味、塩辛さ、甘味などの基本的な味を感じることができますが、犬の味蕾はおそらく2000個もありません。犬は塩辛さをあまり感じませんが、これはおそらく先祖である野生の犬が肉を食べるために適応したもので、肉にはかなりの塩分が含まれているため、塩分を求めて食べものを識別する必要がなかったのです。そして、この塩分の濃い食生活とのバランスを取るため、犬の舌の先端には水分を敏感に感じ取る味覚の受容体があるのです。

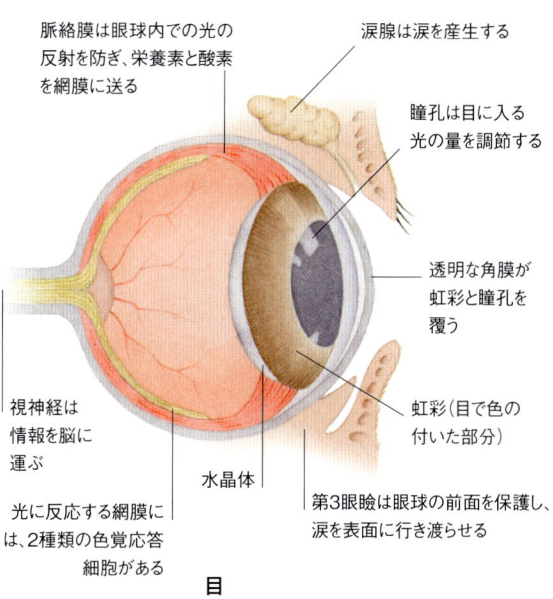

**目**
犬の目は人間の目に比べて平たく、人間ほど焦点距離を合わせることが効率良くできません。犬の視覚は人間ほど細部をとらえることはできませんが、光と動きに対しては人間よりはるかに鋭敏です。

脈絡膜は眼球内での光の反射を防ぎ、栄養素と酸素を網膜に送る
涙腺は涙を産生する
瞳孔は目に入る光の量を調節する
透明な角膜が虹彩と瞳孔を覆う
虹彩（目で色の付いた部分）
視神経は情報を脳に運ぶ
水晶体
光に反応する網膜には、2種類の色覚応答細胞がある
第3眼瞼は眼球の前面を保護し、涙を表面に行き渡らせる

**耳**
犬は外耳を動かして音をとらえて、音波を中耳と内耳に送って増幅させ、脳が分析するための化学的信号に変換します。

中耳骨は音を増幅する
三半規管は平衡感覚を司る
鍋牛は音を化学信号に変換する
外耳道
鼓膜
聴覚神経は化学信号を脳に送る

**脳**
犬が感覚器官でとらえるすべての情報は、神経を介して脳に運ばれ、脳での分析結果に基づいて行動が起こります。その速度は非常に速く、何か音を聞いた場合、犬は600分の1秒で正確に音源を特定することができます。

**鼻と舌**
嗅覚と味覚は犬のマズルに存在する感覚器です。さらに、鼻孔の底辺に位置する鋤鼻器官（ヤコブソン器官）にある臭いの受容体が、ほかの犬に関する情報の収集に重要な役割を果たしています。

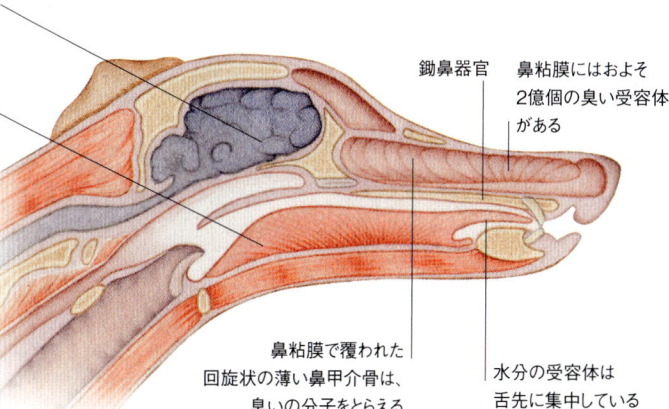

脳
舌は塩分の感知に鈍くなっている
鋤鼻器官
鼻粘膜にはおよそ2億個の臭い受容体がある
鼻粘膜で覆われた回旋状の薄い鼻甲介骨は、臭いの分子をとらえる
水分の受容体は舌先に集中している

犬の世界への誘い ｜ 心臓血管系・消化器系

# 心臓血管系・消化器系

犬を含むすべてのほ乳類が元気で生き続けるためには、主要な体組織の機能が調和していることが必要です。肺で取り込まれる酸素や消化器系で吸収される栄養素は、生きるために不可欠な燃料であり、体にあるすべての組織に運ばれなければなりません。安定した心拍により動脈網や静脈網を通って循環する血液は、生命の維持に必要な補給線となっているのです。

## 血液循環と呼吸

犬の心臓は人間とほぼ同じように機能します。一定のリズムでポンプのように動き、血液を体のすみずみにまで循環させます。心臓の筋肉壁の中には4つの部屋があり、鼓動に合わせて収縮と弛緩を繰り返します。これによって血液は心臓から送り出され、動脈を通って循環し、静脈を通って戻って来る血液が心臓に取り込まれるのです。この心臓血管系（循環器系）は呼吸器系と連動して体のすべての細胞に酸素を運び、細胞の活動によって作られた二酸化炭素のような老廃物を取りのぞきます。血液は絶え間なく循環し、肺に吸い込まれた空気から酸素を取り込み、腸壁から吸収される栄養素と一緒に酸素を体全体に運びます。また、酸素が肺に取り込まれるのと同時に、二酸化炭素は血流から放散されて呼気として体外に放出されるのです。

犬の呼吸器系はまた、体温が高くなりすぎるのを防ぐという、生命に不可欠な役割を持っています。犬には汗腺が少なく、しかもそのほとんどが足にあるため、発汗によって体温を保つことができません。その代わり、犬はハアハア息をすることで口の中の唾液を蒸発させます。これにより熱が失われ、結果として体温が下がるのです。足が冷たい地面に接地した際に過剰に体の熱が失われるのを防ぐ心臓血管系への適応も、犬（とくに寒冷地のスピッツタイプの犬）にとっては同様に重要です。足で血液の出入りがある肉球部分では、動脈と静脈が接近しています。温かい動脈血が肉球に流れ込むと、その熱が心臓に戻る静脈血に伝わり、熱は外に失われずに体に留まります。「対向流熱交換」として知られるこのメカニズムは、セイウチの皮膚やペンギンの足などにも見られ、極寒の地で生き残るために重要な役割を果たしているのです。

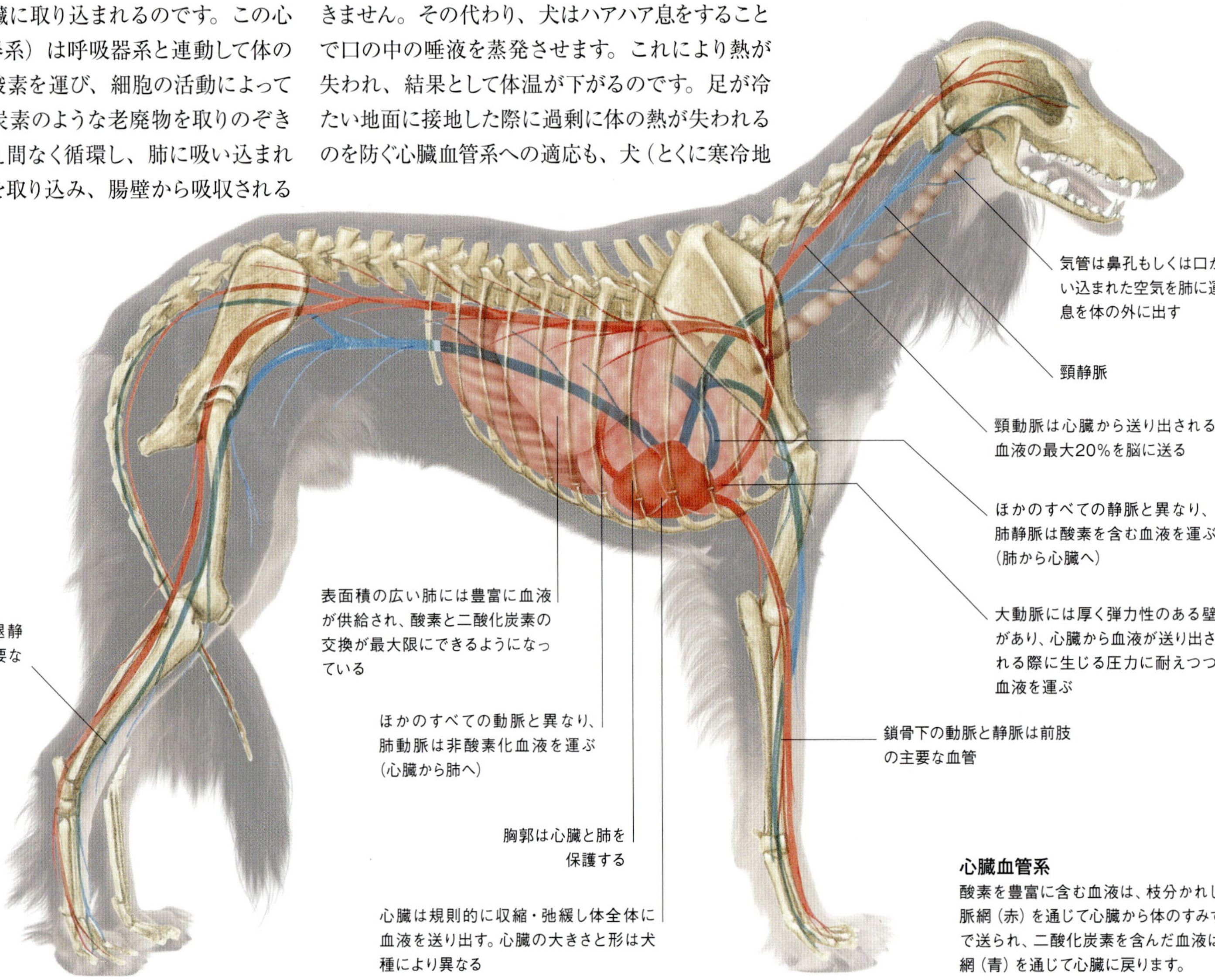

気管は鼻孔もしくは口から吸い込まれた空気を肺に運び、息を体の外に出す

頸静脈

頸動脈は心臓から送り出される血液の最大20%を脳に送る

ほかのすべての静脈と異なり、肺静脈は酸素を含む血液を運ぶ（肺から心臓へ）

大動脈には厚く弾力性のある壁があり、心臓から血液が送り出される際に生じる圧力に耐えつつ血液を運ぶ

鎖骨下の動脈と静脈は前肢の主要な血管

大腿動脈と大腿静脈は、後肢の主要な血管

表面積の広い肺には豊富に血液が供給され、酸素と二酸化炭素の交換が最大限にできるようになっている

ほかのすべての動脈と異なり、肺動脈は非酸素化血液を運ぶ（心臓から肺へ）

胸郭は心臓と肺を保護する

心臓は規則的に収縮・弛緩し体全体に血液を送り出す。心臓の大きさと形は犬種により異なる

### 心臓血管系

酸素を豊富に含む血液は、枝分かれした動脈網（赤）を通じて心臓から体のすみずみまで送られ、二酸化炭素を含んだ血液は静脈網（青）を通じて心臓に戻ります。

# 食物の消化

健康な犬は食餌をあっという間に平らげてしまいます。次から次へと口に入れ、落ち着いて噛む間もなくガツガツと食べるのです。イヌ科の動物は早く食べるようにプログラムされているのですが、これは貪欲なのではなく、必要に迫られた習性なのです。野生の世界では、食べるのが遅ければ群れにいるほかのメンバーに食料を奪われてしまうことになるのです。それに対して人間は口の中でよく噛み、唾液とよく混ぜて、食物の味わいを楽しむことで、飲み込む前にすでに消化のプロセスが始まっているわけです。人間と比べて味蕾（みらい）が少ない犬は、単純に大量の食物を口に詰め込み、ほとんど丸飲みしてしまいます。一方、丸飲みに潜む危険を緩和するため、犬にはとても敏感な嘔吐反射があり、何かまずいものを食べてしまったら、すぐに吐き出すことができます。

## 歯

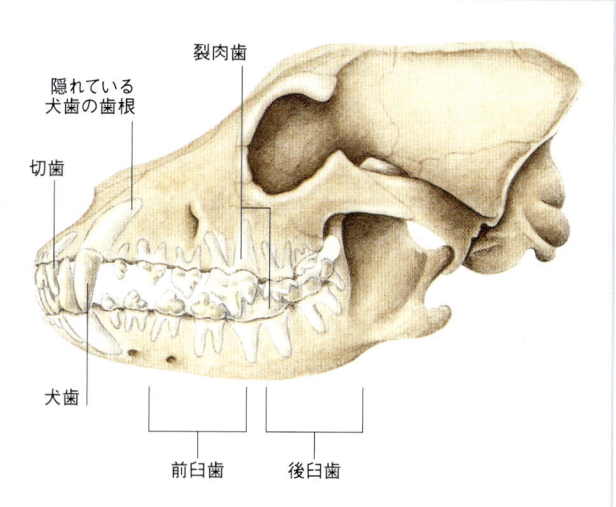

生後7〜8カ月齢までには、ほとんどの犬に42本すべての永久歯がそろいます。それらすべての歯が、肉を食べるのに適しています。前部には上顎と下顎のそれぞれに6本の切歯があり、その横にはかつて獲物をくわえて突き刺すために使われていた大きな犬歯があります。顎の横には前臼歯と後臼歯が並んでいます。上顎の第4前臼歯と下顎の第1後臼歯は裂肉歯と呼ばれ、食肉目に属するすべてのほ乳類を特徴づけるものです。裂肉歯は、ハサミのように獲物の皮や骨を噛み切ったり切り裂いたりするのに使われます。

また犬の消化管は短く、植物性の食物よりはるかに消化性に優れた肉の消化に適した構造になっています。犬の胃は消化のための胃酸のレベルが高く、肉、骨、脂肪などを急速に分解し、食べたものを液状にして小腸に送ります。小腸では肝臓とすい臓で作られた消化酵素の働きによって食物が栄養素に分解され、腸壁を通して血流に取り込まれます。消化されなかったものは大腸に移動し、大腸から排泄されます。食物が口から取り込まれて消化管を通過、排泄されるまでの過程は、人間の場合平均36〜48時間かかるのに対し、犬の場合は8〜9時間です。

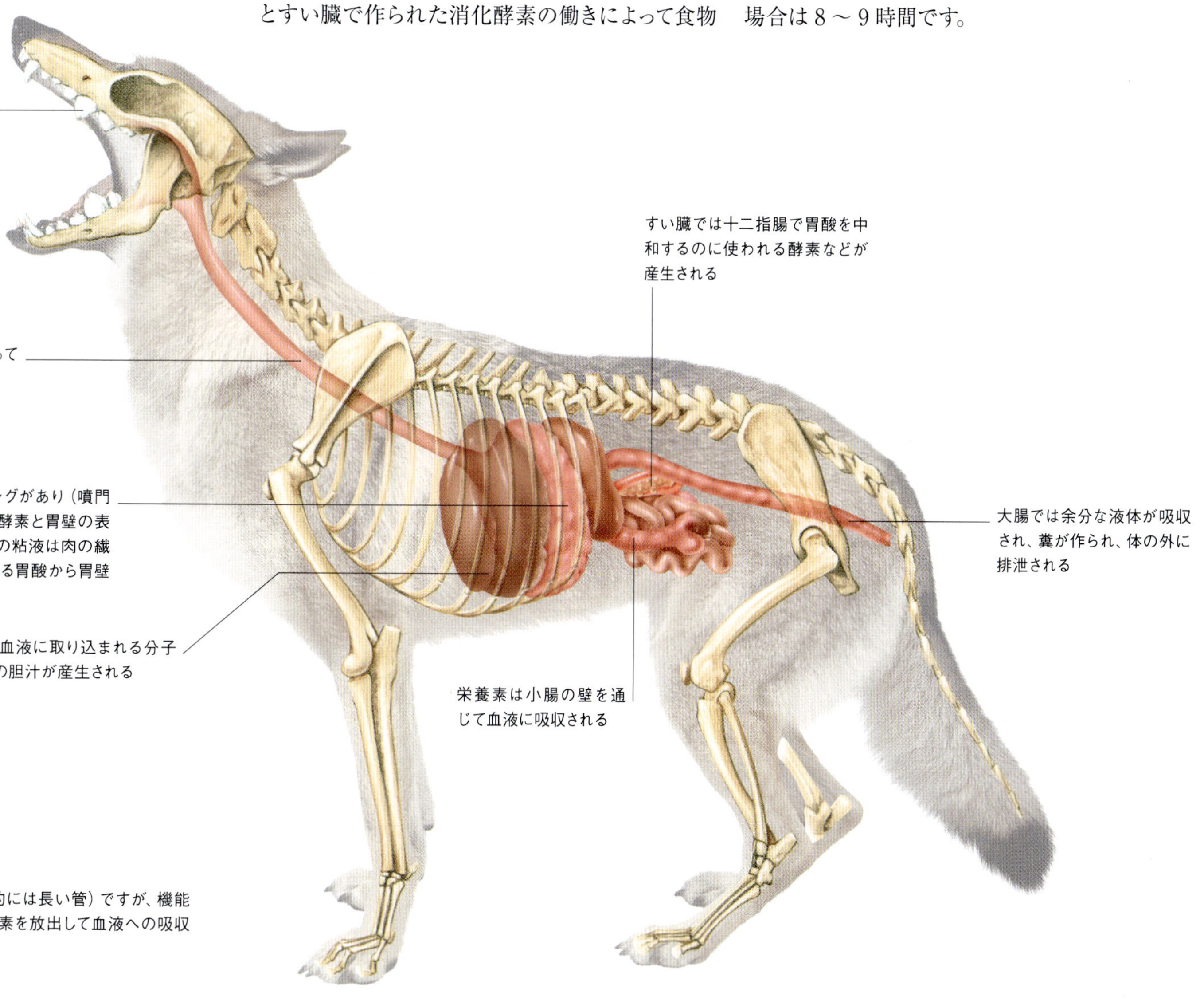

- 鋭い歯で食いちぎられた肉の塊は、唾液と混ざり、咀嚼されずに丸ごと飲み込まれる
- 食道の筋肉の収縮によって食物の塊は胃に送られる
- 胃の入口と出口には筋肉のリングがあり（噴門括約筋と幽門括約筋）、胃では酵素と胃壁の表面を覆う粘液が分泌される。この粘液は肉の繊維組織を分解するために作られる胃酸から胃壁を守る
- 肝臓では脂肪を血液に取り込まれる分子に分解するための胆汁が産生される
- すい臓では十二指腸で胃酸を中和するのに使われる酵素などが産生される
- 栄養素は小腸の壁を通じて血液に吸収される
- 大腸では余分な液体が吸収され、糞が作られ、体の外に排泄される

### 消化器系
構造的には単純（消化管は基本的には長い管）ですが、機能的には複雑。食物を消化し、栄養素を放出して血液への吸収を促進します。

犬の世界への誘い｜泌尿器系と生殖器系、ホルモン系

# 泌尿器系と生殖器系、ホルモン系

ほ乳類が一般的にそうであるように、犬の泌尿器系と生殖器系は、腹腔後部の同じ部位にあります。オスの場合は泌尿器系と生殖器系がつながっており、尿の出口も精子の出口もペニスで統合されています。ほかのすべての体の機能と同様に、これらのいずれのシステムもホルモンの作用で調整されます。ホルモンは尿の生成と量を制御し、またオス犬が最適な時期に生殖期を迎えるよう調整します。

## 泌尿器系

泌尿器系には、血液から老廃物を取りのぞき、余分な水分とともに尿として体外に放出する役割があります。泌尿器には、ろ過装置として働き尿を作る腎臓、腎臓から尿を運び出す尿管、尿タンクの機能を持つ膀胱、そして尿を体外に排出する尿道があります。泌尿器のシステムは、体内の塩分とそのほかの化学物質の適性なバランスを維持するよう、腎臓に働きかけるホルモンによって制御されています。

犬は単に膀胱にたまった尿を排出するためだけではなく、なわばりへのマーキングやほかの犬とのコミュニケーションにおいても排尿を利用します。尿に含まれるホルモンや化学物質の臭いは、最近そこを通った犬がオスなのかメスなのかなど、いろいろな情報を提供しているのです。臭いは空気中ではあっという間に弱まってしまいますが、それを補うようにオスは少量の尿でひんぱんにマーキングを行い、しばしば同じところに戻って自分のメッセージを再度送るためにマーキングを行います。一方メスは、たまった尿を1カ所で完全に出して膀胱を空にしようとします。オス・メスどちらの尿にも窒素が含まれており、この窒素こそが、犬が放尿した後の芝生の上に見られる、あの茶色のまだらの原因物質なのです。

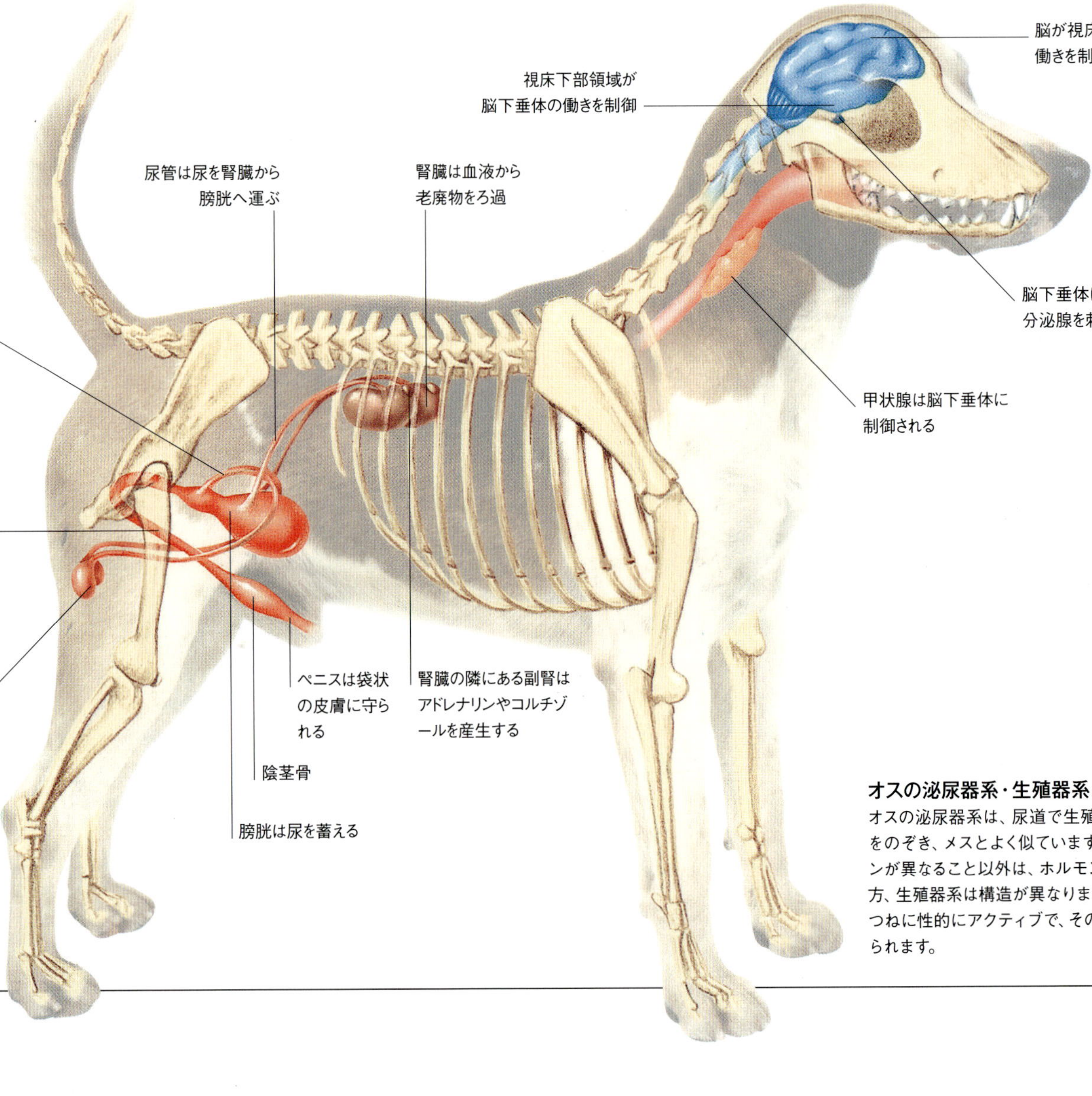

**オスの泌尿器系・生殖器系・ホルモン系**
オスの泌尿器系は、尿道で生殖器系と統合されることをのぞき、メスとよく似ています。生成される性ホルモンが異なること以外は、ホルモン系もほぼ同じです。一方、生殖器系は構造が異なります。オスは年間を通してつねに性的にアクティブで、その点もメスとは違いが見られます。

泌尿器系と生殖器系、ホルモン系

# 生殖器系

犬は通常、6〜12カ月齢で性的に成熟します。オオカミなどのイヌ科の野生動物の場合、メスは通常年に1回発情期を迎え、この時期に排卵があって妊娠の準備が整います。バセンジーなどの若干の例外をのぞき、家庭犬のメスは通常年に2回発情します。メスが発情期に入ると少量の出血が始まって9日間ほど続き、出血が止まるとメスは交尾を受け入れるようになります。

オスのペニスには陰茎骨と呼ばれる骨があり、交尾のあいだは陰茎骨の周りが膨らんで、ペニスはメスに挿入されたままロックされた状態になります。この互いに「結ばれた」状態は数分続きます（数十分続く場合も）。交尾で受精が起こればメスは妊娠し、60〜63日に及ぶ妊娠期間へと続くことになります。メスが一度に産む子犬の数は犬種にもよりますが、傾向として大型になるほどより多くの子犬を産みます。1〜14頭、あるいはそれ以上の場合もありますが、平均すると1回の出産で6〜8頭の子犬が生まれます。

# ホルモン

特定の腺や組織で生成され血液中に放出されるホルモンは、特定の細胞に作用する化学物質です。ホルモン活性は成長、代謝、性的発育、生殖を含む体の多くの機能を調節します。

犬の不妊・去勢手術においては、性ホルモン（オスはテストステロン、メスはエストロゲン）が生成されるところを取りのぞき、望まれない妊娠を防ぐようにします。テストステロンがなくなるとオスはメスを追い回したい衝動がなくなり、攻撃性を見せることも少なくなります。メスの場合、不妊手術が被毛の生え変わりに影響することがあります。通常メスは年に2回、発情を促すホルモンの影響で抜け毛が多くなりますが、卵巣を摘出した場合は、季節を問わず1年中脱毛が起こる傾向があります。後に肥満になる可能性が高まることもあります。

## 妊娠中のホルモン

妊娠中はエストロゲンなどのホルモンのレベルが上がり、子犬に授乳するための乳腺の発達を促し、出産に向けた準備が始まります。授乳中はプロラクチンというホルモンが増加して母乳の量が維持され、母親としての行動にも影響します。強い保護本能が呼び起こされ、子犬の生存が完全に母親に依存している間は、母犬が子犬を見捨てることはありません。

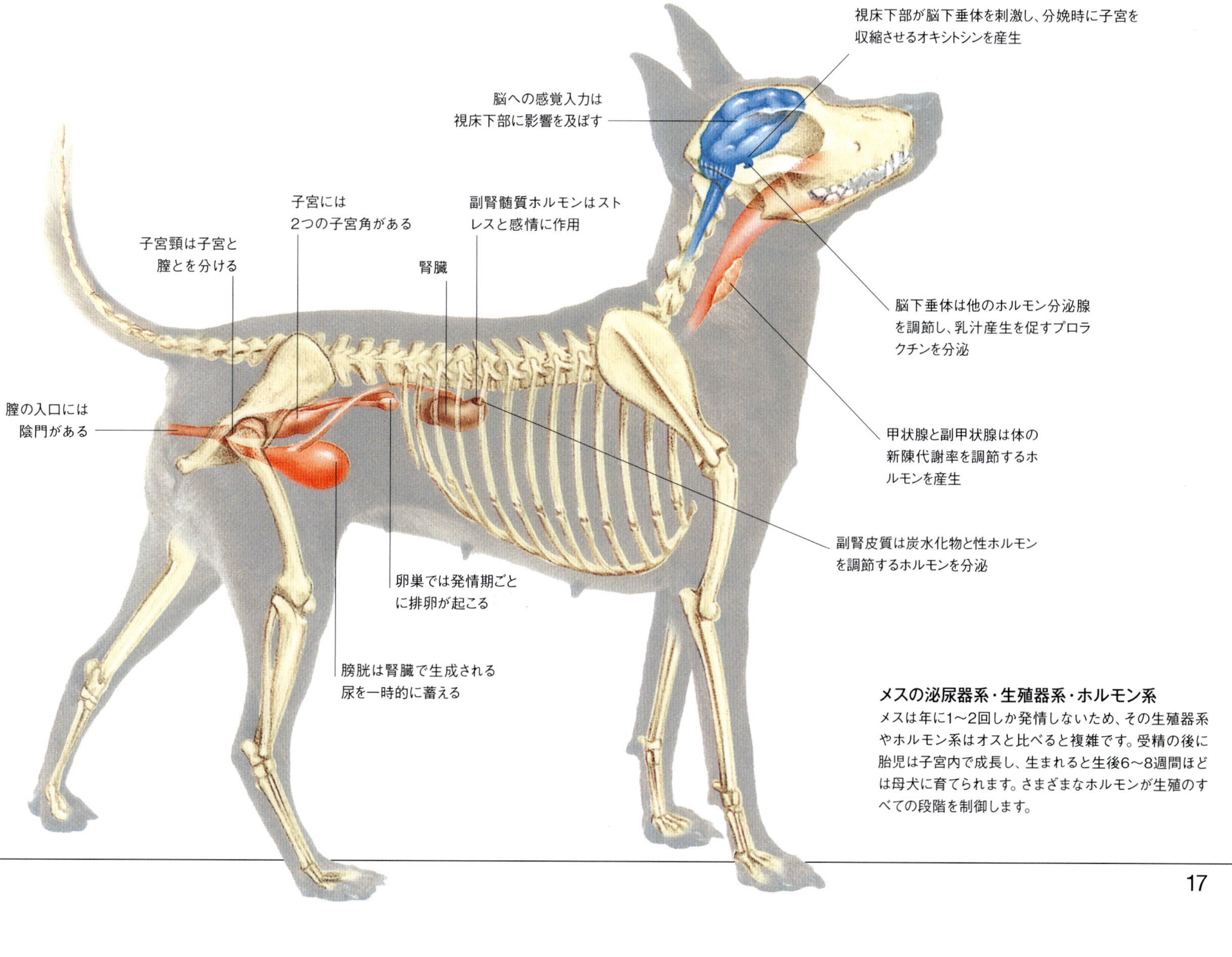

視床下部が脳下垂体を刺激し、分娩時に子宮を収縮させるオキシトシンを産生

脳への感覚入力は視床下部に影響を及ぼす

子宮には2つの子宮角がある

副腎髄質ホルモンはストレスと感情に作用

子宮頸は子宮と膣とを分ける

腎臓

脳下垂体は他のホルモン分泌腺を調節し、乳汁産生を促すプロラクチンを分泌

膣の入口には陰門がある

甲状腺と副甲状腺は体の新陳代謝率を調節するホルモンを産生

副腎皮質は炭水化物と性ホルモンを調節するホルモンを分泌

卵巣では発情期ごとに排卵が起こる

膀胱は腎臓で生成される尿を一時的に蓄える

**メスの泌尿器系・生殖器系・ホルモン系**
メスは年に1〜2回しか発情しないため、その生殖器系やホルモン系はオスと比べると複雑です。受精の後に胎児は子宮内で成長し、生まれると生後6〜8週間ほどは母犬に育てられます。さまざまなホルモンが生殖のすべての段階を制御します。

# 皮膚と被毛

犬の皮膚は薄いものの、ほとんどの場合は皮膚を覆う被毛が体温を保ち、体を保護するのに十分な役割を果たしています。犬の被毛には、ショート、ワイアー、カーリー、コーデッドなどさまざまなタイプが存在します。四肢にほんの少し毛が生えているほかは、皮膚にほとんど毛がない"ヘアレス"の犬もわずかながら存在します。被毛の多様性は自然淘汰が原因である場合もありますが、ほとんどは人間が作り出したものです。一部は実用的な理由によりますが、ファッション性を追求したものも多いのが現状です。

## 皮膚の構造

ほかのすべてのほ乳類と同様、犬の皮膚は3層になっています。表皮（外側の層）、真皮（中間の層）、そして皮下層（ほとんど脂肪細胞でできている層）です。人間と比べると薄い表皮ですが、それは、犬には被毛があり、それが体の保護と体温の調節の役目を果たしているためです（ヘアレスは例外）。

犬の毛は毛包から生えていますが、その毛包は中心にある上毛（オーバー・コート／トップ・コート）と、より細い数本の下毛（アンダー・コート）から成り、そのすべてが表皮にある同じ毛穴から伸びています。顔にも触毛と呼ばれる繊細な毛が生えていますが、触毛の根は深く、血液と神経が通っています。触毛にはひげ、眉、耳の毛などがあります。

皮脂腺は毛包とつながっており、毛包に皮脂を分泌します。この皮脂は皮膚の潤滑油となり、被毛のつやと防水性を保つのに役立ちます。毛包には通常筋肉も付いており、毛を立てて暖かい空気を閉じ込めたり、犬が怖がっているときや怒ったときに背中の毛を立てたりするのに使われています。

人間と異なり、犬は皮膚からの発汗がありません。汗腺としての機能は主に足の肉球にあります。

## 被毛のタイプ

下の写真は、主な被毛のタイプを示しています。通常は1犬種につき被毛のタイプも1種類ですが、ピレニアン・シープドッグのように複数のタイプを持つ犬種も存在します。また、多くの犬種がダブル・コートと呼ばれる2層構造の被毛を持ちます。オーバー・コートやトップ・コートと呼ばれる防水

ヘアレス 　　　ショート・コート 　　　カーリー・コート 　　　ワイアー・コート

ダブル・コート 　　　セミロング・コート 　　　シルキー・コート 　　　コーデッド・コート

性のある被毛と、短くやわらかいアンダー・コートの2層構造です。チャウ・チャウのようなスピッツタイプの犬は、この2層構造が非常に厚いことがあります。グリーンランド・ドッグのような伝統的なそり引き犬はそうした断熱性に優れた被毛を持っており、現在でも過酷な寒さに耐えられる肉体的特徴を維持しています。これらの犬は指の間にも長い毛が生えており、足を保護するとともに、雪や氷の上でも優れた牽引力を発揮します。さらには足の血管も熱損失を防ぐように適応しています（P14）。

豪華なほどに長い被毛を持つ犬のなかには、もともとは屋外での生活のために多くの被毛が必要だった犬種もありますが、今日ではもっぱらその容貌を目的に繁殖されています。たとえばアフガン・ハウンドは視覚によって猟を行うサイトハウンドですが、寒さの厳しいアフガニスタンの高山地方に起源があり、ビアデッド・コリーは牧羊犬として仕事をしていました。一方、シルキーな被毛を持つ小型のヨークシャー・テリアは犬種として長い歴史を持っていますが、おそらく実用的な用途というよりは家庭犬だったと考えられます。コッカー・スパニエルやイングリッシュ・セターのような外見の美しい犬種は、絹のような手ざわりでほどほどの長さの被毛と、尾、胴体の下側、そして四肢に生えた長い飾り毛で覆われています。

ショート・コート（短毛）では、オーバー・コートのみのつやのある硬い手ざわりの被毛を持つ犬種があります。ダルメシアンやポインターなどはその典型です。テリアに多いワイアー・コート（針金状毛）の犬の場合、オーバー・コートは粗く弾力性のある手ざわりのねじれた被毛です。ワイアー・コートは寒い気候では実用的で、また地面を掘って小さな害獣を駆除するテリアのエネルギッシュな生活に非常に適しています。カーリー・コート（巻毛）を持つ犬種はまれです。プードルはこのタイプで最も有名な犬種ですが、見栄えのよいスタイルにカットされていることがあります。コモンドールやプーリーのような珍しい犬種では、毛が極端なほどカールしてドレッドのように見える長い縄状になります。また、自然の遺伝子変異はいくつかのヘアレス犬種を生み出しました。メキシカン・ヘアレス・ドッグやチャイニーズ・クレステッド・ドッグは何世紀も前から見られますが、ブリーディングによって意図的にヘアレスが作られ、定着したのはごく最近のことです。頭と足に若干毛の束が見られたり、尾に羽飾りのような毛が生えているヘアレス犬種もいます。

犬を飼っている人なら周知のように、どんな犬でもある程度は毛が抜けます。換毛は日照時間に合わせた自然なサイクルで、より暖かい季節に備えて被毛が薄くなる春にピークを迎えます。ダブル・コートの犬の場合は、被毛の長短を問わず、抜け毛はかなりの量になります。これは厚いアンダー・コートが抜け落ちるからです。空調のきいた室内で飼われている犬は換毛のパターンが変わり、一年中少しずつ毛が抜けるようになることもあります。

## 被毛の色について

被毛が1色、あるいは色のコンビネーションのパターンが1種類しかないという犬種もありますが、たいていは2〜3色かそれ以上の色のバリエーションが見られます。この本の犬種説明では、写真の犬の毛色以外にその犬種に認められる被毛の色にできるだけ近い色見本（モデル犬以外の許容色）を掲載しています。
1つの色見本が複数の色を含んでいることもあります。スタンダードの記述に沿って色の名称をリストしていますが、同じ色でも異なる呼び方が使われていることがあります。たとえば、キング・チャールズ・スパニエルとキャバリア・キング・チャールズ・スパニエルでは「レッド」が「ルビー」と称されます。色のバリエーションが限られている場合、あるいはさまざまな色が見られる場合は、一般的・包括的な色見本を掲載しています。

 レッド、レッド・マール、ルビー、スタッグ・レッド、ディープ・レッド・ジンジャー、サンディー・レッド、レッド・フォーン、レッド・ブラウン、チェスナット・ブラウン、ライオン、オレンジ、オレンジ・ローン

 レバー、ブロンズ

 ブルー、ブルー・マール（ブルー・グレー）、アッシュ

 ダーク・ブラウン、チョコレート、デッド・リーフ、ハバナ

 ブラック、ダーク・グレー

 クリーム、ホワイト、ホワイト・ベージュ、ブロンド、イエロー

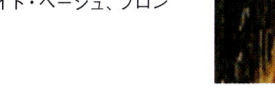 ブラック&タン、キング・チャールズ、ブラック・グリズル&タン、ブラック&ブラウン

 グレー、スレート・グレー、スチール・グレー、グレー・ブリンドル（グレーとその濃い色の斑）、ウルフ・グレー、シルバー

 ブルーの斑入りタン、ブルー&タン

 ゴールド、ラセット・ゴールド、アプリコット、ビスケット、ウィートン、サンド、ライト・サンド、マスタード、ストロー、ストロー・ブラッケン、イザベラ、あらゆる色合いのフォーン、ペール・ブラウン、イエロー・レッド、セーブル

 レバー&タン

 ゴールド&ホワイト（どちらが主でも可）、ホワイト&チェスナット、イエロー&ホワイト、オレンジ混じりのホワイト、セーブル&ホワイト、オレンジ・ベルトン、レモン・ベルトン

 チェスナット・レッド&ホワイト、レッド&ホワイト、白の斑点入りレッド

 レバー&ホワイト、レバー・ベルトン、ブラウン&ホワイト（どちらが主でも可）、レッド・ローン、ローン、レバーの斑点入りホワイト

 タン&ホワイト（どちらが主でも可）

 ブラック&ホワイト（どちらが主でも可）、パイボールド、ブラックにホワイトの斑点、セサミ（胡麻）、ブラック・セサミ、ブラック&シルバー

 トライカラー、ブラック&タン&ホワイト、グレー&ブラック&タン、ホワイト&チョコレート&タン、プリンス・チャールズ

 ブリンドル、ブラック・ブリンドル、ダーク・ブリンドル、フォーン・ブリンドル、ソルト&ペッパー、さまざまな色調のレッド・ブリンドル

 すべての色が許容される

# 神話、宗教、文学、映画に登場する犬

人間と犬の関係が文明の夜明け前から続いていることを考えれば、何千年もかけて両者の間に非常に強い文化的なつながりが発展してきたのも当然のこと。物質社会で人に仕える身から、宗教的な分水嶺を越え、犬は天国と地獄のしもべともなりました。そして、人間と犬の絆がさらに強まり、愛情と忠誠をベースにした関係が出来上がると、犬はようやく個性を持った存在として見られるようになり、文学や娯楽において、なくてはならない役割を担うようになるのです。

中国の狛犬

## 宗教と犬

もともと護衛者としての役割を担っていた犬が、さまざまな信仰において守護者としての象徴的な役割を与えられるのは、自然な成り行きだったといえるでしょう。古代エジプトでは、墓地に残る絵や象形文字が示すように、犬はジャッカルの頭を持つ冥界への魂の案内人であるアビヌス神と結びつけて考えられていました。犬の宗教的重要性に関する証拠は、マヤ文明古典期（前300〜900年）の遺跡でも発見されています。冥界での案内役として犬が飼い主と一緒に埋葬されていたことが、彫刻やミイラからうかがい知ることができます。アステカ文明（14〜16世紀）では、陶製の犬を死者とともに埋め、また宗教儀式では犬をいけにえとしていたと考えられています。中国では、唐獅子としても知られる狛犬の像が数多くの仏教寺院に見られ、その獅子のような外観が神聖な印象を与えています。

今日信仰される主な宗教では、ほとんどの場合犬は特別な意味を持ちません。不浄な生き物として遠ざける宗教もあるほどです。しかし、インドやネパールに住む一部のヒンドゥー教徒は犬を天国の門の守護者と考え、ヴィシュヌ神と結びつけています。ヴィシュヌ神の4頭の犬は、ヒンドゥー教の古代の聖典である4つのヴェーダを象徴する存在と考えられているのです。毎年行われる宗教行事では、犬は花輪で飾られ、額には聖なる赤い点のマーク（ティラカ）が付けられます。

## 神話や伝説と犬

昔からどの国でも、犬は忠実な存在、あるいは恐ろしい存在として古典的神話、伝説、民話などに登場します。古代ギリシャの叙事詩『オデュッセイア』の主人公・オデュッセウスの狩猟犬アルゴスは、なかでも最も忠実な犬といえるでしょう。アルゴスは20年もの間主人の帰りを待ち続け、オデュッセウスがついに帰って来たのを確認すると尾を振って主人を歓迎し、そしてこと切れるのです。恐ろしさにおいては、ギリシャ神話に登場する、3つの頭を持つケルベロス以上の犬はいないかもしれません。ケルベロスは冥界の番犬としてその門を守っていましたが、ヘラクレスによって生け捕りにされます。ヘラクレスにとって、これは最も危険な仕事でした。

妖怪犬の概念は、繰り返し神秘的な話に登場します。邪悪な犬は、南北アメリカからアジアまで世界の至るところで民話の一部になっています。伝説の多くは、妖怪犬（多くは黒くて大きな犬）が墓地や寂しい十字路に出没して人々を震え上がらせていたとされる、イギリスやアイルランドが発祥。妖怪犬には、バーゲストやグリムなど、土地によってさまざまな呼び名がつきました。シャーロット・ブロンテの長編小説『ジェーン・エア』において、ヒロインのジェーン・エアはふだんは確固たる意志を持つ女性ですが、ある場面ではイングランド北部に出没する不吉な犬の妖精ガイトラッシュを見たような気がして恐怖におびえます。アーサー・コナン・ドイルは『バスカヴィル家の犬』（1901年）で黒い妖犬の伝説を取り上げていますが、これは気味の悪い火のような目をしたハウンドがイギリスのダートムアで恐怖を引き起こす話です。

## 文学に登場する犬

犬を題材にした文学作品は2000年ほど前から存在しますが、最も初期の本は狩猟犬を飼う人向けの実用的な手引書でした。紀元前500年ごろに書かれたイソップの寓話にも架空の犬が登場する話がたくさんあります。しかし古代ギリシャの語り部イソップは、貪欲さやだまされやすいことなど人間の性質や欠点を説明するために犬を使いました。犬が犬として登場するようになるのはそれから何世紀も経た後で、犬がペットとして飼われるようになってからのことです。

架空の犬として初期に登場し根強い人気があるのは、シェイクスピアの作品『ヴェローナの二紳士』（1592年）に登場する『クラブ』でしょう。クラブの飼い主である召使いのラーンスは、クラブについて「ところがこの雄犬のやつ、お酢のようにすっぱい野郎だ

**忠犬アルゴス**
ホメロスの叙事詩『オデュッセイア』に登場する『アルゴス』はオデュッセウスの忠実な愛犬。オデュッセウスが20年の後に変装して故郷イタカに戻り着いたとき、アルゴスは最初に主人であることに気づきました。

# 神話、宗教、文学、映画に登場する犬

### 白い牙
1906年にジャック・ロンドンによって書かれた小説『白い牙』は、オオカミ犬の物語。闘犬として何度も勝利を収めますが、あるときブルドッグと対戦し、瀕死の重傷を負います。

(小田島雄志訳『シェイクスピア全集』より)」と悲しげに語ります。舞台ではお笑いの種として実際の犬が演じることの多いこの薄情なハウンドは、けっして「最良の友」とはいえないかもしれません。しかし犬の物語の多くは、犬が示す無償の愛をテーマにしています。

100年前に人気があったジャンルの特色をよく表しているのは、『野生の呼び声』(1903年)や『白い牙』(1906年)などのジャック・ロンドンによる作品でしょう。これらの物語は、犬の視点に勇ましいアクションを組み合わせて書かれたものです。一部残忍な描写を含むにもかかわらず、古典として読まれ続けている本です。

もう少し安心して読める物語に登場する犬のなかで最も愛された犬といえば、悲しい目をしたニューファンドランドの『ナナ』が挙げられるでしょう。ナナは『ピーターパン』に登場するダーリング家で飼われている犬ですが、子どもたちを学校まで連れて行ったり、入浴を急かしたりと世話を焼きます。『ティミー』という犬も、ナナ同様有名です。エニード・ブライトンが1940年代〜1960年代にかけて書いた『フェイマス・ファイブ(The Famous Five)』シリーズで5番目のメンバーとして登場するラフ・コートの雑種犬ですが、ありとあらゆる種類の信じられないような冒険で4人が困難を切り抜けるのを助けます。ナナよりは現実味があり、子どもたちが仲間としてイメージしやすい犬だといえるでしょう。そのほかに昔から知られている忠実な犬としては、『少年探偵タンタン』(P209)の相棒であるホワイト・テリアの『スノーウィー』や、『オズの魔法使い』に登場するドロシーの愛犬『トト』がいます。

## 映画と犬

20世紀以降、犬の物語は映画で成功を収めるようになりました。ウォルト・ディズニーのアニメに登場する犬たちは数十年にわたって映画の愛好者を楽しませてくれています。お調子者の『プルート』、育ちの良い『レディー』、機転が利いて抜け目のない『トランプ』、そして『101匹わんちゃん』のダルメシアンたち。本当の犬が登場する人気映画には『名犬ラッシー』(P52)、『Old Yeller』、『ビッグ・レッド』、そして『三匹荒野を行く』などがあります。映画において犬は優れたコメディアンとしても活躍し、多くの主演級の俳優が共演犬に人気を譲ってきました。そうした記憶に残る犬としては、『ターナー&フーチ／すてきな相棒』(1989年)で刑事の捜査を手伝うマスティフの『フーチ』や、『マーリー〜世界一おバカな犬が教えてくれたこと』(2008年)に出てくるラブラドール・レトリーバーの『マーリー』、それに『アーティスト』(2011年)で俳優顔負けの演技を見せたジャック・ラッセル・テリアなどがいます。

### 三匹荒野を行く
1960年代の感動作『三匹荒野を行く』は、同名小説をベースにした映画。ラブラドール・レトリーバーの『ルーア』、ブル・テリアの『ボジャー』、そして不屈のシャム猫『テーオ』が、飼い主の家を目指して荒野を何百マイルも旅する物語です。

### アーティスト
ジャック・ラッセル・テリアの『アギー』は、『Mr.Fix It』、『恋人たちのパレード』、そして『アーティスト』に出演したことで有名です。『アーティスト』でのアギーの演技は世界中で絶賛され、映画は数多くの賞を受賞しました。

犬の世界への誘い ｜ 芸術作品や広告に登場する犬

# 芸術作品や広告に登場する犬

絵画に描かれ、彫刻に彫られ、タペストリーに織り込まれ、写真に撮られ、そして企業のロゴに使われ……。犬が人の目に訴える力は、あらゆる場面において威力を発揮してきました。どのような媒体においても、犬は言葉なしに何事かを物語っています。飼い主についての何か、表現する人の何かを伝え、またライフスタイルやその時々の嗜好を映しているのです。多くの人が犬を愛し、芸術のテーマとしての犬を楽しんできました。人は犬に対して魅力を感じることから、商品やサービスの宣伝にも犬のイメージは使われ続けています。

ホガースと愛犬のパグ「トランプ」

## 描かれた犬たち

イエイヌは、芸術の歴史にもその痕跡を残しています。最も初期に描かれた犬は、そもそもの役割である狩猟の仲間として描かれたもので、アフリカのサハラ砂漠で発見された先史時代の岩窟壁画に見られます。これらの岩窟壁画は5000年以上前のものだと考える研究者もいます。古代ギリシャ・ローマ時代には、今日のグレーハウンドに似た犬たちが狩猟に加わる様子が、ギリシャ神話に登場する狩猟の女神アルテミスを題材にしたすばらしい彫刻からうかがえます。しかし、古典に登場する最も有名な犬は実は狩猟犬ではなく、ポンペイの遺跡から発掘されたモザイク画に描かれた犬でしょう。鎖につながれたどう猛な護衛犬は、まるで生きているかのようです。後の時代になると、よりスマートなサイトハウンドが鹿やユニコーンを追いかけているようなモチーフが中世のタペストリーに見られます。ノルマンディー公によるイングランド征服を描いた有名なバイユーのタペストリーには、およそ35頭（55頭という説も）の犬が登場します。狩猟犬をテーマにしたものは、18世紀にスポーツとしての狩猟を描いた作品へと続き、フォックスハウンドの群れが吠えながら追跡する場面や、獲物をくわえたガンドッグのポートレートなどが、19世紀の領主たちに好まれました。

19世紀に犬が一般家庭に受け入れられるようになるまでは、犬は富裕層が画家に描かせた肖像画にペットとして登場する程度でした。貴族の家庭犬として、あるいはリボンの飾りを付けた子どもたちの腕の中などに描かれたのです。現実の生活として犬が描かれることは、美術界では何世紀もの間一般的なことでした。ウィリアム・ホガース（1697～1764年）は、自身の肖像画でパグの愛犬『ト

**岩面彫刻**
石器時代から21世紀の今日に至るまで、犬は芸術作品のテーマとして人々に親しまれてきました。サハラ砂漠（アルジェリア）にあるこの岩絵は、犬を描いたものとしては最も古いもののひとつです。

**バイユーのタペストリー**
11世紀に作られたバイユーのタペストリーには、大型犬3頭とそれより少し小さめの2頭がハンターの前を走っている姿が描かれています。

**ブロックルスビー・フォックスハウンド**
英国の画家ジョージ・スタッブスによって1792年に描かれた、解剖学的にも正確なフォックスハウンドの肖像画。当時のフォックスハウンドの外見を知ることができます。

芸術作品や広告に登場する犬

**皇帝カール5世と猟犬**
ティツィアーノ・ヴェチェッリオによるカール5世の肖像画は、皇帝が大型犬を押さえる姿を描くことによって、それとなく皇帝の権力を示しています。

『ランプ』とポーズを取っていますが、社会的主張を暗示するものとして作品に犬を含めることがありました。ホガースは、残飯を盗んだり足を上げてオシッコするなどの、日ごろ注目されない犬との日常をよく描いていました。18世紀後半になると、ジョージ・スタッブスなどの画家によって、犬が犬として描かれるようになりました。ヴィクトリア朝時代になると、有名なところではエドウィン・ランドシーア卿（1802〜1873年）を含む画家の間に、犬に対するより感情的な姿勢が見られるようになります。ランドシーア卿の描いた献身的なニューファンドランドや快活なテリア、優雅なディアハウンドは、彼が生きた時代の美徳や感情を表現しています。

世界で高く評価されている絵画にも、犬が登場しています。印象派、後期印象派、シュールレアリズム、モダニズムなどの画家によって、さまざまな形で表現されたのです。ルノワールは膝の上に座る犬、犬との散歩、そしてピクニックに加わっている犬など、数多くの作品で犬を描いています。彼の作品でも最も有名な絵画のひとつ、『舟遊びの人々の昼食』（1880〜1881年）では、最前面に描かれた小さな犬にもスポットライトが当てられています。もうひとり、ピエール・ボナール（1867〜1947年）も好んで犬を描いた画家でした。通りをうろつく雑種犬からペットまで、ボナールの描いた犬には個性があふれています。

シュールレアリズムの画家、サルバドール・ダリの絵画では、犬はぼんやりとしたシンボルとして使われており、不穏さを増しています。彼の『ナルシスの変貌』で死骸を噛み砕く飢えたハウンドは、おそらく死と腐敗を映しています。ダリの犬と同じくらい謎めいているのは、同じくシュールレアリズムの画家ジョアン・ミロの作品で、殺風景なキャンバスに描かれた、冷たい月に向かって吠える漫画的な小さな犬でしょう（『月にほえる犬』）。犬を愛したピカソによる愛犬『ランプ』のシンプルな素描は、ダックスフンドの特徴を数本の優雅なラインでよくとらえており、印刷されるピカソの作品の中では最も人気のあるもののひとつです。ルシアン・フロイドはウィペットの愛犬『エリー』と『プルート』をいくつかの力強い肖像画に描き込んでいます。彼の『白い犬と女』で描かれているブル・テリアに、フロイドの最初の妻であるモデルの女性と同じくらいフォーカスされています。

## 商業的アイコンとしての犬

広告の世界では、犬が人に対して持つ訴求力が非常に貴重であることが証明されてきました。芸術家が時に犬を象徴的に描くのと同様に、マーケティング担当者はメッセージを効果的に伝えるのに犬が役立つことを理解しています。強くて頼りがいのあるブルドッグは保険のセールスに。大きくて毛むくじゃらの犬は家庭にやさしい商品をイメージさせますし、ふわふわした小型犬は美をサポートする商品にふさわしいイメージを持っています。

1899年から音楽会社のHMV（His Master's Voice）のロゴとして使われているテリアの『ニッパー』は、最もよく知られている広告アイコンの一例でしょう。スコッチウイスキーのあるブランドのトレードマークとして1890年代から知られている黒いスコティッシュ・テリアと白いウエスト・ハイランド・ホワイト・テリアも、同じくらい長く使われています。この「ブラック＆ホワイト」をモデルにしたオリジナルのフィギュアやジョッキ、灰皿は、今やコレクターズアイテムになっているほどです。

テレビが登場すると、犬を使ったコマーシャルが見られるようになり、ペンキからクレジットカードまで、あらゆる商品の宣伝に使われています。1970年代以降は、抱きしめたくなるようなラブラドール・レトリーバーの子犬たちがトイレットペーパーのマスコットとして活躍し、トイレットペーパーに埋もれながら跳ね回るコマーシャルが流れています。もちろん、犬用商品の宣伝にも犬が登場します。目を輝かせて跳ね回る犬の姿は、さまざまなペットフードのすばらしさをアピールするために使われているのです。ブラッド・ハウンドの『ヘンリー』は、1960〜70年代にかけて放映されて大人気だったテレビコマーシャルで、悲しげな表情でただ座っていただけでしたが、最大のヒットだったといえます。

ファッションの世界でも「キュートなら売れる」の原則に基づいて、しばしば犬が使われています。オートクチュールを身にまとうモデルやラグジュアリーな商品を宣伝するモデルの横に犬がいれば、アクセサリーとして非常に効果的です。富裕層向けのファッション雑誌には、デザイナーズ・ブランドのジュエリーを首に着けたり、高級バッグから頭を出したりしているパグやチワワなどがあふれています。

**His Master's Voice (HMV)**
1899年からHMVのロゴに使われている、蓄音機の前でラッパ部分を覗き込むテリア。21世紀に入った現在も現役で活躍しています。

# 犬とスポーツ、使役犬

人間と犬はこれまで、仕事も遊びも一緒にうまくやってきました。犬は追いかけることや走ることに対してはもともと熱心ですし、人間はそうした犬の性向を狩猟やスポーツに生かす方法を、はるか昔に学んだのです。また犬の知能も、仕事のパートナーとして人間の要求に十分応えられるものだということがわかってきました。たいていの犬は人を喜ばせることが好きなこともあって、数々の任務を引き受けてきたのです。護衛、牧畜、ガイド、追跡、さらにはホームヘルパーとして、犬は喜んでその役割を担ってきたのです。

## スポーツとしての狩猟

太古の人々は食糧（獲物）を捕獲することに犬を利用しました。文明の進歩とともに、犬を使った狩猟はスポーツへと変化しましたが、スポーツとしての狩猟を行うのは上流階級の人々に限られていました。3000年も前の壁画に描かれているように、古代エジプトの人々は、今日見られる耳の大きいサイトハウンド（ファラオ・ハウンドやイビザン・ハウンドなど）によく似た犬と一緒に狩猟をしていました。中国では、漢の時代の霊廟（紀元前206〜220年）から、獲物を指し示しているかのように見える、がっしりした体格のマスティフタイプの狩猟犬の精巧な彫刻が見つかっています。

ヨーロッパでは、中世にはさまざまなタイプの犬を使った狩猟に君主や領主たちが情熱を傾け、グレーハウンドやハリアに似た俊足のハウンドが獲物の小動物を追って放たれていました。しかしクマやイノシシのような危険な獲物には、より大型のハウンドが必要とされ、マスティフやブラッド・ハウンドに似た「アラウント」や「リマー」といった現在ではもう見られない犬を含む大小さまざまな犬のパック（群れ）が使われていました。

さらに時代が進むと、パック・ハンティングに使われる犬たちははっきりと見分けのつきやすい犬種に進化し、フォックス・ハウンドやスタッグ・ハウンド、オッター・ハウンドとなりました。現在ではハウンドを使った生きた獲物の狩猟は禁じられている国もありますが、追跡の楽しさは、人工的に作られた臭跡をパックに追わせるドラッグ・ハンティングに、今も生きています。銃の発明によって水鳥やキジ、ライチョウなどの鳥獣を撃ち落とすス

**足跡・臭跡追求**
古代のハンターは、獲物を追跡するときにハウンドが見せる臭跡能力と脚力を理解し、狩りの成功率を上げるためにこれらの犬を伴って狩りをしていました。ヘラクレスが狩りをするところを映したローマ時代のこの浮彫でもその様子がうかがえます。

ポーツが発展してくると、高度に特殊化された役割の犬が作出されました。ハンターに獲物の位置を教えるポインターやセター、茂みの中で獲物を追い立て飛び立たせるスパニエル、そして撃ち落とされた鳥を回収するレトリーバーなどが挙げられます。

## ドッグ・スポーツ

人間が自分たちの楽しみに犬を活用するのは、何も狩猟だけではありません。最も古くから存在し、最も残忍とされる娯楽のひとつに、かつて古代ローマの競技場で見られた、マスティフなど力強い犬をクマや雄牛、時には犬同士と対戦させる闘犬があります。戦いは血を見るもので、一方の勝利はもう一方の死、あるいは四肢の切断などの大ケガを意味していました。規模は小さくなりますが、テリアをネズミと戦わせるゲームもかつては人気がありました。

ほかにも、人間は犬を使うスポーツを数多く考え出してきました。なかでもタイムを競う競走は歴史の古いものです。グレーハウンドやウィペット、サルーキなど俊足のサイトハウンドがノウサギを追いかける「コーシング」は、ヨーロッパの多くの国々で違法とされるまで、2000年近くも人気を集めていました。また、グレーハウンドのレースは何百年ものあいだ人々を惹きつけています。20世紀以降、スピードと持久力という意味で最もハードなドッグレースといえば、「犬ぞり」が挙げられるでしょう。グリーンランド・ドッグやシベリアン・ハスキーなど寒冷地の気候に適した犬たちが、過酷な北の地方で何百マイルものレースを繰り広げるのです。

犬たちが敏捷性、知力、そして従順性を発揮し

**アフガン・ハウンドのレース**
ドッグレースは何世紀にもわたって人気のある娯楽です。疑似餌（ルアー）を追いかけてトラックを回り、ゴールを目指すこのレースには、アフガン・ハウンドを含むいくつかのハウンドが使われます。

**群れを集める** 牧羊犬は羊の群れを集めるよう訓練されており、過酷な気候条件下の作業に耐えられるくらい丈夫です。ニュージーランドのトワイゼルでボーダー・コリーが羊の群れを追っている様子。

て難しい障害コースを走り抜ける競技も盛んに行われています。アジリティー競技は激しいレースになることも多いものです。しかし、障害を越えることやトンネルをくぐり抜けることが大好きな犬ならどんな犬でも参加できる、初心者向けのアジリティー・イベントも数多くあります。

## 仕事に活躍する使役犬

古くからある犬の職業といえば、家畜の護衛や牧畜が有名です。世界のあちこちで、今でも多くの犬が活躍しています。クマやオオカミがいる地域での牧畜は、つねに危険と隣り合わせ。家畜を守るために非常に防衛本能が強い大型犬種が開発されたのです。今でも東欧で見られる、厚い被毛に覆われた牧畜・牧羊犬などがそれに当たります。

犬の力はまた、ハーネスを使って発揮されることもあります。荷車運搬犬としての大型犬はその例でしょう。極地の氷の上でそりを引いたり、ミルクを載せた荷車を引いたり、小さな子どもを荷車に載せて運んだりするのです。過去には小型犬でさえ動力を得るために利用されていました。串焼きの鉄串を回すために延々と踏み車の上を走り続けるテリアが、大きな家や宿屋のキッチンで見られることもあったのです。

犬は戦争にも駆り出されてきました。第一次・第二次世界大戦では伝令の役割を担い、救急品や武器などを、人が立ち入ることのできない場所まで運びました。今日、爆破装置を嗅ぎ分けるよう訓練された犬は軍隊にとっては重要な役割を果たしています。また警察や治安部隊にとっても、犬の持つ嗅覚が役に立つことは証明されています。ブラッドハウンドは吠えながら逃亡中の容疑者を追跡しますし、薬物検知や破壊された土地での生存者発見においても、特別に訓練された犬たちが貴重な働きを見せています。

犬は多くの場合、家庭生活でも役に立っています。古代アステカ人は、寒い夜にはヘアレスドッグを湯たんぽ代わりにしていたそうです。しかし現代の犬は、人間のパートナーとしてもっとアクティブであることが求められます。盲導犬は視覚障害のある人が道路や階段など危険な場所をうまく通り抜けるのを手助けします。そのほかの障害や病気を抱えた人も、犬を頼りにしています。てんかんの発作が起こりそうなときに警告を発したり、食器洗い機に食器を入れるなどの仕事をこなすために特別に訓練された介助犬もいるのです。病院やホスピス、介護施設では、慎重に選ばれた従順な犬が患者に癒しを提供するべく活躍しているケースもあり、その活動は本当の意味でのセラピーとして広く受け入れられているのです。

# 第2章 犬種の解説

**多才な古代犬種**
ペルーヴィアン・ヘアレス・ドッグ(P36)は、今では主にペットとして飼われています。しかしこのたくましい犬種は、何百年にもわたってセラピー・ドッグや家庭犬はもちろん、狩猟や護衛にも使われてきました。

# 古代犬種 （プリミティブ・ドッグ）

今日見られる犬種のほとんどは、特定の性質を定着させるために何百年にもわたって犬種改良を繰り返してきました。しかし、古代犬種と呼ばれるいくつかの犬種は、祖先であるオオカミが持っていた特徴を今なお維持しています。古代犬種は犬種のグループとしてはっきり定義されているわけではなく、すべての専門家やケネルクラブがそのようなカテゴリーを認めているわけではありません。

このグループには多様な犬種が集まっています。その多くが、立ち耳やくさび形の頭部、先のとがったマズル、そして遠吠えに似た声を出すなど、オオカミと共通する特徴を残しています。ほとんどが短毛ですが、犬種のルーツによってその色や密度はそれぞれ異なります。また、年に2回発情期を迎えるほかの犬種と違い、多くの古代犬種は年に1回しか発情しません。

人間とあまりかかわりを持たず改良されていなかった古代犬種への関心を、犬の専門家は高めつつあります。古代犬種は世界中のあらゆる地方にその起源を持ち、北米のカロライナ・ドッグや、ニューギニア・シンギング・ドッグなどの珍しい犬種も該当します（ニューギニア・シンギング・ドッグは遺伝学的にオーストラリアのディンゴに近いとされます）。これらの犬は特定の気質や外見を定着させるための改良をされておらず、時の流れのなかで自然に進化してきたので、完全に家畜化されているとはいえません。なかでも絶滅の危機に瀕しているニューギニア・シンギング・ドッグは、動物園でしか見ることのできないような犬なのです。

なかには、何千年ものあいだ姿形が変わっていないと考えられる犬種もいます。アフリカに起源を持つバセンジーがその一例で、ペットとして人気が出るまでは、生まれ故郷で長く狩猟に使われていました。

ほかにも、メキシコや南米にルーツを持つヘアレス・ドッグが挙げられます。この犬種は古代文明の壁画や埋蔵品に描かれている被毛のある犬種が、突然変異して生まれました。

一方で近年の遺伝子調査では、古代犬種に含まれることの多いファラオ・ハウンドとイビザン・ハウンドの2犬種は、もはや古代犬種と考えるべきではないことが示唆されています。この2犬種は、3000年前の壁画に描かれた耳の大きなエジプトのハウンドの直系の子孫だと長く考えられていました。しかし、昔のままの姿形で現在に至るわけではないことを示す遺伝学的証拠が発見されたのです。ファラオ・ハウンドとイビザン・ハウンドは、近代になって古代犬種を再現するために改良された犬種である可能性が高まっています。

犬種の解説｜古代犬種（プリミティブ・ドッグ）

古代犬種（プリミティブ・ドッグ）

# バセンジー　Basenji

| 体高 | 体重 | 寿命 | さまざまな毛色 |
|---|---|---|---|
| 40〜43cm | 10〜11kg | 10年以上 | （肢、足、尾の先端にホワイトのマーキングが入る場合もある） |

## スタイル抜群で優雅な犬
## 警戒心が強く、吠える代わりに"ヨーデル"のように鳴く

最も原始的な犬の一種であるバセンジーは、中央アフリカに起源を持つ狩猟犬です。カナーン・ドッグ（P32）と同じく、「シェンシー・ドッグ（Schensi dogs）」として知られるグループ（完全には家畜化されていない犬種のグループ）に属します。ピグミー族は、伝統的にこの犬を狩猟に使っています。群れを作って部族と一緒に暮らしていますが、半ば独立して生活。狩猟で大きな獲物を網に追い込むときに使われます。獲物を驚かせるため、首には鈴を付けられることが多いようです。西洋の探検家が、初めてバセンジーに遭遇したのは17世紀のこと。「コンゴのテリア」、「茂みの犬」などと呼ばれていたようです。1930年代にはこの犬がイギリスに持ち込まれ、「バセンジー」と名づけられます。これはアフリカのコンゴ地方の言葉で、「茂みから来た小さなもの」あるいは「村人の犬」などの意味があるそうです。

バセンジーの特徴のひとつとして、「吠えない」ことが挙げられます。喉頭（発声器）がほかの多くの犬と異なる形をしているからです。その代わりに、遠吠えに似た"ヨーデル"のような声で鳴くのです。このためアフリカでは、バセンジーを「しゃべる犬」と称する部族もいるのだそうです。もうひとつの注目すべき特徴は、発情の回数です。通常、人間とともに暮らしてきた純粋犬種のメスは年に2回発情しますが、バセンジーのメスはオオカミのように年に1回しか発情しません。

性格は愛情深く遊び好きで、家庭犬として人気があります。家族には忠実ですが、独立心が強いので、命令に従わせるためには慎重な訓練が必要でしょう。また、足が速く敏捷で聡明です。視覚と嗅覚の両方を使って獲物を見つけ、追いかけたり臭いを追跡したりするのが大好きです。退屈させないためには、精神的にも肉体的にもかなりの運動が必要でしょう。

### バセンジーに魅せられたブリーダー

ヴェロニカ・テューダー・ウィリアムス（写真）は1930年代の終わりにアフリカからイギリスへバセンジーを持ち込んだ女性です。第2次世界大戦時の食糧不足のなかでもブリーディングを継続し、子犬を北米に輸出してバセンジーをアメリカに定着させました。1959年、彼女は犬種改良に使えそうな生粋のバセンジーを求めて南スーダンに渡り、2頭を連れ帰りました。そのうちの1頭で、『フーラ』と呼ばれた赤と白の毛色のメスは、（ドッグ・ショーには一度も出陳されませんでしたが）犬種の繁栄に大きな影響を及ぼし、現在登録されているほとんどすべてのバセンジーの血統にその血が入っています。

- 背上で固く巻かれた尾
- 警戒しているときは額にしわが寄る
- よく整った顔立ち
- レッド
- 上が平らな頭蓋骨
- なめらかな短毛
- 長く優雅な頸部
- 長い前肢
- 子犬

犬種の解説 | 古代犬種（プリミティブ・ドッグ）

## ニューギニア・シンギング・ドッグ
New Guinea Singing Dog

- 体高：40〜45cm
- 体重：8〜14kg
- 寿命：15〜20年

セーブル｜ブラック＆タン
（どの毛色にもホワイトのマーキングが入っているのが一般的）

　ニューギニア原産のディンゴに似た珍しい犬種で、ニューギニアでは野生または半家畜化された状態で生活しています。珍種として動物園でも飼育されていますが、ペットとして迎えている熱心な愛好者もいます。この犬は遠吠えのピッチを変える能力を持っており、そこから「singing dog（歌う犬）」の名がつきました。

- くさび形の頭部
- レッド
- 短く、密生した豊富な被毛
- 小さな立ち耳
- 適度に引き締まった腹部

## カナーン・ドッグ
Canaan Dog

- 体高：50〜60cm
- 体重：18〜25kg
- 寿命：10年以上

ホワイト｜ブラック｜レッドに白斑｜ブラックに白斑

　イスラエルで番犬や牧畜犬としてブリーディングされてきた犬。強い防衛本能を持ちますが、それが攻撃性に発展することはほとんどありません。非常に賢いので、しっかりと訓練をすれば信頼のおける愛情深い家庭犬になります。ただ、数が少ないこともあってその存在自体があまり知られておらず、幅広い人気を得るには至っていません。

- 密生した粗い被毛
- ふさふさとした、太い巻き尾
- 密集した粗い被毛
- 耳は幅広く、低い位置に付く
- 巻き上がった腹部
- ホワイトのマーキングがある胸
- サンド

## ファラオ・ハウンド
Pharaoh Hound

- 体高：53〜63cm
- 体重：20〜25kg
- 寿命：10年以上

　現代のファラオ・ハウンドは、マルタ島（マルタ共和国）が原産です。古代エジプトの絵画や埋蔵品に描かれている、立ち耳の優雅な狩猟犬によく似ています。落ち着いた気質ですが、十分な運動が必要。外で自由にさせると、小動物などを追いかけて飛び出してしまうことがあります。

- 大きな立ち耳
- 琥珀色の目
- ほっそりしてエレガントなボディ
- しなやかな尾は、興奮すると上向きにカーブする
- アーチ形の長い頸
- リッチ・タン
- 通常は胸にホワイトのマーキングが入る
- 短くつやがある、やや粗めの被毛
- 足先にしばしばホワイトのマーキングがある

32

# 古代犬種（プリミティブ・ドッグ）

## カナリアン・ウォーレン・ハウンド
Canarian Warren Hound

- 体高：53〜64cm
- 体重：16〜22kg
- 寿命：12〜13年

「ポデンゴ・カナリオ」の名でも知られ、カナリア諸島全域で見られます。ルーツはエジプトにあり、その歴史は何千年も前にさかのぼります。スピードと鋭い視覚、優れた嗅覚が高く評価され、ウサギ狩りなどに使われています。繊細で落ち着くことが苦手なので、室内での静かな生活にはあまり向いていないかもしれません。

## キルネコ・デルエトナ
Cirneco dell'Etna

- 体高：42〜52cm
- 体重：8〜12kg
- 寿命：12〜14年

イザベラ、ライト・サンド

シチリア島（イタリア）原産で、エトナ山周辺地域に起源があると考えられています。原産国以外ではあまり見ることのできない犬です。しなやかでたくましく、走って狩りをするのに適した体つきをしています。おとなしいペットを望む飼い主にはやや扱いが難しいでしょう。

## イビザン・ハウンド Ibizan Hound

- 体高：56〜74cm
- 体重：20〜23kg
- 寿命：10〜12年

 ライオン

パック（群れ）で狩りを行う犬として、スペインでウサギ狩りに使われていた犬。地面が凸凹でも苦にせず駆け抜けるため「レーキング・トロット」（速い駆け足）と呼ばれています。ジャンプ力もすばらしく、庭のフェンスも簡単に飛び越えてしまうほど。そのため"脱走の名人"と呼ばれるのですが、飼い主がこの犬の特徴をよく理解して、塀を高くするなど対策を取れば、それほど飼うのが難しいわけではありません。とにかく活動的で、膨大な量の運動が必要ですが、家庭犬としての生活にうまく適応する性質は持っています。被毛はスムースとラフの2種類があり、どちらも手入れは簡単です。

犬種の解説｜古代犬種（プリミティブ・ドッグ）

# ポーチュギース・ポデンゴ Portuguese Podengo

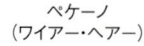
ペケーノ（ワイアー・ヘアー）

| 体高 | 体重 | 寿命 | ホワイト／イエロー |
|---|---|---|---|
| ペケーノ：20～30cm | ペケーノ：4～5kg | 12年以上 | ブラック |
| メディオ：40～54cm | メディオ：16～20kg | | （ホワイトの個体にはイエロー、ブラックまたは |
| グランデ：55～70cm | グランデ：20～30kg | | フォーンの斑あり。ペケーノはブラウンも可） |

### サイズや毛質が多彩で万能の狩猟犬。
### 精神的・肉体的な刺激を十分与えれば、愉快な家庭犬に

ポルトガル原産の犬。2千年以上前にフェニキア人によってイベリア半島に持ち込まれた犬が起源だといわれています。現在、ペケーノ（小型）、メディオ（中型）、グランデ（大型）の3つのバリエーションがあります。湿気の多いポルトガル北部では、一般的に被毛が乾きやすいスムース・ヘアーのポデンゴが見られます。一方、乾燥した南部ではワイアー・ヘアーの犬が多いようです。いずれのタイプもかつては狩猟犬として繁殖されており、ポルトガルでは現在でも狩猟に使われています。

ポルトガル人は、大航海時代（15～16世紀ごろ）に南北のアメリカ大陸を探検して植民地化。ブラジルやカナダの一部に入植しました。当時の船にはポデンゴが乗せられており、航海中は害獣駆除に大いに役立っていたといわれています。新大陸にたどり着くと、犬たちは通常の仕事に戻されました。「ポデンゴ」とはポルトガル語で立ち耳の狩猟犬全般を指しているので、初期に新大陸に渡った犬は、私たちが現在ポデンゴと呼ぶ犬とはかなり異なっていたことでしょう。

とくにペケーノは、イギリスとアメリカの両方に持ち込まれており、家庭犬としての人気が急上昇しています。対照的に、再び数を増やすための努力がなされているにもかかわらず、グランデは1970年代以降徐々にその数を減らしています。サイズにかかわらず、その知能と用心深さですばらしい番犬となってくれる犬です。

## 適切なサイズを求めて

主にノウサギ（アナウサギ）を狩るために作られたポーチュギース・ポデンゴ。どのような地形でも働けるように3種類のサイズが作られました。グランデはスピードに重きが置かれる南中央ポルトガルの開けた土地での狩りのために作出されました。より小さく機動性のあるメディオは、獲物を求めてもっと広い範囲をカバーしなければならない、さらに北の地方で使われました。最も小柄なペケーノは、大きな犬では力を発揮しにくい、下草の生い茂ったところで狩りをします。

顔にはホワイトのブレーズ

三角形の大きな立ち耳

ホワイトのマーキングが入ったフォーン

短毛

フォーン

力強い後躯

メディオ（スムース・ヘアー）

ペケーノ（スムース・ヘアー）

丸みを帯び、アーチがかった足先

## カロライナ・ドッグ　Carolina Dog

- 体高：45〜50cm
- 体重：15〜20kg
- 寿命：12〜14年

- 濃いレッド・ジンジャー
- ブラック＆タン

「アメリカン・ディンゴ」としても知られるこの犬の先祖は、アジアから来た初期の開拓者によって北米に持ち込まれ、家畜化されたと考えられています。アメリカ南東部の州では、まだ半野生のカロライナ・ドッグが住んでいます。当然ながら警戒心が強く、ペットとして受け入れるには早い段階での社会化が必要です。

- 三角形の立ち耳
- ウィートン
- 他よりも長い頸の毛
- 短く密な被毛
- 警戒時に特徴的なフック形に曲がる尾
- 胸の色は他よりも明るい

## ペルーヴィアン・インカ・オーキッド　Peruvian Inca Orchid

- 体高：50〜65cm
- 体重：12〜23kg
- 寿命：11〜12年

- さまざまな毛色
（ヘアレス・ドッグの皮膚はつねにピンク色だが斑の色はさまざま）

この犬の本当の起源は、長い歴史のなかでわからなくなってしまいました。しかし、このタイプの犬がインカ文明で重要視されていたことは知られています。この犬種にはヘアレス・タイプと被毛のあるタイプの2種類があります。被毛が少なく皮膚が繊細なので、室内での生活に適しています。

- 警戒時に半立ちになる耳
- 頭頂部に生えた冠毛
- まっすぐな背中
- ヘアレス・タイプ
- ピンク地にダークな斑
- 尾は腹部の下に巻き込まれることも
- 前足は後ろ足より長い

犬種の解説｜古代犬種（プリミティブ・ドッグ）

# ペルーヴィアン・ヘアレス・ドッグ Peruvian Hairless

体高
ミニチュア：25〜40cm
メディオ：40〜50cm
グランデ：50〜65cm

体重
ミニチュア：4〜8kg
メディオ：8〜12kg
グランデ：12〜25kg

寿命
11〜12年

ブロンド
ダーク・ブラウン
ブラック

グランデ

## 穏やかで明るく敏捷
## 見知らぬ人が近くにいると用心深くなる性質

　南米のヘアレス・ドッグの記録はインカ時代以前にさかのぼり、古くは紀元前750年ごろの陶器の模様にその姿を見ることができます。元気いっぱいで優雅なこの犬は、インカ帝国の貴族の家でよく飼われていました。

　アンデスの人々は、この犬が幸運をもたらし、健康にも良い影響を与えると信じて、痛みを和らげるためにこの犬を抱いていたそうです。その尿や糞は薬に使われていたのではないかとさえ考えられています。人が死ぬと、死後の世界でお供をするために陶製のヘアレス・ドッグなどが一緒に埋葬されることもありました。

　スペインがペルーを征服すると、ヘアレス・ドッグはほとんど絶滅寸前まで迫害されましたが、多少ながら生き残った犬もいました。2001年以降は国家の歴史的遺産とされ、保護されています。2008年には1頭のペルーヴィアン・ヘアレス・ドッグがアメリカのオバマ大統領にペットとして贈られました。

　この犬種には、ミニチュア、メディオ、グランデというサイズ・バリエーションがあります。ヘアレス・ドッグは後臼歯、前臼歯がないという欠陥を伴いがちで、毛がないという特性は特定の劣性遺伝子が原因で作り出されるとされています。しかし、同胎の子犬のなかでも毛が生えている個体がいる場合もあります。寒さに敏感で、日に焼けやすい繊細な皮膚は保護が必要です。

### 歴史のなかで

インカ帝国以前に栄えたとされるナスカの文明は、巨大な地上絵を作り出したことで有名です。地上絵のさまざまなデザインや形の中には、犬を含む70を超える動物が登場します。西暦100〜800年のあいだに作られた、体長51mにも及ぶ犬の地上絵は、表面の砂利を取りのぞき、その下にあるより明るい色の岩をむき出しにすることで線が作られています。描かれた犬（写真）はペルーヴィアン・ヘアレス・ドッグの祖先なのかもしれません。

冠毛
ローズ・イヤー
エレファント・グレー
皮膚の色とマッチした目の色
繊細でしなやかな皮膚
巻き上がった腹部
肢にはピンクの斑

**メディオ**

ミニチュア

長い足

# メキシカン・ヘアレス・ドッグ　Mexican Hairless

| 体高 | 体重 | 寿命 | |
|---|---|---|---|
| ミニチュア：25〜35cm<br>インターミディエイト：36〜45cm<br>スタンダード：46〜60cm | ミニチュア：2〜7kg<br>インターミディエイト：7〜14kg<br>スタンダード：11〜18kg | 10年以上 | レッド<br>レバーもしくはブロンズ（右） |

ミニチュア（子犬）

## 穏やかで用心深い性格で、ケアは簡単 楽しく愉快な家庭犬に

「ショロイツクインツレ」とも呼ばれるヘアレス・ドッグは3千年以上前の陶器の模様などに描かれ、アステカやマヤなど中央アメリカに位置する墓地からも見つかっています。

スペイン人に征服される前のメキシコでは、ヘアレス・ドッグは家庭犬として、またベッドを温める湯たんぽ代わりとして大切にされていました。宗教的にも重要視され、家を侵入者や悪霊から守る護衛であるだけでなく、あの世で魂の案内者になるとも考えられていました。なかにはいけにえにされた犬や宗教儀式で食される犬もいましたが、こうした習慣があったことによって、ヘアレス・ドッグは絶滅を免れることができたともいえるでしょう。20世紀半ばになると、ブリーダーによる犬種の保存・回復に向けた努力が始められるようになりました。

現在ではミニチュア、インターミディエイト、スタンダードという3種類のサイズが認められています。ほかのヘアレス・ドッグと同じくそれほどポピュラーではないので、現在でも希少性のある犬種です。メキシカン・ヘアレス・ドッグは性質が良く、愛情深く、また非常に賢いことも特徴。家庭犬にも番犬にもふさわしく、また慢性的な痛みを和らげる「サービス・ドッグ」としても活躍し始めています。これは伝統的な役割の復活といえるでしょう。無毛なので、動物の毛にアレルギーがある人にとってもぴったりのペットになるはずです。

### 重宝されるコンパニオン

メキシカン・ヘアレス・ドッグは、毛がないため体熱を放射しており、さわるとじかに温かさが伝わってきます。この特徴を理解した人々は、犬を湯たんぽ代わりにしたともいわれています。この習慣から、非常に寒い夜のことを「スリー・ドッグ・ナイト（3頭の犬と寝る夜）」と称するようになったようです。この犬の体熱にヒーリングの効果もあると考えられ、体の痛みのある部分を当てて、温湿布として使われることもありました。

メキシコの陶製の犬（紀元前100〜300年）

若干の房毛がある尾

警戒時に立つ大きく長い耳

若干被毛のある頭頂部

ダーク・グレー

ストップはわずかで、マズルは先細り

引き締まった細い頸

インターミディエイト

ブラック

スタンダード

37

**災害救助**
雪のなか、ジャーマン・シェパード・ドッグが雪崩捜索救助のトレーニングの一環で穴を探索しています。

# 使役犬種 （ワーキング・ドッグ）

人間と犬が協力して行う仕事は、無限に存在するといえるほどです。家畜化されてから何千年もの間、犬は家を守り、危機に瀕している人間を助け、軍用犬として働き、病人や障害者を助けてきました。しかしこれらはほんのわずかな例にすぎません。本書では、もともと牧畜犬または護衛犬として作られた犬種を「使役犬種」のグループに分類しています。

　使役犬種のグループは非常に多様な犬種で構成されています。一般的に体が大きい傾向がありますが、小さいながらたくましい犬種も若干見られます。使役犬種は力強さとスタミナを目的として繁殖され、多くは気候を問わず屋外で生活することができます。

　たいていの人は、家畜の群れを集めるコリーを典型的な使役犬種として思い浮かべるでしょう。しかし、ほかにもたくさんの犬が家畜にかかわる仕事に使われています。こうした犬には、家畜を統率するハーディング（群れを誘導すること）と護衛の両方の役目があります。

　牧畜・牧羊犬には、家畜を追い立てる強い本能が生まれながらに備わっていますが、すべての犬が同じ方法で仕事をするわけではありません。たとえばボーダー・コリー（P51）は羊の後を追い、監視することで群れを統制しますが、ウェルシュ・コーギー（P58、60）やオーストラリアン・キャトル・ドッグ（P62）などの牧畜犬は、家畜のかかとを噛んでハーディングしますし、吠えて家畜をまとめる犬もいます。マレンマ・シープドッグ（P69）やピレニアン・マウンテン・ドッグ（P78）など山岳出身の犬を含む家畜護衛犬は、オオカミなどの捕食動物から家畜の群れを守るために作出されました。大型であることが多く、白く厚い被毛に覆われ、羊の群れとともに暮らしながら護衛します。見た目も羊とほとんど区別できないほどです。

　人間の護衛には、マスティフ・タイプの犬種がよく使われます。古代のフリーズやアーチファクトのような、巨大なモロシアン犬種の子孫として知られる犬です。ブルマスティフ（P94）、ボルドー・マスティフ（P89）、ナポリタン・マスティフ（P92）などは、世界中の治安部隊で警護などに使われています。これらの犬は概して大きく強靭で、小さな耳（法律で許されている国では断耳を行う）と垂れたマズルが特徴的です。

　使役犬種の多くは、家庭犬としても優れています。とくに牧羊犬は非常に賢いので一般的に訓練しやすく、アジリティー競技やそのほかのドッグ・スポーツで能力を発揮してくれます。家畜護衛犬はその大きさと防衛本能のため、牧畜・牧羊犬ほど家庭犬には向きません。しかしここ数十年の間で、マスティフ・タイプの犬種の多くが家庭犬として人気を集めています。闘犬のために作出された犬もいますが、人間の家庭で育ち、子犬のうちに社会化させれば、ペットとしての生活にも適応できるでしょう。

犬種の解説 ｜ 使役犬種（ワーキング・ドッグ）

## サーロス・ウルフドッグ
Saarloos Wolfdog

体高：60～75cm
体重：35～40kg
寿命：10年以上

クリーム
ブラウン

　サーロス・ウルフドッグは、オオカミに近い野生的特徴を持つジャーマン・シェパードのような犬を目指した選択的異種交配の結果、生まれた犬です。盲導犬としての活躍を期待されていましたが、むしろ家庭犬に向いていることがわかっています。家庭犬としての生活を実現させるには、飼い主の思いやりある指導が必要です。

- オオカミのようなくさび形の頭部
- 耳先が丸みを帯びた三角形の耳
- アーモンド形の目
- ウルフ・グレー
- 体高より体長が長い
- アーチ形の長い足
- 厚い被毛に覆われた幅のある尾

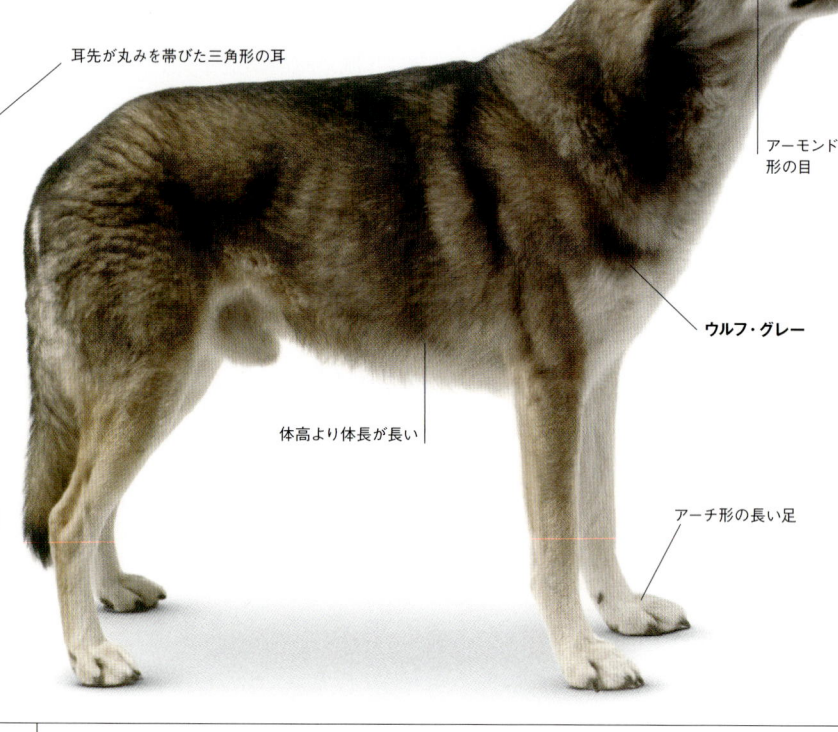

## チェコスロヴァキアン・ウルフドッグ
Czechoslovakian Wolfdog

体高：60～65cm
体重：20～26kg
寿命：12～16年

　計画的異種交配によりジャーマン・シェパード・ドッグとオオカミをかけ合わせて作られたチェコスロヴァキアン（チェク）・ウルフドッグ。オオカミの野生的資質をかなり受け継いでいます。敏捷かつ勇敢で順応性もありますが、見知らぬ人には警戒心をあらわにします。なじみのある人には忠実かつ従順であり、家庭犬としてもすばらしい資質を持っています。

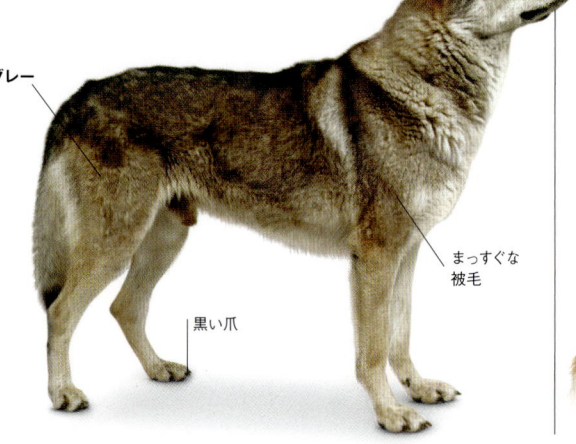

- 顔の薄い色が特徴的
- 黄色がかったグレー
- まっすぐな被毛
- 黒い爪

## キング・シェパード
King Shepherd

体高：64～74cm
体重：41～66kg
寿命：10～11年

ブラック
セーブルにブラックの斑
（ブラックにはレッド、ゴールドまたはクリームのマーキングが入る場合もある）

　1990年代後半にアメリカで生まれた、大きくて美しい犬。作出の過程でジャーマン・シェパード・ドッグの血が入っていることは明らかです。牧畜・牧羊犬や護衛犬として仕事をすることが大好きですが、性格は穏やかで寛容。家庭犬としてもうまく適応するでしょう。被毛はスムースとラフの2タイプに分かれます。

- 黒が優勢のマズル
- タン混じりのブラック・サドル
- 頸の周りに長めの毛のラフ
- ふさふさの毛で覆われた尾
- どんな気候にも耐えうる厚い被毛
- 胸にホワイトのマーキング

**ラフ・コート**

使役犬種（ワーキング・ドッグ）

## ラークノア
Laekenois

- 体高：56～66cm
- 体重：25～29kg
- 寿命：10年以上

4種のベルジアン・タービュレンのうち、ワイアー・コートを持つラークノアは、1880年代終わりに初めて作出されました。その名前はアントワープ（ベルギー）近くにあるラーケン城に由来し、かつてはベルギー王室に寵愛されていました。快活なこの犬の頭数は少なく、めったに見られませんが、もっと評価されるべき犬種でしょう。

- 立ち耳で耳付きは高い
- 濃い色の毛が混じる
- 高く揚げられた頭部
- ワイアー・コート
- 赤みを帯びたフォーン
- 力強いが、重くはないボディ
- 丸い足

## グローネンダール
Groenendael

- 体高：56～66cm
- 体重：23～34kg
- 寿命：10年以上

ベルジアン・タービュレンの一種で、ブリュッセル（ベルギー）近くのグローネンダールという村にある犬舎で、1893年以降選択的に繁殖が行われました。この美しい犬種は、今非常に人気があります。多くの牧畜・牧羊犬同様、グローネンダールには早期社会化と犬種の特性を理解した飼い主が必要です。

- 形の整ったマズル
- 長くまっすぐな被毛
- わずかに傾斜した尻
- 頸の周りに長めの毛のラフ
- ブラック
- 長い飾り毛のある肢

## マリノア
Malinois

- 体高：56～66cm
- 体重：27～29kg
- 寿命：10年以上
- グレー
- レッド
（すべての色において黒いオーバーレイあり）

ベルジアン・タービュレンの一種で、ベルギーのマリーヌにその起源があると考えられる短毛の犬。ベルジアン・タービュレンのほかの仲間と同様、護衛犬としての本能を備えています。予想外の行動を取ることもありますが、責任を持ってトレーニングを行うことで十分社会化が可能で、忠実な家庭犬になります。

- 被毛は短くまっすぐで先端がブラック
- 黒い三角形の耳
- ふさふさの尾の先端は濃いブラック
- アーモンド形の茶色の目
- はっきりしたブラック・マスク
- フォーン

## タービュレン
Tervueren

- 体高：56～66cm
- 体重：18～29kg
- 寿命：10年以上
- グレー
（すべての色において黒いオーバーレイあり）

ベルジアン・タービュレンのなかで世界的に最も人気のある犬種。その名は、この犬を作出した村の名前に由来しています。防衛本能が非常に強く、護衛犬や警察犬として使われます。先端が黒く美しい被毛はよく抜けるので、念入りなグルーミングが必要です。

- 強靭な背
- ブラックのオーバーレイがあるフォーン
- 耳とマスクはブラック
- 毛が豊富でズボンをはいたような後躯
- 長く豊かな被毛

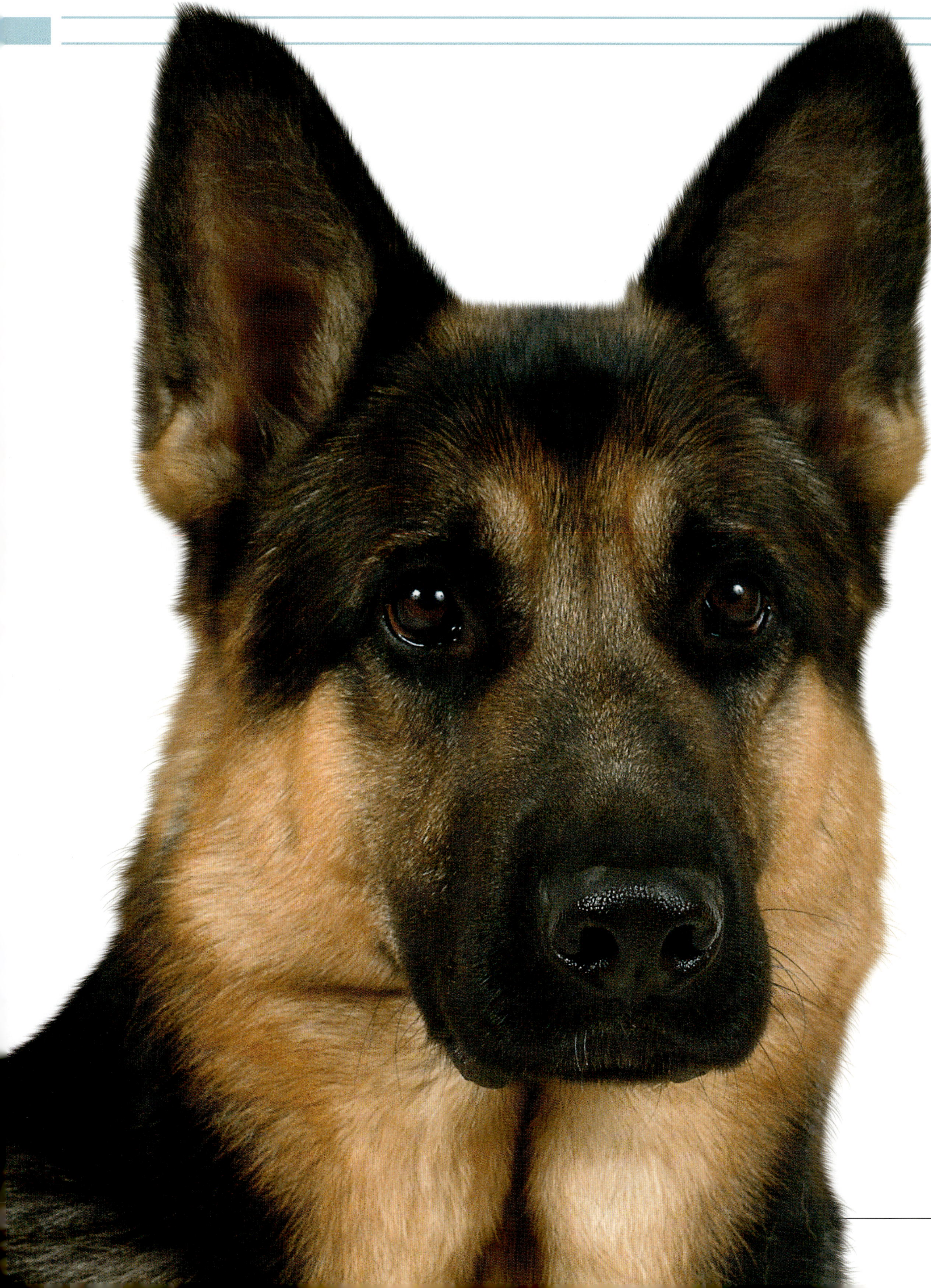

使役犬種（ワーキング・ドッグ）

# ジャーマン・シェパード・ドッグ German Shepherd Dog

体高 58〜63cm ｜ 体重 22〜40kg ｜ 寿命 10年以上 ｜ セーブル／ブラック

**世界中で最も人気のある犬種のひとつ。賢く多才で、忠実な家庭犬にも**

この犬種は、ドイツの騎兵隊将校だったマックス・フォン・シュテファニッツにより、家畜の護衛や牧畜・牧羊に使われていた犬から作出されました。1880年代に生まれ、「ドイチェ・シェーファーフント（ジャーマン・シェパード・ドッグ）」として1899年にドイツで犬種として認められました。最初に登録されたのは、『Horand von Grafrath』という名前の犬です。

第一次世界大戦中には、犬種名がイギリスで「アルサシアン」と変更されました。イギリスで最初のジャーマン・シェパード・ドッグが、アルザス・ロレーヌ地方で従軍していた兵士が持ち帰った犬だったからです。また、「ドイチェ（『ドイツの』の意）」が入った名前を避けるためでもありました。同じ理由から、アメリカでも犬種名が「シェパード・ドッグ」に変わりました。この犬種が持つ優れた能力には、両国の兵士が感銘を受けたそうです。

順応性が高く従順なため、護衛犬や追跡犬として非常に役立つことがわかり、世界中で警察犬や軍用犬として使われています。探索救助犬や目の不自由な人のための盲導犬として活躍する犬もいます。

現在では、ロングとショートの2種類の被毛のタイプがあります。気性が激しいといわれることもありますが、信頼できるブリーダーによって繁殖された犬は落ち着いた性格です。過剰に支配的になるのを避けるため、この犬種には落ち着いて堂々とした接し方が必要です。勇敢で学習意欲の高い犬種であり、十分な運動が必要。家の護衛など、何か「仕事」をさせれば高い能力を発揮します。責任のあるしつけやトレーニングによって、忠実で信頼できる家族の一員になるでしょう。

## 犬のスーパースター『リン・ティン・ティン』

米国海軍のリー・ダンカンが第一次世界大戦の戦場で救出し、カリフォルニアに連れ帰った『リン・ティン・ティン』（写真）は、カリフォルニアで映画出演のための訓練を受けました。その後28ものハリウッド映画に主演したリン・ティン・ティンの人気はすさまじく、1929年にはアカデミー賞の主演男優賞候補にノミネートされて最多の票を獲得したほど。しかし、動物に賞を与えると威信にかかわると考えた主催者側は、次点の候補者を受賞者としました。リン・ティン・ティンは1932年に亡くなりますが、ダンカンが訓練した子孫の何頭かは、同じように映画出演を果たしています。

- 子犬
- 輪郭がはっきりし、整った頭部
- 尻から尾にかけてわずかに傾斜
- 力強い後躯
- ブラック＆タン
- 被毛は密生しており、厚いアンダー・コートに覆われる
- 黒のブランケット
- 前肢は長く、肘までまっすぐ
- ショート・ヘアー
- 大きくてしっかりした立ち耳
- ふさふさの尾
- ロング・ヘアー

犬種の解説 ｜ 使役犬種（ワーキング・ドッグ）

## ピカルディ・シープドッグ　Picardy Sheepdog

体高：55～65cm
体重：23～32kg
寿命：13～14年

ダーク・グレー
フォーン・ブリンドル
（ホワイトのマーキングが入る場合もある）

　この犬の起源ははっきりとわかっていませんが、今より1世紀以上前にフランス北東部のピカルディ地方で生まれたのではないかと考えられています。忍耐強く地道に訓練を行えば良い家庭犬となり、子どもの遊び相手にもなるでしょう。被毛はごわごわですが、お手入れは比較的簡単です。

立ち耳で、高い位置に付く
眉は長いが、目を覆うほどではない
形の良い頭部は長い被毛の下に隠れている
フォーン
口ひげと顎ひげが生える
粗くパリパリした手ざわりの厚い被毛
ほかより明るい色の胸の被毛
先端が少しカーブした長い尾

## ダッチ・シェパード・ドッグ　Dutch Shepherd Dog

体高：55～62cm
体重：30～31kg
寿命：12～14年

フォーン・ブリンドル

　オランダ以外で見かける機会はあまりなく、オランダ国内でも比較的珍しい犬種。20世紀の終わりには、多目的な農場犬だけではない存在になりました。護衛犬、警察犬、盲導犬としても使われ、オビディエンス（服従訓練）競技にも登場しています。家族にとっては信頼できる愛情深い犬ですが、見知らぬ人には本能的に警戒を示します。被毛のタイプは、ロング、ショート、ラフの3種類。

ショート・ヘアー
ざらざらした眉
シルバー・ブリンドル
ウエーブのかかった粗い被毛
肢の裏側にある明るめの飾り毛
後肢の飛節から下は短毛
ラフ・ヘアー

立ち耳
尾の下側には飾り毛あり
ロング・ヘアー

使役犬種（ワーキング・ドッグ）

## ムーディ　Mudi

体高：38～47cm
体重：8～13kg
寿命：13～14年

フォーン
ブルー・マール
ブラウン
（ホワイトのマーキングが入る場合もある）

もともとはハンガリーで牧畜・牧羊犬として使われていた犬。頑健で勇敢、エネルギーにあふれています。性質は友好的で順応性もあり、家庭犬にも向いています。しかし、健康維持のためには豊富な運動が不可欠。訓練にはよく反応します。

- 厚い被毛で覆われた立ち耳
- くさび形の頭部
- 肢の裏側には飾り毛がある
- 飛節より下は短毛
- 光沢のあるウエーブがかった被毛が密生
- ブラック

## スタンダード・シュナウザー　Schnauzer

体高：45～50cm
体重：14～20kg
寿命：10年以上

ブラック

ミディアム・サイズのシュナウザーは、1880年代にドイツ南部で犬種として確立されました。用心深く敏捷なため、主に農場で多目的に使われていましたが、ネズミ捕りに関してはとくにすばらしいという評価を得ます。落ち着いていて愛情深く、一方で元気いっぱいで遊び好きなこの犬種は、今では家庭犬として人気です。

- もじゃもじゃの眉
- まっすぐな背
- 高い位置に付いた垂れ耳
- 他より明るい色のひげ
- 足に覆いかぶさる長い毛
- ソルト＆ペッパー
- 短いワイアー・コート
- 肢の下部は白っぽい被毛

45

犬種の解説｜使役犬種（ワーキング・ドッグ）

# ジャイアント・シュナウザー　Giant Schnauzer

| 体高 | 体重 | 寿命 | |
|---|---|---|---|
| 60～70cm | 29～41kg | 10年以上 | ソルト＆ペッパー |

**穏やかで賢く力強く、訓練しやすい
強い防衛本能を持つ犬**

　丈夫で力強い体つきのジャイアント・シュナウザーは、ドイツ南部の出身です。スタンダード・シュナウザー（P45）を地元の大型犬とかけ合わせた上で、おそらくグレート・デーン（P96）やブービエ・デ・フランダース（P47）などを使って作出されたと考えられています。

　力強い体格とどんな天候にも耐えられる被毛を持つため、もともと農作業や、牧畜・牧羊などに使われていました。しかし1900年代初めには、その知能と訓練のしやすさ、そして堂々とした容貌が護衛犬として理想的だと認識されるようになります。最初にアメリカに持ち込まれたのは1930年代、イギリスに持ち込まれたのは1960年代で、1970年代以降欧米での人気が高まっています。

　現在、この犬は警察犬や追跡・捜索救助犬としてヨーロッパで広く活躍しています。落ち着いた性質なので、番犬や家庭犬にも適しています。大きな体ですが、たっぷり運動させれば扱いは難しくありません。もの覚えが良く、オビディエンスやアジリティー競技でも活躍します。厚く針金のような被毛は、定期的なお手入れが必要。グルーミングは毎日行い、それに加えて2～3カ月ごとにトリミングを行うとよいでしょう。

## 安全を守る犬

1970年代の終わりに東ドイツで発行された切手には、断耳・断尾をされたジャイアント・シュナウザーの仕事中の姿が描かれています。第一次世界大戦が始まるまでは、警察犬に適していると考えられていました。その大きさと見事な吠え声が、トラブル抑止に効果的だったのです。ドイツ国内では人気がありましたが、ほかの国々では後に警察犬としてはジャーマン・シェパード・ドッグが好まれるようになりました。

1970年代の終わりに発行された東ドイツの切手

- 高い位置で保持する尾
- ブラック
- 厚いワイアー・コート
- 先の丸まった垂れ耳
- 黒い目
- マズルには顎ひげ
- 深い胸
- 前肢の裏側には、若干の飾り毛がある
- 目の上にかかるふさふさした眉
- 力強くすっきりとした頸

46

# ブービエ・デ・フランダース  Bouvier des Flandres

| 体高 | 体重 | 寿命 | さまざまな毛色 |
|---|---|---|---|
| 59〜68cm | 27〜40kg | 10年以上 | （胸に小さな白い星がある場合もある） |

## 大統領の愛犬

1984年12月、ナンシー・レーガン（レーガン元米大統領夫人）はブービエ・デ・フランダースの子犬をプレゼントされました。『ラッキー』と名づけられたこの犬は、ホワイトハウスで暮らした犬のなかでも最大のサイズの犬でしょう。ラッキーは成長するにつれて力強い暴れん坊になり、写真撮影では大統領を引っ張り回すようになりました。しかし、これでは大統領がリーダーとしてコントロールできているという印象を与えません。1985年11月、ラッキーはカリフォルニアにある大統領の牧場に送られ、より小型で従順なキング・チャールズ・スパニエルの『レックス』が、代わりにホワイトハウスに入りました。

### 忠実、勇敢で独立心の強い犬
### 飼うためには広いスペースと経験が必要

ベルギーと北フランスにおいて、牧畜・牧羊、護衛などのために作出されました。「ブービエ」とはフランス語で「牛飼い」を意味します。多様なブービエ犬種の中で、ブービエ・デ・フランダースは最もポピュラーな犬です。

第一次世界大戦中、この犬は伝令犬あるいは救急犬（医療班をケガ人のところへ案内する犬）として使われましたが、戦争で壊滅的な被害を受け、絶滅の危機に瀕します。生き残ったブービエ・デ・フランダースのうち、『ニック』という犬が基礎犬（種オス）になりました。1920年、ベルギーのアントワープで開催されたオリンピックのショーでニックが登場すると、彼は「理想的なブービエ」と認められます。以後1920年代、ブリーダーはこの犬種を復活させようと努力しました。

現在この犬は、護衛犬としても家庭犬としても高く評価されています。落ち着いていて訓練しやすく、しかも防衛本能が強いので、現在でも軍用犬、警察犬、探索救助犬として使われています。もともとは屋外で飼育される犬でしたが、毎日たっぷりと運動させることができれば、都会の生活にも適応できます。被毛は週に何度かのグルーミングと、3カ月ごとのトリミングが必要です。

- 飾り毛の豊富な尾
- シルバー・ブリンドル
- 長くざらざらした顎ひげ
- とても厚く、粗い手ざわりの被毛
- 高い位置に付く垂れ耳
- 足を覆う長い被毛

犬種の解説 ｜ 使役犬種（ワーキング・ドッグ）

## ブービエ・デ・アルデンヌ
Bouvier des Ardennes

体高：52〜62cm
体重：22〜35kg
寿命：10年以上

さまざまな毛色

頑健で活動的、もともと牧畜犬として使われた犬。ベルギーのアルデンヌ出身ですが、現在は作業犬としても家庭犬としてもほとんど姿を見ません。しかし少数の熱烈な愛好家によって犬種は維持されています。順応性が高く生きることへの意欲にあふれているので、将来人気が出る可能性を秘めています。

- 耳の被毛は体に比べてわずかに濃い色
- 体調と体高は同じ長さ
- ブラックで縁取られた唇
- ぼさぼさの被毛はさわると乾いた感触
- フォーン
- 丸みを帯びた足
- 先のとがった立ち耳
- ブラック
- 口ひげと顎ひげは粗い毛

## クロアチアン・シープドッグ
Croatian Sheep Dog

体高：40〜50cm
体重：13〜20kg
寿命：13〜14年

牧羊犬としては比較的小型なこともあり、活動的で機敏な犬です。仕事を教えるのは容易ですが、ハーディングと護衛の本能を持つため、家庭犬として飼うことはやや難しいかもしれません。ウエーブのかかったカーリー・コートは特徴のひとつです。

- 三角の立ち耳の裏側に長い毛が生える
- 短い被毛の生えた顔
- 細いマズル
- ブラック
- ウエーブのかかった被毛
- 飛節より下は短毛
- 肢の裏側にわずかに飾り毛あり

## サルプラニナッツ
Sarplaninac

体高：58cm以上
体重：30〜45kg
寿命：11〜13年

さまざまな毛色

かつて「イリリアン・シェパード・ドッグ」として知られていた犬。故郷マケドニアのサルプラニナ山にちなんで改名されました。サルプラニナッツは屋外飼育に非常に適した作業犬です。防衛本能がありつつも社交的ですが、その大きさとエネルギーの高さは、家庭犬としての飼育を難しいものにしています。

- 垂れ耳
- 頸回りの毛は長い
- 飾り毛が多くふさふさの尾
- ブラウン
- 丸みを帯びた幅広の頭頂部
- 長く厚い被毛
- 肢の下部は明るい色

使役犬種（ワーキング・ドッグ）

## カルスト・シェパード・ドッグ
Karst Shepherd Dog

- 体高：54〜63cm
- 体重：25〜42kg
- 寿命：11〜12年

かつて「イリリアン・シェパード・ドッグ」として知られていたこの犬は、サルプラニナッツ（P48）と区別され、1960年代に「カルスト・シェパード・ドッグ」、あるいは「イストリアン・シェパード・ドッグ」と呼ばれるようになりました。スロヴェニアのカルスト地方では、牧畜・牧羊犬や護衛犬として活躍する優れた作業犬ですが、慎重な訓練と早期の社会化で、良き家庭犬にもなります。

- 幅と長さがほぼ同じ頭部
- 頚周りの毛は長い
- アイアン・グレー
- 平らに寝た長い被毛
- 長くふさふさの尾
- より明るいグレーのマーキング
- 四肢の前面に入る黒い筋

## エストレラ・マウンテン・ドッグ
Estrela Mountain Dog

- 体高：62〜72cm
- 体重：35〜60kg
- 寿命：10年以上
- ウルフ・グレーまたはブラック・ブリンドル（体の下と四肢に白のマーキングが入る場合もある）

ポルトガルはエストレラ山出身の家畜護衛犬であるこの犬は、恐れを知らず無骨で、オオカミなどの捕食動物から家畜の群れを守るために繁殖されていました。忠実で友好的ですが、意志が強いので、飼い主は一貫性と忍耐をもって服従訓練を行うことが必要です。ロング・コートとショート・コートの2種類があります。

- フォーンの被毛にブラックが混じる
- フォーン
- 頭蓋は幅広く丸みを帯び、頭部は長め
- 黒いマスク
- 厚く、ややウエーブがかかったトップ・コート
- 頚周りの毛は長い
- ロング・コート

## ポーチュギース・ウォッチドッグ
Portuguese Watchdog

- 体高：64〜74cm
- 体重：35〜60kg
- 寿命：11〜13年
- ウルフ・グレー
- ブラック（ブリンドルもあり。白い部分には色付きのパッチも見られる）

遊牧民によってアジアからヨーロッパに持ち込まれた力強いマスティフの流れを汲むこの犬は、ポルトガルのアレンテジョ地方の名前を取って、「ラフェイロ・ド・アレンテジョ」という名前でも知られています。伝統的に護衛犬として使われていて、用心深く見知らぬ人を警戒します。攻撃的ではありませんが、かなり大型で力も強いため、経験のない人が作業時に使いこなすのは難しいでしょう。

- 三角形の垂れ耳
- 密生したまっすぐな被毛
- 先が少し曲がった尾
- 黒い唇
- 広い胸
- ホワイトのマーキング入りフォーン

## カストロ・ラボレイロ・ドッグ
Castro Laboreiro Dog

- 体高：55〜64cm
- 体重：25〜40kg
- 寿命：12〜13年
- ウルフ・グレー（胸に小さなホワイト・スポットが入る場合もある）

ポルトガル北部の山にある故郷の村にちなんで名づけられたこの犬は、家畜の護衛犬として繁殖されました。「ポーチュギース・キャトル・ドッグ」と呼ばれることもあります。警戒しているときの独特の吠え声は、低音で始まり高音で終わります。家族とは強い絆で結ばれますが、見知らぬ人に対しては敵意を見せることがあります。

- アーモンド形の目
- 下側の毛が長い尾は、通常低い位置に保持
- 三角形の垂れ耳
- 短く、非常に厚く、荒い手ざわりの被毛
- マウンテン・ブリンドル

犬種の解説｜使役犬種（ワーキング・ドッグ）

## ポーチュギース・シープドッグ
Portuguese Sheepdog

- 体高：42〜55cm
- 体重：17〜27kg
- 寿命：12〜13年

さまざまな毛色
（胸にホワイトが少し入る場合もある）

　毛むくじゃらで機敏な動きをするこの犬は、原産国ポルトガルでは「モンキー・ドッグ」と呼ばれることもあります。何より外でハーディングするのが大好き。元気いっぱいでとても賢く、ポルトガルでは家庭犬として、またはドッグ・スポーツを楽しむ犬としても人気を得てきました。ポルトガル以外ではほとんど知られていません。

**フォーン**
太い眉ながら目は覆わない

毛むくじゃらの被毛は羊毛に似ている
**ブラック**
長い顎ひげと口ひげ
肢の下部にはタンのマーキングあり

## カタロニアン・シープドッグ
Catalan Sheepdog

- 体高：45〜55cm
- 体重：20〜27kg
- 寿命：12〜14年

グレー／セーブル／ブラック＆タン
（ホワイトのマーキングが入る場合もある）

　スペインのカタロニアで牧畜・牧羊と護衛のために繁殖されたこの頑健な犬は、どんな天候にも対応できる被毛に覆われ、どのような条件下でも仕事ができるという魅力的な作業犬です。非常に賢く静かで、いつも誰かを喜ばせたいと思っているその性質のおかげで、訓練は比較的簡単。すばらしい家庭犬になります。

頭の上に冠毛あり
頭の近くに付いた飾り毛のある耳
ごわごわの手ざわりの被毛
丸く濃い琥珀色の目
**フォーン**
足を覆う長い毛

## ピレニアン・シープドッグ  Pyrenean Sheepdog

- 体高：38〜48cm
- 体重：7〜14kg
- 寿命：12〜13年

グレー／ブルー／ブラック／ブラック・アンド・ホワイト
（ブルー・コートはマール、スレート、ブリンドルの場合もる。単色が好ましい）

　牧羊犬にしては小さいこの犬は、フランスのピレネー山脈で長く牧羊犬として使われてきましたが、母国以外では1900年代初頭までほとんど知られていませんでした。動きがしなやかでエネルギーにあふれ、おもしろそうなことならいつでも喜んで参加するので、アジリティー競技などのドッグ・スポーツで活躍します。活動的な家庭であれば、すばらしいペットになります。この犬種にはロングとセミロングの2タイプの被毛があり、顔の被毛もラフとスムースの2タイプがあります。

**セミロング・ヘアー／ラフ・フェイス**

胸にホワイトのマーキング
**セミロング・ヘアー／スムース・フェイス**
ブラック混じりのフォーン

より多くの毛に覆われた後躯
**フォーン**
長く後ろになびく顔と頬の毛
**ロング・ヘアー／ラフ・フェイス**
足先まで伸びた長い毛

50

使役犬種（ワーキング・ドッグ）

# ボーダー・コリー
Border Collie

| 体高 | 体重 | 寿命 | |
|---|---|---|---|
| 50〜53cm | 12〜20kg | 10年以上 | さまざまな毛色 |

## 豊富な運動が必要な、すばらしく賢い犬種
## 飼うためには経験があることが望ましい

「骨の髄まで牧羊犬」と評されることもある犬。生まれ故郷であるイギリスとスコットランドの国境地帯をはるかに越えて、世界中に広がっています。ボーダー・コリーのほとんどが、ノーサンブリア（イギリス北部）で1894年に生まれた『オールド・ヘンプ』という1頭の犬の子孫に当たります。オールド・ヘンプがあまりにも優秀な牧羊犬だったため、多くの酪農家がその子どもを欲しがったのです。オールド・ヘンプは、200頭以上の子犬の父親になりました。

羊のハーディングをしているときのボーダー・コリーは、静かで敏捷。かけ声や口笛、ハンドシグナルなど、羊飼いのどんな号令にも反応します。羊たちを集め、牧草地から牧草地、あるいは囲いへと移動させ、必要があれば何頭かを群れから離します。最初から作業犬だったため、この犬が犬種として正式に登録されたのは1976年になってからのことでした。

エネルギッシュで疲れを知らず、退屈しやすく、独立精神旺盛なこの犬をペットとして飼うためには、肉体的にも精神的にも毎日数多くの仕事を与えることが必要です。多くのボーダー・コリーがアジリティー競技に参加しています。1978年にイギリスで始まったアジリティー競技は、飼い主が犬を訓練し、犬は飼い主の指示で障害コースを駆け抜けるというもの。ボーダー・コリーは、この競技でとくに優れた能力を発揮します。羊の群れのハーディングと同様に、飼い主の号令にすばやく反応するのです。被毛には、適度な長さのロング・コートとスムース・コートの2タイプがあります。

### 変わらぬ忠節

米国モンタナ州にあるベントンという町は、羊飼いの飼い主を6年間忠実に待ち続けた1頭の牧羊犬がいたことで有名です。飼い主である羊飼いは1936年に病気になり、治療のために訪れたこの町の病院で亡くなりました。犬は主人の棺が汽車に積み込まれるのを見ていましたが、それ以後汽車が駅に入って来るたびに、駅で主人を探したそうです。駅員はこの犬を『オールド・シェップ』と名付けました。この犬の献身的な姿は非常に有名になりました。1942年、オールド・シェップは列車にはねられて亡くなります。駅を見下ろせる崖の上に埋葬され、ブロンズ像が建立されたということです。

アメリカモンタナ州、フォート・ベントンにあるオールド・シェップのブロンズ像

- 尾は低い位置に付き、先端は飛節に届く
- 筋肉質で強健なボディ
- ブラック＆ホワイト
- はっきりしたストップ
- 両耳は離れて付く
- ロング・コート
- 飾り毛のある前肢

犬種の解説｜使役犬種（ワーキング・ドッグ）

# ラフ・コリー　Rough Collie

| 体高 | 体重 | 寿命 | | |
|---|---|---|---|---|
| 51〜61cm | 23〜34kg | 12〜14年 | ゴールド<br>ブルー・マール<br>ゴールド＆ホワイト | ブラック・タン＆ホワイト |

## 誇り高く美しく、やさしい性質
## 忠実なので家庭犬にも向く

　豊かな被毛が特徴的なこの犬は、スコットランドの牧羊犬の子孫ですが、今日ではペットとしてもショードッグとしても非常に高く評価されています。ラフ・コリーの歴史は、古代ローマ帝国がブリテンを支配していたころまでさかのぼりますが、明確にこのタイプとわかる犬が注目を集めるようになるのは、19世紀になってからのことです。イギリスのヴィクトリア女王が愛好したことも、この犬種がヨーロッパやアメリカで愛されるようになった要因でしょう。「名犬ラッシー」などに登場する賢いスター犬たちが、この犬種のステータスを確固たるものにしました。

　ラフ・コリーは穏やかな性質で、ほかの犬やペットにも寛容です。訓練には非常によく反応し、愛情深く、家族を守れる家庭犬になります。しかし、人間が大好きであるがゆえにどんな訪問者も喜んで受け入れてしまうので、番犬には不向きでしょう。運動神経は抜群でつねに楽しいことを求めているので、アジリティー競技などのドッグ・スポーツで活躍してくれます。

　ハーディングの本能は、ラフ・コリーから完全になくなったわけではありません。動きを察知する鋭い感覚で、仲間や家族を「寄せ集めたい」衝動が引き起こされることもあるでしょう。早期に社会化すれば、この性質による問題行動を防げます。

　もともと作業犬として作出されたすべての犬がそうであるように、ラフ・コリーも刺激が少なかったりひとりで長時間放っておかれたりすると落ち着かなくなり、過剰に吠えることがあります。しかし、毎日思いきり走らせれば、それほど広さのない家や、場合によってはマンションでも飼えるでしょう。

　被毛は長く厚いので、もつれやからみを防ぐために定期的なグルーミングが必要です。年に2回、密生したアンダー・コートが抜ける時期には、よりていねいな手入れが必須となります。

豊富な飾り毛のある後躯

豊富な被毛に覆われた尾

飛節から下はスムース・ヘアー

### 『名犬ラッシー』── 変わらぬ友情

ラッシーの第1弾『名犬ラッシー 家路』は、貧しさのため裕福な貴族に売られたラッシーが、貴族の家を逃げ出し、長く危険な道のりを旅して家族のもとに帰るという原作に基づいて作られました。その後作られた数ある映画やテレビシリーズでは、ラッシーの勇気と人間の友への変わらぬ愛情を描いています。ちなみに『ラッシー』とは女の子の名前ですが、映画やテレビでラッシーを演じた犬たちはみなオスでした。余談ですが最初にラッシーを演じた犬『パル』は、映画出演のために訓練を受けるまでは、かなり問題行動のある犬だったそうです。

1994年制作、映画のポスター

使役犬種（ワーキング・ドッグ）

子犬

半立ち耳

黒く知的な目は、好奇心旺盛な表情を見せる

顔はスムース・ヘアー

粗い手ざわりで、毛量の多い長毛

白く豊かなメーン・コート

頭部は細長く、先に向かって細くなる

セーブル＆ホワイト

犬種の解説｜使役犬種（ワーキング・ドッグ）

# スムース・コリー　Smooth Collie

| 体高 | 体重 | 寿命 | セーブル＆ホワイト |
|---|---|---|---|
| 51〜61cm | 18〜30kg | 10年以上 | ブラック・タン＆ホワイト |

## 落ち着きがあって人懐こく
## お年寄りや子どものいる家庭に理想的な犬

スムース・コリーの身体的特徴はラフ・コリー（P52）とよく似ており、どちらもスコットランドの牧羊犬に由来しています。初期のコリー種は現代のコリー種よりも小型で、マズルも今より短かったそうです。19世紀になると、ドッグ・ショーでの見栄えを良くするため、より体高が高く、もっと優雅に見える犬へと改良されました。ヴィクトリア女王がラフ・コリーとスムース・コリーを飼っていたことで、スムース・コリーの人気も広がりました。

現在この犬は、ラフ・コリーに比べると知名度がかなり落ちます。イギリスのケネルクラブ（KC）は、スムース・コリーをイギリス原産の絶滅危惧犬種のリストに含めています。これは、新規登録が基準となる年間300頭を下回ったことによるものです。2010年に新たに登録されたのはわずか年間54頭でした。イギリス以外の国ではさらに知名度が落ちるのが現状です。

牧羊犬や番犬として使われることもありますが、人間といることが大好きで、家庭犬にもぴったりの犬です。温厚で友好的なので、飼い主が多くの時間を一緒に過ごし、運動させ、精神的な刺激を与えることが必要です。ラフ・コリー同様、アジリティーやオビディエンス競技で活躍できるでしょう。短い被毛は手入れが簡単で、定期的にブラッシングをする程度で済みます。

### 介助犬として

犬は長年にわたり、目や耳など体に不自由がある人の介助に使われてきました。最近では、アルツハイマー病患者を助けるための新しい構想があり、スムース・コリーはこの方面において非常に優秀であることがわかっています。この仕事では、介助犬は飼い主を家まで案内する（またはハーネスに居所を知らせるためのGPSを装着し、助けが来るまで飼い主と一緒にその場を動かずにいる）ように訓練されます。忠実で献身的なことはもちろんですが、この仕事の訓練を受けた犬は、ほかの介助犬と異なる独特の資質を持っています。彼らは飼い主の指示なしで仕事をすることが求められ、この病気にありがちな（人間の）感情の起伏に対処する必要があるのです。

- 飛節まで届く長い尾
- ブルー・マールの場合は、どちらか一方の目（あるいは両目とも）がブルー
- 先が丸みを帯びたマズル
- 頸と胸は特徴的なホワイト
- ブルー・マール
- 足は楕円形で足指がアーチがかっている
- 半立ち耳
- 被毛は短く密生し、粗い手ざわり

使役犬種（ワーキング・ドッグ）

## シェットランド・シープドッグ Shetland Sheepdog

- 体高：35～38cm
- 体重：6～17kg
- 寿命：10年以上

- セーブル
- ブルー・マール
- ブラック＆タン
- ブラック＆ホワイト（ブラック・タン＆ホワイトもあり）

スコットランド本土の北の海岸よりさらに北に位置する、自然環境の厳しいシェットランド諸島で生まれた小型のコリー。丈夫でたくましい犬です。エネルギーにあふれ、訓練しやすく愛情深く、家庭犬としても十分適応可能で、忠実なペットになります。被毛の美しさを保つには、定期的なグルーミングが必要です。

両耳の間隔は狭い
目の周りには黒の縁取り
長く厚い被毛
**セーブル＆ホワイト**
顔はスムース・ヘアー
厚いたてがみ
長い毛の生えた尾

## ブリアード Briard

- 体高：58～69cm
- 体重：35kg
- 寿命：10年以上

- スレート・グレー
- ブラック

大きくて活発なこの犬は、原産国のフランスでは牧羊犬や護衛犬として働いています。勇敢で防衛本能は強いものの、攻撃性はあまりありません。運動させることを習慣にして、運動時に思い切り走ったり遊んだりできるスペースを与えられれば、すばらしい家庭犬になるでしょう。長く厚い被毛は、念入りなグルーミングが必要です。

目を覆う眉
黒い鼻
**フォーン**
耳付きは高く、長い被毛に覆われる
色の濃い毛が混じり、メインのコートカラーと調和する
長く垂れ下がる被毛は、わずかにウエーブがかっている
力強く筋肉質な肢

犬種の解説｜使役犬種（ワーキング・ドッグ）

# オールド・イングリッシュ・シープドッグ Old English Sheepdog

| 体高 | 体重 | 寿命 | グレー |
|---|---|---|---|
| 56～61cm | 27～45kg | 10年以上 | （グレーのシェード、グリズル、またはブルー。ボディと後躯は単色でホワイトは入らない） |

## デューラックス・ドッグ

英語圏に暮らす人にとって、この犬は「デューラックス」という塗料メーカーの代名詞でした。この犬が最初にデューラックスの広告に登場したのは1961年。大きくふわふわの犬は、家庭的な雰囲気を醸し出すのに最適だと思われたのです。それから50年以上、オールド・イングリッシュ・シープドッグはデューラックスのCMで活躍し続けています。なかにはお抱え運転手を雇うほどの犬もいたようです。デューラックスの広告は、この犬種とブランドの両方を世界的に有名にしました。今でも「デューラックス・ドッグ」と称されることがよくあります。

### 被毛のケアのためにこまめなグルーミングが必要
### 性質が良く賢いのも特徴

　イングランド南西部原産で、オオカミから家畜を守るために使われていた大型犬です。その起源には、ビアデッド・コリー（P57）と、サウス・ロシアン・シェパード・ドッグ（P57）などの血統も入っているでしょう。1800年代半ばには家畜を市場まで運ぶのに使われていました。当時は作業犬であることを示して税の免除を受けるために断尾をするのが一般的で、現在でも「ボブテイル・シープドッグ」と呼ばれることがあります。

　1970～80年代にかけては映画や広告で使われたこともあって高い人気を誇りましたが、最近はその人気に陰りが見られます。2012年にイギリスのケネルクラブ（KC）に新規登録されたのはわずか316頭で、絶滅危惧犬種の警戒リストに掲載されました。

　大きくて頑健であるがゆえに、十分な運動が必要です。歴史的にもつねに毛むくじゃらで、その昔、羊飼いは羊だけでなくこの犬の毛も刈り、布を作るのに使っていました。現代では被毛がますます豊富になり、もつれないようにするには手入れにかなりの労力がかかります。

- 他より長い被毛で覆われた後躯
- 短めの胴
- 被毛で覆われた小さな耳
- ブルー
- 被毛の下に隠れた目
- 被毛は非常に厚く、ホワイトのマーキングがある
- 頭部、頸部、胸にホワイトのマーキング

使役犬種（ワーキング・ドッグ）

## ビアデッド・コリー
Bearded Collie

体高：51〜56cm
体重：20〜25kg
寿命：10年以上

サンド
レッド・ブラウン
ブルー
ブラック

　ビアデッド・コリーは20世紀半ばまで、この犬が牧羊犬として重宝されていたスコットランドとイングランドの北部でのみ知られていました。今ではその魅力的な容貌やコンパクトなボディ、そして穏やかな性質が評価され、ペットとしての人気が高まっています。しかし、都会の狭い環境よりも広々とした田舎の環境で飼われるのが適しているでしょう。

- アーチ形の眉は目を覆わない
- 大きな鼻
- 長いオーバー・コート
- 長い口ひげが生えたマズル
- **スレート・グレー**
- ホワイトのメーン・コート
- パッドの間に毛が生えた足先

## ポーリッシュ・ローランド・シープドッグ
Polish Lowland Sheepdog

体高：42〜50cm
体重：14〜16kg
寿命：12〜15年

さまざまな毛色

　北欧の平原で牧畜・牧羊犬や護衛犬として作業をするために作出された、丈夫で俊敏な毛むくじゃらの犬。知恵も力もあって、さまざまな訓練によく反応します。飼い主は運動とグルーミングを習慣にする必要があるでしょう。

- 目を覆う長い被毛
- **ブラック＆タン**
- 厚くふわふわした長毛。年齢とともに退色する
- 被毛で隠れたハート形の垂れ耳
- とがっていないマズル
- 卵形の足

## ダッチ・スハペンドゥス
Dutch Schapendoes

体高：40〜50cm
体重：12〜20kg
寿命：13〜14年

さまざまな毛色

　機敏で疲れを知らず、なおかつ賢いこの犬は、生まれながらの完璧な牧羊犬です。ばねでも付いているかのような動きを見せ、仕事をしているときには高速で走り、どんな障害があっても軽々と跳び越えていきます。家庭犬にも適した性質ですが、運動できないような環境で飼うことは難しいでしょう。

- 豊富な口ひげと顎ひげ
- 房毛の豊富な長い尾
- 長い頭部の被毛は一部目を覆う
- **ブラック＆ホワイト**
- 豊富な被毛はわずかにウェーブがかる

## サウス・ロシアン・シェパード・ドッグ
South Russian Shepherd Dog

体高：62〜65cm
体重：40〜50kg
寿命：9〜11年

アッシェン・グレー
ストロー
イエロー＆ホワイト

　ロシアの大草原地帯に起源があり、家畜の群れをまとめるためではなく、捕食動物から守るためにブリーディングされました。動きがすばやく、生まれながらに支配性が強く、強い防衛本能を見せます。「オフチャルカ（ロシア語で「羊のハーダー」の意）」という名でも知られ、飼い主は早い段階でリーダーとして主従関係を明確にする必要があります。

- 長い被毛が密生し粗い手ざわり
- 頭部は細長く額が広い
- **ホワイト**
- 三角形のドロップ・イヤー
- 長い被毛に覆われた足

57

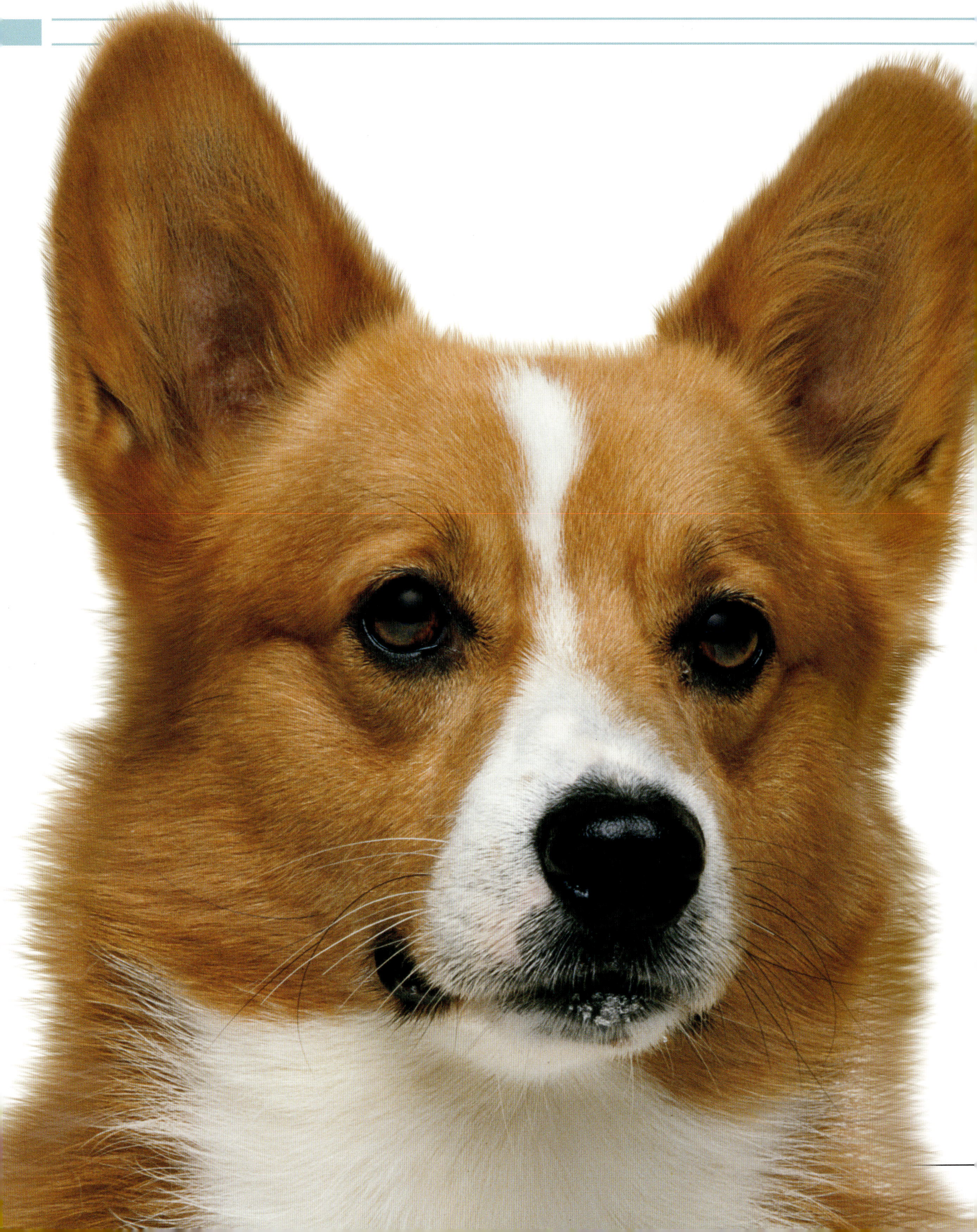

使役犬種（ワーキング・ドッグ）

# ウェルシュ・コーギー・ペンブローク
Pembroke Welsh Corgi

体高 25〜30cm ／ 体重 9〜12kg ／ 寿命 12〜15年

フォーン＆ホワイト、セーブル＆ホワイト

## 頭が良く自信にあふれ、大きな声で吠える牧畜犬
## たっぷり運動させれば良い家庭犬に

2種類いるコーギーのなかで、ポピュラーといえるのがペンブローク。カーディガン（P60）と比較すると、わずかに耳が小さく体も華奢ですが、より洗練されています。生まれつき尾がない犬もいます。カーディガンより新しいものの、その歴史は1107年までさかのぼることができます。フラマンの織工や農民が、当時この犬をヨーロッパから南ウエールズに持ち込んだのです。1800年代の一時期、2種の交配も行われていましたが、1934年には別の犬種として承認されました。

コーギーは、ウエールズでは牧畜犬や番犬として長い歴史があります。その体型と機敏さは、家畜のかかとを噛みながら、牛や羊、ポニーなどを市場まで追っていくのに最適だったのです。活発なこの小型犬は、今日でも牧畜で使われることがあります。また、アジリティー競技でも活躍しています。優れた番犬になり、家庭犬としての生活にも順応しますが、牧畜の本能が蘇って人間のくるぶしに噛みつくことがあります。この傾向は早期の訓練で最小限にすることが可能。太りやすいので、食事はきちんと管理し、規則正しく運動させることが必要です。

ペンブロークには「妖精のサドル（鞍）」として知られる特徴があります。肩の上の部分で、被毛の厚さと生える方向が他とは異なっているのです。このことから妖精たちがこの犬を馬として使い、その背中に乗っていたという伝説が生まれて名づけられました。

### 女王陛下の犬

イギリス王室が犬好きであることは有名ですが、この犬ほど王室との結びつきが強い犬種はいないのではないでしょうか。現在の女王、エリザベス2世の父である国王ジョージ6世が1933年に王室で初めてコーギーを飼い、『ロザベル・ゴールデン・イーグル（ドゥーキー）』と名づけました。エリザベス女王は18歳のころからペンブロークを飼い、ブリーディングも手がけるほどです。そのうちの1頭『モンティ』（すでに死亡）は、2012年に開催されたロンドン・オリンピックの開会式で使われたジェームズ・ボンドのフィルム・シーケンスに、女王とともに出演しました。

子犬

ブラック・タン＆ホワイト ／ 平らな背 ／ 先が丸みを帯びた立ち耳 ／ 「妖精のサドル」 ／ 胸は広く深く、白い毛で覆われている ／ 卵形の足。内側のつま先が外側のつま先より長い

特徴的なマーキングがあるキツネのような頭部 ／ レッド＆ホワイト ／ 胸にはホワイトのマーキング

59

犬種の解説｜使役犬種（ワーキング・ドッグ）

# ウェルシュ・コーギー・カーディガン　Cardigan Welsh Corgi

体高：28～31cm
体重：11～17kg
寿命：12～15年

さまざまな毛色
（ホワイトが広すぎるのは望ましくない）

　2種類のウェルシュ・コーギーは、1930年代に別々の犬種として分類されるようになりました。カーディガンはペンブローク（P58）ほど家庭犬としての人気はありません。大きく丸みを帯びた耳、そして胴長の体型で見分けることができます。小さな家でもうまく適応できます。

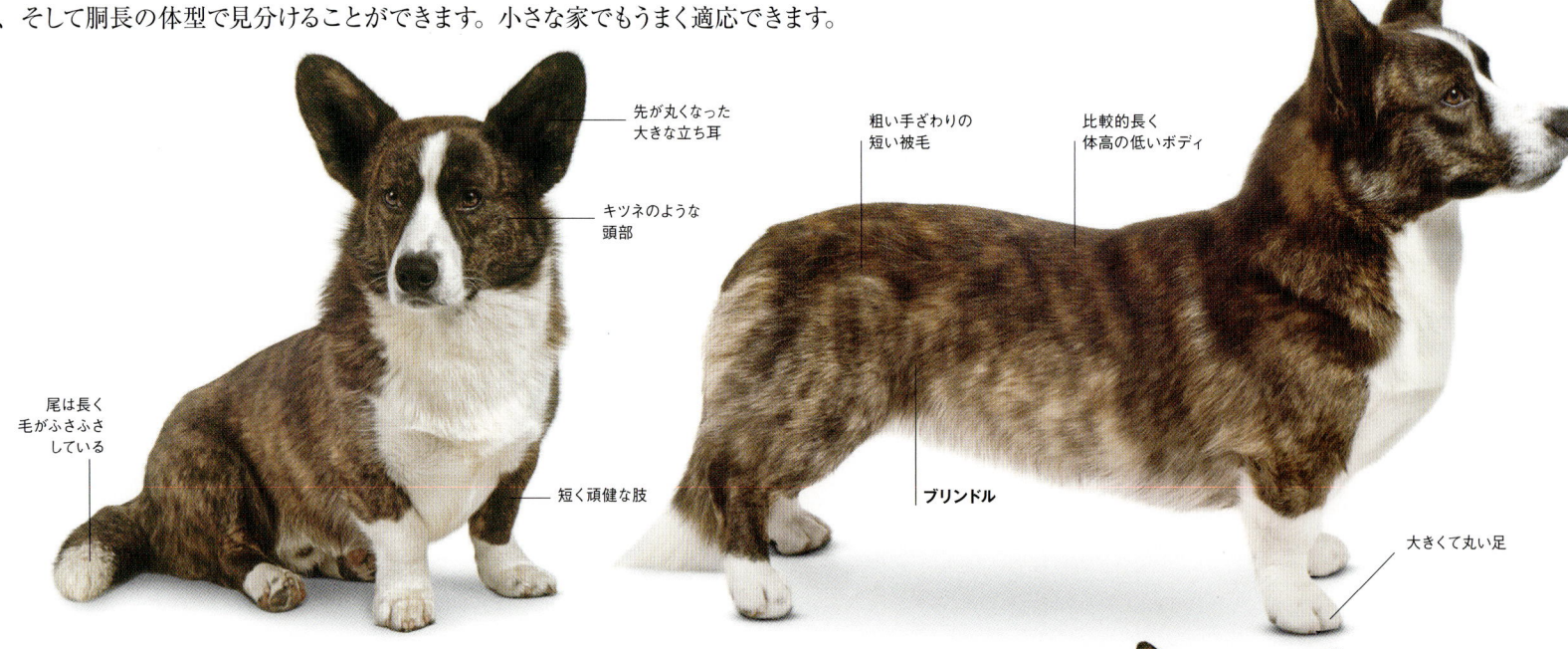

- 先が丸くなった大きな立ち耳
- キツネのような頭部
- 尾は長く毛がふさふさしている
- 短く頑健な肢
- 粗い手ざわりの短い被毛
- 比較的長く体高の低いボディ
- ブリンドル
- 大きくて丸い足

# スウェディッシュ・ヴァルフンド　Swedish Vallhund

体高：31～35cm
体重：12～16kg
寿命：12～14年

スチール・グレー
レッド
（レッドやグレーの被毛にブラウンまたはイエローが混じる場合もある）

　よく似た外見のウェルシュ・コーギー同様、牛を誘導する牧畜犬として使われていました。タフで作業犬らしく、スウェーデンの農場では今でも現役で活躍しています。家庭犬としても、その愉快な性格で知名度や人気は徐々に上がりつつあります。

- 先のとがった立ち耳
- 厚く筋肉質な頸部
- 密で粗い手ざわりのオーバー・コート
- くさび形の長い頭部
- まっすぐな背
- 胸にホワイトのマーキング
- 灰色がかったイエロー
- 楕円形の足

60

使役犬種（ワーキング・ドッグ）

## ニュージーランド・ハンタウェイ　New Zealand Huntaway

体高：50～61cm
体重：18～30kg
寿命：12～14年

トライカラー
ダーク・ブリンドル
（現時点ではほかの色が見られる場合もある）

ニュージーランド・ハンタウェイには、犬種としてのスタンダードがありません。ジャーマン・シェパード・ドッグ（P42）、ロットワイラー（P83）、ボーダー・コリー（P51）などさまざまな血統が混じっているため、この犬を犬種として認めているケネルクラブがまだ存在しないのです。ニュージーランドで牧羊犬として作られ、優秀な作業犬として活躍しつつ、家庭犬としても人気を獲得し始めています。

- 明るく用心深い表情を湛えた目
- 厚い短毛
- **ブラック＆タン**
- 長くて力強い肢
- 大きな足
- 典型的なタンのマーキング

## オーストラリアン・ケルピー　Australian Kelpie

体高：43～51cm
体重：11～20kg
寿命：10～14年

さまざまな毛色

オーストラリアン・ケルピーは、広大なオーストラリアの大地で牧羊犬として作出されました。エネルギッシュで機敏なこの犬種は、まるで無限のスタミナを持っているかのようで、退屈しやすい犬でもあります。とにかく活動的なので、そのハーディングのスキルを生かせる作業犬としての環境が最適です。

- 厚く防水性のある短毛
- ややカーブした、ブラシのような太い尾
- キツネのような頭
- **チョコレート**
- 筋肉質でたくましい肢

犬種の解説 | 使役犬種（ワーキング・ドッグ）

# オーストラリアン・キャトル・ドッグ Australian Cattle Dog

| 体高 | 体重 | 寿命 |
|---|---|---|
| 43〜51cm | 14〜18kg | 10年以上 |

## 丈夫でたくましく、信頼できる牧畜犬
## 見知らぬ人に対しては警戒心を持つ

かつて牧畜犬や護衛犬として広く使われ、「オーストラリアン・ヒーラー」とも呼ばれています。その起源は1800年代で、広大な牧場で半野生の牛を追い、猛烈な暑さのなか起伏の多い地形を長距離移動することに耐えられる犬が必要とされていた時代にさかのぼります。1840年代に、トーマス・ホールという名の牧場主がコリー（P52）とディンゴを交配し、「ホールのヒーラー」と呼ばれる犬を作り出しました（「ヒーラー」とは、牛のかかとを軽く噛んで牛を追う性質を持つ牧畜犬）。その後「ホールのヒーラー」はダルメシアン（P286）、ブル・テリア（P197）、ケルピーなどと交配され、1890年代にオーストラリアン・キャトル・ドッグとして確立されます。

こうした異犬種交配によって誕生したのは、ハーディングの本能とディンゴの静かでタフな性質、そして馬と一緒に仕事ができるダルメシアンの能力を併せ持つ犬でした。その毛色の多くは、先祖であるコリーに見られるブルー・マールです。この犬種は、疲れにくく軽い歩様と瞬時に加速できる能力を兼ね備えています。

丈夫で用心深く飼い主に忠実であることなど、家庭犬にふさわしい資質もあります。しかし見知らぬ人には本能的に警戒する性質があります。また、厳しい環境で働き、長距離移動にも耐えられるように開発された犬なので、豊富な運動が必要です。リーダーとして毅然と接することのできる飼い主のもとで、この犬の肉体的・精神的強さを生かせる仕事が与えられる環境で飼うことが理想。それができないと、この犬は退屈さから頑固な犬になってしまうでしょう。非常に賢く飼い主を喜ばせることに積極的なので、訓練は容易。ハーディング、オビディエンス、アジリティーの各競技で活躍できる犬です。

長く幅広で筋肉質の後躯

尾付きは低く、わずかにカーブする

頸部は長く厚い被毛で覆われる

**レッド・スペックル**

足は丸く、アーチ形で力強い足先

使役犬種（ワーキング・ドッグ）

垂れ耳

子犬

はっきりしたストップ

のどにタン色の
マーキング

ブルー

肢に特徴的なタンの
マーキング

## 最も長生きした犬

オーストラリアン・キャトル・ドッグは、丈夫で健康的な犬としても有名です。なかでも『ブルーイー』は、最も長生きした犬としてギネスの世界記録を持っています。ブルーイーは1910年の6月生まれで、カンガルーやエミューの肉を食べながら、20年以上牧畜・牧羊犬として働きました（写真は牛のハーディングの様子）。1939年の11月、29歳5カ月7日を迎えたところで、ついに永遠の眠りについたということです。

犬種の解説 | 使役犬種（ワーキング・ドッグ）

## ランカシャー・ヒーラー　Lancashire Heeler

体高：25～30cm
体重：4～7kg
寿命：15年

レバー＆タン

　賢く丈夫で職人気質のランカシャー・ヒーラーは、もともとイングランド北部で牧畜犬として使われていた犬。ウェルシュ・コーギー・ペンブローク（P58）とマンチェスター・テリア（P212）をかけ合わせた結果、生まれた犬だと考えられています。ほかのヒーラー犬種ほど噛む本能は強くなく、見た目も賢そうなこの小さな犬は、慎重にしつけをすれば良い家庭犬になるでしょう。

警戒しているときは尾が背上でカーブ

目の上と頬にタンのスポット

引き締まったボディと平らな背

**ブラック＆タン**

短くつやのある被毛

肢の色はタン

小さく丸みを帯びた足

## ベルガマスコ　Bergamasco

体高：54～62cm
体重：26～38kg
寿命：10年以上

ライト・フォーン＆イザベラ
ブラック
（ホワイトのマーキングが入る場合もある）

　牧羊犬かつ護衛犬で力強いベルガマスコは、イタリアの北部山岳地帯の厳しい環境で、屋外犬として飼育されていました。どんな気候にも耐えうる被毛は厚く脂っぽい感触で、すぐもつれてしまいます。しかし一度縄状になってしまえば、グルーミングの手間は軽減されるでしょう。家族に忠実ですが、しっかりとしたコントロールが必要です。

幅広で平らな背

**グレー**

ストップははっきりしているが、毛で覆われる

尾付きは低い

縄状になる被毛

64

## プーミー Pumi

- 体高：38〜47cm
- 体重：8〜15kg
- 寿命：12〜13年

クリーム
グレー
ゴールド

（胸と足先に小さなホワイトのマーキングが入る場合もある）

18世紀にハンガリーで作出された犬。ハンガリアン・プーリーと、ドイツやフランス原産のテリア種との交配種です。牧畜犬として秀でていますが、家庭犬に適していることもわかっています。勇敢でじっとしていることがなく、仕事があるといきいきと活動します。

- 耳にはワイヤー・コートが密生
- テリアのような細い頭部
- 高い尾付き
- **ブラック**
- 厚い巻き毛の被毛
- 筋肉質で引き締まったボディ

## ハンガリアン・プーリー Hungarian Puli

- 体高：36〜44cm
- 体重：10〜15kg
- 寿命：12年以上

ホワイト
グレー
フォーン

（胸と足に小さなホワイトのマーキングが入る場合もある）

アジアの遊牧民・マジャール族によって中央ヨーロッパに持ち込まれたと考えられている犬。かつては牧羊犬として使われていました。愛情深くもの覚えが良いので、家庭の良いペットになりますが、楽しめることがなく一緒に過ごす仲間がいない状態だと、すぐに飽きてしまいます。縄状の被毛は特別な手入れが必要です。

- 目も長い縄状の被毛で覆われる
- 豊かな被毛に覆われた尾。背上に巻き上がる
- 小さく黒い鼻
- 平らで強靭な背
- **ブラック**
- 被毛は長い縄状
- 短く丸みを帯びた足

65

犬種の解説 | 使役犬種（ワーキング・ドッグ）

# コモンドール Komondor

体高 60〜80cm　体重 36〜61kg　寿命 10年以下

## 大型で力強い犬
## 初心者向きではなく、飼い主には豊富な経験が求められる

　コモンドールは、クマン人が現在の中国からドナウ川流域に向かって西に移住した際にハンガリーに持ち込まれた護衛犬に由来します。このタイプの犬についての最初の記述は1500年代半ばのものですが、その何世紀も前にはすでに存在していた可能性があります。ハンガリー以外で知られるようになるのは1900年代に入ってからです。

　伝統的に羊やヤギ、牛をオオカミなどから守るのに使われていました。飼い主から離れて羊の群れと生活し、羊を守るために単独で働いていたのです。第二次世界大戦中は数多くのコモンドールが軍の施設を守るのに使われ、任務中に死亡したことで絶滅しかけたこともありましたが、熱心なブリーダーによってその頭数が回復しました。現在、この犬の多くはハンガリーとアメリカで飼われており、コヨーテなどの捕食動物から家畜を守っています。

　概して静かで控えめな性質ですが、危険な存在と見なすと何が相手であろうと恐れずに立ち向かいます。防衛本能が強く、家庭の忠実な番犬ともなります。しかし家庭でペットとして飼われるよりは、農場などでの暮らしが性に合っているでしょう。かなり大きく力も強い上に、独立心と防衛本能が旺盛なこの犬は、経験豊富な飼い主以外は飼うことができないでしょう。非常に特徴的な縄状の被毛は、日々のグルーミングが不可欠です。

ホワイト

先がわずかに曲がった長い尾

子犬

使役犬種（ワーキング・ドッグ）

黒い鼻
（グレーや茶色の鼻も見られる）

被毛の下に隠れた垂れ耳

### 羊の衣服を身にまとって

コモンドールは羊の護衛のために作られた犬ですが、その見た目が守るべき羊に似ているだけでなく、羊そのもののように扱われてもいました。子犬のころから羊の群れとともに育てられ、1年中ともに生活するため、羊はこの犬を怖がりません。それに応えてコモンドールは羊を自分の群れの仲間と考えるようになり、群れを守るのです。人間と一緒に育てられると、人の家族に対しても同様の防衛本能を発揮します。毎年夏に行われる羊の毛刈りショーにおいては、冬場寒さから体を保護するコモンドールの長くて豊富な被毛も一緒に刈ってしまうことがあり、ショーでも羊と同じように扱われているのです。

被毛で一部隠れた黒い目

非常に長く、重く、縄状になった被毛

犬種の解説 ｜ 使役犬種（ワーキング・ドッグ）

## アイディ Aidi

体高：40〜45cm
体重：23〜25kg
寿命：約12年

■ フォーン　■ ブラウン
■ ブラック
（フォーン、ブラウン、ブラックにはホワイトのスポットが入る場合もある）

　アトラス・シープドッグの名前でも知られるこの犬は、何世紀もの間モロッコの遊牧民が護衛犬としていました。忠実で恐れを知らず、飼い主とその所有物を守ろうとつねに警戒しています。しかし防衛本能が強いため、家庭犬として室内の生活には必ずしもなじみません。

- 黒のパッチ
- 間隔が開いた垂れ耳
- 長さは中くらいで厚い被毛
- 黒い唇
- ホワイト
- 肢の裏側には飾り毛

## オーストラリアン・シェパード Australian Shepherd

体高：46〜58cm
体重：18〜29kg
寿命：10年以上

■ レッド
■ レッド・マール、ブラック
（タンのマーキングが入る場合もある）

　この犬の原産国は、犬種名にあるオーストラリアではなくアメリカです。19世紀にオーストラリアに移住し、その後アメリカに移ったバスクの羊飼いに使われていた犬が先祖であったことに由来します。現在でも牧場犬や追跡犬として重宝されていますが、ペットとしての評価もどんどん高まっています。

- タンのマーキング
- ふさふさの尾
- はっきりしたストップ
- 高い位置に付いた垂れ耳
- 厚くウエーブのかかった被毛
- ブルー・マール
- 白い毛が頸から胸、肢にかけて広がる

使役犬種（ワーキング・ドッグ）

## ヘレニック・シェパード・ドッグ　Hellenic Shepherd Dog

- 体高：60〜75cm
- 体重：32〜50kg
- 寿命：12年

さまざまな毛色

「グリーク・シープドッグ」としても知られるこの犬の先祖は、何世紀も前にトルコからの移住者がギリシャに持ち込んだ牧羊犬ではないかと考えられています。屈強・勇敢で、生まれながらの護衛犬であり、群れのリーダーともなるので、作業犬としては優れた資質を持っています。ただ、家庭犬とするにはやや警戒心が強すぎます。ロング・ヘアーとショート・ヘアー、被毛のタイプは2種類です。

- ダーク・ブラウンの目
- 広い胸
- 白い肢
- 豊富な毛で覆われた尾
- 頭は大きくて上が平ら
- 三角形の垂れ耳で、縁の色が濃い
- セーブル混じりの厚い被毛
- フォーン
- **ロング・ヘアー**

## マレンマ・シープドッグ
Maremma Sheepdog

- 体高：60〜73cm
- 体重：30〜45kg
- 寿命：10年以上

イタリア中部の羊飼いたちは、羊の群れを守るために長年この犬を使っていました。堂々とした姿勢と白く厚い被毛を持つため、誰の目にも魅力的ですが、扱うには相当の経験が必要です。屋外の作業犬の多くがそうですが、この犬も家庭犬として理想的であるとはあまりいえないでしょう。

- 黒く縁取られた目
- 尾付きは低く、ふさふさに毛が生えている
- ウエーブがかった豊かな被毛
- 顔は短毛
- 頭の横にまっすぐ垂れた小さい耳
- 頸部の被毛は厚い
- **ホワイト**

## コルシカ
Cursinu

- 体高：46〜58cm
- 体重：不明
- 寿命：10年以上

このタイプの犬はコルシカ島で100年以上前から生息していますが、フランスで認識されるようになったのはほんの最近、2003年以降のことです。エネルギッシュで動きが速いため、狩猟と牧畜・牧羊の両方に使われています。家庭犬としての生活にも順応できますが、作業犬として飼うのがベストでしょう。

- 高い位置に付いた半立ち耳
- 短く厚く筋肉質な頸
- 活動時は長い尾を巻く
- 平らで幅の広い頭
- 被毛は短毛〜中程度の長さ
- **フォーン・ブリンドル**
- ノウサギのような長い足

犬種の解説 ｜ 使役犬種（ワーキング・ドッグ）

# ルーマニアン・シェパード・ドッグ　Romanian Shepherd Dog

| 体高 | 体重 | 寿命 | ホワイト・ベージュ | （ブコヴィナのみホワイト、ホワイト・ |
| --- | --- | --- | --- | --- |
| 59〜78cm | 35〜70kg | 12〜14年 | ブラック | ベージュ、ブラック、またはアッシェン・グレーが見られ、斑も存在する） |

## モロシアン犬種

古代モロシアン犬種を地元のイエイヌとかけ合わせた犬の子孫といわれるルーマニアン・シェパード・ドッグ。古代モロシアン犬種は戦闘や狩猟（写真参照）、敷地の護衛や牧畜犬として使われていました。牧畜・牧羊に使われていた犬について、アリストテレス（紀元前384〜322年）は「大きさと勇気においてほかの犬を圧倒し、もって野生動物の攻撃に立ち向かう」と記しています。今日も家畜の護衛犬として働く彼らには、こうした資質は必要不可欠なのです。

### 用心深く勇敢な犬で、見知らぬ人に警戒心を抱く
### 自由に走り回れるスペースが必要

　ルーマニアのカルパチア山岳地方の羊飼いは、羊の群れを守るのにどんな気候でも仕事ができるような大きくて頑健な犬を使います。地域的な繁殖により、いくつかの異なるタイプが生まれましたが、「カルパチアン」、「ブコヴィナ」、「ミオリティッチ」の3種が代表的です。オオカミのような風貌のカルパチアンは、ルーマニア東部のドナウ・カルパチアの低地に由来します。重量級のブコヴィナは北東の山岳地帯で作られました。毛むくじゃらのミオリティッチは北部の生まれです。オオカミやクマなどの捕食動物から家畜を守るため、いずれのタイプも頑健で勇敢でなければなりません。

　1930年代以降、この3種すべてを存続させるための努力が続けられています。今世紀初頭に、FCIはこれらの犬を暫定的に承認しましたが、原産国であるルーマニア以外ではほとんど知られていません。どのタイプも屋外での暮らしに向いています。家庭犬としては室内向きではありません。生まれながらに番犬としての性質が強く、非常になわばり意識も強く、見知らぬ人に対して警戒心をあらわにします。いずれもたっぷり運動させること、社会化と訓練を小さいうちにしっかり行うことが必要です。

**ウルフ・グレー**
ブレーズはマズルまで伸びる
黒い鼻
ふさふさの毛が生えた尾
わずかに長い頸部の被毛は、ラフを形成
脚にはホワイトのマーキング
粗く、少しウエーブがかった被毛
前肢裏側には飾り毛
ほかの2種より長い被毛
ホワイトにクリームとグレーのマーキング

**カルパチアン**

**ミオリティッチ**

使役犬種（ワーキング・ドッグ）

## アッペンツェル・キャトル・ドッグ　Appenzell Cattle Dog

体高：50〜56cm
体重：22〜32kg
寿命：12〜13年

■ ハバナ・ブラウン

　アルプスの農場で牧畜・牧羊と護衛を行うために作られたこの犬は、都会の生活にもうまく順応してきました。スイス国内では熱烈なファンがいますが、スイス以外ではそれほど知られていません。鋭敏で用心深くエネルギーにあふれており、何か仕事を与えておくことが重要です。

- 垂れた耳は警戒すると前方に上がる
- 巻き上がった尾
- 顔に赤みを帯びたブラウンのマーキング
- 胸はホワイト
- 被毛は厚く、平らに寝ていて光沢がある
- ブラック
- 足はホワイト
- アーモンド形の小さな目
- マズルの横まで広がる白いブレーズ

## エントレブッフ・マウンテン・ドッグ　Entlebucher Mountain Dog

体高：42〜50cm
体重：21〜28kg
寿命：11〜15年

　スイス・マウンテン・ドッグのなかで最も小型で、エントレブッフ渓谷出身の牧畜犬。家庭犬としての人気も獲得しつつあります。意気揚々として元気にあふれ、自信もあり、家の中ではお行儀良くしています。しかし防衛本能が強く、周囲の見知らぬ人を警戒する傾向があります。

- 目の上に赤みを帯びたブラウンのマーキング
- 高い位置に付いた垂れ耳
- 体高より体長が長い
- ホワイトの胸
- トライカラー
- わずかにカーブした長い尾
- 短く、粗く、光沢のある被毛
- 赤みを帯びたブラウンのマーキングがある肢

71

犬種の解説 ｜使役犬種（ワーキング・ドッグ）

使役犬種（ワーキング・ドッグ）

# バーニーズ・マウンテン・ドッグ　Bernese Mountain Dog

| 体高 | 体重 | 寿命 |
|---|---|---|
| 58〜70cm | 32〜54kg | 10年以下 |

## マーキングが美しく多才な犬
## 性格もやさしく家庭犬として魅力的

スイスのベルン州出身で、生まれ故郷では多目的農場犬として働いていました。牛乳やチーズなどの荷物を市場に運搬するための荷車引きとしても使われていました。1800年代にほかの犬種がスイスに輸入されるようになって数が減り始めると、フランツ・シェルテンライプが数の回復のために立ち上がり、この犬を捜してスイス中を回りました。後にアルベルト・ハイムというスイス人の大学教授も、犬種の保存と普及のために努力しました。1907年には犬種クラブが作られ、それ以降は世界的に人気が高まります。

見た目も性質も魅力的で、家庭犬としても人気が高い犬種です。成長が遅く、ほかの犬種に比べると子犬のような無邪気さを長く持ち続けます。大きくて力強い犬ですが、過剰に警戒心が強いところはありません。人との交流を喜ぶので、なるべく多くの時間を人間のいるところで過ごさせるとよいでしょう。愛情深く、子どもと一緒でも安心です。近年では、お年寄りや病気の子ども、障害を持つ人々のセラピー・ドッグとしても人気です。現在でも農場犬として活躍するほか、捜索救助犬としても使われています。

人目を引くトライカラーの被毛は、絹のような手ざわりと独特のやわらかい光沢を維持するために、念入りな手入れが必要です。厚い被毛をまとっているので、暑い地方での暮らしには向いていません。

### 荷車引き

その昔、馬を持つ余裕がない人々は犬に荷車を引かせていました。これがバーニーズ・マウンテン・ドッグのような犬種の作出につながったのです。牛が放牧されている山からふもとの渓谷まで、牛乳やチーズを運んでいました。この習慣から地元では「チーズ・ドッグ」と呼ばれることもあります。荷車引きとしての仕事がないときは、家畜の監督や敷地の警護をしていました。

- 三角形のドロップ・イヤー
- 頭部に白いブレーズ
- **トライカラー**
- 広く深い胸にはホワイトのマーキング
- 長くてふさふさで真っ黒な尾
- 長くて絹のような被毛はわずかにウエーブがかっている
- 赤みがかったブラウンのマーキングが足まで伸びる
- 幅広の頭部にははっきりしたストップがある

子犬

73

犬種の解説 ｜ 使役犬種（ワーキング・ドッグ）

## グレート・スイス・マウンテン・ドッグ
Greater Swiss Mountain Dog

体高：60〜72cm
体重：36〜59kg
寿命：8〜11年

　スイス・アルプス生まれの大きくて力強い犬。かつて、乳製品が山積みされた荷車を引いたり、牧畜や護衛犬として働いていました。1900年代初めまでに絶滅しかけましたが、熱烈なファンによる繁殖で救われました。しかし、現在でも数はあまり多くありません。根っからの作業犬ですが、気質が穏やかなので、運動のための十分なスペースがあれば家庭犬にもなります。

- 筋肉質で力強いボディ
- 目の上にタンのスポット
- 左右対称の模様がある被毛
- 幅広く平らな頭蓋
- **ブラックにタンとホワイトのマーキング**

## ホワイト・スイス・シェパード・ドッグ
White Swiss Shepherd Dog

体高：53〜66cm
体重：25〜40kg
寿命：8〜11年

　純白のシェパード・ドッグは、1970年代に初めて北米からスイスに持ち込まれました。その後20年かけて改良された犬が、1991年にスイスで犬種として認められます。賢く聡明で、作業犬にも家庭犬にも適しています。被毛はミディアムとロングの2タイプがあります。

- **ホワイト**
- 黒い目
- 高い位置に付いた立ち耳
- ふさふさの尾
- **ロング・ヘアー**

## アナトリアン・シェパード・ドッグ
Anatolian Shepherd Dog

体高：71〜81cm
体重：41〜64kg
寿命：12〜15年

さまざまな毛色

　家畜の護衛犬として長い歴史を持ち、丈夫で力強い犬。トルコでは現在でも作業犬として使われています。勇敢さと自立心が旺盛で、断固とした厳しい性質も持ちますが、愛情深い飼い主を尊敬します。家庭犬として飼う場合は、訓練と社会化を早期に始める必要があります。

- 先が丸まった長い尾
- デューラップ
- わずかにしわのある頭部
- ダークなマスク
- **フォーン**

## カンガール・ドッグ
Kangal Dog

体高：70〜80cm
体重：40〜65kg
寿命：12〜15年

薄いブラウン
薄いグレー
（ホワイトのマーキングは足と胸のみ）

　トルコの国犬として知られる犬。オオカミやジャッカル、クマなどから家畜を守るためにトルコ中央部で作られた、マスティフ・タイプの山岳犬です。人間の家族に対しても強い防衛本能を発揮します。独立心が強く、経験者が扱うことと豊富な運動が必要です。

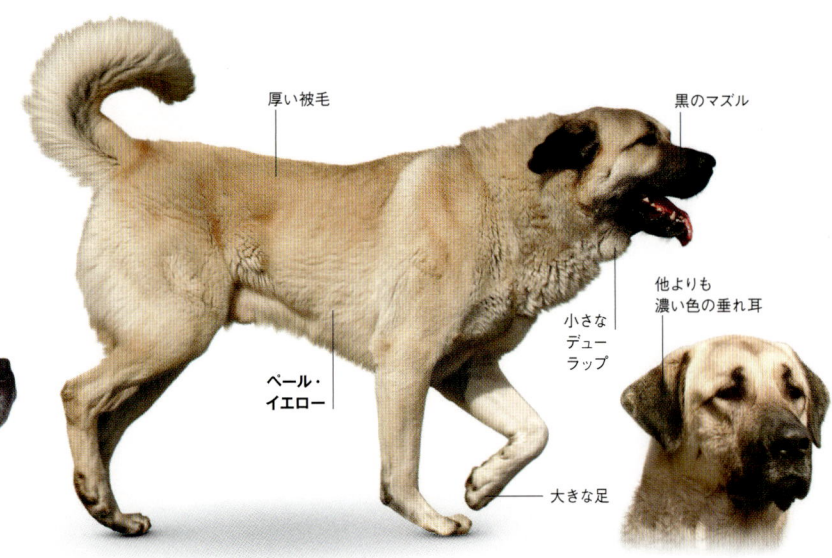

- 厚い被毛
- 黒のマズル
- 小さなデューラップ
- 他よりも濃い色の垂れ耳
- **ペール・イエロー**
- 大きな足

使役犬種（ワーキング・ドッグ）

## アクバシュ
Akbash

体高：69～79cm
体重：34～59kg
寿命：10～11年

　羊の群れを守るために作られた、トルコ原産の力強い犬です。数千年前から生息しているのではないかと考えられています。北米では家畜や領地の護衛犬として牧場で使われていて、作業犬として生きるのが最善です。問題行動を防ぐためには、犬種の特性を理解したトレーニングが必要です。被毛はミディアムとロングの2タイプ。

- 豊富な飾り毛のある尾
- ホワイト
- どんな天候にも耐える粗い被毛
- 短い被毛の生えた顔
- ビスケット
- 肢の裏側にも飾り毛
- ロング・ヘアー

## セントラル・エイジアン・シェパード・ドッグ
Central Asian Shepherd Dog

体高：65～78cm
体重：40～79kg
寿命：12～14年

さまざまな毛色

　中央アジア（現在のカザフスタン、トルクメニスタン、タジキスタン、ウズベクスタン、キルギスなど）の遊牧民は、家畜の群れを守るために、何百年にもわたってこのタイプの犬を使っていました。かつてソビエト連邦で選択的に交配が行われたこの珍しい犬には、早期の社会化が必要です。被毛はショートとロングの2タイプがあります。

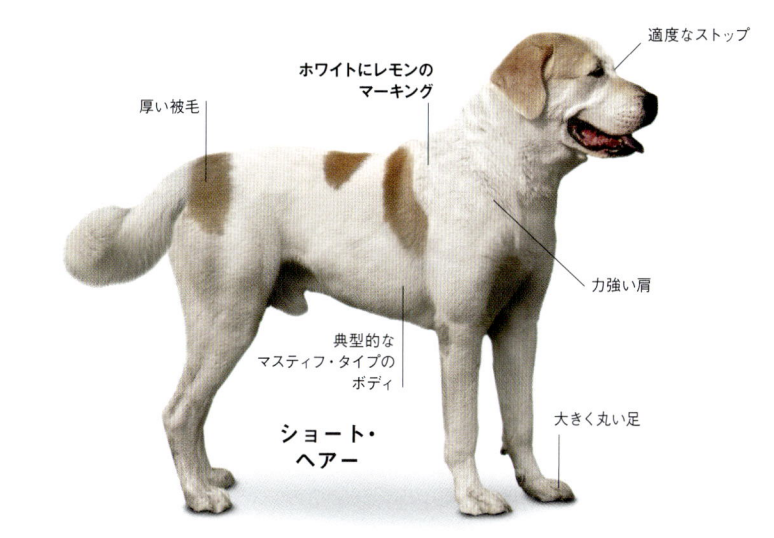

- 厚い被毛
- ホワイトにレモンのマーキング
- 適度なストップ
- 力強い肩
- 典型的なマスティフ・タイプのボディ
- 大きく丸い足
- ショート・ヘアー

## コーカシアン・シェパード・ドッグ
Caucasian Shepherd Dog

体高：67～75cm
体重：45～70kg
寿命：10～11年

さまざまな毛色

　さまざまな種類の大型犬から作られ、かつてコーカサス地方で家畜の護衛犬として使われていました。1920年代にかつてのソビエト連邦でブリーディングが始まり、ドイツに引き継がれました。護衛犬としては優れていますが、家庭犬として人間とうまく付き合うためには、慎重にしつけをする必要があります。

- 豊富に飾り毛の付いた尾
- セーブル
- 大きな頭
- 粗く密生する被毛は体から立ち上がる
- 深い胸
- 厚く生えた白い毛が足を保護
- ダークなマズル
- 子犬

## レオンベルガー
Leonberger

体高：72～80cm
体重：45～77kg
寿命：10年以上

- サンド
- レッド
（ホワイトのマーキングが入る場合もある）

　ドイツ・バイエルン地方の都市であるレオンベルガーにちなんで名づけられた犬。1800年代中ごろ、セント・バーナード（P76）とニューファンドランド（P79）を交配して作られました。2度の世界大戦の後に絶滅しかけましたが、その後頭数が回復し、今ではその見事な風貌と友好的な性格で人気が出ています。

- 尾の飾り毛は下側が明るい色
- 厚く長い被毛
- 頚と胸にメーン・コート
- ブラック・マスク
- ライオン・ゴールド
- 飾り毛の付いた前肢

犬種の解説 ｜ 使役犬種（ワーキング・ドッグ）

# セント・バーナード St. Bernard

体高 70〜75cm　体重 59〜81kg　寿命 8〜10年　■ ブリンドル

## 愛すべき性格の心やさしい超大型犬
## 大きさゆえにペットとして飼うのは難しい

　この犬種は、スイス・アルプスにあるサン・ベルナール修道院の宿坊の修道士によって1700年代に作出されたのが始まりです。何世紀もの間、スイスの谷間で番犬や家庭犬として飼われていたさまざまなマスティフ・タイプの犬をかけ合わせて作られたと思われます。この犬の救助犬としての歴史は、1700年代後半までさかのぼります。雪の下に埋もれた人がどこにいるか嗅ぎ分け、雪崩が差し迫っていることを察知する能力を持っていたのです。修道士は遭難した旅人の捜索のために、この犬のペアを放ちました。遭難者を見つけると1頭がそばに横たわって温め、もう1頭が修道院に戻って修道士に知らせたのです。薬として使うブランデーの小瓶を首に下げて運ぶイメージは後に作られたものです。

　1816年〜1818年にかけての冬で、多くの犬が救助犬としての任務中に命を落とし、この犬の頭数が大幅に減少しました。1830年代にはニューファンドランドとの交配が行われましたが、その結果生まれた犬は毛が長く、あまりに多くの雪や氷が付いてしまいました。結果的に救助犬としての仕事には適さなくなりました。修道士はこの異犬種交配種を手放し、再び短毛種と交配し始めます。1800年代になるとこの犬種の人気がスイス以外で高まりました。とくにイギリスでは、イングリッシュ・マスティフとのかけ合わせが行われ、より大きく重いセント・バーナードが作られました。

　セント・バーナードは穏和で愛情深く、とくに子どもにやさしい犬です。しかしあまりに大きすぎるため、飼うには広大なスペースと多くの食料が必要となります。被毛にはスムースとラフの2種類があります。

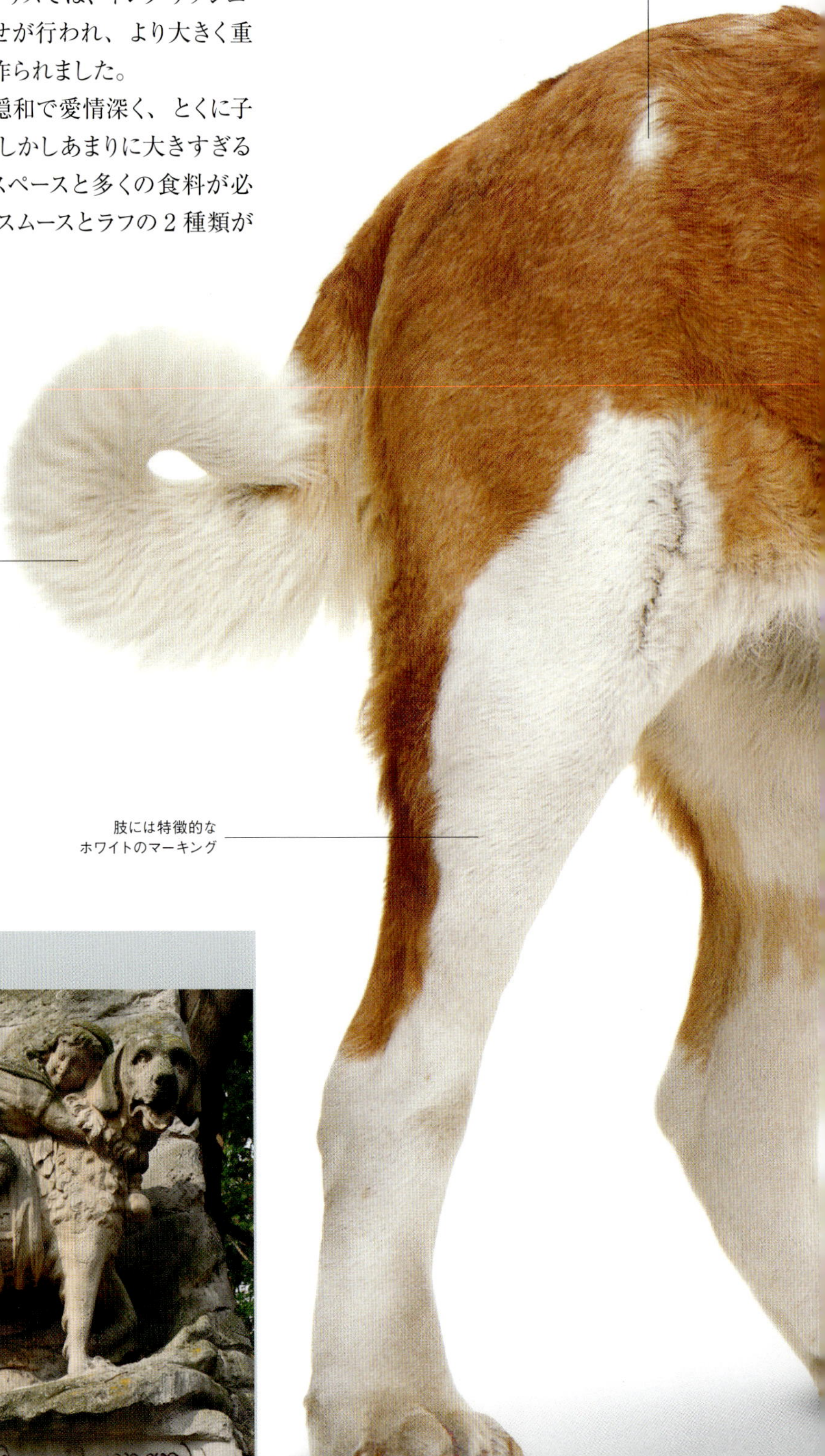

ホワイトのパッチ

ふさふさの白い尾

肢には特徴的なホワイトのマーキング

### 山岳救助犬『バリー』

　セント・バーナードの救助犬で最も有名な犬といえば、オスの『バリー』でしょう。サン・ベルナール修道院の宿坊で修道士に飼われていたバリーは、1800年から1814年までの生涯で、実に40人以上を救助したといわれています。これには、凍りついた洞窟でバリーが発見した少年も含まれます。バリーは少年をなめて意識を回復させ、修道院まで背中に載せて運びました。それ以来、サン・ベルナール修道院で飼われている犬の1頭には必ず『バリー』の名がつけられています。パリにある犬の墓地には、最初のバリーのモニュメントがあります。

フランス（パリ）のアニエール＝シュル＝セーヌにある犬の墓地

使役犬種（ワーキング・ドッグ）

子犬

顔にホワイトの
マーキング

頸周りには
豊富な被毛

平らで幅広い背

垂れた唇

長く太い頸部には、
はっきりとわかる
デューラップ

典型的な黒の
シェーディング

平らで
深みのある頬

短毛

オレンジ＆ホワイト

スムース・ヘアー

77

犬種の解説 ｜ 使役犬種（ワーキング・ドッグ）

## タトラ・シェパード・ドッグ
Tatra Shepherd Dog

体高：60〜70cm
体重：36〜59kg
寿命：10〜12年

　大きくて美しいこの犬は、ポーランドのタトラ山脈の高原で今も牧羊と護衛をしており、家や家族の護衛にも役立っています。なじみのある人に対しては穏やかですが、攻撃性を秘めています。家庭犬として飼う場合は、攻撃性が現れないようトレーニングすることが必要です。

- ホワイト
- 厚く、わずかにウエーブがかかった被毛
- 先が丸みを帯びた三角形の垂れ耳
- 唇と目には暗い色の縁
- 頸には深いメーン・コート
- 肢の下部から足先にかけては短めの被毛

## ピレニアン・マスティフ
Pyrenean Mastiff

体高：72〜81cm
体重：54〜70kg
寿命：10年

　スペイン原産のこの犬は、もともとは山で羊の群れの護衛のために飼われていました。体が大きくクマやオオカミにも立ち向かう勇気がありますが、現在は番犬として使われることが多いようです。賢くて穏やかな性質なので、きちんと訓練をすれば家庭犬にも向いているでしょう。

- ごわごわした手ざわりの厚い被毛
- アーモンド形の小さい目
- ホワイト
- 飾り毛のある長い尾
- はっきりした顔のマスク
- 顔と同じ色で規則性のないパッチ

## ピレニアン・マウンテン・ドッグ
Pyrenean Mountain Dog

体高：65〜70cm
体重：40〜50kg
寿命：9〜11年

純白

　ピレネー山脈（フランス側）の出身で、堂々とした威厳をたたえる犬。生まれ故郷では、かつて羊の群れの護衛を任されていました。穏やかで攻撃的なところもないので、今ではすっかり家庭に溶け込んでいます。家の中でも安心で、子どもの相手も上手です。大きく力強い犬ですが、それほど多くの運動を必要としません。しかし、グルーミングには相当の時間がかかるでしょう。

- タンのパッチ入りホワイト
- 目縁は黒く濃い琥珀色の目
- 臀部にあるタンのパッチ
- 飾り毛のある尾
- 頭部にはタンのパッチとシェーデッド
- ウエーブのかかった厚い被毛
- 後ろ足には、被毛の下にそれぞれ2本の狼爪が隠れている
- 頸と肩の周りに豊富なメーン・コート

使役犬種（ワーキング・ドッグ）

## ニューファンドランド Newfoundland

体高：66〜71cm
体重：50〜69kg
寿命：9〜11年

■ ダーク・ブラウン

カナダのニューファンドランドと関連があるとされていますが、本当の起源はわかっていません。歴史的には漁師が網の回収をするときに使っていましたが、現在は海難救助犬として活躍することもあります。防衛本能があり、子どもにやさしいことでも知られています。体が大きいので、小さな家でペットとして飼うことは難しいでしょう。

大きな頭

**ブラック**　厚く粗く、少し脂っぽい被毛

ふさふさの尾

飾り毛のある前肢　大きな足

## ランドシーア Landseer

体高：66〜71cm
体重：50〜69kg
寿命：9〜11年

ニューファンドランドの色違いで、国によっては独立した犬種として認められています。その名は、たびたびこの犬を描いたヴィクトリア朝中期のイギリス人画家、エドウィン・ランドシーア卿に由来します。バイカラーの被毛以外は、単色のニューファンドランド（上）の特徴がすべて当てはまります。穏やかでやさしく、信頼できる性質です。

よく発達したストップのある黒い頭部

がっしりした頸

特徴的な黒いサドル

**ホワイトにブラックのマーキング**

肢の前面の被毛は短く、裏側には飾り毛

79

犬種の解説｜使役犬種（ワーキング・ドッグ）

使役犬種（ワーキング・ドッグ）

# チベタン・マスティフ Tibetan Mastiff

| 体高 | 体重 | 寿命 | | |
|---|---|---|---|---|
| 61〜66cm | 36〜100kg | 10年以上 | スレート・グレー / ゴールド / ブラック | （ブラックとスレート・グレーの毛色にはタンのマーキングが入る場合もある） |

**マスティフ種の中では小さいほうで独立心が旺盛
非常に忠実ながら訓練と社会化には時間がかかる**

世界で最も古い犬種のひとつであるチベタン・マスティフは、その昔ヒマラヤで遊牧民が家畜や村、僧院の護衛のために使っていました。夜間は村の警護のために自由に歩き回り、村の男たちが羊の群れを連れて高地の放牧地に移動すると、残った家族の護衛をしていました。

祖先の犬たちは、フン族のアッティラ大王やチンギス・ハンの遠征の際に軍勢とともに西に移動し、今日の超大型モロシアン犬種の基礎が作られました。18世紀以降に少数が西欧諸国に輸出されましたが、イギリスでこの犬がよく知られるようになるのは1970年代以降のこと。この犬が健康と富をもたらすと考えられている中国でも、人気が上昇してきています。

原産国では今でも超大型で気性の荒いチベタン・マスティフですが、西欧では犬種改良と訓練によって攻撃性は大幅に軽減されました。非常に強い防衛本能を持ち、とくに子どもを守るときその本能が強く働きます。家庭犬にも適していて、良きペットになります。とはいえかなり独立心が強く、愛情表現が豊かというわけではありません。完全に大人になる時期が遅く、それまで徹底した訓練を着実に行う必要があります。

犬は通常年2回の発情期がありますが、この犬種のメスの発情は年に1回です。その被毛は念入りな手入れが必要で、暑く湿気のある気候は苦手です。しかしフケがあまりないため、アレルギー反応が出るリスクは低いでしょう。

子犬

### 世界一お高い犬

チベタン・マスティフは原産国以外ではいまだに珍しい犬ですが、中国ではこの歴史のある犬が一種のステータス・シンボルになっています。2011年には、『Hong Dong（大きな水しぶき）』という名の子犬が中国人の石炭王に1000万元（1億5000万円以上）で売られ、世界で最も高額な犬になりました。肉体的に完璧であることはもちろん、その被毛が中国のラッキー・カラーであるレッドであったことで、そのような値がついたのです。

- 背上に巻かれたふさふさの尾
- ブラックにタンのマーキング
- 力強い顎
- 頸と肩の周りはメーン・コート
- 肢には典型的なタンのマーキング
- まっすぐで厚い被毛
- ショート・ヘアーの垂れ耳
- 胸にホワイトのマーキング
- 指の間に飾り毛

犬種の解説 | 使役犬種（ワーキング・ドッグ）

## チベタン・キュイ・アプソ
Tibetan Kyi Apso

- 体高：56〜71cm
- 体重：31〜38kg
- 寿命：7〜10年

さまざまな毛色

チベット以外ではごくわずかな頭数しか確認されていない犬種。チベット内においてさえ、なかなかその姿を見ることはできません。この犬の昔からの役割は、家畜の群れと家を守ること。独特の弾むような歩様を持ち、敏捷で瞬時に爆発的に加速することができます。

- 高い位置で巻き上げられた尾
- 低く付いた垂れ耳
- 密生するワイアー・コート
- たくましい後躯
- 顎ひげのある顔
- 体の大きさの割に太い頸
- ブラック&タン

## スロヴェンスキー・クヴァック
Slovakian Chuvach

- 体高：59〜70cm
- 体重：31〜44kg
- 寿命：11〜13年

もともとスロヴァキア・アルプスの羊飼いの護衛犬だったこの犬は、家庭犬として見事に改良されました。大きくて力強く、注意深さと用心深さを残しており、農場や家畜の優れた護衛犬になります。しかし、そうなるためには適切な訓練が必要です。

- わずかにウエーブがかった被毛
- 高い位置に付いた垂れ耳
- 低い位置に付いた豊富な飾り毛のある尾
- 幅広の額
- 顔は短毛
- ホワイト

## ハンガリアン・クーバース
Hungarian Kuvasz

- 体高：66〜75cm
- 体重：32〜52kg
- 寿命：10〜12年

ハンガリー生まれの犬のなかではおそらく最も古く、最もよく知られたこの犬は、かつては羊飼いの護衛犬として使われていました。生まれながらの防衛本能が攻撃性に発展することがあるため、家庭犬として飼うためには、しっかりと訓練をすることが必要です。

- 幅広の頭部に目立たないストップ
- ホワイト
- 長く非常に筋肉質な大腿部
- 先が丸みを帯びた三角形の垂れ耳
- 粗くウエーブがかった被毛
- 筋肉質な頸

## ホフヴァルト
Hovawart

- 体高：58〜70cm
- 体重：28〜45kg
- 寿命：10〜14年

ブロンド

ホフヴァルトは家庭犬としてはほとんど知られていませんが、人気は徐々に上昇中です。先祖は、13世紀に農場犬として働いていました。今のホフヴァルトは、20世紀前半にドイツで作出されました。とても丈夫でどんな天気も喜んで外に飛び出す、友好的で忠実な犬です。訓練は難しくはありませんが、周囲に他の犬がいるときには扱いに注意が必要です。

- ブラック
- 密生した被毛
- 頭蓋とマズルは同じ長さ
- 前肢の飾り毛が長くなることもある
- 卵形の足とアーチがかった足先
- ブラック&ゴールド

使役犬種（ワーキング・ドッグ）

# ロットワイラー Rottweiler

| 体高 | 体重 | 寿命 |
|---|---|---|
| 58〜69cm | 38〜59kg | 10〜11年 |

### 大きくたくましく、防衛本能が強い犬
### 十分な社会化で良い家庭犬にも

ロットワイラーの祖先は、古代ローマ軍が牧畜に使っていた犬です。そのうち、ドイツ南部に定住した牛追いが連れていた犬たちを地元の牧畜犬と異犬種交配させて生まれました。この犬はドイツ南部で家畜の取引が行われるロットヴァイルに集中し、そこで牛を追い、クマを狩り、食肉業者の荷車を引いたりしていました。19世紀にそうした仕事がなくなると、この犬種は絶滅の危機に瀕します。しかし20世紀に入り、その防衛本能や闘争本能を警察犬として生かそうと、頭数の回復が図られました。今日では、護衛犬や捜索救助犬などとして、軍や警察で幅広く使われています。

ただこれまでに、凶暴な護衛犬あるいは威圧的なステータス・シンボルとしてのイメージができてしまいました。確かに力強さ、威風堂々とした態度、防衛本能を持ち合わせてはいますが、もともと短気な犬ではありません。犬種の特性をよく理解した飼い主が思いやりをもってしっかりと訓練すれば、落ち着いた従順な家庭犬になります。その体の大きさやがっしりした体格から想像する以上に敏捷で、十分に運動させることが必要です。

### 熟練者のもとで

ロットワイラーは主人を喜ばせたいという熱意にあふれており、その訓練はやりがいがあります。体の大きさと力強さにこの性質が組み合わされば、警察犬や護衛犬として理想的です。反応が速く、ハンドラーには従順で、どんな犯罪者をも取り押さえられる力を持っています。第一次世界大戦下のドイツで軍や警察がロットワイラーを大規模に使っていたこともあり、1930年代にはイギリスやアメリカにも持ち込まれました。今では、この犬を最適な警察犬とする国がいくつもあります。

- 短くなめらかで光沢のある被毛
- 幅広の頭部とはっきりしたストップ
- 小さめのドロップ・イヤー
- 深いマズルと引き締まった唇
- 頭部にはっきりしたタンのマーキング
- 広く深い胸
- 胸にタンのマーキング
- **ブラック&タン**
- 肢にタンのマーキング

犬種の解説｜使役犬種（ワーキング・ドッグ）

# シャー・ペイ Shar Pei

| 体高 46〜51cm | 体重 18〜25kg | 寿命 10年以上 | さまざまな毛色 |

尾は高い位置で上にカーブ

## しわだらけの顔の裏に隠れている人懐こい性格

　中国原産で、正確な起源はわかっていません。漢の時代（紀元前206年〜紀元220年）の陶器には似た犬が描かれ、13世紀の古文書でもふれられています。かつては家畜のハーディングや護衛、狩猟、闘犬などに使われていました。この犬のしわだらけの皮膚とごわごわした剛毛は、他の犬がこの犬に噛みついたときについ離してしまうとされています（「シャー・ペイ」は「砂のような被毛」という意味で、粗い手ざわりの被毛を形容したもの）。

　1900年代に香港と台湾で繁殖が続いていたものの、中国本土での頭数が激減し、絶滅の危機に瀕しました。1970年代になるとアメリカでの人気が上がり、その希少価値のためにシャー・ペイを飼うことがステータスのようになります。やがて本格的にブリーディングが行われるようになり、中国人が「肉の多い口（ミート・マウス）」と呼ぶシャー・ペイが生み出されました（伝統的な「骨っぽい口」を持つタイプに対する呼び名）。しかし、あまりにしわの多い皮膚を作り出したことで、眼瞼内反（がんけんないはん）（まつ毛が内側を向いてしまう状態。痛みを伴う）を発症するようになり、その結果しわを強調する繁殖の習慣はほぼなくなりました。

　愛想の良さと比較的コンパクトな体型は、都会の生活にも田舎の生活にも適しています。頭部と肩に限って見られるしわ、青い舌、三角形の小さい耳、しし鼻などが特徴です。被毛は非常に短くチクチクするタイプ（ホース・コート）から、より長くなめらかなタイプ（ブラシ・コート）まで、長さにバラエティーがあります。

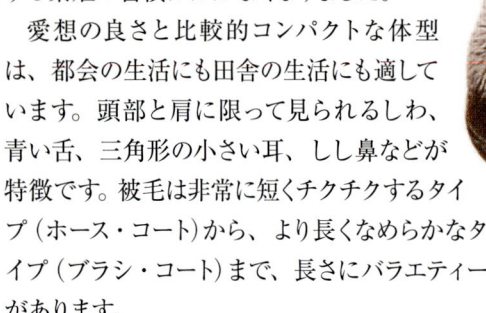

仔犬

### 目的との適合性

漢時代の埋蔵品に見られる犬とシャー・ペイとは、驚くほど似ています。ただし現代のシャー・ペイは垂れ耳で、その皮膚ははるかにたるんでしわだらけです。そうした特徴は、シャー・ペイが闘犬として使われるようになって強調されたものだと考えられています。垂れた小さな耳はケガのリスクを最小限にし、しわのあるたるんだ皮膚に相手の犬はなかなか噛みつくことができません。このようにうまく立ち回って、闘いにおいて身を守ることができたのです。

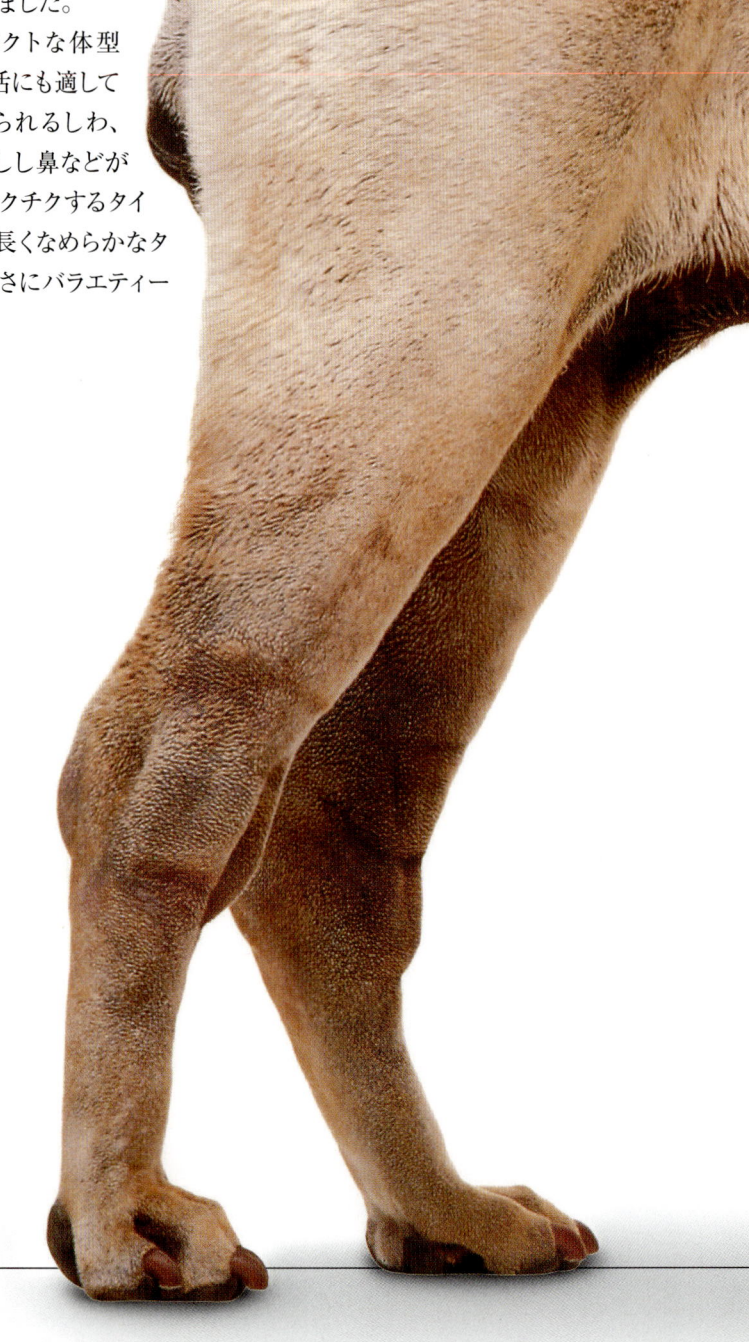

東漢時代の土器

使役犬種（ワーキング・ドッグ）

「しかめ面」のような額のしわ

高い位置に付く小さいボタン・イヤー

「ミート・マウス」タイプに見られる典型的な上唇

肩の上と頸の回りの皮膚はしわが多い

背は、キ甲の後ろでわずかにくぼむ

短くビロードのような「ホース・コート」

スクエアでがっしりとしたつくりのボディ

マズルは幅広く唇は肉厚で垂れている

**フォーン**

座ると背中と肢の皮膚にしわが寄る

85

犬種の解説 | 使役犬種（ワーキング・ドッグ）

## ボースロン
Beauceron

- 体高：63〜70cm
- 体重：29〜39kg
- 寿命：10〜15年
- グレー・ブラック&タン（胸にホワイトが少量混じる場合もある）

　フランス中央部ボース地方の平地出身。牧畜・牧羊と護衛を仕事とするボースロンはすばらしい働き手であり、環境が適切なら家庭犬にもなります。大きくて強いこの犬は、他の犬に対してはあまり寛容ではありません。早期の社会化で問題が起こる可能性を最小限にすることが必要です。

- わずかに傾斜が見られる尻
- 粗い手ざわりの短毛
- 垂れ耳
- マズルにタンのマーキング
- ブラック&タン
- 幅広の頭部
- 後肢には2本の狼爪
- 肢の下部はタン

## マヨルカン・シェパード・ドッグ
Majorca Shepherd Dog

- 体高：62〜73cm
- 体重：35〜40kg
- 寿命：11〜13年

　世界的にも珍しいこの犬は、スペインのマジョルカ島の人々が誇りにする犬です。かつては牧羊犬として幅広く使われ、現在ではショードッグとして人気があります。通常は喜んで主人に従いますが、牧畜・牧羊の本能が強く、見知らぬ人や他の犬には身がまえることがあります。

- ブラック
- 短毛
- 小さく間隔の離れた目
- 先細りの尾
- 小さな足でつま先はアーチがかっている

## 台湾犬
Taiwan Dog

- 体高：43〜52cm
- 体重：12〜18kg
- 寿命：10年以上
- さまざまな毛色

　かつて「フォルモサン・マウンテン・ドッグ」として知られていた台湾犬は、原産国でも希少な犬です。その昔、台湾の内陸部で狩猟に使われていた半野生の犬の子孫だと考えられています。聡明な家庭犬にするには、狩猟本能を訓練によってコントロールする必要があります。

- 豊富な毛で覆われ鎌の形をした尾が高い位置に付く
- 硬い短毛
- ブリンドル
- 黒い鼻
- 立ち耳
- 巻き上がった腹部
- 細く力強い肢

## マヨルカン・マスティフ
Mallorca Mastiff

- 体高：52〜58cm
- 体重：30〜38kg
- 寿命：10〜12年
- ブラック

　「カ・デ・ブー」としても知られるこの犬は、闘犬や牛と闘う「ブル・ベイティング」に使われていた歴史があります。力強く、典型的なマスティフ・タイプの体格と用心深さを持っています。飼い主が毅然としつければうまく社会化できますが、家庭のペットというよりは番犬向きの犬でしょう。

- 高い位置に付いたローズ・イヤー
- ブラック・マスク
- 体高より長い体長
- 小さなデューラップのある力強い頸
- 短毛
- フォーン
- ブリンドル

使役犬種（ワーキング・ドッグ）

## ドゴ・カナリオ
Dogo Canario

体高：56〜66cm
体重：40〜65kg
寿命：9〜11年

ブリンドル
（ホワイトのマーキングが入る場合もある）

　1800年代初めにカナリア諸島で闘犬用に品種改良された犬で、マスティフ（P93）の血が入っていると考えられています。訓練も社会化も難しく、飼い主がこの性格をよく理解しそれをコントロールできなければ、扱いづらい犬です。早期に社会性を身に着けることが必須です。

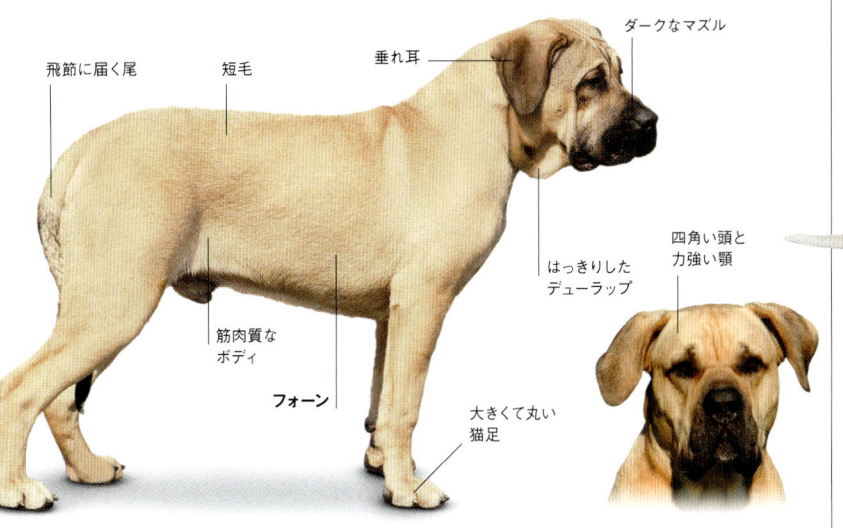

- 飛節に届く尾
- 短毛
- 垂れ耳
- ダークなマズル
- はっきりしたデューラップ
- 四角い頭と力強い顎
- 筋肉質なボディ
- フォーン
- 大きくて丸い猫足

## ドゴ・アルヘンティーノ
Dogo Argentino

体高：60〜68cm
体重：36〜45kg
寿命：10〜12年

　1920年代のアルゼンチン・コルドバで、大きな獲物の狩猟に使える犬を欲しがっていた地元の医師によって作られた犬です。マスティフやブルドッグ（P95）など歴史の古い闘犬と交配して、この新しい犬種が生まれました。寛容な犬ですが、過剰な防衛本能を発揮することもあります。

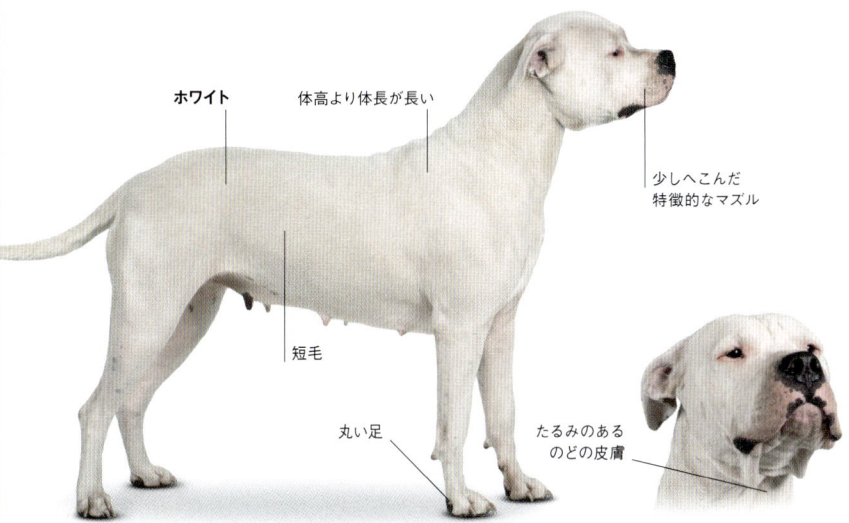

- ホワイト
- 体高より体長が長い
- 少しへこんだ特徴的なマズル
- 短毛
- 丸い足
- たるみのあるのどの皮膚

## フィラ・ブラジレイロ
Fila Brasileiro

体高：60〜75cm
体重：40kg以上
寿命：9〜11年

さまざまな単色

　広大な敷地と家畜を守るために作られたこの犬は、いかなる侵入者も恐れません。体は巨大ですが見事に均整が取れ、自信と意志の強さがにじみ出ています。家族に対してはやさしく穏やかですが、狩猟と防衛の本能が強く、経験豊富な飼い主でないと扱えないでしょう。

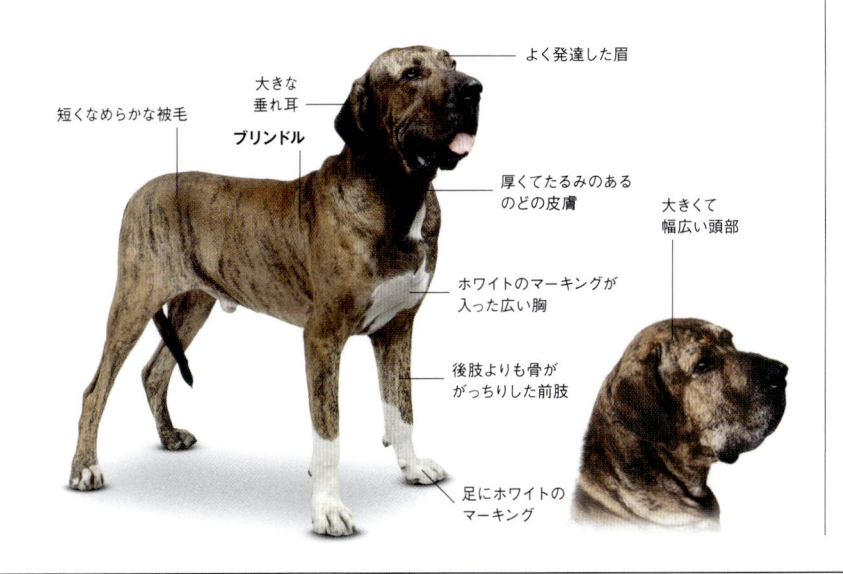

- よく発達した眉
- 大きな垂れ耳
- 短くなめらかな被毛
- ブリンドル
- 厚くてたるみのあるのどの皮膚
- 大きくて幅広い頭部
- ホワイトのマーキングが入った広い胸
- 後肢よりも骨ががっちりした前肢
- 足にホワイトのマーキング

## ペロ・シマロン
Uruguayan Cimarron

体高：55〜61cm
体重：33〜45kg
寿命：10〜13年

フォーン
（ブラックのシェーディングが入る場合もある）

　スペインやポルトガルからの入植者がウルグアイに持ち込み、地元の犬と掛け合わせて生まれた犬を先祖とします。セロ・ラルゴの人里離れた地域で農家によって繁殖され、護衛や牧畜・牧羊に使われていました。他の多くの作業犬同様、この犬を家庭犬として飼うためには、犬を飼うことに慣れていることが必要です。

- 先の丸まった三角形の耳
- 飛節まで届く太い尾
- ブリンドル
- ホワイトのマーキングが入った深い胸
- 丈夫で強力な顎
- ぴったり体に密着した短毛
- 猫足

犬種の解説｜使役犬種（ワーキング・ドッグ）

## アラパハ・ブルー・ブラッド・ブルドッグ　Alapaha Blue Blood Bulldog

体高：46〜61cm
体重：25〜41kg
寿命：12〜15年

ホワイト
（さまざまな色のパッチが入る場合もある）

　アメリカ・ジョージア州南部のプランテーションでは、かつてブルドッグ・タイプの犬が広く番犬として使われていました。1800年代初めまでにそうした犬は絶滅しそうになりますが、その後200年に及ぶ熱心なブリーディングで復活し、この犬種が作出されました。現在でも希少で、アメリカ以外ではあまり知られていません。筋肉質で勇敢で、強い防衛本能を持ちますが訓練は容易。行儀の良い愛情あふれる家庭犬になります。エネルギッシュなアウトドア派なので、運動の機会を十分に与えられていると幸せに過ごせます。

*主な特徴：* 幅広く平らな頭部／左右が離れた三角形の垂れ耳／ホワイトにブルー・マールのマーキング／筋肉質で力強いボディ／幅広の胸／青い目／短いマズルにはっきりしたストップ／たるんだ上唇／猫足

## ボーアボール
Boerboel

体高：55〜66cm
体重：75〜90kg
寿命：12〜15年

さまざまな毛色
（顔にダークなマスクがある場合もある）

　この犬は、1600年代以降に南アフリカのケープ地方に定着した入植者が持ち込んだ、体の大きなマスティフ・タイプの犬から作られました。家族やなじみのある人に対しては愛情深いものの、大きくて力持ちの恐るべき番犬でもあります。早期の社会化が非常に重要です。

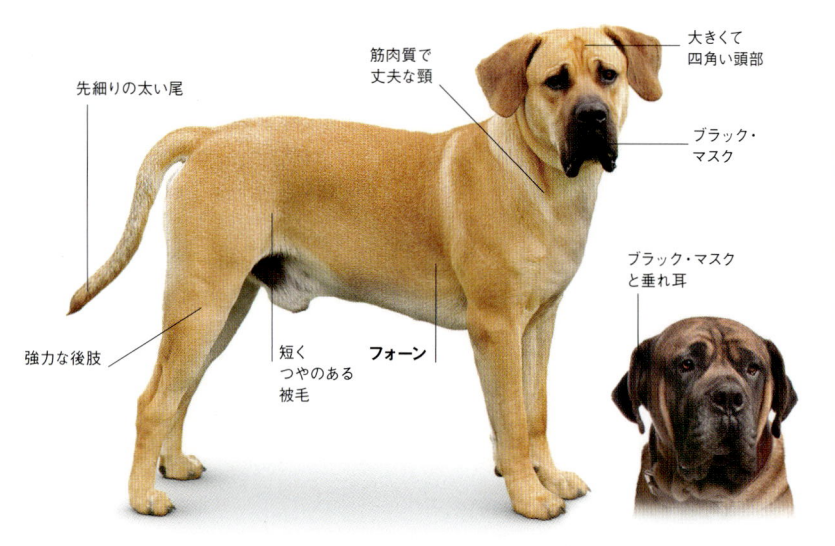

*主な特徴：* 先細りの太い尾／筋肉質で丈夫な頸／大きくて四角い頭部／ブラック・マスク／ブラック・マスクと垂れ耳／フォーン／強力な後肢／短くつやのある被毛

## スパニッシュ・マスティフ
Spanish Mastiff

体高：71〜80cm
体重：52〜100kg
寿命：10〜11年

さまざまな毛色

　かつてスペインで家畜や家の護衛に使われていた犬。今でも昔ながらの仕事をこなしますが、原産国スペインでは家庭犬としても人気があります。家族に対しては穏やかで忠実ですが、見知らぬ人や他の犬に対しては攻撃的になることがあります。

*主な特徴：* フォーン／アーモンド形の目／2つのデューラップ／ドロップ・イヤー／セーブル混じりの被毛／長くふさふさの尾／大きい猫足

88

使役犬種（ワーキング・ドッグ）

## カオ・フィラ・デ・サン・ミゲル
Cão de Fila de São Miguel

- 体高：48〜60cm
- 体重：20〜35kg
- 寿命：約15年
- グレー・ブリンドル

「アゾレス・キャトル・ドッグ」としても知られ、牧畜犬あるいは護衛犬として働く頑強な犬。アゾレス諸島のサン・ミゲルに起源があります。信頼する飼い主に対しては静かで従順ですが、子どもや見知らぬ人がいるところでは慎重な扱いが必要です。

- 幅広い口と力強い顎
- 短くなめらかな被毛
- わずかにカーブした太い尾が高い位置に付く
- 胸にホワイトのマーキング
- フォーン・ブリンドル
- 三角形の垂れ耳
- 卵形の足

## イタリアン・コルソ・ドッグ
Italian Corso Dog

- 体高：60〜68cm
- 体重：40〜50kg
- 寿命：10〜11年
- グレー
- スタッグ・レッド
- ブリンドル
- （ホワイトのマーキングが入る場合もある）

古代ローマの闘犬の血を引くこの犬は、現在では主に警護や追跡に使われています。ほかのマスティフ・タイプに比べると優雅な体つきですが、それでも非常に力強く頑健な犬種です。良い家庭犬になりますが、飼い主の経験と責任が必要不可欠です。

- ブラック
- 短く光沢のある被毛
- 典型的なマスティフ型の頭
- ゆるく垂れた上唇
- ダークなマズル
- フォーン
- 力強い体躯

子犬

## ボルドー・マスティフ
Dogue De Bordeaux

- 体高：58〜68cm
- 体重：45〜50kg
- 寿命：10〜12年

この犬は、かつて狩猟や闘犬に使われていました。フランス原産で生まれながらの番犬ですが、攻撃性がないので、ほかのマスティフ・タイプの犬と比べると訓練や社会化は容易です。とはいえ、力強くて運動神経抜群のこの犬を家庭犬として問題なく飼うためには、やはりある程度の経験が必要でしょう。

- しわが寄った頭部
- 鼻はブラウン
- 太い尾はリラックス時には低い位置に置かれる
- のどから胸にかけてデューラップがある
- フォーン
- 短く細くやわらかな被毛
- 筋肉質で皮膚にたるみのある頸部
- 筋肉質な四肢

犬種の解説 | 使役犬種（ワーキング・ドッグ）

# ボクサー Boxer

体高 53〜63cm
体重 25〜32kg
寿命 10〜14年

ゴールド
ブラック・ブリンドル
（ホワイトのマーキングは被毛全体の1/3を超えてはならない）

尾付きは高く、まっすぐ上に上が

筋肉質な後躯

## 頭が良く元気にあふれ、遊ぶことが大好き アウトドアを楽しむ活動的な飼い主にぴったり

一度飼ったらやめられない犬種といわれます。ドイツ原産で個性があふれ、この犬と暮らしたことのある人が他の犬に目移りすることはほとんどないのだとか。現在の姿は19世紀に作られ、その祖先にはグレート・デーン（P96）やブルドッグ（P95）などのマスティフ・タイプの犬が含まれると考えられています。力強くて運動神経抜群、主に闘犬やブル・ベイティングのために繁殖されましたが、農場の仕事や荷引き、大きな獲物の狩りなどにも使われました。忍耐強く勇敢なので、今日では警察や軍の捜索救助犬、あるいは番犬として使われています。

この犬の歴史、誇り高く背筋の伸びた姿勢、そして前に突き出た顎は、威圧的な印象を与えます。しかし家や家族に対する強い防衛本能を持っているので、すばらしい家庭犬にもなります。忠実で愛情深く、かわいらしく気を引こうとし、子どもにとってはにぎやかで寛容な友だちになります。エネルギッシュなこの犬は、元気で活動的な飼い主向き。成犬になっても子犬のときと変わらない活力と遊び心を持ち続けます。どんなことでも楽しめる犬ですが、毎日たっぷり2時間は散歩し、散歩中には広いところで存分に走り回れるようにするのが理想的

でしょう。この犬のスタミナと好奇心のレベルを考えれば、歩き回れるスペースと、探索して楽しめる場所のある広い庭が家にあると最適です。

非常に聡明なだけに、訓練を間違うと手に負えなくなる可能性もあります。飼い主がはっきりとリーダーシップを示し、落ち着いて一貫性のあるコマンドを用いて訓練すれば、従順になります。早い段階で社会性を身に着けさせれば、家にいる他のペットともうまく暮らせるようになるでしょう。しかし、散歩中に鳥や小動物を見かけた場合は狩猟本能が目覚め、追いかける可能性があります。

子犬

### 名前の由来は？

ボクサーという犬種名の由来にはいくつかの説があります。なかでも最もおもしろいのは、「ボクサー犬同士が出くわすと、しばしば後肢で立ち上がり、前肢でお互いを押し合う姿が見られるから」という、あるイギリス人の観察に基づくもの。それがまるでスパーリングをするプロボクサーのようだと思ったこのイギリス人が、この犬をボクサーと呼んだというのです。しかし、この犬が歴史的に闘犬として使われていたこと自体が名前の由来だとする説のほうが、真実味があるようです。

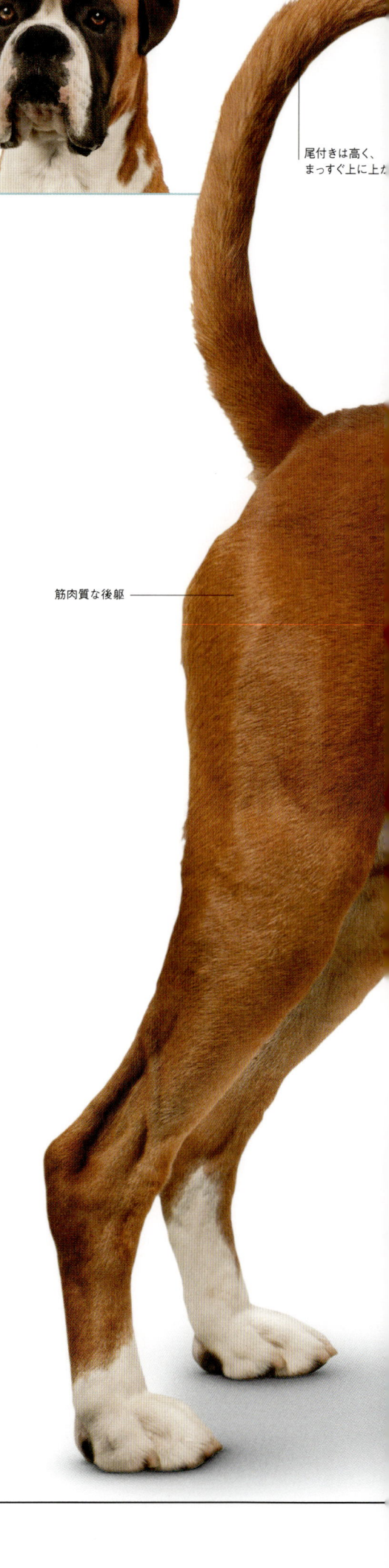

使役犬種（ワーキング・ドッグ）

- 高い位置に付いた垂れ耳。先は丸まっている
- アーチ形の頸
- 正方形の体型
- **フォーン**
- 巻き上がった腹部
- はっきりしたストップ
- 短く幅の広いマズル
- ホワイトの胸
- 短毛
- 表情豊かな顔で目は濃いブラウン、額にはしわ
- 下顎が上顎よりも突き出る「アンダーショット」
- 肢の下部〜足先はホワイト

91

犬種の解説｜使役犬種（ワーキング・ドッグ）

# ナポリタン・マスティフ  Neapolitan Mastiff

体高 60〜75cm ／ 体重 50〜70kg ／ 寿命 最長10年 ／ さまざまな毛色

## ハグリッドのジャイアント・ペット

「ハリー・ポッター」シリーズに登場する『ファング』は、ホグワーツ魔法魔術学校の領地の番人を務める半巨人ルビウス・ハグリッドの飼い犬です。その怖い外見とは裏腹に、ハグリッドはやさしい心の持ち主で、危険なペットを飼っていてそのどう猛なところを見逃していることで有名です。主人同様、ファングも見た目は恐ろしく、噛みつかれるより怖い吠え方をしますが、やさしい犬です。原著では「ボアハウンド（グレート・デーン）」とされていますが、映画ではナポリタン・マスティフがファング役に選ばれました。大きさも見た感じもファングのイメージにぴったりだったのです。下の写真は、映画「ハリー・ポッターと謎のプリンス」のフランスプレミアの会場で、レッドカーペットに座るファングです。

## 忠実な家庭犬にもなる重量級の犬
## 飼うには飼育の経験と広いスペースが必要

堂々として人目を引くこの犬の祖先は、古代ローマの円形競技場で使われ、ローマ軍が戦闘でも使ったモロシアン・タイプの闘犬です。ローマ軍がこの犬を連れてヨーロッパを移動したことで、さまざまなマスティフ・タイプの犬が生まれました。ナポリ周辺では「マスティナーリ」という名のブリーダーによって繁殖され、番犬として生き残りました。珍重されたもののその数は減少し、1940年代には主に熱烈な愛好者の間でのみ知られる存在になります。愛好者のひとりである作家のピエロ・スカンツィアーニは自身の犬舎を持つほどでした。

外見はかなり迫力があります。巨大で頭が大きく、その表情はいかめしく人を寄せつけません。しかし飼い主やなわばりへの脅威に対しては、その大きく重々しい体つきにもかかわらず、すばやい反応を見せます。今はイタリアで軍用犬や警察犬として、あるいは農場や田舎の大きな屋敷の護衛犬として使われています。

家族に対しては穏やかで友好的で愛情深いのも特徴。きちんと社会性を身に着けさせるには、飼い主が自信と能力の両方を待ち合わせていなければなりません。体が大きいので広い生活空間が必要で、飼育にはある程度のお金もかかるでしょう。

- 尾は付け根のあたりが太く、先細り
- グレー
- 幅広の頭蓋に、垂れ耳が離れて付く
- 深みのあるマズルで垂れた上唇
- ほどほどのデューラップ
- 粗い手ざわりの短い被毛
- 足先にホワイトのパッチ
- 皮膚がたるんだ大きな頭部

92

# マスティフ Mastiff

| 体高 | 体重 | 寿命 | |
|---|---|---|---|
| 70〜77cm | 79〜86kg | 10年以下 | アプリコット / ブリンドル |

（胴体、胸、足に多少ホワイトが入る場合もある）

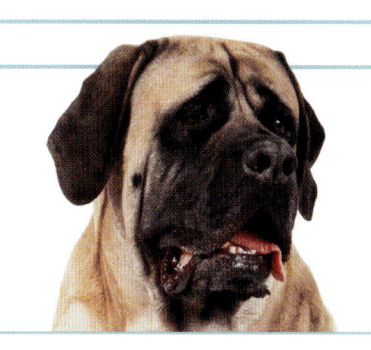

## 力強く堂々としながら、穏やかで愛情深くかつ聡明な犬 人間と一緒にいるのが大好き

イギリスで最も歴史のある犬種のひとつであるマスティフは、ローマ帝国時代にイギリスに持ち込まれたと考えられているモロシアン犬種から作られた犬でもあります。シェイクスピアの『ヘンリー5世』では、「戦いの犬」と記述されています。いわく、1415年のアジャンクールの戦いにおいて、1頭のマスティフが傷ついた主人であるサー・ピエルス・レグーをフランス兵から守り抜いたとされています。マスティフに似た犬は、中世のイギリスでも家の警護や家畜をオオカミから守ること、闘犬、ブル・ベイティング、ベア・ベイティングなどに使われていました。ベイティングが法律で禁止されると、その数が減少します。

純血種は、19世紀に初めて田舎の大きな屋敷で見られるようになりましたが、第二次世界大戦が終わるころまでに、イギリス国内での数は激減しました。その後アメリカからの輸入で数が回復し、徐々に人気を獲得してきています。

そんな歴史にもかかわらず、落ち着いて気立てがよく、仲間（できれば人間）と一緒にいることを好むのです。ただその大きさゆえに、この犬を家で飼うことはかなり大変でしょう。訓練も可能ですが、飼い主にこの犬を制御できるだけの体力があり、その防衛本能が手に負えなくなることがないよう確実にコントロールできなければなりません。

### マスティフの動き

歴史的に見ると、昔は今とはずいぶん違う体格でした。現代よりもスマートで、体高が10cmほど高かったのです。エドワード・マイブリッジが19世紀の終わりに撮影した連続写真は、動物の運動についての大がかりな研究の一部です。この連続写真によって、それほどエネルギッシュとは思われていないマスティフがどのように動くのかを観察することができたのです。そして明らかになった動きは、マイブリッジが同じように撮影した、グレーハウンド（P126）などのより運動神経の発達した犬種と比較されました。

- 長く幅の広いボディ
- フォーン
- 薄い耳が高い位置にぴったり付く
- 目は小さく、左右の間隔が離れている
- ブラック・マズル
- 下がった唇
- 警戒すると額にしわが寄る
- 短い被毛は頚と肩のあたりが最も厚い
- まっすぐで骨太の肢

犬種の解説 ｜ 使役犬種（ワーキング・ドッグ）

## ブルマスティフ
Bullmastiff

- 体高：61〜69cm
- 体重：41〜59kg
- 寿命：10年以下

- レッド
- ブリンドル

　オールド・イングリッシュ・マスティフとブルドッグ（P95）の混血であるブルマスティフは、狩猟番の護衛犬とするために作出されました。ほかの多くのマスティフ・タイプの犬と比べて信頼のおける性質を持つこの犬は、聡明で忠実な家庭犬になります。その四角くてがっしりした体には、生命力と果てしないエネルギーが詰まっています。

- フォーン
- 付け根が太く高い位置に付いた尾は、飛節まで先細りに伸びる
- がっしりして筋肉質な頸
- 左右の間隔が離れた、ダークな耳
- 胸にホワイトのマーキング
- 体に密着した短毛
- ブラック・マスク

## ブロホルマー
Broholmer

- 体高：70〜75cm
- 体重：40〜70kg
- 寿命：6〜11年

- ブラック

　かつては狩猟犬、後に農場の護衛犬として働いたブロホルマーは、現在ではほぼ例外なく家庭犬として飼われています。20世紀中ごろまでにほとんどいなくなってしまいましたが、熱心なファンのブリーディングによって復活しました。しかし、原産国デンマーク以外ではほとんど見られません。

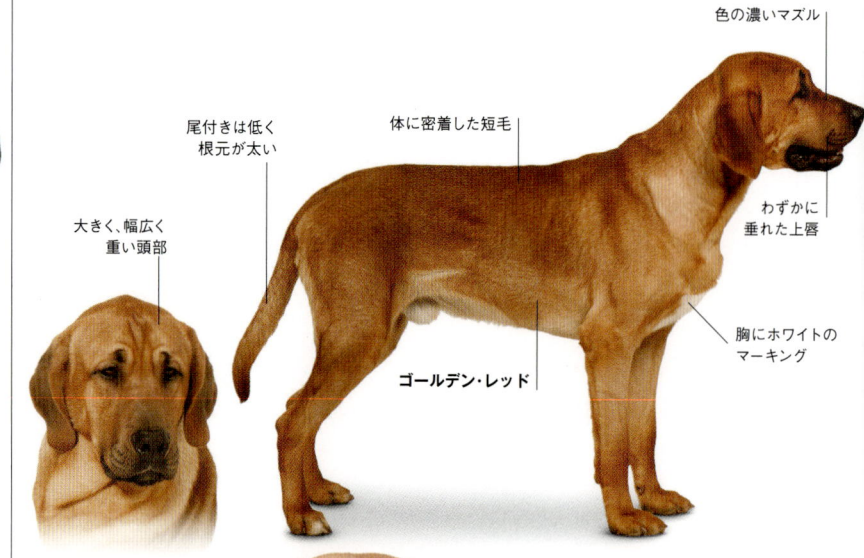

- 色の濃いマズル
- 尾付きは低く根元が太い
- 体に密着した短毛
- 大きく、幅広く重い頭部
- わずかに垂れた上唇
- 胸にホワイトのマーキング
- ゴールデン・レッド

## 土佐
Tosa

- 体高：55〜60cm
- 体重：37〜90kg
- 寿命：10年以上

- フォーン
- ブラック
- ブリンドル

　日本古来の闘犬とブルドッグ（P95）やマスティフ（P93）、グレート・デーン（P96）などを段階的にかけ合わせて作られました。非常に大きくたくましい体つきで、潜在的な闘争本能を持つので、調教の経験豊富な飼い主以外は飼うことができないでしょう。

- 短毛
- 先細りの太い尾
- 頸にあるデューラップ
- レッド
- 小さなホワイトのマーキング

# ブルドッグ Bulldog

| 体高 | 体重 | 寿命 | さまざまな毛色 |
|---|---|---|---|
| 38〜40cm | 23〜25kg | 10年以下 | |

## イギリスでは勇気・強固な意志・粘り強さの象徴 個性豊かな有名犬

イギリスの伝統的な犬種であるブルドッグは、小型のマスティフの子孫です。名前の由来は、もともとこの犬がブル・ベイティングに使われていたことから。ブル・ベイティングでは犬が下から牛を攻撃し、その鼻かのどに食らいつきます。幅の広い頭と突き出た下顎はこの犬の吻部を強くし、鼻が口の後ろにめくれ上がったような状態で付いているので、噛みついている間も呼吸ができたのです。

ブル・ベイティングはイギリスでは1835年に禁じられましたが、1800年代半ば以降にはドッグ・ショーで活躍するようになります。それを受けて、ブリーダーはこの犬の身体的特徴をより強調しつつ攻撃性を最小限に抑えた犬を作り始め、結果として、どう猛な先祖の犬とはずいぶん違う状態になっています。

今では、性質の良い愛すべき家庭犬として知られています。しかし頑固な性質と防衛本能は残っており、そうした性質はうまくコントロールする必要があります。ただ、攻撃的になることはあまりありません。小ぶりでずんぐりしながらも筋肉質な体としわの寄った頭、上を向いた鼻が特徴的なこの犬は、その性格も魅力的です。よたよたとぎこちない歩様で歩きますが、体重が増えすぎないようにしっかり運動させる必要があります。

### ザ・英国犬

ブルドッグは、伝統的なイギリスらしさを体現する犬です。ジェームズ・ギルレイなどの風刺漫画家の作品で有名になった、18世紀生まれの架空の人物ジョン・ブルは、しばしばブルドッグを伴っていました。どちらも飾り気のない率直なイギリス人を象徴し、与えられた食べ物を楽しみ、戦うことを厭いません。とにかく粘り強い「ブルドッグ・スピリット」は、第一次・第二次世界大戦と結びつけられるようになり（下の写真は第一次世界大戦中の絵ハガキ）、なかでもウィンストン・チャーチル首相と、大戦で苦しい状況に追い込まれていたイギリス国民に自国を守るため奮起を促した彼の1940年の演説に、最もよく関連づけられています。

犬種の解説｜使役犬種（ワーキング・ドッグ）

使役犬種（ワーキング・ドッグ）

# グレート・デーン　Great Dane

体高 71〜76cm
体重 46〜54kg
寿命 10年以下

ブルー
ブラック
ブリンドル

## 体は巨大ながら、やさしく愛情たっぷりの家庭犬
## 飼いやすい犬だが広いスペースが必要

「犬界のアポロ（ギリシャ神話に登場する神）」と呼ばれることもある犬。その大きさに優雅さと威厳が加わり、実に印象的な外見です。グレート・デーンによく似た犬は、古代エジプトや古代ギリシャの芸術にも見られます。現代のグレート・デーンが最初に現れたのは18世紀のドイツで、クマやイノシシの狩猟のために作られたのです。マスティフ・タイプの犬とアイリッシュ・ウルフハウンドの混血と考えられている、ドイツにもともといた「ボア（イノシシ）ハウンド」をグレーハウンドと交配。体高が高く敏捷でストライドが大きく、大型の獲物も仕留められるスピードと力強さを持つ犬が作られたのです。全犬種のなかで最も体高の高い犬種のひとつで、なかには世界でいちばん体高の高い犬としてギネスの世界記録を持っていた犬もいます。2012年の記録保持犬である『ゼウス』という名の犬は、地面からキ甲までが1m12cmもありました。これはポニーの子馬と同じ体高です。

その堂々とした風貌にもかかわらず、気さくな「心やさしき巨人」で、人にも他の動物にも愛想の良い犬です。とにかく人と一緒に過ごしたがるのです。飼うにはかなりの費用がかかりますが、時間もお金もかける甲斐のあるすばらしい家庭犬です。自由に動き回れて、気持ち良く休める広いスペースがあれば、その生活に満足します。番犬としても優れています。豊富な運動が必要ですが、子犬のうちはあまり走り回らせてはいけません。ほかの犬と比べて骨の成長が速いため、負担に耐えられなくなってしまうのです。

### 『スクービー・ドゥー』という名のヒーロー

『スクービー・ドゥー』は、アメリカで放映されたテレビアニメシリーズに出てくるヒーロー犬です。キャラクターをデザインしたイワオ・タカモトは、グレート・デーンのブリーダーである女性の知人からその着想を得ました。彼女から理想的な純血種の説明を聞くと、彼は特徴をコミカルに表し、のっぽで気が弱く、おどけた顔のキャラクターを作り出したのです。あらゆるものが怖いスクービー・ドゥーですが、人間の友達で不運なシャギー（写真右）と一緒に友達を助けて悪者をやっつけ、毎回勝利を収めるのです！

子犬

長くてアーチのかかった頸部。皮膚にたるみはない

頭部と耳には暗いシェーディング

三角形のドロップ・イヤー

幅広のマズル

長いボディ

腹部はわずかに巻き上がる

フォーン

前肢はまっすぐ

ハールクイン

猫足

97

**一緒に引っ張る**
深い雪でも難なく駆け抜けるシベリアン・ハスキーの群れ。熟練のハンドラーとともに、丈夫で疲れ知らずの犬たちが見事に協力してそりを引っ張っています。

# スピッツ・タイプの犬種

雪に覆われた不毛の地で、そりを引いているハスキーの群れこそ、スピッツ・タイプの犬種グループの典型的な姿でしょう。実際の用途は、牧畜、狩猟、護衛など実に多様です。なかには純粋なペットとして飼われている小型犬もいます。ほとんどの犬種に、頭の形や被毛の色、用心深い表情などオオカミの面影を見ることができます。

スピッツ・タイプの犬種の多くは、何世紀も前の北極地方にその起源があります。ただし、チャウ・チャウ（P112）や秋田（P111）などの犬種は東アジアに起源があるとされ、詳細はわかっていません。近年の研究では、すべてのスピッツ犬種はアジアに起源があり、あるものは民族移動とともにアフリカに、またあるものはベーリング海峡を渡って北米に持ち込まれたとされる説もあります。

グリーンランド・ドッグ（P100）やシベリアン・ハスキー（P101）などの犬種が、19～20世紀初頭にかけて極地探検隊のそり引きに使われたことは有名です。これらの頑健な犬たちは、過酷な気象条件のなかで粗食に耐えながら働き、探検隊の食料が尽きると自分たちが食料になることも珍しくありませんでした。北米ではハンターや毛皮目的の狩猟家たちのあいだで大いに利用されてきました。現在、そりを引くスピッツ犬種は、競技用、もしくは犬ぞりを体験してみたい観光客に人気があります。

そのほかのスピッツ犬種は、オオカミやクマなど大型の獲物の狩猟用に、あるいはトナカイの牧畜用に繁殖されてきました。日本原産の秋田はもともと闘犬やクマ狩り用に作られましたが、現在ではもっぱら番犬として働いています。小型で作業犬ではないスピッツ犬種のうち、ポメラニアン（P118）は大型の犬を改良して小型化した犬種で、アラスカン・クリー・カイ（P104）は新しく作出されたミニチュアのハスキーです。

スピッツ犬種はその大きさにかかわらず、極寒の気候に耐えて生きることを目的に作られています。だいたいは密生したダブル・コートの被毛を持ち、その長さや密度は先祖犬によって異なります。体温が奪われるのを防ぐために耳は小さく先がとがり、足は豊富な毛に覆われています。さらに魅力的な特徴はその尾でしょう。"スピッツ的な"尾は、背上に巻き上がっているものです。

スピッツ犬種のほとんどは家庭犬としての生活に満足しますが、訓練はあまり簡単なほうではありません。また、運動や遊びが十分でないと穴掘りや無駄吠えなどの行動に走ることがあります。

犬種の解説｜スピッツ・タイプの犬種

# グリーンランド・ドッグ Greenland Dog

体高 51～68cm　体重 27～48kg　寿命 10年以上　さまざまな毛色

### 友好的な性質で、強い力と耐久力を持つ犬
### 屋外での活動を好み、飼い主は毅然とした態度で接することが必要

極地探検で使われる典型的なそり犬ですが、ヨーロッパやアメリカの探検家たちがその価値を見出すはるか昔から、グリーンランドの先住民族に使われていました。このタイプの犬は、5000年ほど前にシベリアからの移民とともにグリーンランドに持ち込まれたのです。

マイナス56度の寒さのなかで過酷な仕事をするためには耐久力が必要で、重量が450kgにもなるそりを引くように訓練されました。また、狩猟家はアシカやセイウチ、さらにはホッキョクグマの狩猟にも使えるように仕込みました。犬たちはパック（群れ）で仕事をしますが、1頭1頭はある程度独立しています。そりを引くときは別々の綱につながれ、自分の進むルートを自分で決められるようになっているのです。

この犬種には慎重な訓練と取り扱いが必要です。（人というよりは他の犬に対して）従わせるような強い性格を持つからです。また、肉体的・精神的にもつねに刺激を与えることが大切で、経験豊富な飼い主によって飼われるのがベストでしょう。この犬種をよく理解した飼い主のもとであれば、この犬は陽気で愛情深い家庭犬にもなります。

### 極地探検家

グリーンランド・ドッグは、北極・南極探検で活躍した犬です。探検家のロバート・ピアリー（1856～1920）やロアール・アムンゼン（1872～1928）はこの犬を北極の先住民族と同じ方法でハンドリングしました。アムンゼン（写真）が南極点到達を目指した1911年の探検では、犬のうち11頭が生き残ってアムンゼンとともに南極にたどり着いています。この犬はその後南極の基地で働いていましたが、1992年に外来種であるとして南極での飼育が禁止されました。

- 背上でゆるく巻かれた毛量豊かな尾
- ブラック＆フォーン
- 小さな立ち耳は左右に離れて付く
- 顔には明るい色のマーキング
- 筋肉質でコンパクトなボディ
- 耐候性のある密生したダブル・コート
- 「ズボン」のようになった後躯の長い毛
- 骨太で骨格がしっかりした肢
- 指の間に密生した毛が生えた、大きな足

# シベリアン・ハスキー　Siberian Husky

| 体高 | 体重 | 寿命 | |
|---|---|---|---|
| 51～60cm | 16～27kg | 10年以上 | さまざまな毛色 |

## 人間の「群れ」の一員であることを喜ぶ、多才で社交的な犬
## 追跡本能をコントロールする必要も

　シベリア北東部に住むチュクチ族によって長年そり犬として使われていた犬。耐久力に優れ、仕事への意欲にあふれています。密生したダブル・コートの被毛が極度の寒さから体を守り、夜はそのふさふさした尾が顔周辺の保温にも役立ちます。

　1908年、657kmを走る犬ぞりレース「オール・アラスカ・スウィープステークス」のために、シベリア出身のハスキーがアラスカへ持ち込まれました。1930年にソビエト連邦はシベリアン・ハスキーの輸出を中止しますが、同年アメリカンケネルクラブ(AKC)はこの犬種を承認。シベリアン・ハスキーは極地探検や第二次世界大戦中のアメリカ陸軍「Arctic Search and Rescue Unit（北極捜索救助部隊）」でその能力を発揮しました。現在でも犬ぞりレースなどのドッグ・スポーツで人気があります。

　平和を好む愛すべき家庭犬になりますが、しっかりと運動させなければなりません。また、独立心旺盛で引っ張る本能も強いので、リードをつけた訓練をきちんと行いましょう。群れをつくる本能も強く、人間やほかの犬と一緒にいる必要があります。小動物を獲物と捉える傾向があるので、子犬のうちにほかのペットに慣らすようにしましょう。被毛は週1～2回の手入れが欠かせません。

### 犬ぞりのヒーロー犬『バルト』

　1919年生まれの『バルト』は、もともとアラスカで犬ぞりレース用に繁殖された犬でした。1925年、ノームで発生したジフテリアの蔓延を防ぐため、アンカレッジからノームまで、犬ぞりチームがリレーでワクチンを運ぶことになり、急きょそり犬が必要になります。バルトは最後のチームのリーダーとなり、猛烈な吹雪と凍てつく川をものともせずに最後の区間を走破し、無事にワクチンを送り届けたのです。バルトのチームは歓迎され、英雄のように報道されました。ニューヨークのセントラルパークにはバルトの銅像が建てられ、その功績はハリウッド映画にもなりました。

*セントラルパークにあるバルトの銅像*

- キツネのような頭部
- アーチがかった頸
- ウルフ・グレー
- わずかに傾斜した尻
- 力強く筋肉質な大腿部
- 中くらいの長さの密生した被毛
- ふさふさの長い尾
- 高い位置に付いた三角形の立ち耳

犬種の解説 ｜ スピッツ・タイプの犬種

スピッツ・タイプの犬種

# アラスカン・マラミュート　Alaskan Malamute

| 体高 | 体重 | 寿命 | さまざまな毛色 |
|---|---|---|---|
| 58〜71cm | 38〜56kg | 12〜15年 | (いずれの場合も腹部はホワイト) |

## 十分なスペースで豊富な運動量が必須ながら家庭犬としても適応できる大型のそり犬

アメリカ先住民族のマラミュート族からその名がついた、オオカミのような犬。マラミュート族はそりが唯一の輸送手段となる雪の中、重い荷物を積んだそりを長距離にわたって牽引させるために、この犬を繁殖していたのです。北米の人里離れた地方では現在でも荷物の輸送に使われ、犬ぞりレースでも活躍しています。極地探検にも使われるほどの驚くべきスタミナ、力強さ、粘り強さ、そして鋭い方向感覚と嗅覚を持ち合わせています。

人間に対してはとても友好的で、番犬にはあまり向きません。子どもも好きですが、サイズが大きくはしゃいでしまうタイプの犬なので、小さな子どもをそばに置いて放置してはいけません。とくにオスは見知らぬ犬に対してあまり寛容ではなく、徹底的に社会性を身に着けさせておかないと攻撃的になることがあります。追跡本能も強く、獲物とみなした小動物を追いかけてあっという間に遠くまで行ってしまうこともあります。リードなしで運動をさせるときは、場所と時間を選ぶ必要があります。もの覚えは早いものの意志が強固なので、飼い主は毅然と対処し訓練していく必要があります。

毎日最低2時間の運動をさせ、歩き回れる広い庭があれば、家庭犬としての生活にもなじめます。しかし、退屈してエネルギーが有り余ると、ものを壊すなど破壊的な行動をとることがあります。春になると密生した被毛は抜け落ちますが、暑いときに運動させると体温が上がりすぎるリスクがあるので、つねに日陰に入れるようにしておかなければいけません。仲間がいれば、屋外でも喜んで眠ることができます。

### 値千金！

1896〜1899年にかけてのゴールドラッシュでは、探鉱者たちはスカグウェイやドーソン・シティなどで手に入れた装備を金鉱地まで運ぶためにマラミュートの群れを高値で買い取り、時に1500ドルもの金額が払われることもありました。探鉱者は、450kgの食料など、1年過ごせるだけの装備を運ばなければなりません。マラミュートの群れは、冬に500kgもの装備を牽引して雪で覆われた氷点下の大地を移動し、夏には各犬が23kgもの荷を背負って32kmの距離を走破したのです。

---

**子犬**

背上で巻き上がったふわふわの尾

**ウルフ・グレー**

三角形の立ち耳は先が丸く、耳の中は毛で覆われている

目と目の間に少ししわがある

黒い鼻

他の部位より密生した頸周りの被毛

筋肉が十分に発達した大腿部

粗く密生したオーバー・コートが、脂っぽく深いアンダー・コートを覆う

下腹部はホワイトが優勢

103

犬種の解説｜スピッツ・タイプの犬種

# アラスカン・クリー・カイ　Alaskan Klee Kai

体高
トイ：33cmまで
ミニチュア：33〜38cm
スタンダード：38〜44cm

体重
トイ：4kgまで
ミニチュア：4〜7kg
スタンダード：7〜10kg

寿命
10年以上

さまざまな毛色

## 新しい犬種

アラスカでリンダ・スパーリンとその家族が作出した犬。アラスカン・ハスキーとシベリアン・ハスキーを小型犬と交配させてミニ・ハスキーを作り、イヌイット語で「小さな犬」を意味する「クリー・カイ」という名前をつけたのです。まだ珍しい犬ですが、いくつかの犬種団体が公認しており、アメリカを含むブリーダー・クラブが存在する国もあります。

### エネルギッシュで探究心旺盛な「ミニ・ハスキー」
### 飼い主といると堂々とするが、見知らぬ人には警戒

シベリアン・ハスキーのミニチュア版として知られ、1970年代に家庭犬として作出されました。トイ、ミニチュア、スタンダードの3サイズがあり、被毛はスタンダード（短毛）とフル（やや長く厚め）の2タイプがあります。

孤独でいることを嫌がり、家族のなかでも群れの一員として扱われることを喜びます。しかし見知らぬ人を警戒するので、きちんと訓練した上で早期に社会性を身に着けさせなければなりません。いたずらをされると噛むことがあるので、家族に子どもがいる場合は、注意して扱うように教えましょう。とても賢く好奇心旺盛で、オビディエンスやアジリティーの競技にも向いており、なかにはセラピー・ドッグとして訓練される犬もいます。

あまり大きくない家でもうまく適応しますが、エネルギーにあふれているので、心身の健康を保つためには、毎日の十分な散歩など多くの運動が必要です。さらに、この犬には非常に声が大きいという特徴があり、とくに家族に「話しかけている」ときその傾向が強まります（これは番犬にふさわしい性質です）。年に2回毛が生え変わるので、定期的なグルーミングが必須でしょう。

- 密生した被毛に覆われたブラシのような尾
- 中くらいの長い被毛が密生
- はっきりしたストップ
- 三角形の立ち耳
- 先細りのマズル
- 特徴的な顔のマスク
- 左右の目の色が異なることも
- ウルフ・グレー
- ブラック＆ホワイト
- 体の下部の被毛の色は明るい

ミニチュア・サイズ／スタンダード・コート

スタンダード・サイズ／スタンダード・コート

スピッツ・タイプの犬種

## カナディアン・エスキモー・ドッグ Canadian Eskimo Dog

体高：50～70cm
体重：18～40kg
寿命：10年以上

さまざまな毛色
（どのようなマーキングも可）

そり犬のなかでも世界で最も古い犬種のひとつで、別名「イヌイット・ドッグ」。過酷な環境下でも生き残ることができる強い体を持っています。群れで駆け回る性質があり、犬であれ人であれ、誰かと一緒にいることを喜びます。訓練は毅然と行わなければなりませんが、楽しめる工夫をたくさん織り込みながら行うのが理想です。

- 粗いオーバー・コートのある密生した被毛
- 耳を覆う短い毛
- 高く上がるか、背上で巻かれた尾
- 短くまっすぐで筋肉質な頸
- 深く広い胸
- 力強い顎
- パイボールド
- アーチがかった、大きく丸い足

## チヌーク Chinook

体高：55～66cm
体重：25～32kg
寿命：10～15年

20世紀初めに、アメリカでそり犬として作られた犬。マスティフ、グリーンランド・ドッグ（P100）、シェパードなどさまざまな犬を交配させた結果生まれました。活発ですがやさしい性質で、楽しいことが大好き。多才な家庭犬になるでしょう。

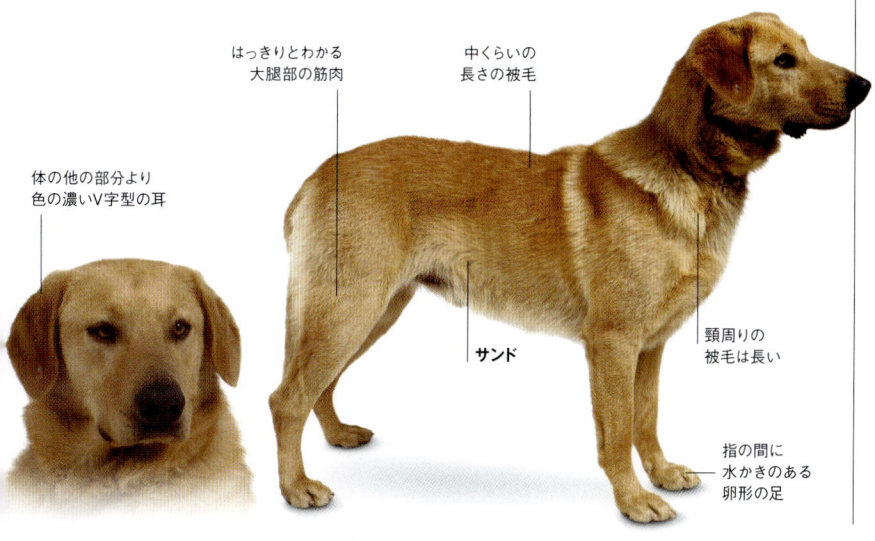

- 体の他の部分より色の濃いV字型の耳
- はっきりとわかる大腿部の筋肉
- 中くらいの長さの被毛
- 頸周りの被毛は長い
- サンド
- 指の間に水かきのある卵形の足

## カレリアン・ベア・ドッグ Karelian Bear Dog

体高：52～57cm
体重：20～23kg
寿命：10～12年

フィンランド原産の勇敢な狩猟犬。大きな獲物、とくにクマやヘラジカ狩りのために作り出されました。強い闘争本能があり、人への攻撃性に発展することはありませんが、他の犬がいるところでは問題になることがあります。家庭犬にはあまり向きません。

- 他の部分より密生した頸周りの被毛
- まっすぐで粗い手ざわりのオーバー・コート
- はっきりしたホワイトのマーキング
- わずかに巻き上がった腹部
- ブラック＆ホワイト

105

犬種の解説｜スピッツ・タイプの犬種

# サモエド Samoyed

| 体高 | 体重 | 寿命 |
|---|---|---|
| 46〜56cm | 16〜30kg | 12年以上 |

## 目の覚めるような美しい被毛を持つ犬
## 手入れは大変ながら、陽気ですばらしい家庭犬に

シベリアの遊牧民であるサモエド族によって作られた美しい犬。トナカイの牧畜や警護、そりの牽引に使われていました。頑健な屋外作業犬でしたが、家庭犬としても大切にされ、飼い主のテントで一緒に暮らして人間との生活を楽しんでいました。1800年代にイギリスに持ち込まれ、アメリカでは約10年後に初めて確認されています。由来については19世紀後半〜20世紀初頭の極地探検に結びつける根拠のない話や伝説がたくさんありますが、どうやら極地探検の絶頂期に南極に連れて行かれたそり犬の中にこの犬が含まれていたようです。

社交的で気楽な性質を保っていますが、そうした性質は遊牧民に家族の一員として大切にされたことが要因でしょう。ほほえんでいるような特徴的な表情の後ろにあるのは、愛情深く、誰とでも友達になりたいという性質です。しかしもともとは番犬であり、強い警戒心も残っています。攻撃的になることはありませんが、不審に思うとどんなものにも吠えかかります。

何よりも仲間と一緒にいたがり、肉体的にも精神的にも忙しくしていたい犬です。賢く活発なので、退屈したりひとりぼっちになると、穴を掘ったりフェンスを破って脱走を試みるなどのいたずらに走ります。訓練には反応しますが、忍耐と粘り強さが必要です。

際立って美しい被毛や特徴的な銀色の輝きを維持するには、日々の手入れが欠かせません。アンダー・コートは季節により大量に抜けますが、暑い地方でなければ換毛期は年1回です。

背上に巻き、片側に垂れたふさふさの尾

子犬

### 遊牧民の相棒

サモエドは伝統的に、シベリアの人々の生活の中心にいました。今でも人里離れた地域では、同じようにサモエドが大切な役割を果たしているようです。遊牧民はトナカイの牧畜や野営地の護衛にもサモエドを使っていました。働き者のサモエドは、まさに家族の一員なのです。「チューム」と呼ばれる家族のテントへ出入りは自由で、家族の食事を分け与えられ、一緒に眠って子どもたちを暖めていました。サモエド族の人々は自分たちの犬を大切にし、サモエドもそれに応えて人へのやさしさと思いやりを持つようになったのです。

| | スピッツ・タイプの犬種 |

密生した毛に覆われた、先端の丸い立ち耳

目縁は黒く、ダークな目

筋肉質の幅広い背

長く厚い毛のラフがある頸周り

**ホワイト**

くさび形で幅広の頭部

典型的な「ほほえみ」の表情

先端がシルバーのオーバー・コートがあるやわらかい被毛

前肢の後ろ側にある飾り毛

107

犬種の解説 | スピッツ・タイプの犬種

## ウエスト・シベリアン・ライカ
West Siberian Laika

- 体高：51～62cm
- 体重：18～22kg
- 寿命：10～12年以上
- さまざまな毛色

シベリアの森で狩猟用に繁殖された犬で、原産国では非常に人気があります。力強く自信にあふれ、大きさを問わず獲物を追いかけることに意欲的です。落ち着いていますが強い狩猟本能があり、家庭犬として飼うのは難しいでしょう。

- 高い位置に付いた立ち耳
- サンド
- 背の上できつく巻かれた尾
- 頸と肩に襟巻き状の長い被毛
- セーブル
- 筋肉質で長い前肢上部
- 指の間に毛の生えた足

## イースト・シベリアン・ライカ
East Siberian Laika

- 体高：53～64cm
- 体重：18～23kg
- 寿命：10～12年
- ホワイト
- カラミス
- パイボールド

原産国のロシアで人気が高く、スカンジナビア半島でも見られる狩猟犬。作業犬として作出され、丈夫で活発、そして自信に満ちています。大型の獲物を追いかける強い本能を持っていますが、コントロールは可能。落ち着いた気質を持ち、人にも友好的です。

- 密生した毛で覆われた立ち耳
- 幅広の頭部
- 直毛で明るい色の豊富なアンダー・コート
- セーブル・ブラック
- 色の濃い斑のある白い肢

## ロシアン＝ヨーロピアン・ライカ
Russian-European Laika

- 体高：48～58cm
- 体重：20～23kg
- 寿命：10～12年
- ホワイト
- ブラック

1940年代初頭に独立した犬種として認められた犬。四肢は細いものの丈夫で、ロシア北部の森で主に狩猟犬として使われてきました。熱心な作業犬で、伝統的な用途で使われれば活躍します。家庭犬としての生活にはあまり向きません。

- 三角形の細い頭部
- 黒い鼻
- 背の上に巻かれた尾
- 「ズボン」のような後肢の毛
- ブラック
- ほっそりしていて筋肉の発達した肢
- ホワイトのマーキングが入った粗い手ざわりの被毛

## フィニッシュ・スピッツ
Finnish Spitz

- 体高：39～50cm
- 体重：14～16kg
- 寿命：12～15年

小さな獲物の狩猟用に繁殖されたフィンランド原産犬種で、スカンジナビア半島では現在でもスポーツ・ハンティングで使われています。キツネのようなかわいらしい外観とふさふさの被毛、遊び好きな性質は、家庭犬としても魅力的です。ただしよく吠える傾向があるので、小さいうちに止めさせる必要があるでしょう。

- キツネのような頭部と細いマズル
- まばらに黒の毛が混じる被毛
- ふさふさの尾
- 先のとがった小さい耳
- スクエアで力強いボディ
- レディッシュ・ブラウン
- 明るい毛色の腹部

108

スピッツ・タイプの犬種

## フィニッシュ・ラップフンド
Finnish Lapphund

- 体高：44～49cm
- 体重：15～24kg
- 寿命：12～15年

さまざまな毛色

ラップランドのサーミ人が、トナカイのハーディングや番犬として使われていた犬から作出した犬種。原産国フィンランドでもそのほかの国でも人気が高まりつつあります。愛情深く忠実で、順応性もあり仕事熱心ですが、家庭犬としても番犬としても幸せに暮らせます。

- 長い毛でふさふさの尾
- 密生した長い被毛
- ブラック
- 立ち耳
- タンのマーキング
- オスはたてがみが密生する
- 前肢の後ろ側に飾り毛
- アーチがかった卵形の足

## ラポニアン・ハーダー
Lapponian Herder

- 体高：46～51cm
- 体重：最大で30kg
- 寿命：11～12年

もともとフィニッシュ・ラップフンド（左）、ジャーマン・シェパード・ドッグ（P42）、作業に従事していたコリーを交配して作られ、1960年代に独立した犬種として認められました。別名は「ラピンポロコイラ」。トナカイの猟師たちには今でも作業犬として使われますが、家庭犬として飼われることもあります。落ち着いていてやさしい性質です。

- 毛の密生する立ち耳
- 密生した被毛
- ブラック
- ダーク・ブラウン
- 左右がかなり離れた、楕円形のダークな目
- 深い胸にはタンのマーキング
- 密生した毛で覆われた卵形の足

## スウェディッシュ・ラップフンド
Swedish Lapphund

- 体高：40～51cm
- 体重：19～21kg
- 寿命：9～15年

ブラウン

ブラック＆ブラウン
（胸、足、尾の先にホワイトのマーキングが入る場合もある）

毛色以外はフィニッシュ・ラップフンド（上）とよく似ています。かつて遊牧民のサーミ人にトナカイの牧畜犬として使われていました。スウェーデンでは家庭犬として人気がありますが、他ではめったに見られません。仲間がいると喜び、長い時間ひとりにされると吠える傾向があります。

- 長い毛でふさふさの尾が背の上に巻き上がる
- 密生する直立毛
- 左右が離れた立ち耳
- くさび形の頭部
- ブラック
- コンパクトな卵形の足

## スウェディッシュ・エルクハウンド
Swedish Elkhound

- 体高：52～65cm
- 体重：最大で35kg
- 寿命：12～13年

スウェーデン北部の森林地帯で作出された、大きくてがっしりした体格の犬。「イエムトフンド」という名でも知られ、かつてはヘラジカ、クマ、リンクスの狩猟用に飼われていました。スウェーデンの軍隊で人気があり、スウェーデンの国犬でもあります。家族に対しては性質の良い犬ですが、他の犬やペットがいるところでは注意が必要です。

- 密生するトップ・コート
- グレー
- 高い位置に付き、密生した毛で覆われた立ち耳
- オオカミのような頭部
- クリーム色のアンダー・コート
- 特徴的な明るい色のマーキング
- 力強い楕円形の足

犬種の解説｜スピッツ・タイプの犬種

## ノルウェジアン・エルクハウンド
Norwegian Elkhound

体高：49～52cm
体重：20～23kg
寿命：12～15年

スカンジナビア半島に数千年も前から生息していると考えられており、かつては獲物の追跡に使われていました。頑健でそり引きにも適しています。極寒の湿った天気にも耐えられるため、屋外にいるのを好みます。狩猟本能が強く、訓練は忍耐強く行う必要があります。

- はっきりしたストップのある頭部
- 短くコンパクトなボディ
- 高い位置に巻き上げられた尾
- 頸周りには密集したラフ
- **グレー**
- オーバー・コートのところどころに先端の黒い毛
- 黒いマズル

## ブラック・ノルウェジアン・エルクハウンド
Black Norwegian Elkhound

体高：43～49cm
体重：18～27kg
寿命：12～15年

グレーの被毛のノルウェイジアン・エルクハウンド（左）の小型版で、さらに珍しい犬種です。もともと獲物の追跡のために繁殖されましたが、そり犬にも牧畜犬にも番犬にも家庭犬にもなれる多才な犬です。すぐ吠える傾向がありますが、コマンドで止めるように訓練可能です。

- 付け根の広い、先のとがった耳
- **ソリッド・ブラック**
- 背の上に巻き上がった短く太い尾
- 先細りのマズル
- 幅のある頭頂部
- 耐候性の被毛

## 北海道 Hokkaido Dog

体高：46～52cm
体重：20～30kg
寿命：11～13年

さまざまな毛色

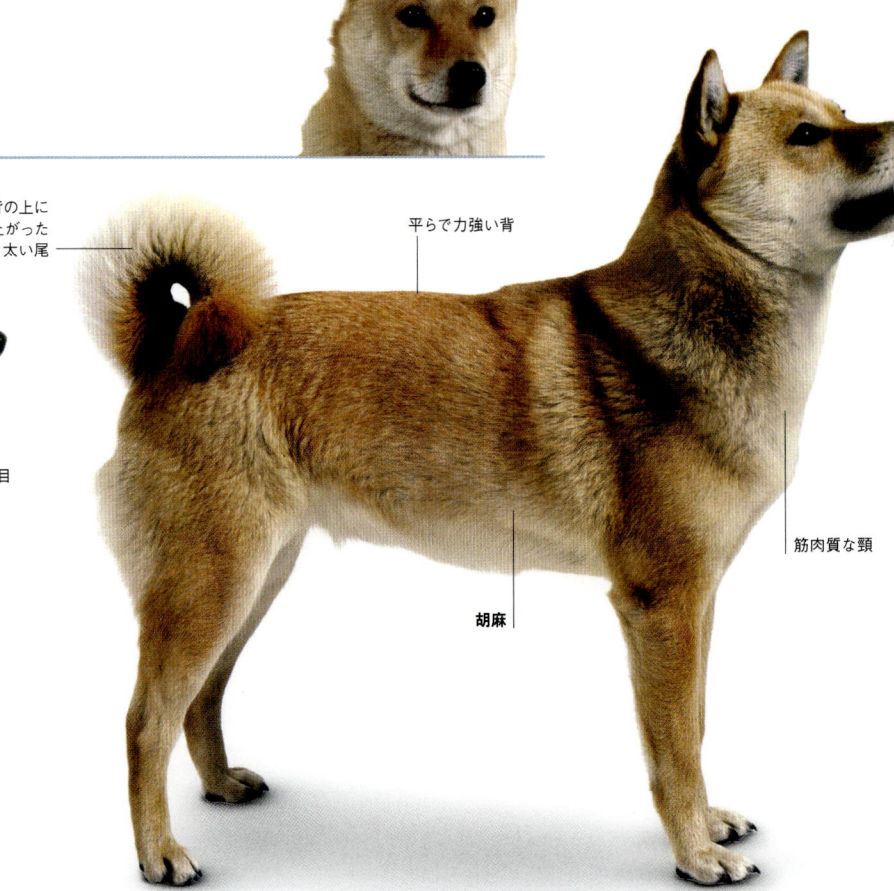

アイヌの人々が北海道に移住したときに持ち込まれた犬種。中型ながら勇敢で、クマを狩るほどたくましい犬です。しっかり訓練し、社会性を身に着けさせれば、家庭犬や番犬としてふさわしい犬になるでしょう。

- 背の上に巻き上がった太い尾
- 三角形で小さく黒い目
- 粗くまっすぐな被毛
- 平らで力強い背
- 筋肉質な頸
- **胡麻**

# 秋田 Akita

| 体高 | 体重 | 寿命 | さまざまな毛色 |
|---|---|---|---|
| アメリカン・アキタ：61〜71cm<br>秋田：58〜70cm | アメリカン・アキタ：29〜52kg<br>秋田：34〜45kg | 10〜12年 | |

## 力強く気まぐれな性質
## わがままを防ぐためには経験豊富な飼い主が必要

　秋田県の厳しい気候のなかで、シカやクマ、イノシシを狩るために繁殖された狩猟犬を先祖に持ちます。19世紀に闘犬や狩猟犬として作出された日本の天然記念物であり、幸運の印とされています。

　アメリカへは、1937年にヘレン・ケラーが持ち込みました。さらに第二次世界大戦が終わると、米軍帰還兵が秋田をアメリカへ連れ帰りました。この犬たちがアメリカン・アキタの基礎になり、今日、日本以外ではこの犬も「Akita（アキタ）」として知られています。アメリカン・アキタは多くの国で日本の秋田とは別犬種として認められており、先祖犬の秋田より大きく堂々としています。

　秋田はがっしりして驚くほどハンサムな犬です。静かな威厳があり、忠実で、人間の家族に対しては防衛本能が強く、とくに子どもに寛容です。しかし、他の犬に対しては支配性を見せる傾向があるので、飼い主はこの犬種をよく理解することが必要です。問題行動を防ぐため、若いうちに明確にルールを決めておきましょう。

### 忠犬ハチ公

ハチ公は1923年生まれの秋田です。主人の上野教授が仕事に出かけるときに、東京の渋谷駅まで毎日お伴をし、駅で1日中教授の帰りを待って一緒に帰宅していました。しかし1925年のある日、教授は研究室で倒れ、帰らぬ人となってしまいます。それでもハチ公は教授を10年以上も待ち続けたのです。その忠犬ぶりでハチ公は日本中のヒーローになり、ハチ公が死ぬとその告別式が行われました。渋谷駅にはハチ公の銅像が建てられています。

**アメリカン・アキタ**
- 背の上で巻かれた、ふさふさの太い尾
- フォーン
- 黒のオーバーレイ
- ブラック・マスク
- ホワイトの深い胸
- 直立毛
- 筋肉質でよく発達した後躯
- 胸のホワイトのマーキングは足先まで伸びる

**秋田**
- レッド・フォーン
- 三角形の立ち耳
- ホワイトのマーキング（裏白）

犬種の解説 | スピッツ・タイプの犬種

スピッツ・タイプの犬種

# チャウ・チャウ  Chow Chow

| 体高 | 体重 | 寿命 | クリーム ゴールド レッド | ブルー ブラック |
|---|---|---|---|---|
| 46〜56cm | 21〜32kg | 8〜12年 | | |

**テディ・ベアのような被毛が印象的な犬
飼い主には忠実だが、見知らぬ人には打ち解けにくい**

　この犬の存在は、中国では少なくとも2千年前には知られていました。紀元前150年のあるレリーフの彫刻に、猟師と一緒にいるチャウ・チャウに似た犬の姿が確認できます。もともとは鳥猟、家畜の護衛、冬にはそり引きに使われていましたが、食肉や毛皮のために繁殖されたチャウ・チャウもいます。また、皇帝や貴族に寵愛され、8世紀には唐の皇帝がチャウ・チャウに似た犬を5千頭所有していました。

　この犬が最初に西欧で見られたのは18世紀のことです。チャウ・チャウという名前はイギリスでついたものですが、これは単純に東アジアから持ち帰った珍しいものを意味していました。中国ではこの犬種は「鬆獅犬」と呼ばれており、これはしばしば「puffy lion dog（ふわふわのライオン犬）」と訳されています。19世紀の終わりに、より多くのチャウ・チャウがイギリスに持ち込まれ、ヴィクトリア女王が1頭所有したことで人気は確実なものになりました。アメリカでは1890年に初めて登場しましたが、人気が出たのは1920年代になってからです。

　現在では主にペットとして飼われています。打ち解けにくい性質で、家族には愛情深く接しますが、見知らぬ人を警戒します。支配性が出ることがあるので、しっかりした訓練と早期の社会化が必要です。運動はほどほどで大丈夫ですが、毎日の散歩で精神的な刺激を与えると良いでしょう。その密生した被毛、ライオンのような頸周りの被毛、しわの寄った顔、そしてブルー・ブラックの舌が特徴的です。非常に厚い毛が直立したラフ・コートと、短い毛が密生するスムース・コートの2つのタイプがいます。

**子犬**

## セラピー・ドッグのパイオニア

現在、さまざまな犬種がセラピー・ドッグとして働き、問題やストレスで苦しむ人を慰めていますが、最初のセラピー・ドッグは『Jo-Fi（ジョー＝フィー）』という名のチャウ・チャウで、精神分析の創始者であるジークムント・フロイト（写真／1935年ごろオーストリアで撮影）の犬でした。ジョー＝フィーはフロイトのセラピーセッションに参加し、患者の精神状態についてヒントを与えていました。精神的に沈んだ患者相手には寄り添い、気が立っている患者からは離れたのです。フロイトはまた、ジョー＝フィーがとくに子どもの患者に対して心を落ち着かせ、安心させる効果を発揮することに気がつきました。

- 豊富な直立毛
- はっきりしたストップ
- ブルー・ブラックの舌
- シェーデッド・レッド
- 肢の後ろ側にはより明るい色の毛が生える

**ラフ・コート**

- 厚みのある丸く小さな立ち耳
- 特徴的なしかめ面
- 小さく丸い足

犬種の解説 | スピッツ・タイプの犬種

## 四国
Shikoku

- 体高：46〜52cm
- 体重：16〜26kg
- 寿命：10〜12年

胡麻、黒胡麻、赤胡麻

かつて四国の人里離れた地方でイノシシ狩りに使われていました。他の犬と接触する機会がほとんどなく、異犬種交配を免れた結果、もともとの姿をほぼとどめています。快活で俊敏、他の動物を追いかけるのに熱心。訓練は難しい犬ですが、自分が信頼する人間とは強い絆を作ります。

- 典型的なスピッツの尾
- しっかり立ち上がった耳
- 胡麻
- 鋭い表情を見せるダークな目
- 筋肉質で太い頸
- 力強い後躯
- 深い胸

## コリア・ジンドー・ドッグ（珍島犬）
Korean Jindo

- 体高：46〜53cm
- 体重：9〜23kg
- 寿命：12〜15年

- ホワイト
- レッド
- ブラック＆タン

生まれ故郷の韓国・珍島にちなんで名づけられた犬。韓国では人気がありますが、他国では珍しい存在です。かつては獲物の大きさを問わない狩猟犬でした。他の動物を追いかける強い狩猟本能は、コントロールが難しいかもしれません。

- フォーン
- ごわごわの直立毛
- 大腿部の裏側には長めの被毛
- 密生した毛が裏打ちされた、先のとがった立ち耳
- 巻き上がった腹部
- 頸の周りにより密集した被毛
- 丸みを帯びた猫のような足

## 柴
Japanese Shiba Inu

- 体高：37〜40cm
- 体重：7〜11kg
- 寿命：12〜15年

- ホワイト
- ブラック＆タン
（赤の場合は黒のオーバーレイが混じる場合もある／赤胡麻）

日本で最も小型の狩猟犬で、国の天然記念物に指定されています。日本では大昔から知られていて、勇敢で活発なので陽気な家庭犬になります。早期に社会性を身に着けさせておかないと信頼されなくなることも。外では狩猟本能をコントロールする必要もあります。

- 赤
- 粗い被毛
- 長めの毛が生え、高く巻き上がった尾
- やや前傾した小さな三角形の耳
- 裏白
- 猫足

## 甲斐
Kai

- 体高：48〜53cm
- 体重：11〜25kg
- 寿命：12〜15年

幅広いレッド・ブリンドル

日本原産の犬の中で最も古く、最も純血が保たれた犬種で、1934年に国の天然記念物に指定されました。活発で運動神経の発達した猟犬で、かつては群れで走り回っていましたが、家庭犬として飼うこともできます。しかし初心者にはあまりおすすめできません。

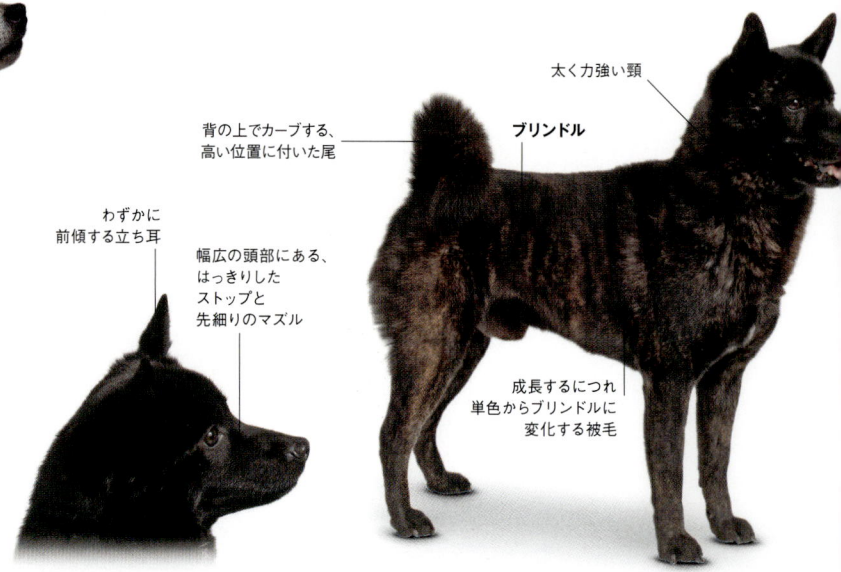

- 太く力強い頸
- 背の上でカーブする、高い位置に付いた尾
- ブリンドル
- わずかに前傾する立ち耳
- 幅広い頭部にある、はっきりしたストップと先細りのマズル
- 成長するにつれ単色からブリンドルに変化する被毛

スピッツ・タイプの犬種

## 紀州
Kishu

- 体高：46〜52cm
- 体重：13〜27kg
- 寿命：11〜13年

希少で非常に珍重されている犬。紀州の山岳地方で大型の獲物の狩猟用に繁殖されました。国の天然記念物に指定されており、静かで忠実、強い狩猟本能が特徴的。家庭犬として飼うのは難しいことがあるでしょう。

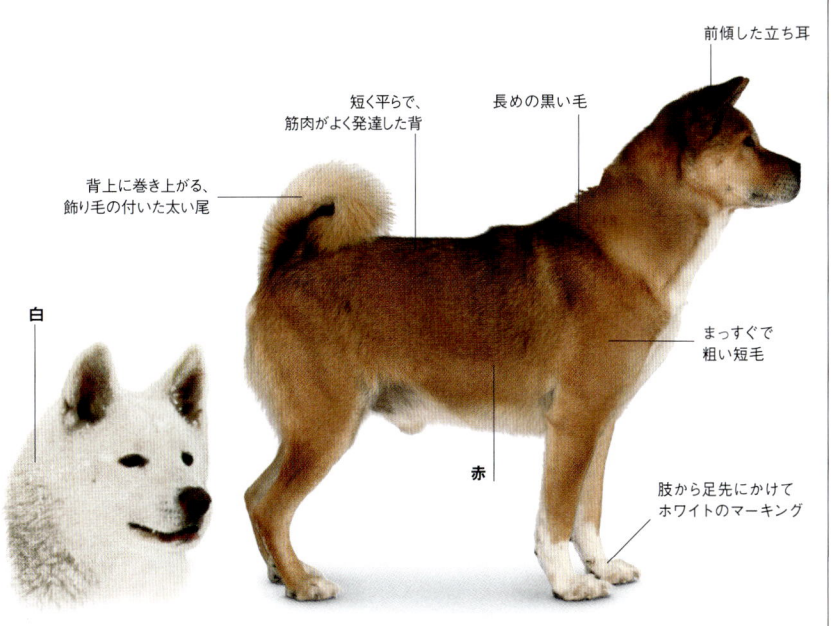

- 前傾した立ち耳
- 短く平らで、筋肉がよく発達した背
- 長めの黒い毛
- 背上に巻き上がる、飾り毛の付いた太い尾
- まっすぐで粗い短毛
- 白
- 赤
- 肢から足先にかけてホワイトのマーキング

## 日本スピッツ
Japanese Spitz

- 体高：30〜37cm
- 体重：5〜10kg
- 寿命：12年以上

サモエド（P106）のミニチュア版のように見えますが、同じ祖先であるかどうかは定かではありません。日本で作出され、賢くエネルギッシュな性質で人気は世界に広まりました。しきりに吠える特徴がありますが、訓練でコントロールが可能です。

- 頸と肩を覆うメーン・コート
- 豊富な長い被毛
- 純白
- 小さな立ち耳
- 小さく丸く、黒い鼻
- 小さく丸い猫足

## ユーラシア
Eurasier

- 体高：48〜60cm
- 体重：18〜32kg
- 寿命：12年以上
- さまざまな毛色（被毛はホワイトや茶褐色の単色であってはならない。ホワイトのまだらも不可）

まだ歴史の浅い珍しい犬種で、1960年代のドイツでチャウ・チャウ（P112）、ジャーマン・ウルフスピッツ（P117）、サモエド（P106）などを交配して作られました。家庭犬に適していて、落ち着いて穏やかですが、用心深さもあります。家族にはすぐになつきます。

- 粗い手ざわりのトップコート
- 平らで力強い背
- フォーン
- 三角形の立ち耳
- 黒いマスク
- ブラックの混じる被毛
- 長めの毛がある頸周り

## イタリアン・ヴォルピーノ
Italian Volpino

- 体高：25〜30cm
- 体重：4〜5kg
- 寿命：最長16年
- レッド

100年以上にわたってイタリアで人気を博した魅力的な犬。貴族のペットとしてちやほやされる一方、農場では番犬としても飼われていました。見知らぬ人にすぐに吠えることで大型の番犬に警報を出し、問題が起きそうなことを知らせていたのです。活発で楽しいことが好きなので、どんな家庭にも適しています。

- 長い毛に覆われた巻き尾
- 長く密生する被毛
- 短いマズル
- ホワイト
- 飾り毛の豊富な後躯
- 丸い目
- 頸周りに密生した毛

115

犬種の解説｜スピッツ・タイプの犬種

# ジャーマン・スピッツ German Spitz

体高
クライン：23〜29cm
ミッテル：30〜38cm
グロス：42〜50cm

体重
クライン：8〜10kg
ミッテル：11〜12kg
グロス：17〜18kg

寿命
14〜15年

さまざまな毛色

グロス（大型）

**活気あふれる愉快な性格で、番犬としての本能も備える
もの覚えがよく、どんな家庭にも適した犬**

　3種類のサイズがある犬で、そのうちクライン（小型）とミッテル（中型）はイギリスのケネルクラブ（KC）に公認されており、グロス（大型）はFCIから公認されています。いずれも、かつて北極地方の遊牧民が牧畜犬として使っていた犬の子孫です。

　この犬種はもともと狩猟犬、牧畜犬、番犬として使われていました。密生したアンダー・コートと丈夫なオーバー・コートが寒さと湿気から体を守っていました。

　19世紀になると、家庭犬やショードッグとして人気が出ました。アメリカに輸出されたものもあり、アメリカン・エスキモー・ドッグ（P121）の作出に貢献。どのタイプのジャーマン・スピッツも比較的珍しい犬種です。

　ジャーマン・スピッツは人間の注目を浴びるのが大好きですが、きちんと訓練をする必要があります。独立心旺盛で、しっかりしたリーダーシップを示さないと、わがままになることがあるからです。訓練をすれば子どもともうまくやっていけます。また家の中での順位が確立されれば、陽気で愛情深い性質を生かして、飼い主の年齢を問わずすばらしい家庭犬になるでしょう。被毛は非常に厚いので、毎日念入りに手入れをしないともつれてしまいます。

## 歴史と知恵

19世紀のドイツの寓話で、スピッツが骨を盗ろうとしているパグを出し抜くというものがあります（下）。本当にパグより賢いのかはわかりませんが、スピッツは最も古い犬種のひとつと考えられています。1750年、フランス人博物学者のビュフォン伯は、ジャーマン・スピッツについての自身の知識に基づいて、スピッツがすべての家庭犬の先祖であると提唱。近代の遺伝学的証拠は、ビュフォン伯が考えたように、何種類かのスピッツがかなり初期に生まれたことを示していますが、「すべての犬種の基になった犬種」は存在しないと考えられています。犬種間の知能の比較については、いまだ議論が続いています。

- 背上に巻き上がった尾
- コンパクトでスクエアなボディ
- 顔は短毛
- 中くらいの幅の頭部
- ウルフ・セーブル
- 密生したフリルがある頸部と肩
- 非常に豊富なダブル・コートで、オーバー・コートが長い
- 肢の後ろ側には長い飾り毛
- オレンジ・セーブル

ミッテル（中型）

クライン（小型）

116

スピッツ・タイプの犬種

## スキッパーキ　Schipperke

体高：25〜33cm
体重：6〜8kg
寿命：12年以上

さまざまな毛色

「ベルジアン・バージ・ドッグ」とも呼ばれ、かつてフランドルの船頭が、艀の警備やネズミ退治に使っていました。家庭犬となっても番犬としての本能を失っておらず、見知らぬ人を警戒します。活発で愛嬌のある性質で、楽しい家庭犬になるでしょう。

- 密生した被毛
- 生まれつき非常に短い尾
- 長いキュロットをはいたように見える大腿部
- はっきりしたメーン・コートとケープがある頸部と肩
- キツネのようなくさび形の頭部
- 三角形の小さな耳
- ブラック
- 充実したボディ

## キースホンド　Keeshond

体高：43〜46cm
体重：15〜20kg
寿命：12〜15年

18世紀のオランダで、川船や農場の番犬として使われていた犬。攻撃性はなく、賢く社交的で愛想も良いので、非常に愛される家庭犬になります。学習意欲にあふれ、人や他のペットともうまく付き合えます。

- グレー・ブラック＆クリーム
- 大腿部の後ろに「ズボン」をはいているように密生する毛
- メガネのようなマーキングがある目の周り
- 頸の周りに長く厚みのあるラフ

## ジャーマン・ウルフスピッツ　German Wolfspitz

体高：43〜55cm
体重：27〜32kg
寿命：12〜15年

ヨーロッパで古くから知られる犬種のひとつ。キースホンド（左）が祖先犬で、国によっては同じ犬種とみなされることもあります。非常に訓練しやすい犬で、家族の一員にもぴったりです。見知らぬ人には警戒してすぐに吠えますが、攻撃的ではありません。

- ふさふさの尾
- 短く平らな背
- 長いトップ・コート
- グレー・ブラック＆クリーム
- 三角形の小さな立ち耳
- 頸部と肩の周りに密生したメーン・コート

117

犬種の解説｜スピッツ・タイプの犬種

# ポメラニアン Pomeranian

体高 22〜28cm
体重 2〜3kg
寿命 12〜15年

さまざまな単色
（ブラックやホワイトのシェーディングが入るものは不可）

## 愛情深く、サイズに似合わない勇敢さを持つ犬 家庭のすばらしいペットになる

ジャーマン・スピッツ（P116）で最も小さく、国によっては「最小のスピッツ」として知られています。ポメラニアンという犬種名は、この犬の先祖が牧羊犬として繁殖されていたポメラニア地方（現在のポーランド北部とドイツ北東部）に由来します。

初期は今より大型で、体重が14kgほどになることもあり、被毛はホワイトでした。こうしたスピッツ犬種は、1760年代以降にヨーロッパ大陸からイギリスに持ち込まれるようになりましたが、原産国にかかわらず、同じタイプの犬はすべて「ポメラニアン」と呼ばれていました。

19世紀の終わりに改良が始まり、小型のサイズが生まれました。この小型化は、ヴィクトリア女王が小型犬を寵愛していたことによるものです。さまざまな色の小型スピッツがドイツやイタリアから輸入され、この犬種が作られました（噛みつく傾向がありましたが、この犬種改良の中で除去されました）。イギリスでは1891年、アメリカでは1900年に犬種クラブが結成されました。20世紀に入ると、この犬の主な特徴（小さな体、パフボール［タンポポの綿毛］のようにふさふさした被毛、陽気な性質）はさらに洗練されました。

賢くて元気なので、愛情深いペットになります。人と一緒にいるのを好み、飼い主にひたむきな愛情を注ぎます。しかし、わがままにさせないためにも、思いやりを持ちつつ毅然とした対応は必要です。小型犬にしては驚くほど動きが速いので、自由に走り回らせるときは注意してください。被毛の手入れは難しくはありませんが、2〜3日ごとにブラッシングしなくてはなりません。

子犬

他の部位より長い毛の生えた後躯

### 王室の寵愛

1761年、イギリス国王ジョージ3世の妻であるシャーロット王妃がイギリスに来たとき、王妃は白いスピッツを何頭か連れていました。これらは現在のポメラニアンよりかなり大きめでしたが、当時ドイツの廷臣たちにかわいがられていた家庭犬だったのです。その後イギリスでも人気が上昇し、『朝の散歩』（右）を含むトマス・ゲインズバラの絵画にも描かれました。ヴィクトリア女王が1888年のイタリア旅行から小型のポメラニアンを何頭か連れ帰ると、人気はさらに高まりました。

朝の散歩
——ウィリアム・ハリット夫妻の肖像
（1785年／トマス・ゲインズバラ）

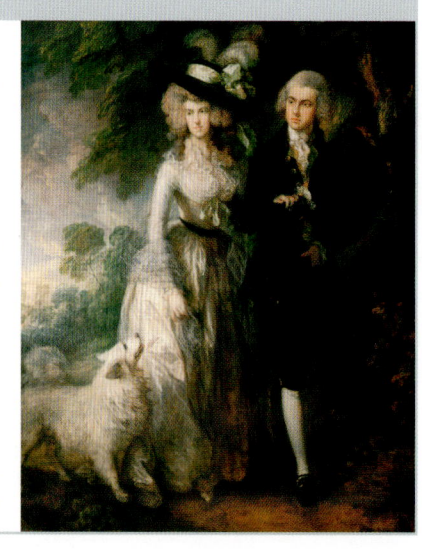

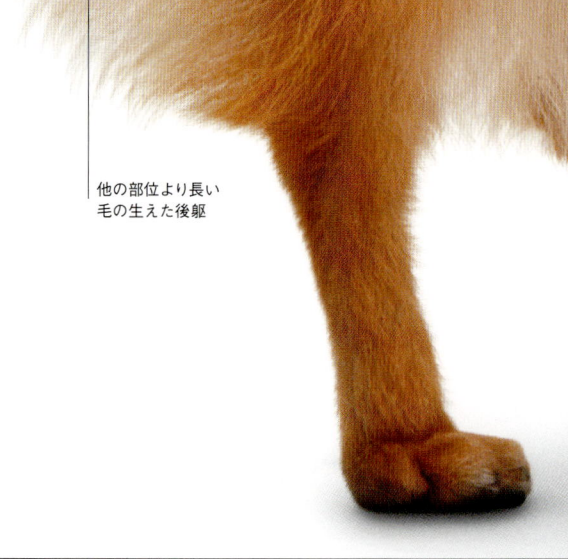

スピッツ・タイプの犬種

ふさふさに毛の生えた
尾を背負う

小さな立ち耳

**オレンジ**

目縁は黒く、
わずかに楕円形の目

頸、肩、胸のあたりに
生えている豊富なフリル

やわらかく
ふわふわの被毛

キツネのような
スムース・ヘアーの顔

肢の下部の毛は短い

119

犬種の解説 | スピッツ・タイプの犬種

# アイスランド・シープドッグ Icelandic Sheepdog

体高：42〜46cm
体重：9〜14kg
寿命：12〜15年

- グレー
- チョコレート・ブラウン
- ブラック

（タンとグレーの犬にはブラック・マスクが入る場合もある）

　別名は「フリーアー・ドッグ」。丈夫で筋肉質な犬です。初期のアイスランド入植者が一緒に持ち込みました。凸凹のある地面や浅瀬でも敏捷で、鋭い鳴き声を持っているので牧畜犬としては完璧です。ペットとして飼う場合は豊富な運動が必要です。ロング・ヘアーとショート・ヘアーの2種類の被毛のタイプがあります。

- 背上に巻き上がった、典型的なスピッツの尾
- 先端がわずかに丸みを帯びた立ち耳
- 小さいながら力強いボディ
- 防水性があり密生した被毛
- 顔にはホワイトのマーキング
- 黒い唇
- タンにホワイトのマーキング
- ロング・ヘアー

# ノルウェジアン・ルンデフンド Norwegian Lundehund

体高：32〜38cm
体重：6〜7kg
寿命：12年

- ホワイト
- グレー
- ブラック

（ブラック及びグレーの被毛はホワイトのマーキング、ホワイトの被毛にはダークなマーキングあり）

　「ノルウェイジアン・パフィン・ドッグ」とも呼ばれる犬。驚くほどしなやかで、頭を傾けて肩越しに背中につけたり、前肢を横向きに広げたりすることができます。そのしなやかさとそれぞれの足に2本ずつある狼爪とで、非常に不安定なところにあるパフィンの巣にたどり着くことができたので、かつてはパフィン・ハンターとして活躍しました。ペットにするには運動と訓練を十分に行う必要があります。

- レディッシュ・ブラウン
- 先端の黒い毛が混ざる
- 黒い唇
- 密生した被毛は激しく抜け落ちる
- 2本の狼爪
- それぞれの足に指が6本

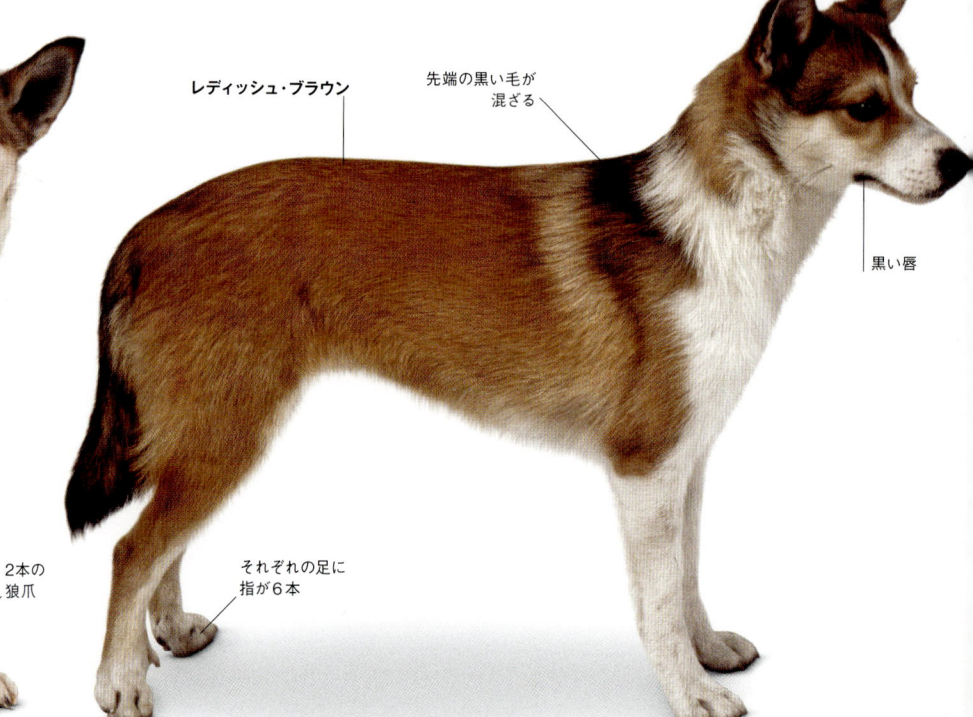

120

スピッツ・タイプの犬種

## ノルディック・スピッツ
Nordic Spitz

- 体高：42〜45cm
- 体重：8〜15kg
- 寿命：15〜20年

　スウェーデン原産の小型スピッツ。「ノルボッテン・スペッツ」という地元でついた名前は、「ボスニアからやって来たスピッツ」という意味です。かつてはリス猟に、最近では鳥猟に使われています。明るい色の目とふさふさの尾を持ちます。訓練はそれほど難しくありませんが、日々の運動が必要です。

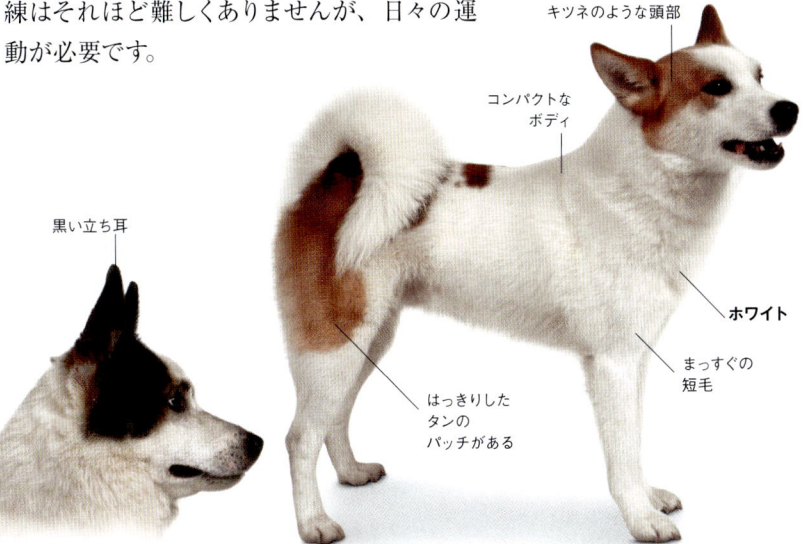

- 黒い立ち耳
- 典型的なタンのマーキングがある、キツネのような頭部
- コンパクトなボディ
- ホワイト
- まっすぐの短毛
- はっきりしたタンのパッチがある

## ノルウェジアン・ブーフント
Norwegian Buhund

- 体高：41〜46cm
- 体重：12〜18kg
- 寿命：12〜15年

■ レッド
（レッド、ウィートン、ウルフ・セーブルはマスク、耳、尾の先がブラックの場合もある）

　敏捷な中型の農場犬で、かつてはクマやオオカミからの護衛犬として使われていました。運動と訓練をたっぷりすることで、いきいきと生活できます。よく吠える上に年に2回激しく毛が抜けるので、几帳面な人にとってはあまり理想的な犬種ではないでしょう。

- はっきりしたストップ
- 長く厚く粗いトップ・コートと、やわらかく毛の多いアンダー・コート
- 背上で巻かれた尾
- 三角形の立ち耳
- ブラック
- ウィートン
- 体の下側は明るい色

## アメリカン・エスキモー・ドッグ　American Eskimo Dog

- 体高：ミニチュア 23〜30cm／トイ 30〜38cm／スタンダード 38〜43cm以上
- 体重：ミニチュア 3〜5kg／トイ 5〜9kg／スタンダード 9〜18kg
- 寿命：12〜13年

　犬種名に「エスキモー」とありますが、本来のエスキモー犬ではありません。ドイツで作出され、19世紀にドイツからの移住者によってアメリカに持ち込まれたといわれています。かつて移動サーカス団で芸を披露する姿も見られたほど学習能力が高く、人を喜ばせることに熱心です。ミニチュア、トイ、スタンダードの3つのサイズがあります。

- 三角形で先が少し丸い立ち耳
- 黒い目縁があり、左右が離れた丸い目
- 漆黒の唇
- ホワイト
- 長いトップ・コート
- 頸と胸にはふさふさのラフ

ミニチュア　　トイ

犬種の解説｜スピッツ・タイプの犬種

# パピヨン Papillon

体高 20〜28cm
体重 2〜5kg
寿命 14年

ホワイト
ブラック&ホワイト
（ホワイトの被毛にはレバーをのぞくさまざまな色のパッチが入る）

## 優雅で魅力的だが繊細ではない
## 楽しいことが大好きな、賢い家庭犬

　まるで蝶の羽のように見える、飾り毛が付いた立ち耳に犬種名の由来があります（パピヨンはフランス語で「蝶」の意味）。先祖犬は「ドワーフ・スパニエル（小さなスパニエル）」という、ルネサンス期以降のヨーロッパの宮廷で人気があった犬で、しばしば貴族たちの肖像画にも描かれました。その一例が、ティツィアーノの「ウルビーノのヴィーナス」（1538年）です。また17世紀のフランスでは、ルイ14世の宮廷にパピヨンに似た犬が持ち込まれて繁殖され、18世紀に入るころにはポンパドール夫人やマリー・アントワネットの愛玩犬としてかわいがられました。

　最も初期のパピヨンは垂れ耳でした。今でも垂れ耳タイプは存在しますが、ファレーヌ（フランス語で「蛾」の意味）という名前で知られています。19世紀の終わりにかけて立ち耳のパピヨンが見られるようになり、今ではこちらのほうがはるかに一般的です。どちらのタイプも、耳に長い飾り毛があるのが特徴です。パピヨンとファレーヌは両方が一緒に生まれることもあるので、イギリスとアメリカでは同じ犬種だとみなされています。FCIはいずれのタイプも「コンチネンタル・トイ・スパニエル」と呼んでいます。

　今日、パピヨンはほとんどの場合ペットとして、あるいはドッグ・ショーの出陳犬として飼われています。活発で賢く、人間と一緒に過ごすことが大好きで、たくさん遊んで運動します。神経質なタイプもいるので、早期にほかの犬や見知らぬ人に慣れさせることが必要です。長い絹状毛はもつれて毛玉にならないように、毎日のお手入れが必要です。

背の上に垂れかかった、飾り毛の付いた長い尾

長い飾り毛のある「蝶の羽」のような耳

垂れ耳で、両耳の間は丸みを帯びる

トライカラー

パピヨン

ブラック&ホワイト

ファレーヌ

スピッツ・タイプの犬種

はっきりとした
ストップ

豊富でやわらかい被毛

平らな背

丸い頭から突き出した、
先のとがった細いマズル

## フランス宮廷の愛玩犬

その昔、愛玩犬を飼うことは富裕層のみに許されたぜいたくでした。1500年代に描かれた肖像画には、主人と一緒にパピヨンに似た、小型のスパニエルのような犬が登場します。ヨーロッパ大陸ではどんどんメジャーになり、18世紀にはフランスの宮廷のお気に入りとして、パピヨンの人気は揺るぎないものになりました。ジャン＝バティスト・グルーズ作『ポルサン夫人の肖像画』（1774年）からもその人気ぶりが見てとれます。マリー・アントワネットはパピヨンを私室に置き、1793年に処刑されたときには愛犬の『ティスブ』を連れて断頭台に上がったともいわれています。

深みのある胸

**セーブル＆ホワイト**

細長く
ノウサギのような足

123

**高速で走る**
ドッグ・レースでは、グレーハウンドが時速72kmで走った記録があります。この犬は「地球上で最も足の速い動物」の1種といえるでしょう。

# 視覚ハウンド（サイトハウンド）

犬のなかでもスピードを誇るサイトハウンド（「じっと見る」という意味の「gaze」から「ゲイズハウンド」と呼ばれることも）は、主にその鋭い視覚を使って獲物を発見し、追跡する狩猟犬種です。流線型のスリムな体つきで、獲物を追いかける様子は俊敏で力強く、きわめて柔軟に方向転換します。このグループに入る犬種のほとんどは、特定の獲物の狩りのために作られました。

考古学的な文献からもわかるように、スリムで脚の長い犬は、何千年も前から人間の狩りを手伝ってきました。しかし、現代に見られる視覚ハウンドが最初どのように作られたのか、完全には明らかになっていません。おそらく、テリアを含むほかのさまざまな犬種と交配を繰り返した結果、グレーハウンド（P126）やウィペット（P128）などの原始的な視覚ハウンドが生み出されたのでしょう。

他の犬種と比べて、ほとんどの視覚ハウンドは非常にはっきりした特徴を持っています。犬種改良によって、走るスピードを生み出すための以下のような特徴を出してきたのです。強くしなやかな背と運動に適した体つきは、全速力で思いきり体を伸ばすことを可能にし、長いストライドと弾力性のある四肢、そして力強い後駆からは推進力が生まれます。そして細長い頭部も、彼らの重要な特徴のひとつです。ストップがはっきりしないか、ボルゾイ（P132）に見られるように、ストップがまったくないものもあります。小さな獲物を追いかけて噛みつくような視覚ハウンドの場合、全速力で走っているときは、一般的に頭が低い位置にあります。さらに視覚ハウンドに共通して見られる特徴としては、「深い胸」が挙げられるでしょう。視覚ハウンドの心臓は通常の犬より大きく、肺活量も優れています。短い（あるいは細い）シルキーな被毛も、このグループの犬ではよく見られます。唯一アフガン・ハウンド（P136）だけは、長い被毛に覆われています。

優雅で貴族的な外見を持つサイトハウンドは、歴史上、裕福な良家で好まれる猟犬でした。グレーハウンドや現代の犬種に近いコーシング・ドッグは、古代エジプトでファラオに飼われていました。サルーキ（P131）はアラブで何世紀もの間、そして今日でも砂漠でのガゼル猟に使われています。ソビエト連邦以前のロシアでは、ボルゾイは貴族や王族が好む犬種の筆頭で、オオカミを追い仕留めるという目的のために繁殖されていました。

現在視覚ハウンドは、ドッグ・レースやルアー・コーシング（疑似餌を追ってタイムを競うレース）に使われるだけでなく、ペットとしても人気です。一般的に攻撃性はなく、超然とした態度で人間に打ち解けないところもありますが、魅力的な家庭犬になるでしょう。しかし外では扱いに注意が必要です。運動はリードを付けて行うのがよいでしょう。小動物を追いかける視覚ハウンドの本能は非常に強いものがあり、いかに訓練を重ねていてもそれが覆されることがあります。獲物と見定めたものを追いかける視覚ハウンドを止めることは、ほとんど不可能なのです。

犬種の解説｜視覚ハウンド（サイトハウンド）

# グレーハウンド　Greyhound

体高 69〜76cm｜体重 27〜30kg｜寿命 11〜12年

さまざまな毛色

## 驚くべきスピードを持つ犬
## 短時間でも思いきり運動させることで満足するので、従順で穏やかな家庭犬に

イギリスで作出されたグレーハウンドの最も古い祖先は、紀元前4000年ごろ古代エジプトの墓所に描かれた痩身のハウンドだと、かつては考えられていました。しかし近年のDNA鑑定により、外見とは異なり、この犬が実は牧畜・牧羊犬により近い関係にあることが示されました。ほかに先祖の可能性のある犬として、古代ケルトの「Vertragus」と呼ばれる犬がいます。狩猟やノウサギの追跡に使われていた犬です。

大型で運動神経の発達したサイトハウンドは、イギリスでは紀元1000年ごろまでには広く知られるようになりました。最初は狩猟で一般的に使われていましたが、中世になると貴族にしか飼えない犬になります。18世紀にはノウサギの追跡が上流階級の人々の間で人気を集め、それに伴ってグレーハウンドの最初の血統台帳が作られたのです。

一気に時速72kmまで加速できる、流線型で力強いボディを持つこの犬は、走るために特別に作られた犬です。今でもノウサギの追跡に使われることがありますが、ドッグ・レースで活躍することが多くなりました。また、ドッグ・ショーのために繁殖される犬もいて、それらはレース用の犬よりも大きめに作られています。

ドッグ・レースを引退したグレーハウンドは、ペットとしての人気が高まっています。性格は穏やかで飼いやすく、運動はそこそこでよいのですが、細身で被毛が薄いため、寒さには注意が必要です。

### ミック・ザ・ミラー

イギリスのドッグ・レースにおいて伝説的なグレーハウンドといえば、司祭が所有していたアイルランド出身の犬です。1926年生まれの『ミック・ザ・ミラー』は、子犬のときは弱々しい犬でしたが、アイルランドで行われた15のレースで優勝。続いてロンドンで行われた29年の「イングリッシュ・グレーハウンド・ダービー」では、525ヤード（約500m）走で当時の世界記録を破って優勝します。同年から31年にかけて数々の主要なレースで優勝し、不動の人気を得ました。引退後は交配料で2万ポンドを稼ぎ出し、映画にも出演。1939年に多くの人たちに惜しまれながら亡くなりました。

訓練中にマッサージを施される『ミック・ザ・ミラー』

- 細長い頭部
- 頸は筋肉質で長く、わずかにアーチ形
- ブリンドル
- スムース・コート
- 強力な肺と心臓が収まった深い胸
- 低い位置に付いた細長い尾
- なめらかな手ざわりの小さなローズ・イヤー
- まっすぐで長い前肢

# イタリアン・グレーハウンド  Italian Greyhound

| 体高 | 体重 | 寿命 | さまざまな毛色 |
|---|---|---|---|
| 32〜38cm | 4〜5kg | 14年 | （ブラック＆タン、ブルー＆タン、ブリンドルは認められていない） |

## なめらかな皮膚を持つ小さなグレーハウンド
## そのサイズから想像する以上の運動が必要

地中海沿岸諸国に起源を持つとされ、2000年前のギリシャやトルコの芸術にその姿が見られます。似たような犬はポンペイの遺跡でも見つかっています。ルネサンスのころには、小さなグレーハウンドはイタリア宮廷で好んで飼われるようになっていました。17世紀になるとイギリスに持ち込まれてそこでも人気が高まり、ヨーロッパ各地の王宮にも広まっていきました。

イタリアン・グレーハウンドには日々の運動と精神的な刺激が必要です。小さい体ですが非常にスピードがあり、時速64kmまで加速することも可能です。エネルギッシュかつ聡明で、非常に強い狩猟本能を持ち合わせています。貴族に囲まれていた歴史からも想像できるように、甘やかされてちやほやされるのが大好きです。一般的に人間の家族に深い愛情を注ぐこの犬には、人との交流が必要です。放っておかれると退屈し、わがままになることがあります。体つきからは繊細な印象を受けますが、実際は見かけよりずっと丈夫です。とはいえ、手加減を知らない子どもたちや大型犬などが相手になればケガをすることもあります。

短毛で皮膚も薄いので、寒さと雨が大の苦手です。冬場の外出時には洋服が必要でしょう。

### 国王の親友

プロイセンのフリードリッヒ大王（右から2人目）は50頭を超すイタリアン・グレーハウンドを飼っていたといわれています。七年戦争（1756〜1763）では、そのうちの1頭を鞍袋に入れて連れていたともいわれます。この犬が亡くなると、フリードリッヒ大王はポツダムにあるお気に入りのサンスーシ宮殿に埋葬させました。彼はまた、自分の死後はこの犬の横に埋葬されることを望みましたが、結局それは許されませんでした。フリードリッヒ大王は86年に亡くなりましたが、1991年にようやくその遺体がサンスーシに移され、望みが叶えられたということです。

- 細長く優雅なアーチ状の頸
- 大きな目
- サテンのようにやわらかい短毛
- **レッド・フォーン**
- きめ細かくしなやかな皮膚
- 非常に骨の細い肢
- 低い位置に付いた細長い尾
- 後方に位置したローズ・イヤー
- 細いマズル
- 長く平らで幅の狭い頭部

**成犬と子犬**

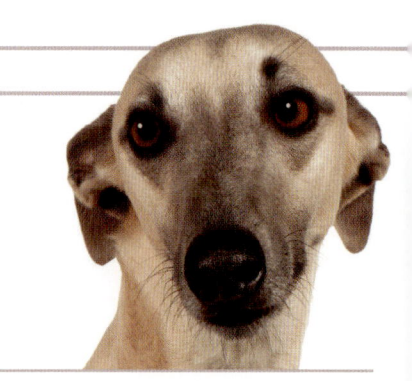

犬種の解説｜視覚ハウンド（サイトハウンド）

# ウィペット Whippet

| 体高 44〜51cm | 体重 11〜18kg | 寿命 12〜15年 | さまざまな毛色 |

## "究極のスプリンター"ともいえる犬で、狩猟犬気質を色濃く残す
## 穏やかで心やさしく、家庭では愛情あふれる犬に

　このサイズで飼い慣らされた動物としては最速ともいえるスピードを持つ犬。最高で時速56kmのスピードで走ることができます。驚くべき力で加速し、高速で機敏にターンすることも可能。このエレガントで小さな犬は、19世紀の終わりにイギリス北部でグレーハウンド（P126）にさまざまなテリアを交配させて作られました。もともとノウサギやアナウサギなど小型の獲物の狩猟のために繁殖されましたが、ほどなく手ごろな競技用の犬として人気が高まります。この犬が200mほど全力で走れるスペースがあれば、どこでもウィペットのレースが開催され、工場や炭鉱で働く男たちのあいだで人気の娯楽となりました。今日でもドッグ・レースやルアー・コーシング、アジリティー競技など活躍していますが、ほとんどはペットとして飼われています。

　性質は静かで従順、愛情深く、家の中では行儀良く、子どもに対しても寛容です。一方、繊細な面があるので思いやりのある対応が必要で、遊びが乱暴になったり号令が強すぎたりすると動揺する傾向があります。皮膚はデリケートで、被毛は短く細いので、寒いときには洋服を着せる必要があります。被毛にはほとんど臭いがなく、濡れても「獣臭く」なることはありません。まれに長毛の子犬が生まれることもありますが、これは正式には認められていません。

　エネルギーあふれるウィペットには、日々の運動と安全な場所で自由に走る機会を十分に与えなければなりません。一般的には他の犬ともうまく付き合えますが、狩猟本能が強く、チャンスがあれば猫や小動物を追いかけてしまいます。

　一緒に育った猫なら受け入れる（あるいは少なくとも無視する）ようになりますが、ウサギやモルモットなどと人の見ていないところで一緒にしてはいけません。ウィペットは見知らぬ人を警戒するので、番犬としても機能するでしょう。家族に対してはどこまでも忠実です。

### 貧しい者の競走馬

19世紀、イギリスの工業地帯ではウィペットを使った「ラグ・レース（ボロ布レース）」が流行していました。ウィペットにボロ布で作った疑似餌を追いかけさせるレースです。労働者の世帯ではレース用のウィペットに大きな誇りを持ち、犬がレースで稼ぐ賞金は大切な副収入になっていました。ウィペットは「貧しい者の競走馬」として知られるようになります。飼い主は犬への愛情を惜しまず、家族の食事を分け与え、時には子どものベッドで犬が一緒に寝ることも許すほどでした。

クレードリー・ヒース・ウィペット・レーシング・クラブでのレースの様子（1961年／イギリス）

短毛で細い毛

先細りの長い尾は、飛節に届く

楕円形でアーチ形の足の指

視覚ハウンド（サイトハウンド）

ブリンドル
＆ホワイト

筋肉質で洗練された
アウトライン

ローズ・イヤー

ダークなマズル

シルバー・フォーン

表情豊かな
楕円形の目

引き締まり、
巻き上がった腹部

深い胸

筋肉が
発達した後躯

129

犬種の解説 | 視覚ハウンド（サイトハウンド）

## ランプール・グレーハウンド
Rampur Greyhound

体高：56〜75cm
体重：27〜30kg
寿命：8〜10年

さまざまな毛色

　現在では希少となった犬種。かつてインドの宮廷では狩猟犬としてよく飼われていました。主にジャッカルやシカの猟に使われましたが、イノシシを倒すこともできたそうです。起源は確かではありませんが、おそらくイングリッシュ・グレーハウンドと、インド原産の力強く粘り強い犬を交配させて作られた犬の血が入っていると思われます。

- 細長く、先細りの尾
- ブラック＆タン
- 平らな頭蓋と細長く先のとがった鼻
- 巻き上がった腹部
- 肢の下部にタンのマーキング
- アーチがかった足と、高速でしっかりと地面を蹴ることができる強力な爪

## ハンガリアン・グレーハウンド
Hungarian Greyhound

体高：62〜70cm
体重：25〜40kg
寿命：12〜14年

さまざまな毛色

　別名「マジャール・アジャール」。かつてノウサギやキツネを狩るのに使われたこの犬は、1000年以上も昔、マジャール人とともにハンガリーにやって来たと考えられています。グレーハウンド（P126）ほど高速ではありませんが、丈夫さはグレーハウンド以上。疲れを知らない犬なので習慣的に走らせる必要がありますが、忠実で家族を守る家庭犬になるでしょう。

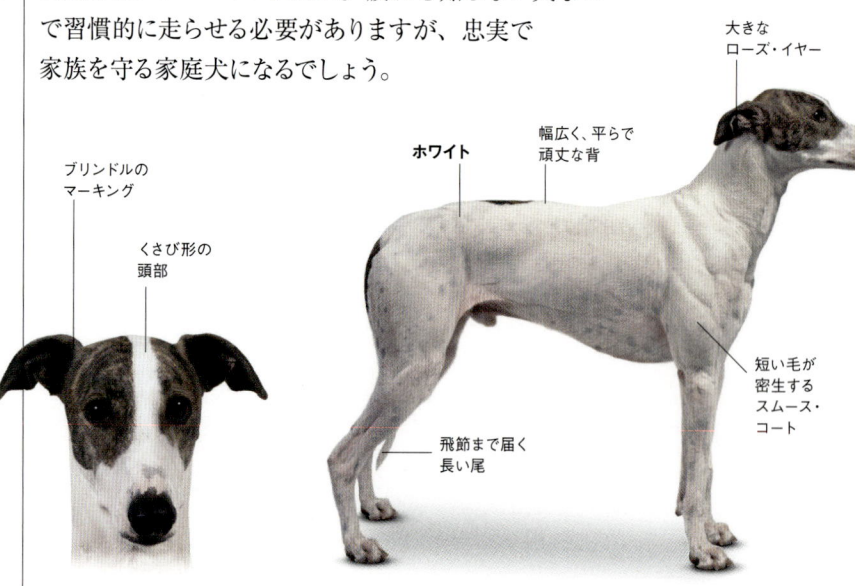

- ブリンドルのマーキング
- くさび形の頭部
- ホワイト
- 幅広く、平らで頑丈な背
- 大きなローズ・イヤー
- 短い毛が密生するスムース・コート
- 飛節まで届く長い尾

## ポーリッシュ・グレーハウンド
Polish Greyhound

体高：68〜80cm
体重：65〜85kg
寿命：12〜15年

すべての毛色

　グレーハウンド（P126）とボルゾイ（P132）の混血犬を先祖に持つと思われるこの犬は、他のサイトハウンドよりも強く頑健です。ノガン（ツルに似た大きな鳥）やオオカミの猟のために繁殖されていますが、トラック競技犬種としても人気があります。しっかりした訓練、豊富な運動量、定期的なブラッシングが必要です。

- セーブル
- 頭部にホワイトのブレーズ
- 付け根が強く長い尾
- 長く、力強く、筋肉質の頸
- 胸にホワイトのマーキング
- ブラック＆タン
- ホワイトが入った尾の先端

視覚ハウンド（サイトハウンド）

# サルーキ Saluki

体高 58〜71cm
体重 16〜29kg
寿命 12年
さまざまな毛色

スリム＆流線型のボディを持つ聡明なガゼル・ハンター
忠実で勇敢、家庭犬にもぴったり

現存する犬のなかで最も歴史のある犬種のひとつ。サルーキ・タイプの犬は何千年も狩猟に使われてきました。紀元前7000〜6000年ごろに描かれたシュメール（現在のイラク）の壁画や、古代エジプトの墓地にもその姿が描かれています。王とともに埋葬された、サルーキのミイラも発見されています。また、よく似た犬は中国の唐の時代（618〜907年）にも知られていました。ヨーロッパへは、12世紀に十字軍が最初に持ち込んだといわれています。

中東では、そのスピードによって尊重されています。長距離ならグレーハウンド（P126）より速く走れるほどです。イスラム教徒は伝統的に犬を不浄の生き物と考えますが、サルーキだけは例外で、家族のテントでともに暮らすことが許されていました。基本的に売買はされませんでしたが、名誉の証として贈呈されることはあったようです。

性格は穏やかですが、見知らぬ人には打ち解けないように見えるかもしれません。飼い主には愛情深い犬です。非常に聡明なので、退屈してわがままになるのを防ぐには、精神的にも肉体的にもたくさんの刺激が必要です。その強い追跡本能もコントロールしておく必要があります。被毛のタイプはスムースとフェザード（飾り毛のあるもの）の2種類があります。

## 貴重なハンター

サルーキが描かれた絵画には、肢と尾に豊富に飾り毛のあるタイプが存在します（下のイラストは1840年代の初期に描かれたもの）。そして今では典型的な、耳に生えた長い飾り毛がない姿が描かれています。ベドウィン族は、伝統的に外見ではなく狩りの能力の高さのためにこの犬を大切にしていたのです。サルーキはガゼルやキツネ、ノウサギなどの動きの速い獲物の狩猟に使われており、そこから「ガゼル・ハウンド」という呼び名も生まれたほどです。

- なめらかでやわらかく絹のような被毛
- 長い絹のような毛が生えた垂れ耳
- 細長く柔軟な頸
- 長く幅の狭い頭部
- クリーム
- ブラック＆タン
- 深くて幅の狭い胸
- ゴールド
- 前肢裏側にある飾り毛
- フェザード・コート

犬種の解説｜視覚ハウンド（サイトハウンド）

# ボルゾイ Borzoi

| 体高 | 体重 | 寿命 | さまざまな毛色 |
|---|---|---|---|
| 68〜74cm | 27〜48kg | 11〜13年 | |

## 文化的象徴

力強く魅力的なボルゾイは、文学や映画でも存在感を示してきました。トルストイの傑作「戦争と平和」には、オオカミを狩るボルゾイの群れの力強い描写があります。フィッツジェラルドの「美しく呪われし者」では、恋人に自分を「ロシアン・ウルフハウンド」にたとえられた主人公が、「よく姫君や侯爵と一緒に写真に収まる犬」だと聞いて喜ぶ場面があります。アールデコでは人気の題材ですし、多くの映画にも登場してスターのエレガントなコンパニオン役を務めています。

エドワード7世の妻（王妃アレクサンドラ）と愛犬のボルゾイ

## 高貴なロシアのハウンド
## スピードと優雅さ、猟欲を持ち合わせる

中央アジアのサイトハウンドを先祖に持ち、体高が高くエレガントなこの犬は、交易商人によって西にもたらされました。かつてはロシアン・ウルフハウンドとして知られ、ロシアの皇帝や貴族がオオカミ狩りに使うために繁殖されました。先祖の犬たちは、スピードを持つグレーハウンド（P126）や、力があり寒さにも強いロシアの土着犬と交配されました。貴族の狩りでは、多いときで100頭もの犬が参加し、3頭ずつのグループで放たれてオオカミを仕留めていたのです。1頭がオオカミの後駆を襲い、ほかの2頭がオオカミの頸部を押さえました。

1917年に起こったロシア革命の後、「貴族的な」外見をしたこの犬の多くは殺されましたが、1940年代にコンスタンティン・エスモントという名の兵士が、ボルゾイを保存するようソ連政府にかけ合いました。毛皮の取引をする猟師が、狩りでこの犬を使えるようにするためでした。ロシアでは今でも、ボルゾイの狩りの能力は非常に高く評価されています。しかしロシア以外の国では、ショードッグや家庭のペットとして飼育されることがほとんどです。

現在、ボルゾイは普通の家庭環境でも幸せに暮らしています。しかし長い散歩やしっかり走らせるなど、十分運動をさせる必要があります。強い猟欲をコントロールするための訓練も必要不可欠なものになってくるでしょう。また、ウエーブがかった被毛のコンディションを最高の状態に保つためには、シャンプーとブラッシングを定期的に行うことも必要です。

- 細く洗練され、ストップのほとんどない頭部
- 絹状の長い被毛
- 豊富なフリルのある頸部
- ホワイトにレッドのマーキング
- 四肢の前面は短毛
- 低い位置に付き、長い毛が生えた尾
- 頭部の被毛は短くなめらか
- ブラック・マスク
- 肉付きの良いパッドを持つ、ノウサギ形の足

視覚ハウンド（サイトハウンド）

# ディアハウンド Deerhound

体高：71〜76cm
体重：37〜46kg
寿命：10〜11年

レッド・フォーン、サンディー・レッド
ブラック・ブリンドル

かつてはシカ猟をするスコットランドの貴族にしか所有が認められなかった、アイリッシュ・ウルフハウンド（P134）を毛むくじゃらにしたようなこの犬は、今では一般家庭の居心地の良いリビングルームでもくつろいでいます。毎日しっかり散歩をさせて、歩き回れる広い庭があれば、屋内ではのんびりリラックスして過ごします。

- 小さなローズ・イヤー
- ブルー・グレー
- 先細りのマズル
- 長く丈夫な頸
- 胸と頭部の被毛は、他の部位より少しやわらかい
- 絹のように明るい色の口ひげと顎ひげ
- 黒っぽい針金状の粗剛毛
- 低い位置に付いた尾。根元が太く長い
- 白い足指

# スパニッシュ・グレーハウンド Spanish Greyhound

体高：58〜72cm
体重：20〜30kg
寿命：12年

さまざまな毛色

紀元前500年ごろ、ケルト族とともにイベリア半島（現在のスペインとポルトガル）にやって来た犬の子孫と考えられている、足の速い猟犬です。かつては王族のみが飼っていましたが、レース用の犬として幅広い人気が出ました。家庭犬としてのしつけは難しくありませんが、相当な運動量が必要です。被毛のタイプはスムースとワイアーの2種類です。

- ストップは非常に浅い
- 長く平らな背
- サンド
- 細長い頭部
- アーモンド形の目
- 筋肉の発達したコンパクトなボディ
- ブラック
- 胸にはホワイトのマーキング
- 尾は長く、先細り

**スムース・ヘアー**

**ワイアー・ヘアー**

133

犬種の解説 ｜ 視覚ハウンド（サイトハウンド）

視覚ハウンド（サイトハウンド）

# アイリッシュ・ウルフハウンド　Irish Wolfhound

| 体高 | 体重 | 寿命 | |
|---|---|---|---|
| 71～86cm | 48～68kg | 8～10年 | さまざまな毛色 |

## 忠実で威厳があり、従順で心やさしい超大型犬
## 犬のなかで最も体高が高く、走り回れる広いスペースが必要

「アイリッシュ・ウルフハウンド」という名前は、この犬が伝統的にオオカミ猟に使われていたことに由来します。このタイプの犬は、アイルランドでは何千年も昔から知られてきました。アイルランドの部族長や国王は、この犬を戦闘やオオカミ・ヘラジカ狩りに使っていたのです。「グレート・ハウンド」、「Cu（ク）」の呼び名でアイルランドの法律や文学にも登場し、古代ローマの人々にも知られていました。

何世紀もの間、この犬は王族や貴族のみが所有し、外国の重要人物に贈られることもあったようです。あまりにたくさんの犬が外国に贈られてしまったため、1652年にはアイルランドのオオカミが増えすぎないように、輸出が禁じられました。しかし、1786年にオオカミが絶滅すると、アイリッシュ・ウルフハウンドはその伝統的な役割を失い、希少犬種になってしまいました。そこで1870年代に、英国陸軍の将校であるジョージ・A・グレアム大尉が犬種再興のプログラムに着手。ディアハウンド（P133）やグレート・デーン（P96）などを導入して改良を行ったのです。1902年、アイリッシュ・ウルフハウンドがアイルランド近衛連隊のシンボルとなり、この役割は今日も続いています。

この犬は、後肢で立ち上がるとその全長は180cmを軽く超えるほどになりますが、その堂々とした風貌にもかかわらず、穏やかでやさしい性質を持っています。家庭犬として飼われることもしばしばで、人間との交流を喜びます。ただし飼うには、食費が高額になることを理解し、超大型犬が暮らせるだけの広大なスペースが屋内にも屋外にも必要になるでしょう。特徴的なラフ・コートは、定期的にブラッシングする必要があります。

### 『ゲレルツ』

『ゲレルツ』とは、ウエールズの伝説に登場するルウェリンのお気に入りのハウンドです。ある日、ゲレルツを置いて狩りに出かけたルウェリンは、帰宅後に赤ん坊の息子の姿が見えず、ゲレルツの顎に血がついているのを見て戦慄を覚えました。赤ん坊を殺されたと思い込んだルウェリンは、持っていた刀でゲレルツを突き刺します。するとそのとき、赤ん坊の泣き声が聞こえ、ルウェリンはオオカミの上に息子が横たわっているのを見つけたのです。ゲレルツがオオカミを仕留めたのは明らかでした。後悔で打ちひしがれたルウェリンはゲレルツを手厚く埋葬し、追悼の碑を建てました。現在、ウエールズにあるゲレルツの墓には、銅像（写真下）も建立されています。

**子犬**　ダーク・グレー・ブリンドル

**レッド・ブリンドル**
- ラフ・コート
- 小さなローズ・イヤー
- 筋肉質の丈夫な頸
- 深い胸

- 楕円形でダークな目
- 下顎と目の上の毛は、とくにワイアー状でごわごわしている
- 肢と胸にホワイトのマーキング

犬種の解説｜視覚ハウンド（サイトハウンド）

# アフガン・ハウンド Afghan Hound

体高 63〜74cm　体重 23〜29kg　寿命 12〜14年　さまざまな毛色

## 華麗で超然とした"犬界のスーパーモデル"
## 被毛のメンテナンスは必要ながら、愛情深いペットにも

アフガン・ハウンドの起源はわかっていませんが、先祖の犬は交易路に沿ってアフガニスタンに持ち込まれたと考えられています。アフガニスタンではノウサギやシカ、野生のヤギ、オオカミやユキヒョウの狩猟に使われていました。敏捷でスタミナがあり、凹凸のある土地を高速で走りながらすばやく方向を変え、山の斜面を跳ね上がることに長けたこの犬には、まさにうってつけの仕事でした。長くて絹のような被毛は寒さから体を守り、大きくて丈夫な足がしっかりと地面をとらえ、ケガにも強いのです。アフガニスタンではさまざまなタイプのアフガン・ハウンドが見られ、砂漠地帯原産のアフガンは体のつくりが軽量で被毛が細く、山岳地帯原産のアフガンは豊富な被毛で覆われていました。

この犬がアフガニスタン以外で知られたのは、19世紀の終わりにイギリス軍の兵士が持ち帰ってからのこと。アメリカへは1930年代に映画スターだったマルクス兄弟が持ち込み、それ以来有名人の間で人気が高まりました。

今やアフガン・ハウンドは華麗なショードッグであり、（気まぐれなこともありますが）愛すべき家庭犬でもあります。ルアー・コーシングやオビディエンス（服従訓練）でも活躍しています。アフガン・ハウンドの運動量は膨大で、自由に走る機会も必要です。その長く美しい被毛は、かなりの時間と手間をかけてグルーミングする必要があるでしょう。

### 世界初のクローン犬

2005年、韓国のソウル大学が世界初のクローン犬『スナッピー』を作り出して世界を驚かせました。スナッピーはアフガン・ハウンドの成犬の耳の細胞から採取されたDNAを、メスから採取した卵子に注入して作られました。その受精卵は全部で123頭のメスに移植され、3頭の子犬が生まれました。スナッピーはその中で唯一の生き残りで、遺伝子的には父親とまったく同じです。さらに2008年には子犬をもうけ、父親になりました。2頭の母犬から、スナッピーを父とする10頭の子犬が誕生したのです。

クローン化されたアフガン・ハウンドの横に座るスナッピー（左）

比較的被毛の少ないリング状の尾。動くときは高く掲げられる

絹のような長い被毛で覆われたペンダント・イヤー

**レッド・ブリンドル**

長いマズルと頭蓋

短毛のサドルをのぞき、絹のような長い被毛が全身を覆う

長く豊富な被毛に覆われた丈夫な足

**レッド**

三角形に近くわずかに上向きのダーク・アイ

耳の先端の毛は色が濃い

視覚ハウンド（サイトハウンド）

## スルーギ Sloughi

体高：61〜72cm
体重：20〜27kg
寿命：12年

　スルーギは北アフリカでは長い歴史を持ち、狩猟犬としてとても大切にされていますが、ヨーロッパやアメリカで知られるようになったのはごく最近のことです。物静かな性質で人好きのする犬で、家庭犬としての暮らしを喜びます。小動物を追いかける本能は強いので、他のペットと一緒に飼う場合には早期の社会化が必要でしょう。

- 細く筋肉質なボディで背のラインはカーブしている
- くさび形で長いマズル
- 顔と耳は色が濃い
- はっきりとした胸骨
- アーチ形を描いたエレガントな頸
- 被毛は丈夫できめ細かく体に密着する
- 長く薄く丸みを帯びた足

**サンド**

## アザワク Azawakh

体高：60〜74cm
体重：15〜25kg
寿命：12〜13年

　南サハラの砂漠地方出身の犬。遊牧民によって狩猟や護衛に使われ、また家庭犬としての役割も果たしていました。非常にきめ細かい皮膚を持っています。ていねいに訓練し、日々の運動を十分に行えば、現代の家庭犬としての暮らしにも適応します。

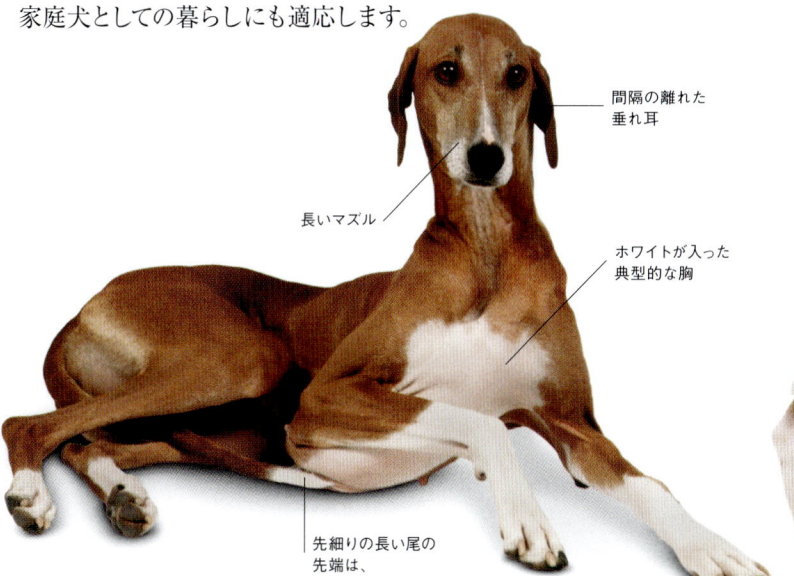

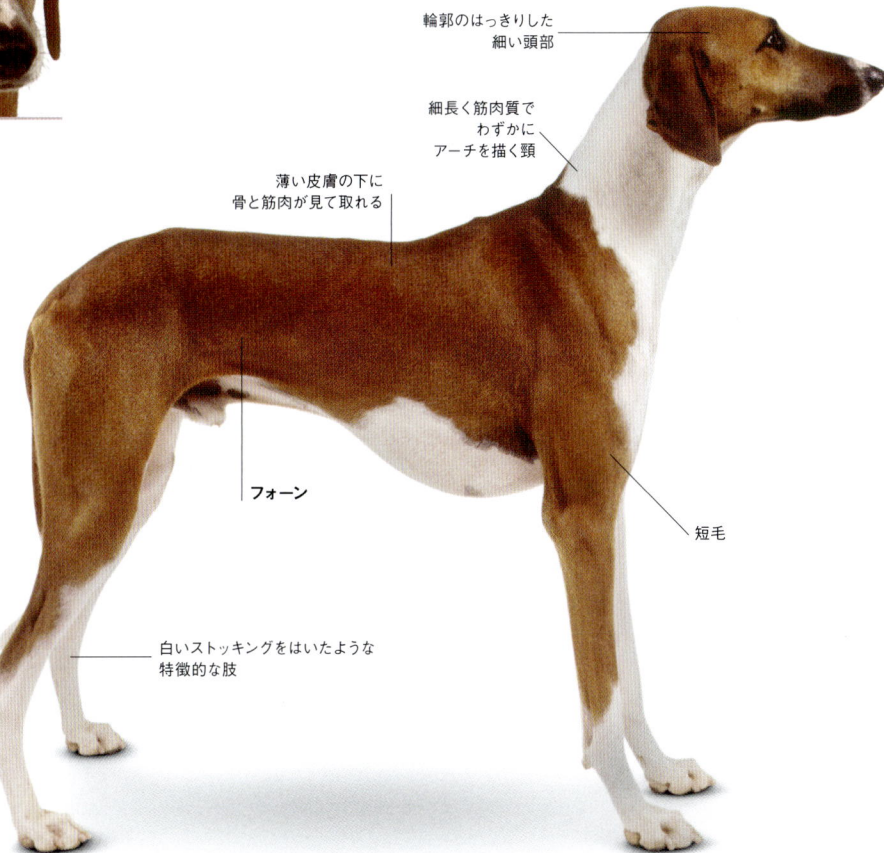

- 長いマズル
- 間隔の離れた垂れ耳
- ホワイトが入った典型的な胸
- 先細りの長い尾の先端は、白いはけを思わせる
- 輪郭のはっきりした細い頭部
- 細長く筋肉質でわずかにアーチを描く頸
- 薄い皮膚の下に骨と筋肉が見て取れる
- 短毛
- 白いストッキングをはいたような特徴的な肢

**フォーン**

**パック・ハンティング**
ハウンドの群れ（パック）を伴ったキツネ狩りは、かつてイギリスでよく見られました。その現代版ともいえる「ドラッグ・ハンティング」では、疑似的に作られた臭いを追いかけます。

# 嗅覚ハウンド（セントハウンド）

嗅覚は犬にとって非常に重要な要素です。なかでも最も鋭い嗅覚を持つのは嗅覚ハウンド（セントハウンド）で、視覚ハウンドが視覚で獲物を追うのに対して、嗅覚ハウンドはもっぱら臭いをたどって獲物を追跡します。また、彼らの狩りはパック（群れ）で行われることもしばしばです。臭跡を嗅ぎ分ける能力を生まれながらに持っていて、数日経過したような臭跡でさえ嗅ぎ分けて、ひたすら追いかけるのです。

ある種の犬に嗅覚を使って狩りをする並外れた能力があるということに、人間がいつごろ気づいたのかはわかりません。現代の嗅覚ハウンドの起源は、中東から交易商人によってヨーロッパに持ち込まれた、古代のマスティフ・タイプの犬までさかのぼると考えられています。中世のころには、嗅覚ハウンドの群れとともに狩りをすることが、すでに人気のスポーツとなっていました。獲物にはキツネ、ヘラジカ、シカ、イノシシなども含まれていました。17世紀になると、北米にフォックス・ハウンドを連れたイギリス人が入植し、それとともにパック・ハンティングがもたらされました。

嗅覚ハウンドにはさまざまなサイズの犬がいますが、典型的な特徴としては、臭いを検知するセンサーが詰まった大きな鼻、臭い検知に役立つ垂れて湿った唇、そして長く垂れた耳などが挙げられます。また、スピードよりも持久力に重きを置いて繁殖されており、たくましい体つき（とくに前駆は強力）です。現在の嗅覚ハウンドは、獲物のサイズだけでなく、狩猟地に合わせて改良されています。たとえばイングリッシュ・フォックスハウンド（P158）は、比較的軽量で足が速く、馬に乗ったハンターとともに平坦な地形を駆けるように作られています。ビーグル（P152）はイングリッシュ・フォックスハウンドに外見は似ているもののはるかに小さく、下草が生い茂る場所でノウサギを狩り、ハンターは歩いて犬を追いかけました。短脚ハウンドのいくつかは、地中の獲物を追ったり獲物を掘り出したりするために作られました。そのなかで最も有名なのはダックスフンド（P170）でしょう。機敏な小型犬で、狭いところに出入りするのが得意です。川で獲物の狩りをしていたオッターハウンド（P142）は、狩りの間ほとんど泳いでいるということもあって、撥水性の被毛に覆われ、指の間には発達した水かきがありました。

ハウンドを使った狩りがイギリスでは禁止され、イングリッシュ・フォックスハウンドやハリア（P154）などイギリス原産犬の将来も危うくなっています。通常は社交的でほかの犬ともうまく付き合いますが、セントハウンドを家庭犬として飼うのはなかなか難しいものです。広いスペースが必要な上、よく吠え、どんな臭跡でも追いかけたい本能が強いために家庭でのしつけには注意が必要です。

犬種の解説｜嗅覚ハウンド（セントハウンド）

# ブルーノ・ジュラ・ハウンド　Bruno Jura Hound

体高：45〜57cm
体重：16〜20kg
寿命：10〜11年

　スイスのジュラ山脈地方発祥の、2種類のよく似たハウンドの1種。さらに古く、重量級のフランス原産の犬を先祖に持つ4種のラウフフント（P173）の1種でもあります。主にノウサギ狩りに使われ、強力な嗅覚と並外れた体力、敏捷性があり、険しい土地での仕事で能力を発揮します。じっとしていることは苦手でつねに動いていたいので、屋内に閉じ込められるのを好みません。

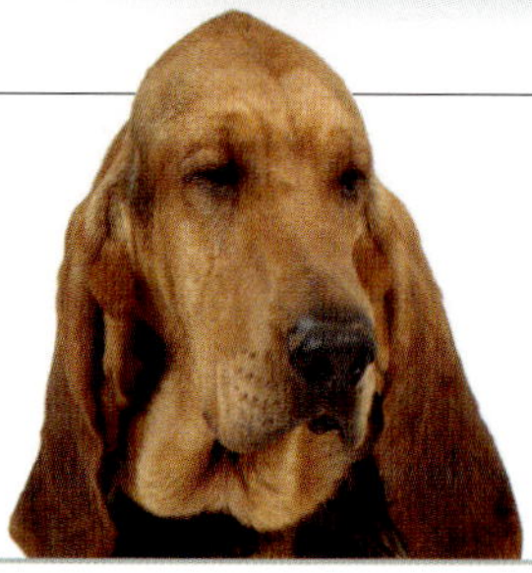

- 下のジュラ・ハウンドよりも小さくドーム形の頭
- 力強い爪と丈夫なパッドを備えた丸い足
- わずかに上に湾曲する先細りの尾
- 短く厚い被毛
- 力強いマズル
- 明るいブラウンの目
- 長く大きな耳は低い位置に付く
- **タンにブラックのブランケット**

# セントヒューバート・ジュラ・ハウンド　St. Hubert Jura Hound

体高：45〜58cm
体重：15〜20kg
寿命：10〜11年

　ブルーノ・ジュラ・ハウンド（上）と同じ先祖を持ち、非常によく似た犬。ブルーノより大きく、被毛がよりなめらかです。仕事熱心な追跡犬で、臭いを追っているときは激しく吠えます。途方もないスタミナでノウサギやキツネ、シカを狩ります。

- なめらかで短い被毛
- ダーク・ヘーゼル〜ブラウンの目
- **タンにブラックのブランケット**
- 背は平らで幅広く、筋肉質
- ドーム形の大きな頭
- 大きなペンダント・イヤー
- ゆるく垂れ下がった上唇
- 前肢はまっすぐでがっしりしている

嗅覚ハウンド（セントハウンド）

# ブラッドハウンド Bloodhound

| 体高 | 体重 | 寿命 | |
|---|---|---|---|
| 58～69cm | 36～50kg | 10～12年 | ブラック＆タン<br>レバー＆タン |

### 大きな体ながら穏やかで社交的な犬
### 低音のよく通る声で吠え、強い狩猟欲を持つ

　嗅覚ハウンドの代表であるブラッドハウンド。「犬の体が付いた鼻」などと称されることもあります。このタイプの犬の記録は14世紀にさかのぼりますが、実際にはもっと古いと考えられています。シカやイノシシ狩り、あるいは人間の追跡に使われていました。スコットランドでは「スルース・ハウンド」と呼ばれ、イングランドとスコットランドの境で牛泥棒などを追いかけるのに使われていました。17世紀の著名な科学者だったロバート・ボイル卿は、ある男を追跡しながらにぎやかな町を2つ越え、約11km以上の距離を移動し、男がかくまわれていた部屋に行きついたブラッドハウンドの逸話を語ったほどです。

　19世紀になると、フランスのブリーダーが「シャン・ド・サン・ユベール」という犬を復活させようと、ブラッドハウンドを数頭フランスに輸入しました。少し遅れて、アメリカで純粋なブラッドハウンドの繁殖が始まります。アメリカでは犯罪者や行方不明者の追跡にこの犬が使われ、ブラッドハウンドによって得られた証拠は裁判所で証拠能力ありと認められました。

　ブラッドハウンドはその追跡本能があまりに強いため、オビディエンスの訓練は難しいでしょう。臭いがあると簡単に注意がそれてしまうからです。しかし、この犬を飼うのに十分なスペースがあるようなら、その性質からすばらしい家庭犬になるでしょう。

## 名探偵犬

　イギリスで昔からシカ狩りに使われているブラッドハウンドは、17世紀の木版画（下）にも描かれているように、最高の追跡犬です。広い敷地で密猟者の追跡に使われていたブラッドハウンドもいましたが、シカの数が減るにつれ、その数が余るようになりました。北米への初期の入植者は、ブラッドハウンドを使って人の追跡も行っていました。1977年、生後14カ月の2頭のブラッドハウンド、『サンディー』と『リトル・レッド』が、刑務所から脱走したジェームズ・アールを追跡して捕まえました。アールは公民権運動の活動家だったマーティン・ルーサー・キング牧師を銃殺した犯人でした。

- シェーデッド・レッド
- 厳粛な表情を作り出す深く落ち込んだ目
- 重く垂れた上唇
- 非常に長いペンダント・イヤー
- はっきりわかるデューラップ
- 耳の下部が内側にカールする
- なめらかで短く、どんな天候にも耐えうる被毛
- 長く太く先細りの尾

犬種の解説｜嗅覚ハウンド（セントハウンド）

# オッターハウンド Otterhound

体高 61〜69cm　体重 30〜52kg　寿命 10〜12年

さまざまなハウンド・カラー

## 愛情深くにぎやかな犬
## 狩猟本能が強く、豊富な運動量を必要とする

「オッター（カワウソ）」という名前からわかる通り、毛むくじゃらのこの犬はカワウソ狩りに使われていました。はっきりした起源はわかっていませんが、群れで仕事をする似たタイプの犬は、イギリスでは18世紀ごろから知られていました。ハウンドの群れを伴ったカワウソ猟の記録は、12世紀までさかのぼることができます。カワウソの数が減って、1978年にイギリスでカワウソ猟が禁止されると、オッターハウンドの数も激減。現在では希少種とされ、イギリスのケネルクラブ（KC）への子犬の登録は毎年60頭に達しません。アメリカ、カナダ、ニュージーランドを含むイギリス以外の国でも少数ながら存在します。

オッターハウンドは丈夫でエネルギッシュな犬です。十分な運動をさせれば家庭犬としてもすぐに順応します。賢くて性質も良い犬ですが、かつてパック（群れ）で猟をしていたほかの多くのハウンド同様、家庭でのしつけは難しい面があります。大きくて騒がしいので、小さな家、力の弱いお年寄りや子どものいる家庭にはあまりおすすめできません。アウトドアライフを楽しみ、広い庭か犬が安全に走り回れる広大なスペースが近くにあるような飼い主が、この犬にとっては最適です。水中で狩りをするために繁殖されたために泳ぐことが大好きで、機会があれば小川で何時間でも水しぶきを上げながら大喜びで跳ね回ります。

オッターハウンドの粗く密生する被毛はオイリーで、水を弾きます。定期的にグルーミングをすれば、通常は長いオーバー・コートがからむことはありません。顔に生える長い毛も、ときどき洗ってあげるとよいでしょう。

### 絶滅危惧犬種

オッターハウンドは、イギリスで最も絶滅が危惧される犬種です。2011年にはわずか38頭しか新規登録がありませんでした。人気の衰退はいくつか原因があります。1920年代の終わりに『Tarka the Otter』という本が出版され、オッターハウンドの評判に傷がつきました。この話には、オッターハウンドの狩猟犬『デッドロック』が主人公カワウソ『タルカ』の敵として登場するのです。1978年にはカワウソ猟が法律で禁じられましたが、その代わりにミンクを群れで狩るようになったため、この出来事はそれほど大きな影響はありませんでした。しかしイギリスでは、2000年には犬の群れを使ったすべての猟が禁止されてしまいました。

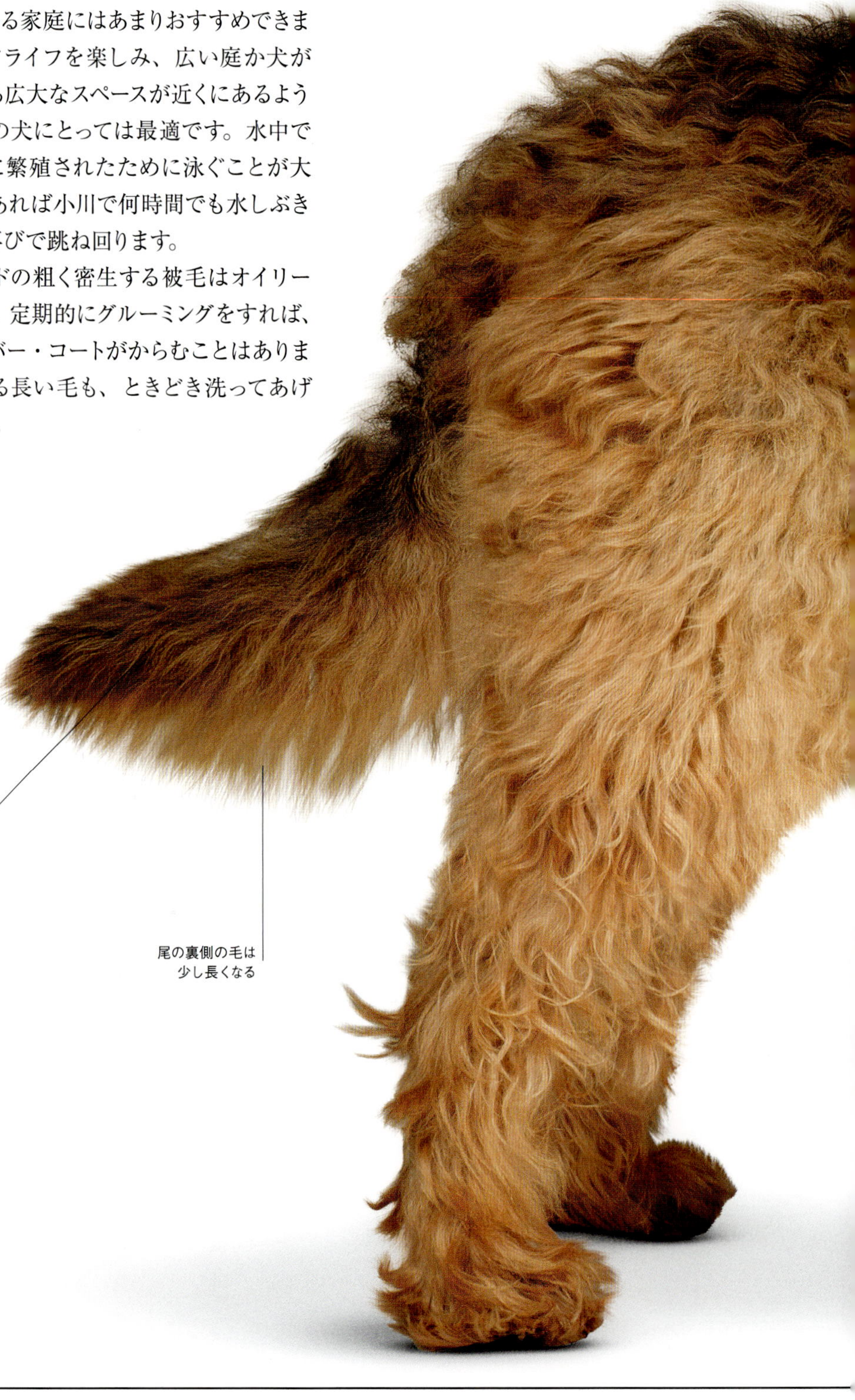

高い位置に付いた尾は先端が飛節まで届く

尾の裏側の毛は少し長くなる

嗅覚ハウンド（セントハウンド）

豊富な毛で覆われた頭部

ブラック&タン

防水性のある粗い被毛

先端が折りたたまれた長いペンダント・イヤー

深い胸

大きく丸い足の指の間にはよく発達した水かきがある

143

犬種の解説 | 嗅覚ハウンド（セントハウンド）

# グラン・グリフォン・ヴァンデーン　Grand Griffon Vendéen

体高 60〜68cm
体重 30〜35kg
寿命 12〜13年

フォーン
ブラック＆タン
ブラック＆ホワイト
トライカラー
（フォーンにはブラックのオーバーレイが入る場合もある）

## 書記官の犬

「グリフォン」という名前は、「greffier（裁判所の書記官）」というフランス語に由来します。グラン・グリフォン・ヴァンデーン（及びほかのグリフォン種）の祖先は白いワイアー・コートの狩猟犬でした。15世紀にこのタイプの犬を最初に繁殖させたのがフランス人の書記官で、そのためこの犬の初期の犬種名が「greffier dog（書記官の犬）」となり、後に「griffon（グリフォン）」となったのです。さらに後世になると、「グリフォン」という単語は、幅広くさまざまなタイプのラフ・コートの狩猟犬を指して使われるようになりました。

### 均整の取れた"情熱的なハンター"
### 家庭犬にも適しているが、田舎暮らしに向く

　グリフォン・ヴァンデーンには4種類の犬が存在しますが、すべてフランス西部のヴァンデー地方の出身です。グラン・グリフォン・ヴァンデーンは、最も歴史が古く、サイズが最も大きいタイプです。先祖には15世紀の「greffier dog（書記官の犬）」、グリフォン・フォーヴ・ド・ブルターニュ（P149）、今は絶滅したグリフォン・ド・ブレセ、そしてイタリア出身のラフ・コートの狩猟犬などが含まれます。

　この犬はシカやイノシシなど大型の獲物を狩るのに使われ、今でも同じ目的に使われています。群れで狩りをするハウンドとして、あるいはリードにつながれて仕事をします。下草が厚く生い茂るところでも喜んで臭跡を追います。密生するアンダー・コートとワイアー状のオーバー・コートの2層の被毛が、あらゆる種類の植物や天候から体を守っているのです。

　被毛の色にはブラック、タン、フォーンのミックスが含まれます。フォーンには、伝統的に「ノウサギ色」あるいは「オオカミ色」、「アナグマ色」あるいは「イノシシ色」として知られる、毛先が黒くなった種類がいくつかあります。

　この犬は美しく耳ざわりの良い声と良い性質を持っています。しかし追跡本能も強く、独立心も旺盛なため、入念な訓練と毅然とした扱いが必要です。さらに広いスペースと日々の十分な運動も必要です。

ホワイト＆オレンジ
飾り毛の付いた長い尾
幅が狭く内側を向いた耳は細かい毛で覆われる
粗くふさふさした被毛
はっきりした眉だが目を覆わない
マズル前面は四角い印象

嗅覚ハウンド（セントハウンド）

# グリフォン・ニヴェルネ Griffon Nivernais

体高：53～62cm
体重：23～25kg
寿命：12～14年

フランスで最も歴史のある狩猟犬の1種で、イングリッシュ・フォックスハウンド（P158）とオッターハウンド（P142）の血が入っています。イノシシ狩りに使われていたため、持久力に優れています。単独で仕事をすることもありますが、通常は群れで狩りを行います。粗いくしゃくしゃの被毛は、密生する植物から体を保護する役割を果たしています。

ダークな目は突き刺すような視線でいきいきとした表情を作り出す

高い尾付き

毛むくじゃらで粗い毛が密生する

**黒のオーバーレイのあるサンド**

大きく黒い鼻

# ブリケ・グリフォン・ヴァンデーン Briquet Griffon Vendéen

体高：48～55cm
体重：16～24kg
寿命：12年

フォーンにブラックのオーバーレイ
ブラック＆タン
ホワイト＆ブラック
ブラック・タン＆ホワイト

「ブリケ」は「ミディアム・サイズ」を意味しており、均整の取れたこのハウンドにふさわしい形容でしょう。イノシシとノロジカの追跡に活躍していたこの美しい犬は、グラン・グリフォン・ヴァンデーン（左）の縮小版ともいえます。群れで狩りをするハウンドですが、子犬のころから慣らせば都会の生活にも適応します。

眉はふさふさだが目を覆わない

**ホワイト＆オレンジ**

鼻はブラウン

目よりも低い位置に付く長い垂れ耳

長くふさふさした被毛

145

犬種の解説｜嗅覚ハウンド（セントハウンド）

# バセット・ハウンド Basset Hound

| 体高 | 体重 | 寿命 | さまざまな毛色 |
|---|---|---|---|
| 33〜38cm | 18〜27kg | 10〜13年 | （広く認められたあらゆるハウンド・カラー） |

### 体高が低く、垂れ耳のすばらしい追跡犬
### 強い狩猟本能にもかかわらず、愛情深いペットにも

「バセット」と名がつく犬は、フランスに起源があります。フランス語で「bas（低い）」から来ている名前で、体高が低い（足が短い）体型を指しているのです。このタイプの犬はフランスで何百年も前から存在していますが、最初に文献に登場するのは1585年で、フランスの狩猟の教科書に書かれています。この犬は臭跡を追いかけるスピードが遅かったため、徒歩で狩りを行うハンターには理想的でした。1789年のフランス革命の後、バセット種は平民の犬として人気が高まり、アナウサギ、ノウサギ狩りに一般的に使われました。

バセット・ハウンドがドッグ・ショーで初めて注目を集めたのは1863年、パリでのことです。1870年代になるとイギリス人が自国にこの犬を輸入し始め、19世紀の終わりにイギリスで最初のスタンダードが確立されました。

今でも、単独もしくはパック（群れ）で狩猟や追跡に使われるバセット・ハウンドが存在します。この犬種はキツネやノウサギ、オポッサム、キジなど小型の獲物の狩猟や、深い薮の中で仕事をするのに向いています。この犬は臭いに関して非常に有能で、鋭い嗅覚と強い追跡本能を持っています。一度何かの臭いを検知したら、どのようなことにも気を取られずにしつこく跡を追うでしょう。

今やバセット・ハウンドの多くは家庭犬として飼われています。賢く穏やかで忠実、そして愛情深い犬種ですが、頑固なところもあるので、思いやりを持ちつつしっかりしつけをすることが必要です。

### 「ハッシュパピー」のキャラクター

バセット・ハウンドは、靴のブランド「ハッシュパピー」のキャラクターとしても有名です。靴もブランド名も、1950年代のアメリカに由来があります。当時疲れて痛くなった足を意味する俗語として「Barking Dogs（吠える犬）」という言葉が使われており、一方吠える犬たちを静かにさせたいときに「Hush Puppies」という名前の揚げパンを与えることがあったのです。それを見たあるセールス・マネージャーが、履き心地の良い靴の名前にぴったりなのではないかと考えたのです。ほどなく、のんびりした風貌のバセット・ハウンドがキャラクターとして採用されました。1980年代には『ジェイソン』という名の犬が印刷物やテレビCMに登場し、ハッシュパピーを世界の人気ブランドに押し上げるのに貢献したのです。

ハッシュパピーの雑誌広告（1965年）

---

子犬

トライカラー

短毛

幅広く平らな背

長く厚みのあるボディ。体高に対する骨の重さはあらゆる犬のなかで最大

少し落ちくぼみやさしく悲しげに見える目

ダークな鼻。鼻孔は大きくて広く開く

低い位置に付いたペンダント・イヤー

しわのある四肢の皮膚

体高は低いものの、どんな地形でも自由に動き回ることができる

**大きさ以外、すべてがブラッドハウンド！**
足の短いバセット・ハウンドは、四肢の歪曲を起こす遺伝的状態特徴を強調した結果生まれた犬です。スピードでは体の大きな犬に劣りますが、臭いを追うのには効果的な体型で、徒歩で移動するハンターが容易に追いかけることができました。

犬種の解説｜嗅覚ハウンド（セントハウンド）

## グラン・バセット・グリフォン・ヴァンデーン Grand Basset Griffon Vendéen

体高：38〜44cm
体重：18〜20kg
寿命：12年

ホワイト＆オレンジ

　この犬は、もともとノウサギ狩りのためにフランスで作出されました。今日ではノウサギからイノシシまであらゆるタイプの獲物の追跡に使われています。追跡中は勇敢かつ執拗で、低木が密生するなどの難しい地形での仕事が得意です。

ブラック・グリズルとオレンジのマーキングが入ったホワイト

長いペンダント・イヤー

鼻は大きく、鼻孔は幅広い

体に密着した硬い被毛。厚いアンダー・コートがある

## プチ・バセット・グリフォン・ヴァンデーン Petit Basset Griffon Vendéen

体高：33〜38cm
体重：11〜19kg
寿命：12〜14年

　グリフォン・ヴァンデーンのなかで最も小さいタイプ。用心深く活動的で丈夫なハウンドで、長時間に及ぶ狩猟にも耐えられます。肢は短く、体長は体高の2倍の長さ。厚く粗い被毛を持つため、イバラの多い下草が密生するところで働くのに適しています。エネルギーがみなぎっていてじっとしていることができないので、アウトドアを楽しむような家庭向きでしょう。

眉、口ひげ、顎ひげは長い

ペンダント・イヤー

厚く、粗い被毛で毛むくじゃら

ホワイト・ブラック＆オレンジ

嗅覚ハウンド（セントハウンド）

## バセット・アルティジャン・ノルマン
Basset Artesien Normand

- 体高：30〜36cm
- 体重：15〜20kg
- 寿命：13〜15年

タン＆ホワイト

　フランスのアルトワ地方とノルマンディー地方に起源を持つ、体高が低く体長の長い犬。ノウサギ、アナウサギ、シカの探索、追跡、フラッシング（隠れた獲物を追い立てること）で有名です。単独で行うこともあれば小さな群れで行うこともあります。エレガントなハウンドで、その大きさからすると意外なほど非常に深みのある吠え声を出します。ほかのハウンドと同様に、熟練者による訓練が必要です。

- 大きく黒い鼻
- 高い位置に付いた先細りの尾
- 低い位置に付いた長い耳
- 短くなめらかできめの細かい被毛
- 頭蓋と同じ長さのマズル
- **トライカラー**

## バセット・フォーヴ・ド・ブルターニュ
Basset Fauve de Bretagne

- 体高：32〜38cm
- 体重：16〜18kg
- 寿命：12〜14年

　フランス原産の敏捷なハウンド。先祖でもあるグリフォン・フォーヴ・ド・ブルターニュ（下）と同じ性質を持っています。勇敢で発達した嗅覚を持ち、追跡や探索救助に理想的です。ワイアー状の被毛ですが、週に一度ブラッシングする程度で十分です。

- ブラウンの鼻とわずかに先が細くなったマズル
- 高い位置に付いた中くらいの長さの尾
- 体の被毛に比べて短くダークな毛で覆われた耳
- **ゴールド・ウィートン**

## グリフォン・フォーヴ・ド・ブルターニュ
Griffon Fauve de Bretagne

- 体高：47〜56cm
- 体重：18〜22kg
- 寿命：12〜13年

　先祖は1500年代までさかのぼることができ、フランス原産のハウンドでは最も古い犬種のひとつです。オオカミからの護衛用にブルターニュで繁殖されました。今日では多才な狩猟犬であり、元気のいい家庭犬でもあります。バセット・フォーヴ・ド・ブルターニュ（上）はこの犬の肢の短い親類犬です。

- ダーク・ブラウンの目
- 鎌の形に保たれた尾
- 低い位置に付いた耳
- **レッド・ウィートン**
- ワイアー状のラフ・コート
- コンパクトな足

## イストリアン・ワイアーヘアード・ハウンド
Istrian Wire-haired Hound

- 体高：46〜58cm
- 体重：16〜24kg
- 寿命：12年

　どこまでも粘り強く、狩猟に情熱を燃やす犬。この犬のスムース・コート版も存在します（P150）。頑固な性質のため訓練が難しく、家庭犬にはあまり適していません。イストリア半島（クロアチア）にある生まれ故郷では、「Istarski Ostrodlaki Gonic（イスタルスキ・オストロドゥラキ・ゴニッチ）」という名で知られています。

- ダークで楕円形の目
- 尾の付け根にはオレンジ色の毛
- **スノー・ホワイト**
- オレンジの斑点がある耳
- 黒い鼻
- 光沢のないごわごわした粗いオーバー・コート
- 猫足

犬種の解説｜嗅覚ハウンド（セントハウンド）

## イストリアン・スムースコーテッド・ハウンド
Istrian Smooth-coated Hound

- 体高：44〜56cm
- 体重：14〜20kg
- 寿命：12年

　クロアチアの広大な平原で、ノウサギとキツネの狩猟に使うために繁殖された犬。がっちりした体格で、美しいスノーホワイトの被毛に覆われています。原産国では「Istarski Kratkodlaki Gonic（イスタルスキ・クラトコドゥラキ・ゴニッチ）」として知られています。イストリア半島では作業犬として飼われていますが、田舎の家庭なら家庭犬としての生活にも満足するでしょう。

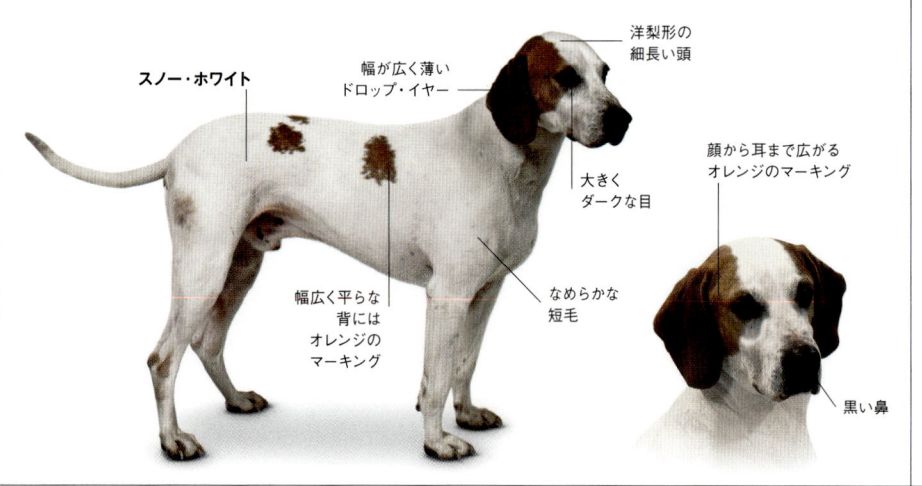

- スノー・ホワイト
- 幅が広く薄いドロップ・イヤー
- 洋梨形の細長い頭
- 大きくダークな目
- 顔から耳まで広がるオレンジのマーキング
- 幅広く平らな背にはオレンジのマーキング
- なめらかな短毛
- 黒い鼻

## スティリアン・ラフヘアード・マウンテン・ハウンド
Styrian Coarse-haired Mountain Hound

- 体高：45〜53cm
- 体重：15〜18kg
- 寿命：12年

レッド

　オーストリアとスロヴェニアの山岳地帯で狩猟に使われた中型犬。険しい地形でも敏捷に動き回ります。穏やかで性質が良いためペットにも最適。「パンティンガー・ハウンド」という名前でも知られており、これは、18世紀にハノーヴィリアン・ハウンド（P175）とイストリアン・ワイアーヘアード・ハウンド（P149）を交配して、この犬を作り出した実業家の名前を取ったものです。

- フォーン
- 幅広い背中
- 黒い鼻
- 細い毛に覆われた、暗色の垂れ耳
- 粗いラフコート
- 表情豊かな茶色の目
- ほど良いストップ

## オーストリアン・ブラック・アンド・タン・ハウンド
Austrian Black and Tan Hound

- 体高：48〜56cm
- 体重：15〜23kg
- 寿命：12〜14年

　「ブランドルブラッケ」と呼ばれることもある犬。ケルトのハウンドの子孫です。研ぎ澄まされた嗅覚と方向感覚でノウサギを探し出し、ケガをした獲物の居場所を突き止めるために作出されました。地元では人気の犬で、仕事は熱心で性質は穏やかです。

- リラックス時は、長く先細りの尾が垂れる
- 体高より体長が長い
- 垂れ耳
- 目の上にタンのマーキング
- 短毛
- ブラック＆タン
- 肢の下部にタンのマーキング

## スパニッシュ・ハウンド
Spanish Hound

- 体高：48〜57cm
- 体重：20〜25kg
- 寿命：11〜13年

　この犬の起源は中世までさかのぼることができます。「サブエソ・エスパニョール」としても知られるこの犬は、単独でノウサギを狩るスペシャリストで、ハンターのコマンドに従って1日中でも獲物を追います。オスはメスに比べてはるかに大きく、体高には大きなばらつきがあります。

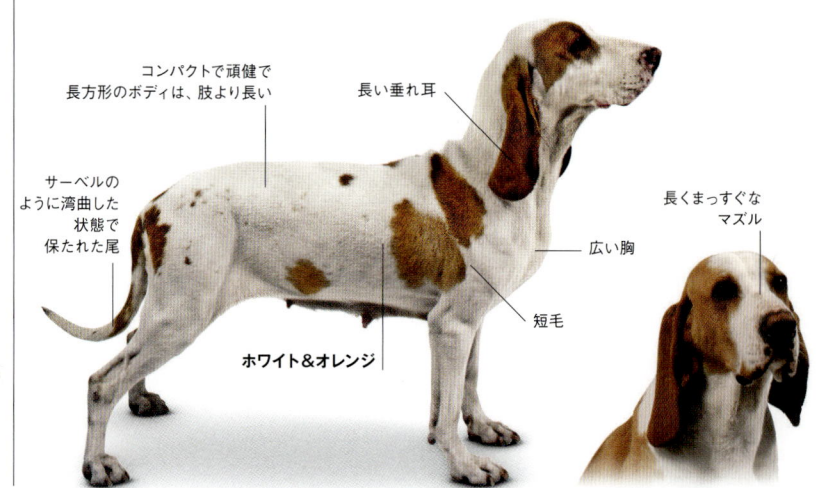

- コンパクトで頑健で長方形のボディは、肢より長い
- 長い垂れ耳
- サーベルのように湾曲した状態で保たれた尾
- 広い胸
- 短毛
- ホワイト＆オレンジ
- 長くまっすぐなマズル

# セグージョ・イタリアーノ Segugio Italiano

| 体高 | 体重 | 寿命 | ウィートン |
|---|---|---|---|
| 48〜59cm | 18〜28kg | 10〜14年 | ブラック&タン |

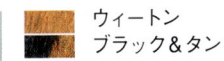

## ルネッサンス期のハウンド

まるで視覚ハウンドのボディに嗅覚ハウンドの頭部を載せたような独特の外見は、スピードと持久力、そして追跡力を併せ持つこの犬のスキルを表しています。同じような容貌の犬は16〜17世紀のヨーロッパの絵画（下）や彫刻に見られます。当時イノシシ狩りは馬にまたがった貴族やそろいの服を着た音楽家、それに何百頭もの犬が参加するぜいたくなイベントだったのです。ルネサンス期の終わりにはこの豪奢な狩りの人気は衰え、この種の犬はそれほど必要ではなくなってしまいました。

## 聡明で気立てのやさしいハウンド　アウトドアライフを楽しむ家庭にぴったり

イタリア原産でこのタイプのハウンドの起源は古代ローマ以前までさかのぼることができ、エジプトのハウンドが祖先と考えられています。もともとイノシシ狩りのために作出された犬種ですが、現在はノウサギやアナウサギを追うのに使われることが多く、多才な能力が重宝されています。スピードのあるスプリンターで、長距離を走るスタミナも持ち合わせているので、粘り強く臭いを追いかけます。それに加え、ノウサギやアナウサギをハンターのほうに追いやるという特別な狩猟技術を持っており、ハンターが単独で仕事をすることが可能になるのです。

通常は落ち着いていて静かですが、仕事をしているときは独特の高音で吠えます。主に作業犬として飼われていますが、きちんと訓練されていれば、子どもやほかのペットに対しても寛容です。ただし、広いスペースで毎日十分に運動させ、肉体的・精神的エネルギーを発散させる必要があります。一般的に用心深い性質ですが、よくしつけされた犬であってもウサギを見つけたら追いかけてしまう可能性があります。被毛のタイプは、ワイアーとショートの2種類。

- 頭部は長く浅いストップがある
- 低い位置に付いた垂れ耳
- レッド
- 背から腰にかけてアーチ状を形成
- 尾の先端は白い
- ダークで楕円形の大きな目
- 黒い鼻
- なめらかな被毛
- 丸みを帯びた足

**ショート・コート**

犬種の解説｜嗅覚ハウンド（セントハウンド）

# ビーグル Beagle

| 体高 | 体重 | 寿命 | さまざまな毛色 |
|---|---|---|---|
| 33〜40cm | 9〜11kg | 13年 | |

## ハウンドのなかで高い人気を誇る活発で陽気な犬
## 追跡の本能は色濃く残る

　丈夫でコンパクト、そして陽気な性格のビーグル。イングリッシュ・フォックスハウンドのミニチュアのように見えます。犬種の起源は不明ですが、長い歴史を持つようで、ハリア（P154）などイギリスの嗅覚ハウンドから作られたのではないかと考えられます。イギリスでは16世紀以降、ノウサギやアナウサギの狩猟用として小型のハウンドが飼われていましたが、ビーグルのスタンダードが定められたのは1870年代になってからのことです。最初は狩猟犬、そして現在では家庭犬として、世界中で驚くべき人気を誇っています。また、麻薬や爆発物など違法な物品を嗅ぎ分けるという活躍も見せています。

　友好的で寛容な性質のビーグルは、すばらしいペットになります。ただし飼い主と一緒に過ごす時間、そして十分な運動量が不可欠です。ビーグルは典型的な嗅覚ハウンドで非常にアクティブなのです。そのため、長い時間ひとりで放っておかれることが苦手で、これが問題行動につながることもあります。また臭跡を追いかける強い本能を持っているために、囲いのない庭にひとりで置いておいたり、リードなしで走らせたりすると、あっという間に姿を消して何時間も帰ってこないことがあります。また吠え声が大きく騒々しいこともあり、過剰に吠えれば近所迷惑になる可能性もあるでしょう。幸い訓練は比較的容易であり、飼い主に愛情と毅然とした態度、そして明確なリーダーシップがあれば幸せに暮らせるでしょう。子どもは、犬との付き合い方を理解できる年齢になっていれば問題ありません。しかしペットとして飼っている小動物が他にいる場合は、安全とは言い切れません。

　アメリカでは肩の高さによって2つのサイズが認められています。33cm未満の犬と、33〜38cmの犬です。

子犬

### もの言わぬヒーロー『スヌーピー』

スヌーピーはチャールズ・M・シュルツ作の長期連載漫画『ピーナッツ』に登場するビーグルです。自分の犬小屋の上に座っている姿がよく描かれています。スヌーピーは世界を風刺的に見ながら豊かな空想生活を楽しみ、その空想の中では第一次世界大戦の撃墜王などわくわくするような役を自ら演じています。1969年、シュルツはスヌーピーを月に赴く宇宙飛行士として描きます。アポロ10号に搭乗した実際の宇宙飛行士が、月への着陸船にこの有名なビーグルの名前をつけたこともよく知られています。

スヌーピー（『ピーナッツ』より）

嗅覚ハウンド（セントハウンド）

はっきりした
ストップ

顔には特徴的な
タンのマーキング

黒い鼻

背は平らで
まっすぐ

黒いサドル

**トライカラー**

先が丸みを帯びた
ペンダント・イヤー

尾の先端は白い

頭部には
白のブレーズ

153

犬種の解説｜嗅覚ハウンド（セントハウンド）

## ビーグル・ハリア
Beagle Harrier

体高：46〜50cm
体重：19〜21kg
寿命：12〜13年

　ビーグル（P152）よりも大きく、ハリア（右）よりは小さいハウンド。これら2犬種の血統が入っていると考えられています。フランス以外ではあまり見られませんが、フランスでは1800年代の終わり以降、小型の獲物の狩猟に使われてきました。陽気な気質で、良い家庭犬になります。

- スクエアでコンパクトなボディ
- 黒のブランケット
- 深く幅広の胸
- 熱心で聡明な表情をたたえた目
- トライカラー
- 丸みを帯びた猫足

## ハリア
Harrier

体高：48〜55cm
体重：19〜24kg
寿命：10〜12年

　美しく均整の取れた体型の、イギリス原産のハウンド。かつてはパック・ハンティングで使う狩猟犬として人気が高く、イングリッシュ・フォックスハウンド（P158）の小型版として作出されたものと思われます。もともと徒歩で後を追うハンターとともにノウサギの狩りを行っていましたが、後に馬上のハンターとキツネ狩りを行うようになりました。

- 少し湾曲しながら立つ長い尾
- 長いマズル
- ホワイトにブラック＆タンのマーキング
- V字型のペンダント・イヤー
- 厚く硬い短毛
- 厚いパッドのある足

## アングロ＝フランセ・ド・プチ・ヴェヌリー
Anglo-Français de Petite Vénerie

体高：48〜56cm
体重：16〜20kg
寿命：12〜13年

タン＆ホワイト

　別名「プチ・アングロ・フランセ」。数百年前にフランスで作出された犬種で、イギリス原産とフランス原産のセントハウンドの異犬種交配の結果誕生しました。今では珍しい犬種で、ヨーロッパで小さな獲物の狩猟に使われているものがごく少数存在する程度。「プチ・ヴェヌリー」とは、「小動物の狩猟」という意味です。

- トライカラー
- 低く付いたペンダント・イヤー
- 高い位置に付いた尾
- 密生した光沢のある短毛
- 茶色の大きな目

## ポルスレーヌ
Porcelaine

体高：53〜58cm
体重：25〜28kg
寿命：12〜13年

　フランス原産のパック・ハウンドのなかではおそらく最も古く、フランスとスイスの国境にあるフランシュ＝コンテ地方に起源を持つ犬種。ホワイトの美しい被毛と独特の光沢が特徴的で、主にシカやイノシシの狩りに使われます。ペットとして飼う場合は、豊富な運動量としっかりしたしつけが必要です。

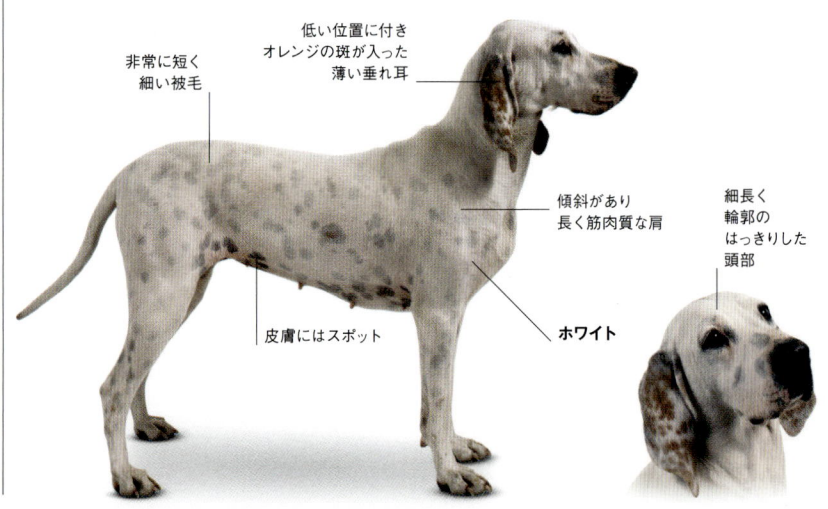

- 非常に短く細い被毛
- 低い位置に付きオレンジの斑が入った薄い垂れ耳
- 傾斜があり長く筋肉質な肩
- 細長く輪郭のはっきりした頭部
- 皮膚にはスポット
- ホワイト

嗅覚ハウンド（セントハウンド）

## シラーシュトーヴァレ
Schillerstövare

- 体高：49～61cm
- 体重：15～25kg
- 寿命：10～14年

スウェーデン原産の希少犬種。狩猟時、とくに雪上でのスピードとスタミナに優れていることから重宝されています。その厚い被毛は北方の過酷な気候から体を守ります。追跡は群れでなく単独で行い、獲物の場所を正確に示すために深みのある声で吠えます。主な獲物はノウサギやキツネ。犬種名はブリーダーでもあった農夫のペール・シッラー氏にちなんでつけられました。

- 厚いアンダー・コートを持つつやのある短毛
- 丈夫で長い頸
- 高い位置に付き、先端にかけて幅が狭まる垂れ耳
- **ブラック・マントルとタン**
- 背、頸、サイドボディ、サドル、尾の付け根にあるマントル

## ハミルトンシュトーヴァレ
Hamiltonstövare

- 体高：46～60cm
- 体重：23～27kg
- 寿命：10～13年

スウェーデンケネルクラブの設立者であるハミルトン伯爵によって作出されたハウンド。美しくおおらかな気質で、原野を歩き回って小さな獲物を発見することが大好きです。イングリッシュ・フォックスハウンド（P158）の流れを汲む犬（スウェディッシュ・フォックスハウンド）とホルスタイン・ハウンド、ハノーヴィリアン・ハイトブラッケ、カーラウンド・ハウンドなどの血が入っています。

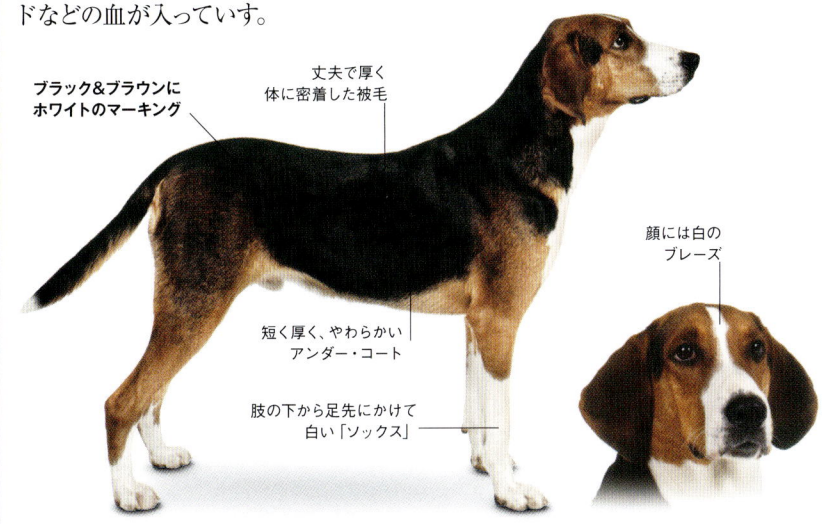

- **ブラック＆ブラウンにホワイトのマーキング**
- 丈夫で厚く体に密着した被毛
- 顔には白のブレーズ
- 短く厚く、やわらかいアンダー・コート
- 肢の下から足先にかけて白い「ソックス」

## スモーラントシュトーヴァレ
Smålandsstövare

- 体高：42～54cm
- 体重：15～20kg
- 寿命：12年

「スモーラント・ハウンド」としても知られるスウェーデン原産のハウンド。その歴史は16世紀にさかのぼると考えられ、スウェーデン南部・スモーラントでキツネやノウサギ狩りに使われていました。特徴的なブラック＆タンの被毛は、ロットワイラー（P83）によく似ています。

- 生まれつき短い尾
- スクエアで筋肉質なボディ
- **ブラック＆タン**
- 他のハウンドに比べて短く、よりくさび形の頭部
- 高い位置に付き長さは中程度の耳。先端は丸みを帯びる
- 光沢のある厚い被毛
- 足先に小さな白いマーキング

## ハルデンシュトーヴァレ
Halden Stovare

- 体高：50～65cm
- 体重：23～29kg
- 寿命：10～12年

4種類のシュトーヴァレのなかで最も大きな犬種。雪に覆われた広い場所で高速で獲物の追跡が得意なハウンドです。原産国であるノルウェー以外ではあまり知られていません。ノルウェー南東部のハルデンでイングリッシュ・フォックスハウンド（P158）と地元のビーグルをかけ合わせて作出されました。

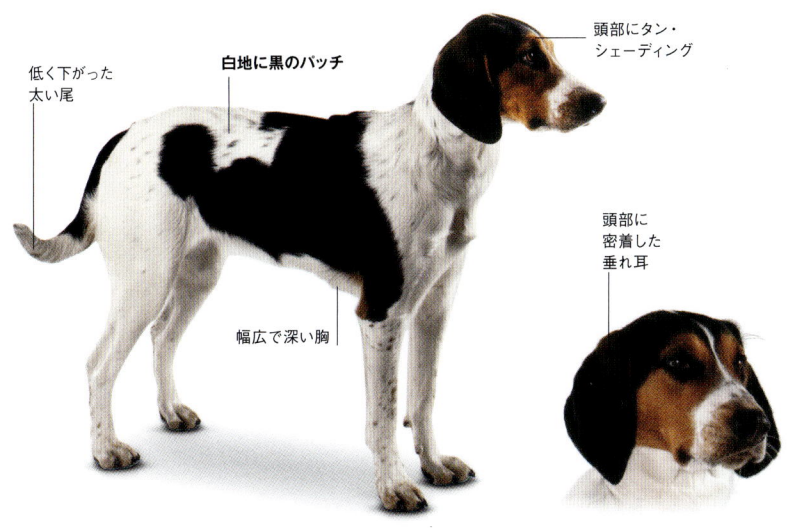

- 頭部にタン・シェーディング
- 低く下がった太い尾
- **白地に黒のパッチ**
- 頭部に密着した垂れ耳
- 幅広で深い胸

155

犬種の解説 ｜嗅覚ハウンド（セントハウンド）

## ノルウェジアン・ハウンド Norwegian Hound

体高：47〜55cm
体重：16〜23kg
寿命：11〜14年

トライカラー

別名「ドゥンケル」。友好的で信頼でき、狩りをしていないときも扱いが容易な犬です。マイナス15度で雪が降るような環境下でもノウサギを追跡できるように作られました。ブリーダーのヴィルヘルム・ドゥンケル氏にちなんで名づけられ、ノウサギ猟に使われていたノルウェーとロシアのハウンドをもとに、1820年代に作出されたと考えられています。

- 表情豊かで大きく黒い目
- 鼻は黒
- 飛節の下まで伸びる先細りの尾
- ゆるやかに傾斜するストップ
- 先端が丸みを帯びた垂れ耳
- ブルー・マーブル
- 胸と肩の被毛はホワイト
- 硬く厚いまっすぐな被毛にはフォーンのマーキング
- 白の「ソックス」

## フィニッシュ・ハウンド Finnish Hound

体高：52〜61cm
体重：21〜25kg
寿命：12年

フィンランドで一番人気の狩猟犬。雪深い森の中でノウサギやキツネを追い詰めるために繁殖されました。狩猟では尽きることのない情熱を見せますが、家では気楽で従順なペットになります。通常は穏やかですが、見知らぬ人に対しては時折警戒心を見せることがあります。

- よく発達した黒い鼻
- 体に密着したまっすぐで厚い被毛
- 頭部にホワイトのブレーズ
- ダーク・ブラウンの目
- 後方の縁が外側に折れた耳
- トライカラー

## ヒューゲン・ハウンド Hygen Hound

体高：47〜58cm
体重：20〜25kg
寿命：12年

イエロー・レッド（ブラック・タンのシェーディングあり）
ブラック＆タン

ノルウェー東部のリンゲリケとロメリケに起源を持つハウンド。雪深い北極地方の広大な土地での狩りのために計画的に繁殖され、雪の中を休むことなく跳ね回れるスタミナを持っています。スモーラントシュトーヴァレ（P155）同様にコンパクトなボディで機転が利き、長距離移動が大好きな狩猟犬です。

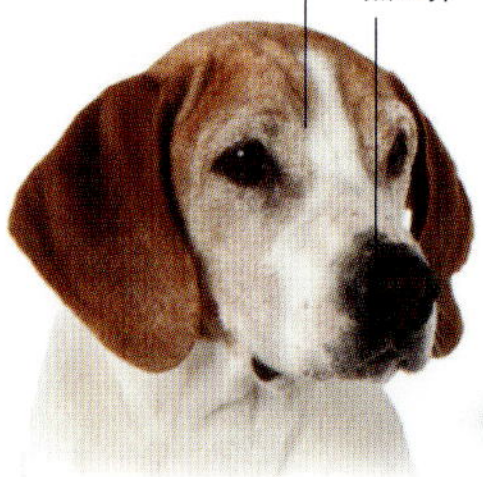

- 黒のシェーディングがあり先端が白い尾
- 頭部にホワイトのブレーズ
- 先端が丸みを帯びた薄く短い垂れ耳
- ノルウェジアン・ハウンドと比べて、短くて幅の広い頭と鼻
- 黒い鼻
- 厚く光沢のある粗い被毛。ホワイトのマーキングが入る
- レッド・ブラウン

156

嗅覚ハウンド（セントハウンド）

## プロット・ハウンド　Plott Hound

- 体高：51〜64cm
- 体重：18〜27kg
- 寿命：10〜12年

ブリンドルが特徴的な力強いハウンド。主にアライグマ猟で活躍しますが、大型のネコ科動物、クマ、コヨーテ、イノシシ狩りに使われることもあります。数少ないアメリカ原産の犬種の1種です。1750年代のスモーキー山脈で、ドイツから持ち込まれたイノシシ狩り用のハノーヴィリアン・ハウンドを用い、プロット一家が作出しました。

- 人目を引くブラウン（もしくはヘーゼル）の目
- 頸と背のラインは長く、細く、筋肉質
- **ブリンドル**
- スピードとスタミナを兼ね備えた力強いボディ
- 幅広くやわらかい耳は中くらいの高さに付く
- 足はコンパクトで、足先は白い

## カタフーラ・レオパード・ドッグ
Catahoula Leopard Dog

- 体高：51〜66cm
- 体重：23〜41kg
- 寿命：10〜14年
- さまざまな毛色

牧畜・牧羊犬で、イノシシとアライグマの狩猟犬でもあるルイジアナ出身の犬。アメリカに渡ったスペイン人が連れて来たグレーハウンドやマスティフと、おそらく土着のアカオオカミとの混血です。湿地や森、開けたところでよく働きます。故郷ルイジアナ州の郡にちなんで名づけられ、油断のない番犬ぶりで見知らぬ人を警戒しますが、穏やかで家族には献身的です。

- 犬種名に「レオパード（ヒョウ）」が入る理由となったまだら模様
- 短く密生する被毛
- 左右の目の色が異なる場合も
- 胸にホワイトのマーキング
- **ブルー・マール**

## アメリカン・フォックスハウンド
American Foxhound

- 体高：53〜64cm
- 体重：18〜30kg
- 寿命：12〜13年
- さまざまな毛色

この犬の愛好者としては、アメリカ合衆国初代大統領のジョージ・ワシントンがよく知られています。ワシントンは、より体高が高く優れた運動神経を持ち、単独で仕事ができる犬種を目指して、フランスとイギリスのハウンドを使ってこの犬を作出しました。群れで走ることも、単独で狩りをすることも得意としています。

- 長く幅の広い垂れ耳
- **白地にタンのパッチ**
- 適度なストップ
- ヘーゼルの目
- イングリッシュ・フォックスハウンドより幅の狭い胸
- アーチがかった足先とキツネのような足
- 直線的で正方形のマズル

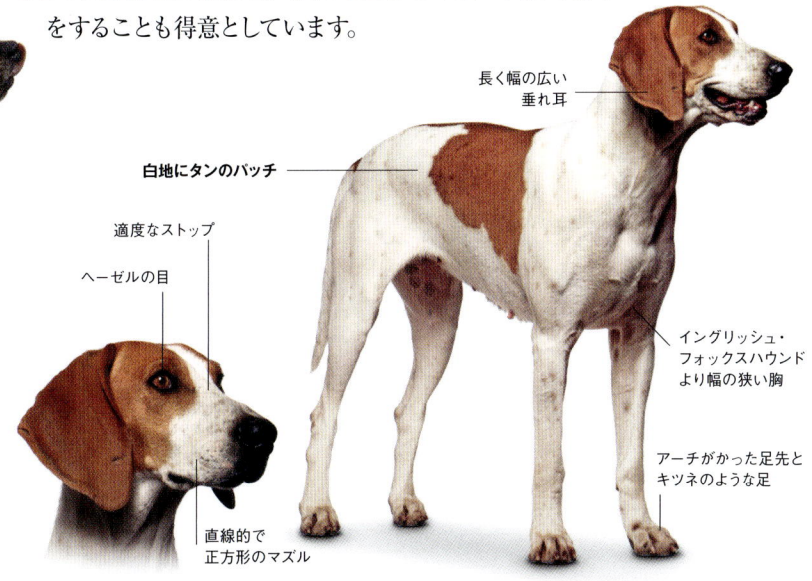

157

犬種の解説｜嗅覚ハウンド（セントハウンド）

# イングリッシュ・フォックスハウンド English Foxhound

| 体高 | 体重 | 寿命 | さまざまな毛色 |
|---|---|---|---|
| 58～64cm | 25～34kg | 10～11年 | （ハウンド・カラーとして認められた色） |

## 人類最良の友

「犬が人類最良の友」という言葉は、1870年にあったアメリカ・ミズーリ州でのある裁判に由来します。農夫のレオニダス・ホーンズビーが、あるとき『オールド・ドラム』という名のフォックスハウンドを射殺しました。家畜の羊を守るというのがその理由でした。飼い主のチャールズ・バーデンは悲しみに暮れてホーンズビーを訴え、バーデンの弁護士ジョージ・ヴェストは、最終弁論で犬を称える長い演説を行います。「利己心にあふれたこの世の中で、唯一利己心とはまったく無縁の真実の友……それは犬なのです」と。これを聞いていた人たちは感動で涙を流し、ホーンズビーの弁護士はこう言ったとか。「死してなお、犬が勝利した」。

オールド・ドラムの記念碑（アメリカ・ミズーリ州）

### 明るく性質も良い犬
### 家庭犬として飼うためには十分な運動を

イングリッシュ・フォックスハウンドの祖先は、何世紀も前から存在していました。猟犬の群れ（パック）を伴ったキツネ狩りの習慣は、17世紀の終わりに生まれたものです。シカ狩りが衰退し、イギリスの風景が森から野原へと移り変わる時期のことです。そこで人々は、新しい狩りに特化したフォックスハウンドを繁殖し始めました。長時間に渡って臭いを追い続ける嗅覚とスタミナ、そしてキツネに追いつくことができるスピードが求められたのです。1800年代までにはイギリスに200を超す群れが存在するようになり、繁殖の記録が残されるようになりました。18世紀になると、この犬種はアメリカにも紹介されます。

訓練には非常によく反応しますが、臭いを追っているときはとくに頑固でわがままな面が見られます。昔から群れで飼われていたこともあり、今でも「群れを作る本能」とよく吠える習慣（遠吠えで美しい旋律を奏でます）が残っています。

家庭犬として飼う場合は、十分に運動させれば友好的で子どもにも非常に寛容です。ただ、都会の生活には向きません。ランニングやサイクリングが好きな人ならこの犬は良いパートナーになるでしょう。シニアになっても遊び心と活発さ、それにそのスタミナは維持されます。

- やさしい表情をたたえた目
- 黒い鼻
- ペンダント・イヤー
- 幅が広く平らな背
- 高い位置に付いた尾
- 短く、厚く、どんな天候にも耐えうる被毛
- トライカラー
- 丸みを帯びた猫足
- まっすぐな前肢

# アメリカン・イングリッシュ・クーンハウンド

American English Coonhound

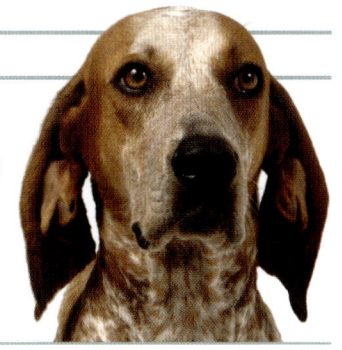

| 体高 58〜66cm | 体重 21〜41kg | 寿命 10〜11年 | レッド&ホワイト<br>ホワイト&ブラック<br>（ブルーとホワイトのティッキングもあり） | トライカラー・ティック |

## アメリカで作出された、運動神経の優れた狩猟犬
## 社会性を身に着けさせればすばらしいペットに

17世紀から18世紀にかけてアメリカ大陸への入植者が持ち込んだイングリッシュ・フォックスハウンド（P158）をベースに改良された、活力にあふれた聡明な犬。持ち込まれたハウンドをより厳しい気候と荒れた地形に適応させ、日中はキツネを、夜間にはアライグマの猟をするハウンドとしたのです。

この犬種が最初に認められたのは1905年のことで、最初は「イングリッシュ・フォックス・アンド・クーンハウンド」という犬種名でした。1940年代にクーンハウンドとして区別されるようになり、1995年にアメリカンケネルクラブ（AKC）が正式に「アメリカン・イングリッシュ・クーンハウンド」として承認しました。

アメリカン・イングリッシュ・クーンハウンドは現在でも狩猟に使われ、そのスピードとスタミナで有名です。非常に巧みで疲れを知らない速歩を見せ、獲物を追いかけ樹上に追い上げようとする「ツリーイング」の強い欲求があります。そして、コールド・ノーズ・ドッグ（古くなった動物の臭跡を何時間も追跡する・ドッグ）としても、ホット・ノーズ・ドッグ（まだ新しい臭跡を高速で追いかける犬）としても働くことができます。ピューマやクマの追跡に使われることもあります。ペットとして飼うには、毅然としたハンドリングが必要ですが、それができれば愛情深い家庭犬や優秀な護衛犬になるでしょう。

### 見当違いでは？

この犬は、アメリカ史だけでなく英語という言語にも影響を与えています。「barking up the wrong tree（違う木に吠えたてる、つまり見当違いのことをするの意）」という表現は、クーンハウンドが狩りで獲物を木の上に追い詰め、ハンターがそこにたどり着くまで吠えたてるところから来ています。クーンハウンドの「ツリーイング」欲求が強すぎるゆえに、1本の木のそばを離れず、獲物が逃げてしまっても上を見上げて吠え続けることがあるのです。

アライグマをツリーイング中のクーンハウンド

犬種の解説｜嗅覚ハウンド（セントハウンド）

# ブラック・アンド・タン・クーンハウンド　Black-and-Tan Coonhound

体高：58〜69cm
体重：21〜34kg
寿命：10〜12年

　アメリカ原産の大きな狩猟犬。おそらくブラッドハウンド（P141）と、すでに絶滅した古いイギリスの犬種（タルボット・ハウンド）の子孫だと考えられます。頑健で力強く優秀な追跡犬で、アライグマ、オポッサム、そしてピューマさえも追跡し、木の上に追い上げると大声で吠え立てます。

- 背線よりやや低い位置に付いた尾
- かなり後方の低い位置に付いた耳
- よく発達した上唇
- 濃いタンの入ったマズル
- ブラック＆タン

# レッドボーン・クーンハウンド　Redbone Coonhound

体高：53〜69cm
体重：21〜32kg
寿命：11〜12年

　アメリカ南部の州で作出された、つやのある被毛を持つ犬。1世紀以上にわたって狩猟犬として人気を保っています。どんな地形でも俊足で機敏に動けるので、アライグマ、クマ、ピューマの追跡に優れた能力を発揮します。社交的で愛情深く、家庭犬としてのしつけも可能です。

- 両目の間隔が広く丸い目
- 垂れ耳
- 腰よりやや高い位置にあるキ甲
- ソリッド・レッド
- 力強くしなやかなボディ
- 短くなめらかな被毛です
- コンパクトでパッドの厚い猫足

嗅覚ハウンド（セントハウンド）

# ブルーティック・クーンハウンド  Bluetick Coonhound

体高：53〜69cm
体重：20〜36kg
寿命：11〜12年

アメリカン・イングリッシュ・クーンハウンド（P159）の1種とみなされていたものが、独立して認められた犬種。1940年代以降のアメリカでは、この犬の熱心なファンが存在しています。主にアライグマやオポッサムの追跡に使われますが、シカやクマの狩猟にも使えます。仕事をしているときがいちばんいきいきとしているようで、オビディエンスやアジリティーの競技でも大変に活躍しています。

- 長く深く幅の広いマズル
- 鋭く澄んだ目
- **ダーク・ブルー**
- 大きな鼻
- 特徴的な毛色を出すティッキング

# ツリーイング・ウォーカー・クーンハウンド  Treeing Walker Coonhound

体高：51〜68cm
体重：23〜32kg
寿命：12〜13年

ホワイト（タンあるいはブラックのスポットあり）

1940年代以降に独立した犬種として認められた、俊足で有能なアライグマ・ハンター。クーンハウンドによるさまざまな競技で傑出した能力を見せるため、アメリカで絶賛されています。人間が大好きで、友好的な家庭環境を好む犬です。

- 明るく輝く大きな茶色の目
- 黒のサドル
- 細長いマズル
- 筋肉質な頸と肩
- **トライカラー**

161

犬種の解説｜嗅覚ハウンド（セントハウンド）

## アルトワ・ハウンド　Artois Hound

体高：53〜58cm
体重：28〜30kg
寿命：12〜14年

　膨大な運動量を誇る、フランス原産の優秀な狩猟犬。優れた方向感覚、鋭い嗅覚、正確なポインティング、活動中のスピード、そして猟への意欲をすべて備えています。この犬の先祖はセント・ヒューバート・ジュラ・ハウンド（P140）にさかのぼることができます。イギリスの犬の血の影響もそこかしこに見られます。1990年代初めに絶滅しかけた状態から復興されましたが、珍しい犬であることに変わりはありません。

- はっきりしたストップ
- 平らで開いた独特の垂れ耳
- **トライカラー**
- 幅広く丈夫な背
- 広い胸
- 頭部は幅が広く、マズルはほどよい長さ
- 長い足先
- タンのパッチ
- 黒のサドル

## アリエージョワ　Ariégeois

体高：50〜58cm
体重：25〜27kg
寿命：10〜14年

　比較的新しい犬種で、フランスでは1912年に正式に認められました。スペインとの国境近くにある生まれ故郷の地名から、「アリエージュ・ハウンド」とも呼ばれます。グラン・ブルー・ド・ガスコーニュ（P164）、ガスコン・サントンジョワ（P163）、そして地元の中型のハウンドなどから作出されました。アリエージョワは優れたノウサギハンターですが、人懐こい性質でも知られています。

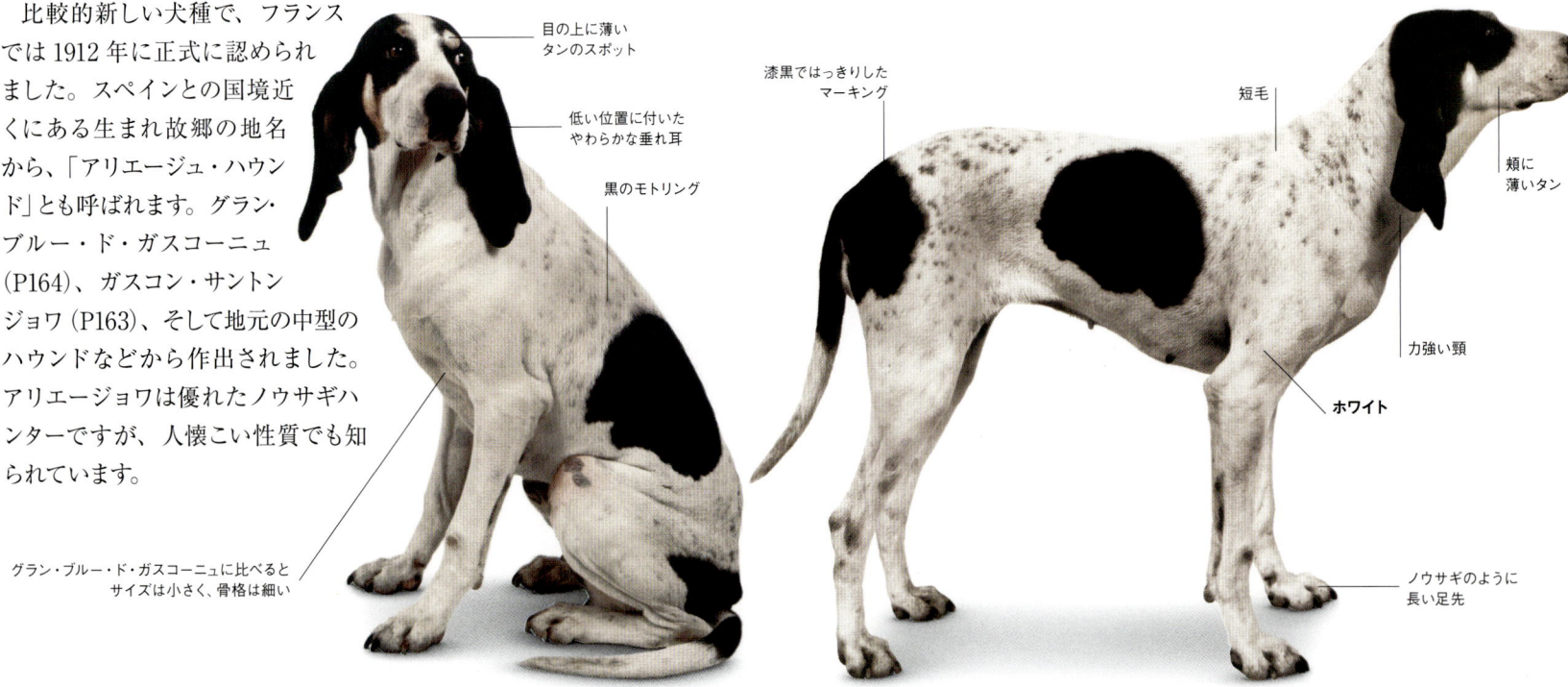

- 目の上に薄いタンのスポット
- 低い位置に付いたやわらかな垂れ耳
- 黒のモトリング
- 漆黒ではっきりしたマーキング
- 短毛
- 頬に薄いタン
- 力強い頸
- **ホワイト**
- ノウサギのように長い足先
- グラン・ブルー・ド・ガスコーニュに比べるとサイズは小さく、骨格は細い

嗅覚ハウンド（セントハウンド）

## ガスコン・サントンジョワ
Gascon-Saintongeois

- 体高：プティ 54〜62cm／グラン 62〜72cm
- 体重：プティ 24〜25kg ／グラン 30〜32kg
- 寿命：12〜14年

　フランスのガスコーニュ地方出身のこの珍しい犬種は、ド・ヴィルラード男爵にちなみ、「ヴィルラード・ハウンド」とも呼ばれます。男爵はサントンジョワを（血統再生のため）グラン・ブルー・ド・ガスコーニュ（P164）、アリエージョワ（P162）とかけ合わせました。優れた持久力と鋭い嗅覚を持っています。サイズによりプティとグランの 2 種に分かれます。

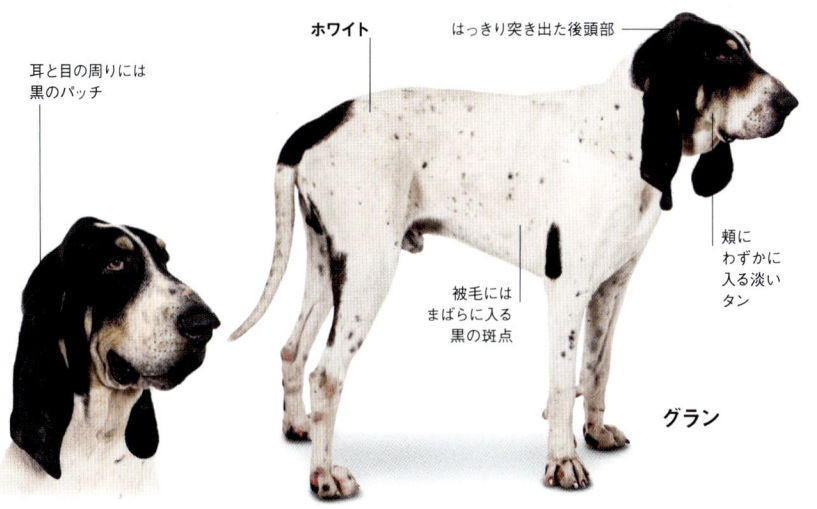

- 耳と目の周りには黒のパッチ
- ホワイト
- はっきり突き出た後頭部
- 頰にわずかに入る淡いタン
- 被毛にはまばらに入る黒の斑点
- グラン

## ブルー・ガスコーニュ・グリフォン
Bleu Gascogne

- 体高：48〜57cm
- 体重：17〜18kg
- 寿命：12〜13年

　プチ・ブルー・ド・ガスコーニュ（下）とワイアー・コートのハウンドの混血であるこのフランスの犬は、粗く毛むくじゃらの被毛に覆われており、過酷な環境でも働くことができます。とくにシカ、キツネ、アナウサギの猟のために作られました。すばらしく俊足というわけではありませんが、持久力に優れ、また驚くべき嗅覚を持っています。

- マズルにタンのマーキング
- スレート・ブルー
- 黒のパッチ
- 長くワイアー状の眉
- 長い垂れ耳
- 粗く毛むくじゃらの被毛

## バセー・ブルー・ド・ガスコーニュ
Basset Bleu de Gascogne

- 体高：30〜38cm
- 体重：16〜20kg
- 寿命：10〜12年

　12 世紀のフランスではこのタイプのハウンドがオオカミやシカ、イノシシの猟に使われていました。近代のこの犬種は 20 世紀に確立されました。体高が低く、動きは速くありませんが、一度臭跡を嗅ぎつけたら何時間でも獲物を追跡するずば抜けた意志の強さがスピードのなさを補っています。アウトドアライフのお伴にぴったりで、良き家庭犬にもなりますが、しつけと社会化にはやや忍耐が必要です。

- 楕円形の目の上にタンのスポット
- 短く厚い被毛にはっきりした黒のサドル
- 黒と白の毛のミックスで葦毛のような外観
- スレート・ブルー
- 強靭な卵形の足

## プチ・ブルー・ド・ガスコーニュ
Petit Bleu de Gascogne

- 体高：50〜58cm
- 体重：40〜48kg
- 寿命：12年

　グラン・ブルー・ド・ガスコーニュ（P164）の小型版。ノウサギ狩りのためにフランスで作出されましたが、より大型の獲物の追跡にも使われています。優れた嗅覚と音楽を奏でるような声を持ち、単独でも群れでもすばらしい働きを見せます。家庭犬として飼う場合は、十分な運動としつけが必要です。

- 暗いチェスナット色の目
- はっきりした黒のパッチ
- 低い位置に付いた垂れ耳
- 洗練された長いマズル
- スレート・ブルー
- 短毛
- 肢〜足先にかけてタンのマーキング

犬種の解説｜嗅覚ハウンド（セントハウンド）

嗅覚ハウンド（セントハウンド）

# グラン・ブルー・ド・ガスコーニュ Grand Bleu de Gascogne

体高 60〜70cm　体重 36〜55kg　寿命 12〜14年

## 印象的な容貌の大型ハウンド
## 臭跡を追いかける執念と持久力は一級品

　フランス南部及び南西部（とくにガスコーニュ地方）に起源を持つ、フランス原産の嗅覚ハウンド。古代ガリアにいた狩猟犬の流れを汲み、フェニキアの交易商人が持ち込んだ犬との交配によって生まれたこの犬種から、その後フランス南部に見られるすべての嗅覚ハウンドが生まれることになります。フランスでは今日もなお幅広く支持されており、イギリスやアメリカなどでもよく見られます。

　グラン・ブルー・ド・ガスコーニュはもともとオオカミ猟に使われていましたが、オオカミの数が減少すると、イノシシやシカの猟に使われました。今日でもこうした動物やノウサギの狩猟にハウンドのパック（群れ）が使われています。嗅覚が非常に発達しており、また臭跡を追っているときはひたすら追跡に集中します。スピードはあまりありませんが、持久力とよく通る力強い吠え声は有名です。

　背が高く貴族を思わせるような身のこなしから、「King of Hounds（ハウンドの王）」と呼ばれることもあります。そのエレガントな容貌は、白地に黒の細かな斑点が多く入ること（モトリング）によって生じる、青みを帯びた被毛によって一層引き立てられています。

　さらには、ドッグ・ショーでも活躍しています。ただ穏やかで友好的な性質で、飼い主と非常に親密な絆を結べるにもかかわらず、その大きさとあふれるエネルギーによって、家庭犬として飼うことは難しくなっています。この犬には膨大な運動量はもちろんのこと、知的な刺激を与える訓練も必要なのです。

### フランスからアメリカへ

1785年、ジョージ・ワシントン（アメリカ合衆国初代大統領）はフランスのラファイエット侯爵から7頭のグラン・ブルー・ド・ガスコーニュ（下の絵／1907年にフランスで印刷された）を贈られました。熱心なハンターでもあるワシントンは、この犬がすばらしい追跡犬であることに気づきますが、彼らがアライグマのような木に登る動物の追跡には慣れていないことをもどかしく思いました。彼が撃ち落とすまで獲物を樹上にとどめておくのに、しばしば失敗したからです。これを踏まえ、クーンハウンドが作出されることとなります。グラン・ブルー・ド・ガスコーニュを含むさまざまな犬種が交配に使われたため、ブルーティック・クーンハウンド（P161）にグラン・ブルー・ド・ガスコーニュの毛色が見られるようになったのです。

- 特徴的な頭部の黒のマーキング
- ホワイトにブラックのマーキング
- よく発達した垂れた上唇
- 内側にカールした垂れ耳が低い位置に付く
- 肢、尾、胸、頭部にタンのマーキング
- 丸みを帯びた長い足
- やさしい表情
- 被毛に青の印象を作り出す黒のモトリング

犬種の解説｜嗅覚ハウンド（セントハウンド）

## ポワトヴァン　Poitevin

体高：62～72cm
体重：60～66kg
寿命：11～12年

ホワイト＆オレンジ
（ウルフ・カラーもよく見られる）

　この大型で勇敢なハウンドは、凸凹のある土地での高速かつ激しいパック（群れ）によるハンティングに優れています。かつてはフランス西部のヴァンデとブルターニュの下に位置するポワトゥー州をさまようオオカミの狩りをしていました。フランスのパック・ハウンドのなかでは最も歴史が古く、力強い筋肉を持つこの犬は、今日イノシシやシカの追跡で優れた能力を見せています。1日中でも狩りができ、水の中でも獲物を追うことができます。

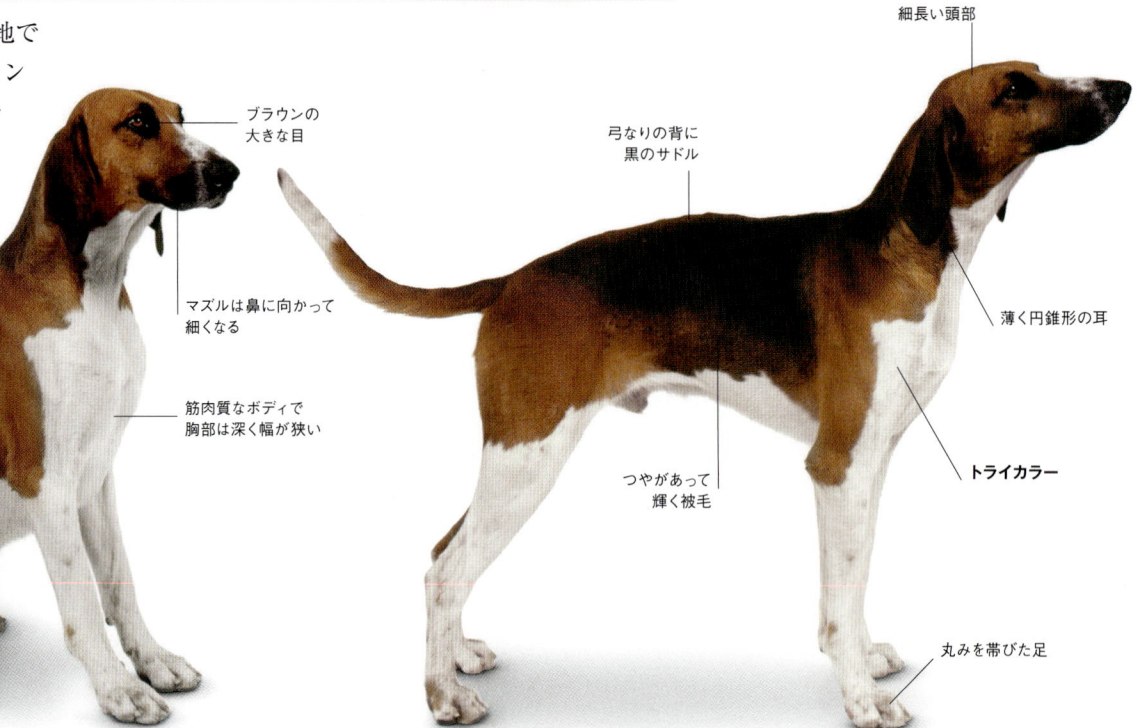

- ブラウンの大きな目
- マズルは鼻に向かって細くなる
- 筋肉質なボディで胸部は深く幅が狭い
- 細長い頭部
- 弓なりの背に黒のサドル
- 薄く円錐形の耳
- つやがあって輝く被毛
- **トライカラー**
- 丸みを帯びた足

## ビリー　Billy

体高：58～70cm
体重：25～33kg
寿命：12～13年

　スピードを目的に作られた犬。被毛につやがあり魅力的な外見ですが、原産国フランスでさえあまり知られていません。今では絶滅したモンタンブッフ、セリ、ラリュ種の犬が先祖です。犬種名はポワトゥーにあるビリー城に由来します。そこでガストン・ユブロ・ド・リヴォル氏が1800年代の終わりにこの犬を作出しました。第二次世界大戦中に数が激減しましたが、リヴォル氏の息子によって繁殖が行われました。たった2頭のビリーをもとに、1970年代までかかってようやくいくつかの群れを作れるほどの数を確保しました。

- やや湾曲した額
- はっきりしたストップ
- わずかにアーチがかった力強い背
- 長く力強い尾
- 粗い短毛
- **ホワイトに明るいオレンジのパッチ**
- カフェオレを思わせるモトリング

嗅覚ハウンド（セントハウンド）

## フランセ・トリコロール
French Tricolour Hound

体高：60～72cm
体重：34～35kg
寿命：11～12年

フランスで最も人気のあるハウンド。ポワトヴァン（P166）とビリー（P166）から、イングリッシュ・フォックスハウンド（P158）の血が入らないフランス産のハウンドを作るということで誕生しました。ただ、グラン・アングロ＝フランセ・トリコロール（右）がわずかに入っているようにも見えます。丈夫で筋肉質のパック・ハンターで、現在ではシカやイノシシなどの狩猟に使われています。

- 大きな茶色の目
- トライカラー
- 深い胸
- 細い短毛
- 肢に濃いモトリング

## グラン・アングロ＝フランセ・トリコロール
Great Anglo-French Tricolour Hound

体高：60～70cm
体重：30～35kg
寿命：10～12年

フランス産の嗅覚ハウンドのいくつかは、犬種名から出自がわかります。英仏をまたぐ異種交配でできた（アングロ・フランセ）、トライカラーの犬ということで、「グラン」は狩りの獲物の大きさを表しています。犬の大きさを指すものではありません。その被毛と性質はトライカラーのポワトヴァン（P166）から、力強い筋肉と持久力はイングリッシュ・フォックスハウンド（P158）から受け継いだものです。

- 幅広いペンダント・イヤーで、色はタン
- トライカラー
- 黒のブランケット
- 短くかなり粗い被毛
- 広めの白い胸
- 丸みを帯びた足

## グラン・アングロ＝フランセ・ブラン・エ・ノワール
Great Anglo-French White and Black Hound

体高：62～72cm
体重：30～35kg
寿命：10～12年

この犬は、同一犬種内のカラーバラエティー3種のうちの1種です。その起源は1800年代にさかのぼり、フラン・ブルー・ド・ガスコーニュとガスコン・サントンジョワ（P163）の混血犬をイングリッシュ・フォックスハウンド（P158）とかけ合わせて作られました。その姿はフランス国内でのみ見られ、群れでシカ狩りに使われています。力強く勇敢なハンターですが、家庭犬として飼われている犬はほとんどいません。

- 奥まった茶色の目
- 目の上と頬に薄いタンのマーキング
- 先端がとがった長い尾
- 黒のマントル
- ホワイト＆ブラック

犬種の解説｜嗅覚ハウンド（セントハウンド）

# フランセ・ブラン・エ・ノワール French White and Black Hound

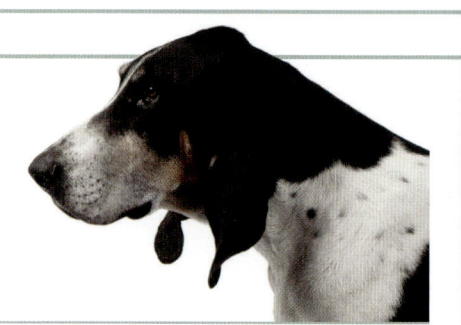

| 体高 | 体重 | 寿命 |
|---|---|---|
| 62〜72cm | 26〜30kg | 10〜12年 |

## 生粋の仕事犬

フランス原産のハウンドには多くの種類がありますが、フランセ・ブラン・エ・ノワールのように「生粋の仕事犬」と見なされるのは少数です。群れで狩りをするこれらの大型犬は、シカなどの大型の獲物を狙います。ハンターの明確な指示のもと、獲物が捕獲され仕留められるまで、その臭跡を追って追跡します。仕事を成し遂げるには、勇気とスタミナ、スピード、そして優れた嗅覚が必要とされるのです。

### 獲物を果てしなく追いかける俊足でスタミナにあふれた大型のハンター

20世紀の初頭にフランスで作出された、人目を引く珍しいハウンド。最も初期の先祖はサントンジョワのハウンドで、その先祖は不明ながらオオカミ狩りのために繁殖された犬でした。現代のフランセ・ブラン・エ・ノワールを作り出したのはアンリ・ド・ファラーンドル氏で、並外れたスタミナと持久力を兼ね備えたハウンドを作るのが目的でした。この犬はグラン・ブルー・ド・ガスコーニュとガスコン・サントンジョワ（P163）の混血で、1957年にFCIに公認されました。2009年時点でFCIに登録されているのはわずかに2000頭ほどと、けっしてその数は多くありません。

この犬の執念と敏捷性は、シカ狩り（とくにノロジカ狩り）において高く評価されています。通常は作業犬として飼われ、群れで暮らしています。親しみやすく子どもにも寛容なので、適切な飼い主のもとであれば、家庭犬にもなるでしょう。しかし、群れる本能が強いので飼い主は毅然と接することが必要です。田舎の家か広大な庭がある家でたっぷりと運動させ、狩猟と追跡の欲求を満たす機会を与えましょう。

- 細長い尾
- 背〜尻に向かってアーチする
- ホワイト＆ブラック
- 短く厚い被毛
- 大きなペンダント・イヤー
- 青みを帯びた斑点が見られる肢
- 目の上にタンのマーキング
- 黒のマントル

嗅覚ハウンド（セントハウンド）

## グラン・アングロ＝フランセ・ブラン・エ・オランジュ
Great Anglo-French White and Orange Hound

- 体高：60～70cm
- 体重：34～35kg
- 寿命：10年

　19世紀初頭に作出された3種類のグラン・アングロ・フランセの1種。イングリッシュ・フォックスハウンド（P158）とビリー（P166）を交配して作られました。やさしい性質で訓練も可能ですが、この犬の本質はやはり狩猟。家庭犬として幸せに暮らすには、活動レベルが高すぎるかもしれません。

- つやがあり比較的薄めの短毛
- 先が丸みを帯びた垂れ耳
- 深い胸
- ホワイト＆オレンジ
- オレンジのパッチ

## フランセ・ブラン・エ・オランジュ
French White and Orange Hound

- 体高：62～70cm
- 体重：27～32kg
- 寿命：12～13年

　比較的新しく、珍しい狩猟犬。1970年代になってようやく知られるようになりました。他の多くのパック・ハウンドに比べれば扱いやすく、通常は子どもや他の犬とも一緒に過ごせます。しかし他に小型のペットがいる場合には注意が必要です。活動していることが大好きなので、狭い場所に閉じ込めておいてはいけません。

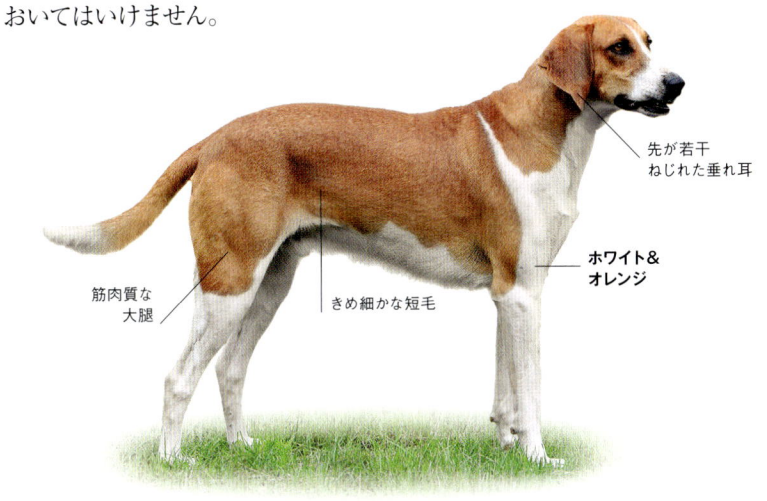

- 先が若干ねじれた垂れ耳
- 筋肉質な大腿
- きめ細かな短毛
- ホワイト＆オレンジ

## ウエストファリアン・ダックスブラケ
Westphalian Dachsbracke

- 体高：30～38cm
- 体重：15～18kg
- 寿命：10～12年

　小さくもたくましい、ジャーマン・ハウンド（P172）の短足バージョン。下草が厚く生えていて、大型犬の通行が難しいような場所で小型の獲物を狩るために作られました。遊び好きで元気があってやさしい性格なので、愉快な家庭犬となります。

- 赤地に黒のマントルとホワイトのマーキング
- マズルまで伸びる白いブレーズ
- スムース・コート

子犬

## アルパイン・ダックスブラケ
Alpine Dachsbracke

- 体高：34～42cm
- 体重：12～22kg
- 寿命：12年
- ブラック＆タン（胸にホワイトの星が入る場合もある）

　この犬に外見がよく似た狩猟犬は、何百年も前にすでに存在していました。それらの犬がこの小型ハウンドの祖先だった可能性があります。1930年代には、現在見られるこの犬がオーストリアで最高級の嗅覚ハウンドとして認められました。頑健で疲れを知らず、狩りをするために作られたため、家庭犬にはあまり向きません。

- 尾の下側に長い毛が生える
- 黒毛混じりで暗色の厚い被毛
- ディア・レッド
- はっきりした胸骨
- 先の丸い垂れ耳
- 筋肉の発達した胴長のボディ
- 丈夫な丸い足

犬種の解説｜嗅覚ハウンド（セントハウンド）

# ダックスフンド Dachshund

体高
ミニチュア：13〜15cm
スタンダード：20〜23cm

体重
ミニチュア：4〜5kg
スタンダード：9〜12kg

寿命
12〜15年

さまざまな毛色

スムース・ヘアー

## 探究心旺盛で、勇敢かつ忠実
## 吠え声は大きいが、家庭犬や番犬としての人気も絶大

ドイツのシンボルともいえるこの犬は、今や世界的に人気を博しています。もともとはアナグマなど地中に生息する動物を狩る犬でした。「Dachshund（ダックスフンド）」とは、ドイツ語で「アナグマ犬」という意味です。ほかのハウンドと同じように嗅覚で獲物を追跡することもできますが、テリアのように地中に潜り、獲物を追い出したり仕留めたりすることもできます。アナグマだけではなくウサギやキツネ、オコジョなどをも獲物にしていました。

近代のダックスフンドは先祖よりさらに足が短く、ほかの小型犬や短足犬との混血も進んだようです。18〜19世紀中ごろには、獲物に合わせて異なるサイズのダックスフンドが作り出されました。また、もともとのスムース・ヘアーに加え、ロング・コートとワイアー・ヘアーのタイプも作られました（KCでは6種類が公認されています）。サイズにはスタンダードとミニチュアがあり、それぞれが被毛のタイプによってさらに3種類に分けられています。FCIは被毛による3種類と、サイズによるスタンダード、ミニチュア、ラビット（カニンヘン）の3種類を公認しており、サイズは胸囲を基準にしています。

ドイツでは現在でも狩猟に使われるダックスフンドがいますが、ほとんどは家庭のペットとして飼われています。サイズは小さくても、心身ともに十分な運動が必要です。賢く勇敢で愛情深い犬ですが、頑固な側面もあり、臭いを追いかけているときは命令を無視する傾向があります。人の家族に対しては防衛本能が働き、優秀な番犬にもなります。しかし見知らぬ人には警戒心をあらわにすることも。ロング・ヘアーの犬は、日常的にグルーミングする必要があります。

### 芸術家のお気に入り

パブロ・ピカソ、アンディ・ウォーホル、デイヴィッド・ホックニーという高名な芸術家たちが、スムース・ヘアーのダックスフンドを飼っていました。ピカソもウォーホルも愛犬の絵を描いていますが、ホックニーに至っては愛犬をテーマにした絵だけで展覧会が開けるほどの絵を残しています。彼は『スタンリー』と『ブーギー』という名の2頭の愛犬を「わが友人である2頭の愛しい小さな生き物たち」と呼び、「食事と愛が彼らの犬生においては最も重要」だと話しています。

デイヴィッド・ホックニー

ロング・ヘアーの子犬

シェーデッド・レッド

体高よりはるかに長い体長

シェーデッド・レッド

絹のような長い被毛

飾り毛のある垂れ耳

他より被毛が短い頭部

浅いストップ

ロング・ヘアー

タン色の頬ひげ

ワイルドボア

粗い手ざわりの被毛

前足は後ろ足より大きく幅広い

ワイアー・ヘアー

**おもしろいことを見つけると……**
元気いっぱいで活動的な犬なので、運動も精神的な刺激も十分に必要です。おもしろそうな臭いを見つけて追いかけ始めると、どんな号令や指示にも(一時的に)耳を貸さなくなることはよく知られています。

犬種の解説｜嗅覚ハウンド（セントハウンド）

# ジャーマン・ハウンド German Hound

体高：40〜53cm
体重：16〜18kg
寿命：10〜12年

「ブラケ（ハウンド）」といわれるタイプの狩猟犬は、ドイツでは昔から数多く存在していました。ジャーマン・ハウンド（別名「ドイッチェ・ブラケ」）は、そのなかで現存する数少ない犬種のひとつです。いくつかのブラケをかけ合わせて作られたこのハウンドは、今でも主に狩猟に使われています。性質の良い犬ですが、屋内での生活にはあまり向きません。

- 幅の広いペンダント・イヤー
- 頭部には白いブレーズ
- わずかにアーチがかった背に黒のブランケット
- タン
- 少し黒が入った独特のピンク色の鼻
- 胸にホワイトのマーキング
- スムース・コート
- 足にホワイトのマーキング

# ドレーファー Drever

体高：30〜38cm
体重：14〜16kg
寿命：12〜14年

さまざまな毛色

20世紀初頭に小型で短脚のハウンド、「ウェストファリアン・ダックスブラケ」がスウェーデンに輸入されました。この犬種は獲物の追跡犬として人気を集めることになり、1940年代までにはこの犬のスウェーデン版であるドレーファーが作出されました。非常に強い狩猟本能を持つので、狩猟犬として飼うのがベストでしょう。

- 先端が丸みを帯びた垂れ耳
- 体の割に大きな頭部
- 頸〜胸を白い被毛が覆う
- スムース・コート
- 先端にホワイトが入った太くて長い尾
- 体長が体高より長い
- ホワイトのマーキングのあるシェーデッド・レッド
- 白い足

# ラウフフント　Laufhund

| 体高 | 体重 | 寿命 |
|---|---|---|
| 45〜59cm | 15〜20kg | 12年 |

シュヴァイツァー

### 気高い顔と鋭敏で引き締まった体　古代ローマにルーツを持つ犬

「スイス・ハウンド」としても知られるこの犬は、スイスには何百年も前から生息しています。アヴァンシュで見つかった古代ローマのモザイク画には、ラウフフントによく似たハウンドの群れが描かれています。ラウフフントには4種類あり、それぞれスイスの州にちなんだ「ベルナー（ホワイトにブラックの斑）」、「ルツェルナー（ブルー）」、「シュヴァイツァー（ホワイトにレッドの斑）」、「ブルーノ・ジュラ（タンにブラック・ブランケット／P140)」という名前を持ち、被毛の色が異なります。

鋭い嗅覚を持つ疲れを知らない追跡犬で、アルプスの高山地方でも苦なく仕事をします。ノウサギ、キツネ、それにノロジカの追跡犬として知られています。厚いアンダー・コートと丈夫なオーバー・コートからなる2層の被毛があらゆる天候から体を守っているのです。

ラウフフントは現在でも狩猟に使われていますが、優雅なコンパニオンにもなります。彫りが深く、洗練された頭部と均整の取れた体つきは、この犬に気高い雰囲気を与えています。家ではリラックスして従順、子どもに対してもやさしい犬です。しかしそのあふれるエネルギーを発散するためには、豊富な運動量が必要です。活動的な飼い主と田舎で暮らすことが合っているでしょう。

### 同一種、それとも別種？

スイス原産の狩猟犬は、もともとはまとめて「スイス・ビーグル」と呼ばれていましたが、1881年に原産地の違いにより4種に分けられました。それぞれジュラ、シュヴァイツァー、ベルナー（下図参照／1907年製のフランスの印刷物）、ルツェルナーという名前で、体つきは似ていますが被毛の色が異なります。これはおそらく、作出の過程で使われた犬種を反映しているのでしょう。たとえばルツェルナーはプチ・ブルー・ド・ガスコーニュ（P163）に非常によく似ています。1930年代にFCIの犬種標準に基づいて、色によって4タイプのバリエーションがあるラウフフントとして再び統合されました。しかしドッグ・ショーにおいては今でも別々の犬種として出陳されています。

- 細く優雅なドーム型の頭部。タンのマーキングがある
- ホワイトにブラックのパッチ
- 目の高さより下に付いた垂れ耳
- 優雅に垂れた尾
- 引き締まったまっすぐな背

ベルナー

ブルー

- 頭部にブラックのマーキング
- 濃淡さまざまなタンのマーキングがある頬

ルツェルナー

犬種の解説｜嗅覚ハウンド（セントハウンド）

# ニーダーラウフフント Niederlaufhund

体高 33～43cm　体重 8～15kg　寿命 12～13年

ルツェルナー

## ラフ・コートのベルナー

ラウフフントを小型化するにあたり、シュヴァイツァー、ルツェルナー、ジュラのブリーダーは、サイズが小さい以外はラウフフントと同じスムース・コートのセントハウンドを作り出しました。ベルナー・ニーダーラウフフントの作出も同じように慎重な繁殖計画に基づいていましたが、20～40頭に1頭の割合でラフ・コートの子犬が誕生しました。このラフ・コートの起源についてはっきりした説明は見当たらず、現在でも希少種です。ラフ・コートの犬も、被毛以外はすべてスムース・コートのベルナー・ニーダーラウフフントと同じです。

### よく吠える優れた狩猟犬
### 十分に運動させればよい家庭犬にも

ラウフフント（P173）の小型短脚バージョンで、20世紀初頭に作出されました。狩猟場（とくにスイス各州の高山帯にある鳥獣保護区）を最大限活用することを目的に繁殖されました。大型のラウフフントはそのような囲われた保護区で使うには動きが速すぎると考えられたためです。動きがやや遅いニーダーラウフフントのほうが、効果的に大型の獲物を追跡できます。胴が短くずんぐりした外見で、イノシシやアナグマ、クマなどの追跡において優れた嗅覚を発揮します。

この犬には4つのバラエティーがあり、ラウフフントの各タイプ（ベルナー、シュヴァイツァー、ジュラ、ルツェルナー）から作出されています。大型のラウフフント同様、それぞれ被毛の色が異なります。ベルナー・ニーダーラウフフントには、スムース・コートと珍しいラフ・コートの2つのタイプがあります。シュヴァイツァー、ジュラ、ルツェルナーはスムース・コートのみです。

現在でも主に作業犬として使われていますが、友好的で子どもに対しても寛容なので、家庭犬にも適しています。ただ、しっかりしたしつけと、臭いを見つけて追いかけることへの強い欲求を満たしてやる機会が必要です。十分な運動が可能で、知的刺激にもあふれた環境下での飼育が最適でしょう。

活動中は下がる長い尾

ホワイトにブラックのパッチ

目の上にタンのマーキング

長い垂れ耳

友好的だが油断のない表情

白いブレーズがマズルの両横まで伸びる

ベルナー（スムース・ヘアー）

シュヴァイツァー

ホワイトにオレンジのパッチ

嗅覚ハウンド（セントハウンド）

## バヴェリアン・マウンテン・ハウンド　Bavarian Mountain Hound

体高：44～52cm
体重：25～35kg
寿命：10年

フォーン～ビスケット
（ブリンドル、もしくは胸に小さな明るい色の斑が入る場合もある）

1870年代に、ドイツの山岳地方で仕事をするために作られた犬。体は比較的華奢ですが、作業性能に優れた追跡犬であり、イノシシやシカなど大型の獲物の追跡に使われています。運動量は膨大ながら落ち着いた性質なので、家庭犬にも適しています。

- 用心深いダークな目
- 後躯にかけて少しずつ上がる背
- 幅広く平らな頭部
- 幅の広い垂れ耳
- 色の濃いマスク
- 粗く、体に密着した短毛
- ディア・レッド

## ハノーヴィリアン・ハウンド　Hanoverian Scenthound

体高：48～55cm
体重：25～40kg
寿命：12年

大型の獲物を追跡する犬で、古くから存在します。このタイプのドイツ原産の犬は、狩猟に駆り出されていた中世以降よく知られています。現代でもほとんど見た目は変わっておらず、今でも傷を負った獲物の追跡に使われています。信頼する飼い主に対してはどこまでも忠実で、見知らぬ人には用心深い犬です。

- 高い位置に付いた幅広い垂れ耳
- 額にわずかに寄ったしわ
- ディア・レッド・ブリンドル
- 長く力強い背
- 非常にはっきりしたストップ
- 垂れた上唇
- ややカーブした長い尾
- 厚く、粗い手ざわりの短毛

175

犬種の解説｜嗅覚ハウンド（セントハウンド）

# ドーベルマン　Dobermann

| 体高 | 体重 | 寿命 | |
|---|---|---|---|
| 65〜69cm | 30〜40kg | 13年 | イザベラ／ブルー／ブラウン |

## たくましさと優雅さを兼ね備えた犬
## 経験豊富で活動的な飼い主のもとでは忠実で従順なペットに

　19世紀末、護衛犬の必要性を感じていたドイツ人収税官吏のルイス・ドーベルマン氏によって作出された、力強く防衛本能の強い犬。ジャーマン・シェパード・ドッグ(P42)とジャーマン・ピンシャー(P218)から作り出したとされており、国によっては今でも「ドーベルマン・ピンシャー」と呼ばれることがあります。ほかにグレーハウンド(P126)、ロットワイラー(P83)、マンチェスター・テリア(P212)、ワイマラナー(P248)の血も入っていると考えられています。ドーベルマンはこれらの犬から、警護・追跡の能力、知性、耐久力、スピード、そして美しい外見などさまざまな優れた資質を受け継ぎました。

　ドーベルマンが初めてドッグ・ショーに出陳されたのは1876年のことで、すぐに人気犬となります。20世紀までには警察犬、護衛犬、それに軍用犬として欧米全体で需要が高まりました。今なお警察犬や警備犬として幅広く使われていますが、今日では家庭犬としても人気があります。過去には、「ドーベルマンは攻撃的だ」という評判もありました。毅然とした接し方は必要ですが、尊敬できる飼い主に対しては愛情深く忠実で、学習意欲もあります。ドーベルマンは突出して訓練しやすい犬であることを、さまざまな研究が示しているのです。さらに家族の一員であることを喜びます。アメリカなど一部の国では、現在でも耳を立たせるための断耳や断尾が行われていますが、こうした習慣はヨーロッパではほとんどの国で禁じられています。

子犬

### アメリカ海兵隊のドーベルマン

アメリカ海兵隊では第二次世界大戦で初めて軍用犬が用いられ、見張り、偵察、伝令、敵部隊の発見などで活躍しました。「デビル・ドッグ」と呼ばれていた海兵隊の軍用犬は、そのほとんどがドーベルマンでした。太平洋戦争には7個小隊が従軍し、勇敢な行動で多くの人命が救われました。1994年、グアムにある軍用犬の墓地（写真）で、ドーベルマンの銅像の除幕式が行われました。これは、50年前にグアム解放のために従軍して殉死した25頭の犬を記念する像です。銅像につけられた名「Always Faithful（つねに忠誠を）」は、アメリカ海兵隊のモットーである「Semper Fidelis」（ラテン語）を英語に訳したものです。

グアムのアメリカ海兵隊軍用犬墓地にある「Always Faithful」の銅像

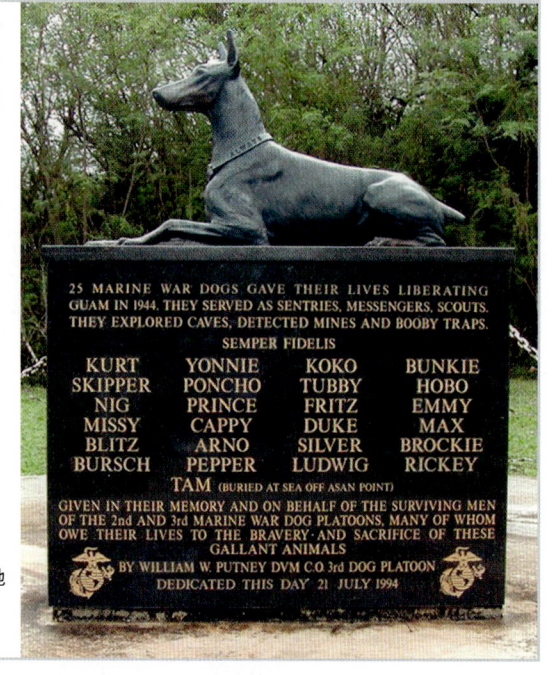

嗅覚ハウンド（セントハウンド）

頭部は長く平ら

三角形の
ドロップ・イヤー

典型的なタンの
マーキング

**ブラック&タン**

背は尻にかけて
緩やかに傾斜する

アーモンド形の目の上には
タンのスポット

なめらかな短毛

深い胸

コンパクトな
猫足

177

犬種の解説｜嗅覚ハウンド（セントハウンド）

## ブラック・フォレスト・ハウンド
Black Forest Hound

体高：40〜50cm
体重：15〜20kg
寿命：11〜12年

別名「スロヴェンスキー・コポフ」。東ヨーロッパ中央部にある丘陵地帯や雪深い山林地帯に起源を持ち、イノシシやシカなどの獲物を小さな群れ（もしくは単独）で狩るのに使われています。地元のハンターはこの犬を好んでよく使います。粗い被毛に体を守られていて、深い茂みの中を何時間でも臭いを追いかけることができるからです。

- わずかに先細りのマズル
- ブラック＆タン
- 先の丸い垂れ耳
- 目の上に典型的なタンのスポット
- 卵形でアーチがかった足

## ポーリッシュ・ハウンド
Polish Hound

体高：55〜65cm
体重：20〜32kg
寿命：11〜12年

重いブラケとより軽い嗅覚ハウンドから生まれたこの希少種は、ポーランドの山岳地方の深い森で、大型の獲物の狩猟犬として誕生しました。中世の時代には、ポーランドの貴族がこの犬の先祖をパック・ハンティングに使っていました。並外れた追跡能力を持っており、高速で走りながらその能力を発揮することができます。

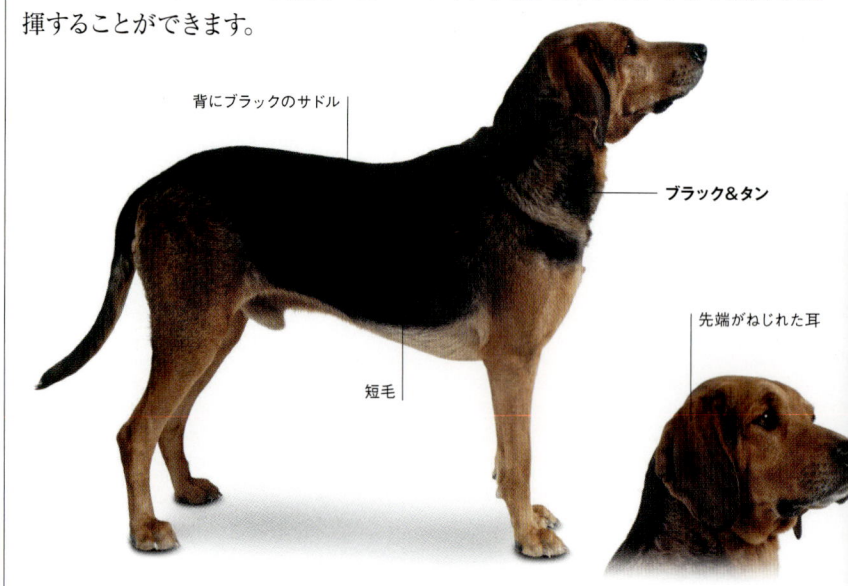

- 背にブラックのサドル
- ブラック＆タン
- 短毛
- 先端がねじれた耳

## トランシルバニアン・ハウンド
Transylvanian Hound

体高：55〜65cm
体重：25〜35kg
寿命：10〜13年

ハンガリアン・ハウンド、エルデーイ・コポーとしても知られる頑健なハウンドで、かつてはハンガリー王族のみが所有できる犬でした。今では、その鋭い方向感覚と、雪に閉ざされどんよりしたカルパチアの森の過酷な気候にも耐えるたくましさで、大型の獲物の狩猟犬として非常に好まれています。現在でも非常に珍しい犬種です。

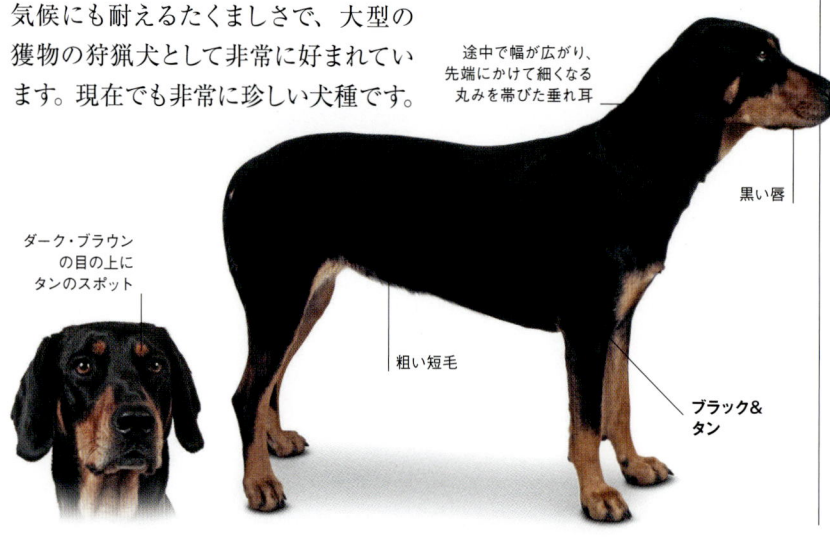

- 途中で幅が広がり、先端にかけて細くなる丸みを帯びた垂れ耳
- 黒い唇
- ダーク・ブラウンの目の上にタンのスポット
- 粗い短毛
- ブラック＆タン

## ポサヴァッツ・ハウンド
Posavaz Hound

体高：46〜58cm
体重：16〜24kg
寿命：10〜12年

クロアチア名は「ポサヴスキ・ゴニッチ」で、「サヴァ・バレー出身の嗅覚ハウンド」という意味です。その丈夫な体はサヴァ川流域の下草の生い茂るところでの猟に最適。狩りでは情熱的ですが、家ではきわめて従順なハウンドです。

- 平らで薄く先端が丸まった垂れ耳
- レディッシュ・ウィートン
- まっすぐで厚い被毛
- 細長い頭部
- ダークで大きな目
- ホワイトの頸回りと胸
- 白いマズル

嗅覚ハウンド（セントハウンド）

# ボスニアン・ラフコーテッド・ハウンド Bosnian Rough-coated Hound

- 体高：45〜56cm
- 体重：16〜25kg
- 寿命：12年

トライカラー

かつて「イリリアン・ハウンド」と呼ばれていた犬種。19世紀以降、ハンターとともに狩猟を行ってきました。頑健でしっかりした体を持ち、厚く粗い被毛に覆われているので過酷な寒さや下草が厚く生い茂る中でも仕事をすることができます。

- ダーク・レッドの垂れ耳
- 楕円形でチェスナット・ブラウンの大きい目
- 頸から尾にかけて黒い部分がある
- 胸と肢には赤みがかった黄色の毛
- バイカラー
- ワイアー状の長い被毛。厚いアンダー・コートを持つ
- 猫足

# モンテネグリン・マウンテン・ハウンド Montenegrin Mountain Hound

- 体高：44〜54cm
- 体重：20〜25kg
- 寿命：12年

「ユーゴスラヴィアン・マウンテン・ハウンド」としても知られる、セルビア出身の希少な犬種。落ち着いた穏やかな性質で、狩りをしない飼い主にも人気です。今なおキツネやノウサギ、さらにはシカやイノシシなど大型の獲物の狩猟にも使われる優秀なハウンドです。

- タンのマーキング
- 長いペンダント・イヤー
- 適度に発達した上唇
- サーベル状に下がった尾
- 胸にタンのマーキング
- 粗い手ざわりで光沢のある被毛
- ブラック&タン

179

犬種の解説｜嗅覚ハウンド（セントハウンド）

## セルビアン・トライカラー・ハウンド Serbian Tricoloured Hound

体高：44～55cm
体重：20～25kg
寿命：12年

　かつてモンテネグリン・マウンテン・ハウンド（P179）のバリエーションとされていた珍しい犬種。人目を引くホワイトのマーキングがあり、モンテネグリンと区別できます。キツネやノウサギ、時に大型の獲物の狩猟に使われますが、穏やかで愛情深い家庭犬にもなります。

- ペンダント・イヤー
- 黒のマントル
- 胸骨の端まで広がるホワイトの被毛
- トライカラー
- ホワイトの肢
- 光沢がある短毛
- 尾の先端にホワイトが入る

## セルビアン・ハウンド Serbian Hound

体高：44～56cm
体重：20～25kg
寿命：12～14年

　よく響く特徴的な声を持ち、群れで狩りを行う犬。ウサギからヘラジカ、イノシシまで、あらゆる大きさの獲物を追跡します。狩猟を離れればやさしい性質で、活動的な家族にとって良い家庭犬となります。同居犬がいればさらに良いでしょう。番犬としても優れた犬です。

- こめかみの両側に黒いマーキング
- ペンダント・イヤー
- 目は楕円形で目尻は上がる
- はっきりした胸骨
- スムース・コート
- ブラックのマントルのあるレッド

嗅覚ハウンド（セントハウンド）

## ヘレニック・ハウンド　Hellenic Hound

体高：45～55cm
体重：17～20kg
寿命：11年

　古代ギリシャの伝統的な嗅覚ハウンドの子孫で、狩りでは遠くまでよく響く声で吠えます。かつてはイノシシやノウサギ猟に使われましたが、きちんとしつけをすれば楽しい家庭犬になります。走り回れるだけの広いスペースがなければ、問題行動を起こすこともあるので注意が必要です。

- 浅いストップ
- 頭部は典型的なハウンドの形
- 先端が丸みを帯びた垂れ耳
- 顔にタンのマーキング
- 体高に比例して長い背
- 優雅で力強い頸
- なめらかな短毛
- 先端がとがった先細りの尾
- ブラック&タン

## マウンテン・カー　Mountain Cur

体高：41～66cm
体重：18～27kg
寿命：12～16年

さまざまな毛色

　ヨーロッパからアメリカに渡った初期の入植者が連れて来た狩猟犬と、土着の犬を交配して生まれた北米原産の犬。犬種として認識されたのは1950年代になってからです。この犬は今でもアライグマやクマなどの狩猟に使われています。室内飼い向きの犬ではありませんが、きちんと訓練をすれば良い家庭犬になります。

- 筋肉質の背
- ドロップ・イヤー
- レッド
- 丈夫で筋肉質な頸
- 胸にホワイトのマーキング
- 厚い短毛
- 幅広い頭部
- ダークで大きな目
- 足先にホワイトが入る

181

犬種の解説 ｜嗅覚ハウンド（セントハウンド）

嗅覚ハウンド（セントハウンド）

# ローデシアン・リッジバック Rhodesian Ridgeback

体高 61〜69cm　体重 29〜41kg　寿命 10〜12年

**荒々しく神経過敏な面を持つ犬**
**経験豊富な飼い主と、心身ともに多くの刺激が必要**

背骨に沿って見られる「リッジ（逆毛）」が特徴的な犬。この部分だけ、他とは逆向きに毛が生えています。ジンバブエ（かつてのローデシア）原産のハウンドで、16〜17世紀にかけてヨーロッパからの入植者がアフリカ南部に持ち込んだ犬の子孫です。この犬を先住民が使っていた半野生の狩猟犬と交配して作られたのです。そうして作られた犬が、1870年にローデシアに持ち込まれ、1922年にはローデシアン・リッジバックの最初のスタンダードが作成されました。

この犬は群れでライオンの狩りに使われ、ハンターは馬に乗っていました。こうした背景から、「アフリカン・ライオン・ドッグ」と呼ばれることもあります。また、ヒヒなど他の動物の猟に使われることもありました。1日中でも狩りができるほどのスタミナを持ち、アフリカの低木地帯における寒暖差にも耐えられます。家族や敷地を守る護衛犬としても使われました。

現在でも狩猟犬や護衛犬として活躍していますが、家庭犬としての人気も次第に高まっています。どう猛な印象がありますが、やさしい性質で愛情深い犬です。子どもには少々荒々しすぎるかもしれません。家族に対しては強い防衛本能を発揮し、見知らぬ人には打ち解けません。早い時期に徹底的に社会性を身に着ける必要があります。聡明で気が強いので、毅然とした「パック・リーダー（群れのリーダー）」になれる経験豊富な飼い主のもとで暮らすのがベストです。また、つねに何らかの仕事で忙しくさせておくことも必要です。退屈したり、運動が不足したりすると、問題行動に発展する可能性があります。

## 「ライオン・ドッグ」

ローデシアン・リッジバックの狩猟本能は、グレート・デーン（P96）、マスティフ（P93）、イングリッシュ・ポインター（P254）などヨーロッパの犬、それにコイコイ人（ホッテントット）が使っていた頑健で恐れを知らない犬から受け継がれたものです。ライオン狩りは小さな群れで行われました。ローデシアン・リッジバックには、獲物に遅れずについていくだけのスピードと敏捷性、そしてハンターが銃で仕留めるライオンを追い詰めて逃げられないようにしておく勇気があったのです。この犬は南米ではジャガー、北米ではマウンテン・ライオン、リンクス、クマの狩猟に使われてきました。

子犬

色の濃い垂れ耳
黒いマズル
胸に小さなホワイトのマーキング
レッド・ウィートン
足先にホワイトのマーキング
コンパクトな足

黒い鼻
光沢のある短毛
特徴的な「リッジ（逆毛）」
先細りの長い尾

183

**穴掘りの本能**
夢中で仕事をするジャック・ラッセル・テリア——。穴掘りはこの犬の天職です。テリアのほとんどは、根っからの穴掘り&トンネル掘り職人なのです。

# テリア

頑健、勇敢、自信家、エネルギッシュ……。テリアには、これらすべての形容が当てはまります。「テリア」という名はラテン語で大地を意味する「terra（テラ）」に由来し、地中にすむネズミなどの害獣を退治する小型犬の役割を表しています。しかし、現代のテリアには別の目的で繁殖された大型犬も含まれています。

テリアの多くはイギリス原産です。かつてのイギリスでは、テリアは労働者のための狩猟犬と考えられていました。ノーフォーク・テリア（P192）、ヨークシャー・テリア（P190）、レークランド・テリア（P206）などは、犬種名に作出された地方の名前が使われています。また、狩猟の対象となっていた動物にちなんだ犬種名も見られ、フォックス・テリア（P208）、ラット・テリア（P212ページ）などがその例です。

テリアは生まれつき反応が速く、獲物を追いかけているときは驚くべき執念を見せます。独立心旺盛（これがわがままといわれることも）で、自分より大きな犬に対しても一歩も引くことがありません。近年人気の高いジャック・ラッセル・テリア（P196）やケアーン・テリア（P189）など、穴の中で狩りをするための犬は、小型で頑健、そして短脚です。アイリッシュ・テリア（P200）やソフトコーテッド・ウィートン・テリア（P205）など、脚の長いテリアは、地上での狩猟に使われたり、家畜の群れを守る護衛犬として働いていました。もともとアナグマやカワウソ狩りのために作られたエアデール・テリア（P198）や軍用犬、警備犬として特別に作られた見事な体格のロシアン・ブラック・テリア（P200）が大型のテリアとして知られています。

19世紀になると、違ったタイプのテリアの人気が高まります。テリアとブルドッグの異種交配によって、ブル・テリア（P197）、スタッフォードシャー・ブル・テリア（P214）、アメリカン・ピット・ブル・テリア（P213）など、闘犬やブルベイティングなどの残忍な娯楽を目的とした犬が作り出されたのです。幅広い頭部と強力な顎から、これらの犬はマスティフと近い関係にある可能性が考えられます。

現在では、テリアの多くの犬がペットとして飼われています。賢く、友好的で愛情深いテリアは、家庭犬としても番犬としてもすばらしい犬です。ただし、テリアならではの性質は生まれつき持っているので、他の犬やペットと問題を起こさないようにするためには、早期の訓練と社会化が必要です。ハンティング・テリアは穴を掘るのも大好きで、庭を荒らしてしまうこともあります。闘犬としての歴史がある犬種も、今では攻撃性がかなり失われ、特性をよく理解した飼い主がきちんとしつけをすれば信頼できる家庭犬になります。

犬種の解説｜テリア

# チェスキー・テリア Cesky Terrier

| 体高 | 体重 | 寿命 | | |
|---|---|---|---|---|
| 25～32cm | 6～10kg | 12～14年 | レバー | （ひげ、頬、頸、胸、腹部と四肢にイエロー、グレー、ホワイトのマーキングが入ることもある。首元や尾の先端も時にホワイト） |

## タフで勇敢、時にわがままな一面
## 忍耐強いしつけで、陽気でのんびりした家庭犬に

「チェック・テリア（あるいはボヘミアン・テリア）」としても知られる犬。1940年代に、現在のチェコにあたる地域で作出されました。作出者であるフランチシェク・ホラークは、それまでスコティッシュ・テリアのブリーディングを行っていましたが、獲物の巣穴に入り込むことができて、扱いも容易な、より小型の犬を作りたいと考えていました。ホラークはシーリハム・テリアのブリーダーと連絡を取り、1949年にシーリハムとスコティッシュをかけ合わせました。1950年代に入るとさらに改良を続け、チェスキー・テリアを作り上げたのです。ホラークの作出したこの犬は、1959年にチェコスロバキアケネルクラブに登録され、63年にはFCIにも登録されました。80年代に入り、ホラークはこの犬の遺伝的基礎を広げようと、さらに多くのシーリハムとの交配を行いました。

チェスキー・テリアはキツネ、ウサギ、アヒル、キジの狩猟を目的に、そして原産国ではイノシシの狩猟もできるように作られています。十分なスタミナと強い狩猟欲があり、単独でも群れでも狩りをします。

現在でも作業犬や番犬として役立っています。ヨーロッパやアメリカでも紹介されてはいますが、チェコ以外の国では今でも珍しい犬種です。テリアにしては比較的落ち着いており、遊び好きなので家庭犬として飼われることもあります。とはいえ、やはりテリアの頑固さは持ち合わせているので、子犬のころから一貫した訓練が必要です。被毛は多くのテリアよりやわらかいのが特徴で、ボディは短く、顔と四肢、腹部の毛は長いまま残しておくのが一般的です。2～3日ごとにブラッシング、3～4カ月ごとにはトリミングする必要があります。

ややウエーブがかった被毛は絹のような光沢を持つ

リラックス時には尾は低い位置に保持する

四肢の下部〜足先にあるイエロー・ホワイトの被毛は、顎ひげの色とマッチする

### 犬種作出者

チェスキー・テリアは、フランチシェク・ホラーク（1909～1996）によって作出されました。彼は9歳で犬のブリーディングを始め、1930年代に初めてスコティッシュ・テリアを繁殖しました。チェスキー・テリアの作出を始めた1949年以降、ホラークの「Lovu Zdar（成功するハンティング）」犬舎は有名になり、1989年にチェコの国境が解放されると、世界中の人々が見学にやってきました。ホラークは長生きしたので、自分の作出した犬がチェコの国犬となるのを見届けることができました。

チェコスロバキアの切手に描かれたチェスキー・テリア（左下／1990年）

テリア

頭部前面の毛は
長いまま残される

グレー・ブルー

長い顎ひげ

三角形の
ドロップ・イヤー

後ろ足よりも
大きな前足

187

犬種の解説 | テリア

# ウエスト・ハイランド・ホワイト・テリア
West Highland White Terrier

| 体高 | 体重 | 寿命 |
|---|---|---|
| 25〜28cm | 7〜10kg | 9〜15年 |

## 快活でちょっぴり生意気な一面を持つテリア
## 子犬のうちに社会性を身に着けさせることが大事

小型テリアで最も愛されている犬種のひとつであるウエスト・ハイランド・ホワイト・テリア（ウエスティー）は、19世紀にスコットランドでケアーン・テリア（P189）をもとに作出されました。作出に最も大きく貢献したのは、エドワード・マルコム大佐。一説によれば、彼が白いテリアの繁殖を思い立ったのは、自らが飼うケアーン・テリアがキツネと間違えられて銃で撃たれたことが理由だったとか。白いテリアであればそうそう獲物と見間違えられることはなかろうと考えたのです。

ウエスティーはキツネ、カワウソ、キジ、そしてネズミなどの害獣を退治するための犬なので、敏捷で岩場に飛び乗ることができ、小さなすき間にも体をすべり込ませられることが求められました。そして、キツネと至近距離で向き合える勇気も必要とされてきました。

現在では、この犬のほとんどはペットとして飼われています。聡明で好奇心旺盛、友好的でもあり、どのような家庭にも適応するでしょう。ただ、飼い主が多くの時間を一緒に過ごし、十分な活動をさせる必要があります。退屈すれば無駄吠えや穴掘りなどの問題行動を起こすこともあるので、早い段階で社会化の訓練も行うのがよいでしょう。体の大きさの割にきわめて強い自尊心を持っており、ほかの犬に対して尊大な態度を見せることもあるので注意が必要です。被毛は2〜3日ごとのお手入れが必要です。

### ブランド・イメージとしてのウエスティー

白い被毛とずんぐりした体つき、明るい性質を持つウエスティーは、世界的に有名な商品のブランド・イメージにもなっています。最もよく知られているのは、小型犬向けのドッグフード「Ceasar™（シーザー）」でしょう。「ブラック＆ホワイト・スコッチ・ウィスキー」は、ラベルに使われている黒のスコティッシュと白のウエスティーが、伝統的なスコットランドらしさを強調しています。また、アメリカのファッションブランド「JUICY COUTURE」の香水のロゴには、2頭のウエスティーが使われています。

「ブラック＆ホワイト・スコッチ・ウィスキー」の宣伝用ポスター

- 直立する短くまっすぐな尾
- トリミングが必要な被毛
- 短脚
- 後ろ足より大きめの前足
- ホワイト
- ふさふさの眉の下にはダークで輝く目
- 先のとがった小さな立ち耳
- 毛がふさふさした頭部
- コンパクトでがっしりしたボディ

テリア

## ケアーン・テリア Cairn Terrier

- 体高：28～31cm
- 体重：6～8kg
- 寿命：9～15年

- レッド
- グレー（ほぼブラック）
- （ブリンドルも見られる）

スコットランドのウエスタンアイルズに起源を持つケアーン・テリアは、小害獣駆除のために作られました。集合住宅でも飼えるくらいの、陽気で個性豊かな小型犬で、同時に田舎の広い家で走り回るような元気にもあふれています。ただし、動くものはすべて追いかけたくなるこの犬の本能は、早い段階でコントロールする必要があります。

- 短めの毛が生えたダークな耳
- 粗いハーシュ・コート
- ウィートン
- もじゃもじゃの眉が、ダーク・ヘーゼルの目に覆いかぶさる
- クリーム
- 後ろ足より大きめの前足

## スコティッシュ・テリア
Scottish Terrier

- 体高：25～28cm
- 体重：9～11kg
- 寿命：9～15年

- ウィートン
- （ブリンドルも見られる）

スコティッシュ・テリアと名がついたのは19世紀の終わりですが、このタイプの犬はそのはるか以前からスコットランドのハイランド地方に存在していました。「スコッチ」の愛称で知られるこの犬は、四肢が短く体高が低い体のつくりですが、力強く敏捷で、ウエスティー（P188）やケアーン・テリア（上）と同様に、小害獣ハンターとして繁殖されていました。性質はやさしくて用心深いので、良い家庭犬になります。

- 長めの頭部
- 粗いワイアー・コート
- もじゃもじゃの眉
- ブラック
- 長く厚い顎ひげ

## シーリハム・テリア
Sealyham Terrier

- 体高：25～30cm
- 体重：8～9kg
- 寿命：14年

もともとはアナグマやカワウソを駆除するために作られた犬。今では作業犬ではなく、もっぱらペットとして飼われています。なわばり意識が強いので良い番犬になりますが、頑固な気質があるために、訓練には飼い主の忍耐が必要です。その特徴的なトリミング・スタイルは、定期的なお手入れが必要です。

- 先細りの尾は立っているが巻いていない
- 中程度の大きさでダークの丸い目
- 小さな垂れ耳
- ホワイト
- トリミングによって四角く見える顎

犬種の解説 | テリア

# ヨークシャー・テリア Yorkshire Terrier

体高 20〜23cm　体重 最大で3kg　寿命 12〜15年

## 見た目のかわいらしさや小さな体とは裏腹に
## テリア特有の気骨ある性質を持った犬

　ヨークシャー・テリアは、小さくてかわいらしい外見からは想像できないほど、勇気と活力と自信を備えています。聡明で服従訓練にもよく反応します。しかし、大型犬ならけっして許されないような問題行動をやり過ごしてしまうような飼い主だとつけ込まれ、激しく吠えたてて要求の多い犬になることがあります。正しくトレーニングすれば、やさしく愛情深く、忠実で活発な性格を見せてくれます。もともとこの犬は、イングランド北部で毛織物工場や鉱山の坑道にはびこるネズミを捕獲するために作られたのですが、最も小さな個体を使った選択的交配によって徐々に小型化。やがて貴婦人が連れ歩くアクセサリーのような存在になりました。しかし、甘やかすことはヨークシャー・テリアの活動的な性質とは相容れません。毎日最低30分は歩かせてもらったほうが、この犬は幸せなのです。

　ドッグ・ショーに出陳するときの長く美しい被毛は、ふだんは薄い紙を折りたたんでラッピングし、ゴムバンドで留めて保護します。ドッグ・ショー用の被毛の手入れには非常に時間がかかりますが、ヨークシャー・テリアは特別な注意を払われることが大好きな犬なのです。

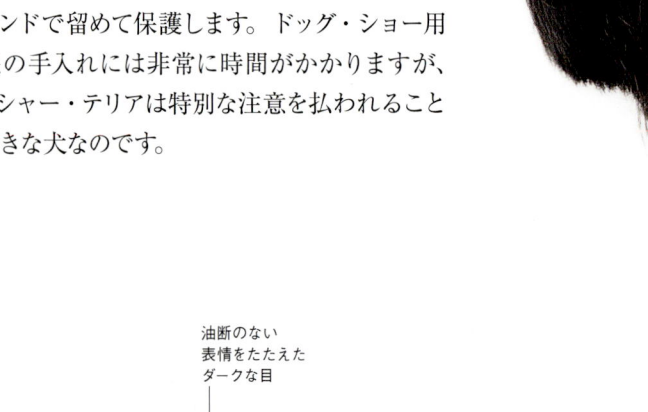

尾は体のほかの部分よりダークな被毛で覆われる

ダーク・スチール・ブルー

油断のない表情をたたえたダークな目

豊かで輝く顔と胸のタンの被毛

### ミスター・フェイマス

ショービジネスの世界で最初の有名犬といえば、オードリー・ヘップバーンの愛犬、『ミスター・フェイマス』が挙げられるでしょう。ミスター・フェイマスはかなり甘やかされていたようですが、オードリーといつも一緒だったのですから、それも当然のことかもしれません。オードリーはどこに行くにも必ずミスター・フェイマスを同伴し、ミュージカル映画『パリの恋人』（1957年）では一緒に映画にも出演しました。オードリーはさまざまな流行を作り出しましたが、ミスター・フェイマスは現代の「ハンドバッグ・ドッグ」の先駆けといえるかもしれません。

テリア

被毛を短くカットした
若いヨークシャー・テリア

逆V字形の
小さな立ち耳

頭部の長い被毛は
リボンでまとめられる
（トップノット）

黒い鼻

平らな背線

ショー用の長い被毛は
鼻から尾の先まで中央で
左右に分けられている

細いシルキー・コート

191

犬種の解説｜テリア

## オーストラリアン・テリア
Australian Terrier

- 体高：最高で26cm
- 体重：最大で7kg
- 寿命：15年

タン混じりのブルー

　ケアーン・テリア（P189）、ヨークシャー・テリア（P190）、ダンディ・ディンモント・テリア（P217）を含むさまざまなテリアを交配した結果生まれた犬だと考えられています。これらの犬は、19世紀にイギリスからの入植者がオーストラリアに持ち込みました。小さいながら元気いっぱいのこの「オージー・ドッグ」は、すばらしい家庭犬になります。

- 頭部には明るめのやわらかい被毛
- 粗くまっすぐで密生する被毛
- 平らな背
- 明瞭なストップ
- レッド
- わずかに飾り毛のある前肢

## オーストラリアン・シルキー・テリア
Australian Silky Terrier

- 体高：最高で23cm
- 体重：最大で4kg
- 寿命：12～15年

　19世紀の終わりにオーストラリアン・テリア（左）とヨークシャー・テリア（P190）をかけ合わせて作られた犬。典型的なテリアといえる性質を持ち、穴掘りが大好きで追跡本能もあります。小動物が一緒にいるときは注意が必要。長い被毛がからまないようにするためには、こまめにグルーミングしなければなりません。

- 高い位置に付き上を向いた尾
- 長いシルキー・コート
- 目を覆う明るい色の被毛
- **スチール・ブルー**
- 肢と胸にタンのマーキング

## ノーフォーク・テリア Norfolk Terrier

- 体高：22～25cm
- 体重：5～6kg
- 寿命：14～15年

- レッド
- ブラック＆タン
（グリズルも見られる）

　ネズミ駆除用のさまざまな犬を交配して作られた、精力的な狩猟犬です。ネズミ駆除犬は群れ（パック）で仕事をするため、ノーフォーク・テリアはほかの多くのテリアに比べれば犬に対して社交的です。しかし犬以外のペットと一緒にすることには注意が必要。ある程度大きくなった子どものいる家庭なら、番犬やペットとしても飼うことができるでしょう。

- コンパクトで短いボディ
- 小さく丸い足
- まっすぐな尾
- **ウィートン**
- 鋭く注意深い表情をたたえた楕円形の目
- ドロップ・イヤー
- 力強く丸みのあるマズル
- ワイアー状の直毛がボディに密着する

テリア

## グレン・オブ・イマール・テリア Glen of Imaal Terrier

体高：36cm
体重：16〜17kg
寿命：13〜14年

ブルー
ブリンドル

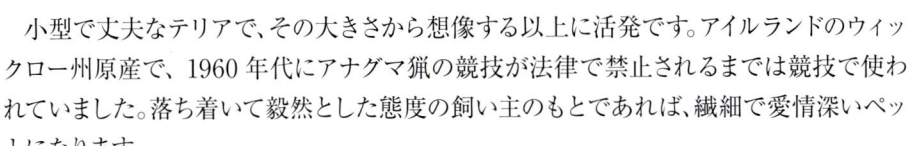

小型で丈夫なテリアで、その大きさから想像する以上に活発です。アイルランドのウィックロー州原産で、1960年代にアナグマ猟の競技が法律で禁止されるまでは競技で使われていました。落ち着いて毅然とした態度の飼い主のもとであれば、繊細で愛情深いペットになります。

- 中くらいの長さの粗い被毛で、やわらかいアンダー・コートがある
- ブラウンの丸い目
- 短脚
- 幅広いドーム型の頭とよく発達したストップ
- 短めの毛で覆われた小さな半立ち耳
- **ウィートン**
- コンパクトで力強い足

## ノーリッチ・テリア Norwich Terrier

体高：25〜26cm
体重：5〜6kg
寿命：12〜15年

ウィートン
レッド
（グリズルも見られる）

ノーフォーク・テリア（P192）同様、勇敢さと穏やかさのバランスがよく取れた犬です。のんきな性格で子どもには寛容ですが、見知らぬ人には吠えることもあります。ネズミ捕りのテリアはすべてそうですが、遊び好きで何かを追いかけるのが大好きです。

- 楕円形で、輝くダークの目
- **ブラック＆タン**
- 耳が立っているのが特徴。これでノーフォークと区別できる
- 平らで力強い背
- 頸周りの長く粗い被毛がラフを形作る
- 丸みを帯びた猫足
- **グリズル＆タン**
- まっすぐで力強く、短い前肢

193

犬種の解説｜テリア

# パーソン・ラッセル・テリア
Parson Russell Terrier

| 体高 33〜36cm | 体重 6〜8kg | 寿命 15年 | ホワイト（黒のマーキングが入る場合もある） |

**活動的で強い狩猟本能を持つ犬
毅然とした接し方と活動的な毎日が必要**

かつてジャック・ラッセル・テリア（P196）と同じ犬種とされていた、キツネ狩りのための犬です。今日では、長脚タイプがパーソン・ラッセル・テリア、短いほうがジャック・ラッセル・テリアと分類されました。

この犬種は、19世紀初めにイングランドのウエスト・カントリーでジャック・ラッセル牧師によって作られました。18世紀の終わり〜19世紀初頭にかけて聖職者の間では一般的だったのですが、ラッセル牧師も狩猟を楽しむ人でした。フォックス・テリア・クラブの設立メンバーでもあったラッセル牧師は、1876年にフォックス・テリア（P208）のスタンダードを定めることに貢献しました。しかし当時見られた「大人のメスギツネ」のような体型のフォックス・ハンティング・テリアは絶滅してしまい、最終的にパーソン・ラッセル・テリアとジャック・ラッセル・テリアが生まれたのです。

パーソンの熱烈なファンによる長年にわたる努力、とくに1980年代の働きかけを受けて、イギリスのケネルクラブ（KC）は1984年にようやく「パーソン・ジャック・ラッセル・テリア」を犬種として承認しました。その後、パーソン・ラッセル・テリアとして独立したのは99年のことです。

現在のパーソンは、長脚で胸が狭く、まるで職人のような犬です。聡明ではつらつとしているがゆえに、仲間との時間も日々の運動もたくさん必要で、これらがないと不満がたまって破壊的行動に及んでしまいます。人や馬ともうまくやっていけますが、狩猟欲が強いため、小動物にとってはリスクになることもあります。被毛は厚いアンダー・コートと粗いオーバー・コートからなり、スムース、ラフ（ブロークン）という被毛のバリエーションがあります。どちらのタイプも、グルーミングは簡単です。

高い位置に付いた白い尾。根元にタンが入る

スムース・ヘアーの子犬

中足は短い

## 初期の歴史

1818年、オックスフォード大学の学生だったジョン・ラッセルは、牛乳配達人からホワイトが優勢でタンのマーキングが入ったテリアを譲り受けました。彼は、狩猟時に馬を追いかけられるだけのスピードがあると同時に、巣穴に入ってキツネを追い出せるぐらい小型の犬が欲しいと考えていました。『トランプ』と名づけられたこのメスのテリアは、パーソン・ラッセル・テリアの基礎犬になりました。90年代にはジャック・ラッセルのタイプは十分確立され、イギリスの著名な画家であるジョン・エムスの絵画にも見られるようになっていました（右）。しかし、正式に犬種として承認されたのは1980年代になってからのことでした。

ジョン・エムスが描いたジャック・ラッセル（1981年）

テリア

スムース・ヘアー

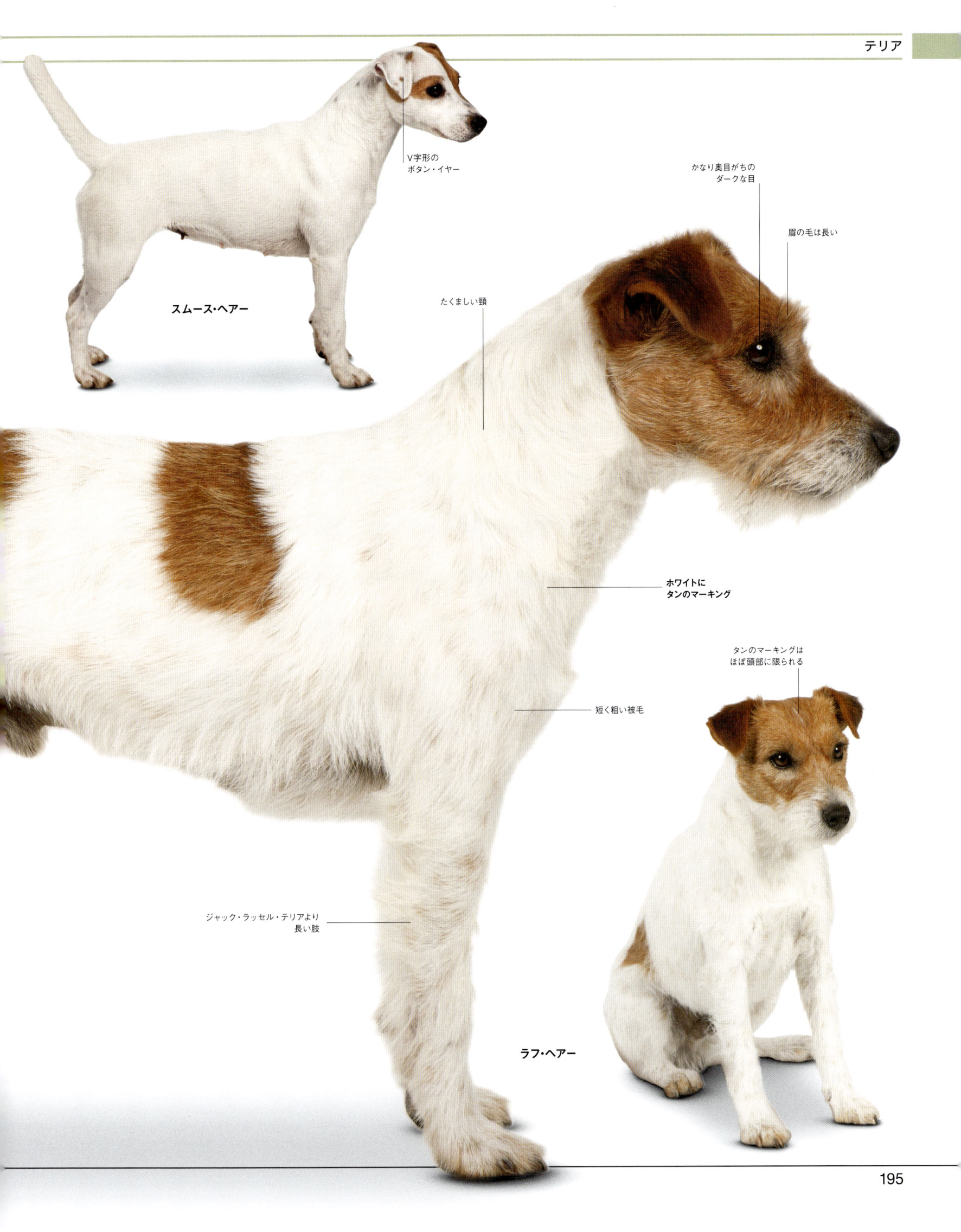

V字形の
ボタン・イヤー

かなり奥目がちの
ダークな目

眉の毛は長い

たくましい頸

ホワイトに
タンのマーキング

タンのマーキングは
ほぼ頭部に限られる

短く粗い被毛

ジャック・ラッセル・テリアより
長い肢

ラフ・ヘアー

195

犬種の解説｜テリア

## ジャック・ラッセル・テリア　Jack Russell Terrier

- 体高：25〜30cm
- 体重：5〜6kg
- 寿命：13〜14年

ブラックの入ったホワイト

元気がよくて勇敢なワーキング・テリア。19世紀に、ジョン・ラッセル牧師がキツネを穴から追い出させるための犬として作り出されたことから、この名がつきました。現在、この犬は優れたネズミ捕獲犬であり、また愛情深く元気あふれる家庭犬でもあります。パーソン・ラッセル・テリア（P194）に比べて、四肢が短くなっています。被毛のタイプはスムース、ワイアー（ブロークン）。

- ブラック＆タンのマーキングが入ったホワイト
- スムース・ヘアー
- 平らな頭頂
- 活動時は尾が直立する
- 体長は体高より長い
- 黒い鼻
- タンのマーキングが入ったホワイト
- ワイアー・ヘアー
- 丸い足

## ボストン・テリア　Boston Terrier

- 体高：38〜43cm
- 体重：5〜11kg
- 寿命：13年

ブリンドル（ホワイトのマーキングあり）

まるでおしゃれをしているように見えるその外見とおとなしい性質から「アメリカ犬界の紳士」とも呼ばれる犬。都会でも田舎でも良い家庭犬になります。ブルドッグといくつかのテリア・タイプの犬を交雑して生まれたためか、テリアの特徴であるネズミ捕りの本能は失われたようです。人間と一緒にいることが大好きで、日々の運動も必要です。

- 先のとがった立ち耳
- ダークで丸く、左右の間隔が離れた目
- 上部が平らでスクエアな頭部
- 短いマズルと黒い鼻
- ブラックにホワイトのマーキング
- 生まれつき短く、低い位置に付いた尾
- 小さく丸く、コンパクトな足

# テリア

## ブル・テリア　Bull Terrier

- 体高：53〜56cm
- 体重：23〜32kg
- 寿命：10〜12年

さまざまな毛色

　ブルドッグ（P95）とさまざまなタイプのテリアを異犬種交配した結果生まれた犬で、19世紀にイギリスで闘犬用に作られました。しかし闘犬のような激しいスポーツではあまり活躍することなく、ペットとして人気を手にしました。現代のブル・テリアは、通常は性質が落ち着いており、しっかりとした飼い主のもとであれば快適に過ごせます。

- 卵型をした独特の頭部
- 左右の間隔が狭く薄い立ち耳
- 先端にホワイトが入った尾
- ホワイトで幅広い胸
- ブリンドル
- 中足は短い
- ホワイト

## ミニチュア・ブル・テリア　Miniature Bull Terrier

- 体高：最高36cm
- 体重：11〜15kg
- 寿命：10〜12年

さまざまな毛色

　ブル・テリア（上）の縮小版で、1920年代までに絶滅しかけましたが、その後頭数の回復が図られました。ただ、今でも珍しい犬であることに変わりはありません。家庭犬として快適に暮らすには、ブル・テリアと同様に早期の訓練と社会化が必要です。

- 頭部前面に白いブレーズ
- 典型的な卵形の頭部
- 粗く光沢のある短毛
- 不完全ながら頸周りに白いカラー
- ブラック
- ホワイト
- 丸い足

197

犬種の解説｜テリア

# エアデール・テリア Airedale Terrier

| 体高 | 体重 | 寿命 |
|---|---|---|
| 56〜61cm | 18〜29kg | 10〜12年 |

## 軍用犬として

第一次世界大戦中、エアデール・テリアは英国陸軍と赤十字に多大な貢献をしました。戦場では情報の伝達や傷ついた兵士の捜索にあたりました。重大な危険や深刻なケガに耐えながら任務を遂行した犬もいます。『ジャック』という名のエアデール・テリアは、砲兵射撃にあって頸と前肢を骨折しながらも、沼地を通り抜けて情報を伝え、一個大隊を救ったといわれています。ジャックは使命を果たすと息絶えました。その勇敢さをたたえ、後に勲章が授与されました。エアデール・テリアは第二次世界大戦においても訓練を受けて従軍。下の写真は1939年に訓練所で撮影されたものです。

### テリアのなかで最も大きく多才な犬
### 家庭犬にも向く"テリアの王様"

テリアのなかで最も体高の高いエアデール・テリアは、「テリアの王様」として知られています。体つきはスクエアでたくましく、イングランド・ヨークシャーのエア渓谷に起源があります。もともとは害獣やカワウソなど大型の獲物を捕獲する頑強なテリアを求めて、19世紀半ばに地元の猟師が作出した犬です。ブリーダーは、ブラック＆タンのテリアをオッターハウンド（P142）やアイリッシュ・テリア（P200）、そしてブル・テリア（P197）などとも交配させたようです。その結果、テリアの勇敢さとオッターハウンドの水中における狩りの技術を併せ持った犬が誕生しました。この犬種は川岸で仕事をさせられていたこともあり、そこから「ウォーターサイド・テリア」という別名で呼ばれることもあります。エアデール・テリアが犬種として正式に認められたのは1878年のことです。

エアデール・テリアは多目的に活躍し、臭跡を追い、獲物を回収し、小型の獲物を追跡することもできました。農家では家畜を集め、追い立て、さらには敷地を守る番犬としても使われました。また、エア川やその支流の川岸で行われたネズミ捕りの競技会でも活躍。80年代以降はアメリカにも輸出され、アライグマ、コヨーテ、ボブキャットなどの狩りに使われました。

その後はさらに、番犬、警察犬、軍用犬、捜索救助犬として働くなど、その多才さには目を見張るものがあります。さらには家庭犬としての人気も確立しています。友好的で賢く、テリアの性質にあふれており、追跡のスリルを愛する、そんな犬なのです。ですから毎日たっぷり運動をさせる必要がありますし、毅然と接しなければなりません。訓練への反応は良い犬種です。

子犬

警戒時に高く上がる尾
平らな背
ダーク・グリズルのサドル
ドロップ・イヤー
マズルには顎ひげ
グリズル＆タン
長く平らな頭部
ウエーブがかったワイアー・コート

犬種の解説 | テリア

## ロシアン・ブラック・テリア Russian Black Terrier

体高：66〜77cm
体重：38〜65kg
寿命：10〜14年

　1940年代に旧ソ連軍が作出した、大きな体の頑健なテリアです。ロシアの冬の厳しい寒さに耐え、軍用犬として働ける大型犬を作り出すのがブリーダーの狙いでした。作出のために使われた犬としては、ロットワイラー（P83）、ジャイアント・シュナウザー（P46）、エアデール・テリア（P198）などが挙げられます。巨大で見た感じは恐ろしい犬ですが、きちんとしつけをすることで友好的で安定した家庭犬になるでしょう。

- 豊かな顎ひげと頬ひげ
- 尾付きは高く、背上で湾曲していることも
- 垂れ耳で耳の被毛は短め
- ウエーブがかった被毛
- 長い大腿部
- ブラック
- スクエアで筋肉質なボディ
- 毛で覆われた大きくてがっしりした肢

## アイリッシュ・テリア Irish Terrier

体高：46〜48cm
体重：11〜12kg
寿命：12〜15年

ウィートン

　アイルランドのコーク州で見られるようになったテリア。初期の先祖についてはわかっていませんが、長い歴史があると考えられています。愉快な性格で、子どもとも一緒に過ごせます。しかし家の外では、他の犬に対して攻撃的になる傾向があります。

- ダークで小さな目とふさふさの眉
- V字形のボタン・イヤー
- レッド
- 頭は長く耳の間が狭い
- 顎ひげの生えたマズル
- 深い胸
- 粗いワイアー・コート

## ウェルシュ・テリア Welsh Terrier

体高：最高39cm
体重：9〜10kg
寿命：9〜15年

ブラック・グリズル&タン

かつてキツネ、アナグマ、カワウソ狩りに群れで使われていた犬で、1880年代に犬種として認められました。中型のテリアで、ショードッグとしても注目を集めるようになります。元気で活発ですが、他のテリアに比べると扱いやすく、家庭犬にも向いています。

- 高い位置に付いた小さなボタン・イヤー
- 耳の間が平らな頭部
- ダークで小さい目
- まっすぐ立った尾
- ワイアー・コート
- ブラック&タン
- スクエアでコンパクトなボディ
- 長い大腿部
- 小さく丸みを帯びた猫足

## ケリー・ブルー・テリア Kerry Blue Terrier

体高：46〜48cm
体重：15〜17kg
寿命：14年

アイルランドの国犬であるケリー・ブルー・テリアは、生まれたばかりは黒い毛色ですが、2歳になるまでに徐々に青みを帯びていきます。農場犬や番犬として活躍するなど、賢く聡明。しっかりしつけを行えば、愛情深く素直な家庭犬になります。

- やわらかくてウエーブがかったふさふさした被毛
- 細長い頭部
- 丈夫な顎を覆うひげ
- 頸はよく傾斜した肩につながる
- 深い胸
- ブルー

犬種の解説 ｜ テリア

テリア

# ベドリントン・テリア Bedlington Terrier

| 体高 | 体重 | 寿命 | |
|---|---|---|---|
| 40〜43cm | 8〜10kg | 14〜15年 | サンド / レバー（タンのマーキングが入る場合もある） |

## 抱きしめたくなるような外見と、弾むような歩様
## 外見とは裏腹に、激しく俊敏で、あきらめない性質を持つ

かわいらしい羊のようなベドリントン・テリアの被毛の下には、典型的なテリアの気質が隠れています。「子羊の容貌とライオンの心を持つ」とされてきた犬なのです。イングランド北東部のノーサンバーランドに起源を持ち、上流階級と労働者階級の両方で繁殖されていました。ウィペット（P128）や他のテリアの血を引いており、地上ではノウサギ、アナウサギ、キツネ、アナグマの狩りをしていました。水中では、ネズミやカワウソを狩ることもありました。1877年にベドリントン・テリア・クラブが作られ、ドッグ・ショーだけでなくペットとしても注目を集めるようになります。

先祖のサイトハウンドの血は、スピードと敏捷性だけでなく、テリアにしては多少寛容な性格をこの犬に与えています。現在は通常家庭犬として飼われ、ふだんは静かで愛情深く、そして繊細です。しかし挑発されれば、テリアらしく果敢に自己防衛します。エネルギーを発散し退屈を防止するためには、豊富な運動量と精神的な刺激が不可欠です。外を散歩するときは、持って生まれた強い追跡本能が勝ってしまわないように注意が必要です。この犬は、アジリティーやオビディエンスの競技でも能力を発揮してきました。

生まれたての子犬の毛色はダーク・ブルーかダーク・ブラウンですが、成長するにつれ明るい色になります。また、定期的なトリミングが必要。ショードッグは顔と肢の毛を長めにして耳にタッセル（房毛）を残す独特のスタイルにカットします。

### ベドリントンの歴史

ベドリントン・テリアの祖先には、イギリス・ノーサンバーランドのロスベリー・フォレスト周辺にいたさまざまなテリアが含まれているようで、「ロスベリー・テリア」とも呼ばれていました。1782年生まれの『オールド・フリント』という名の犬は、ベドリントンのような外見を持つ最も初期の犬です。1825年には、ベドリントンの町で、ジョセフ・エインズリーという男性が2頭のテリアを前述のような犬と交配させ、生まれた子犬を「ベドリントン・テリア」としたのです。

- 頭部の毛は長めに残す
- 比較的小さい目
- ベルベットのような薄い垂れ耳
- 厚い被毛ながら抜け毛はない
- アーチ状でしなやかな背
- 黒い鼻
- ショー・クリップでは耳の先端にタッセル（房毛）を残す
- ブルー
- 深い胸
- 後肢は前肢よりも長く見える
- ダーク・ブルー

子犬

犬種の解説｜テリア

# ジャーマン・ハンティング・テリア
German Hunting Terrier

体高 33～40cm ｜ 体重 8～10kg ｜ 寿命 13～15年

## 勇敢で執念深い狩猟犬
## 心身ともに活動の機会を与えれば、忠実な家庭犬に

　20世紀初頭に作られた狩猟犬で、原産国のドイツでは「ヤークトテリア（Jagdterrier）」と呼ばれています。1950年代に数頭がアメリカに持ち込まれるまでは、ドイツ以外ではほとんど知られていませんでした。ドイツでは今も狩猟に使われており、北米でもリスや鳥類の狩猟犬として人気が高まってきています。

　夜は喜んで外で眠り、1日中でも狩りをしていられるようなタフな犬で、地上でも穴の中でも水中でも狩りをこなします。キツネ、イタチ、アナグマなど穴の中に暮らす獲物の追跡をし、イノシシを薮から追い出します。さらには、シカなど傷を負った動物の血の跡をたどって追跡することにも使えるのです。

　勇敢で活動的なので、つねに仕事（猟場の仕事が理想）が必要です。仕事を与えられて働いていれば、家族の忠実なペットにも優秀な番犬にもなりますし、友好的で学習意欲もあります。ただ早期の社会化と飼い主のリーダーシップは必須で、毎日精力的に運動をさせることも必要です。被毛のタイプはラフとスムースの2種類。

### オールラウンドなテリア

第一次世界大戦後、世界的に質の高いオールラウンダーを目指して4人のドイツ人ブリーダーが作り出したジャーマン・ハンティング・テリア。当時ドイツではフォックス・テリアが人気でしたが、実用性よりも外見を重視した繁殖が行われていました。4人のブリーダーは4頭のフォックス・テリアを基礎に繁殖を始めます。これはブラック＆タンの毛色を求めていたからですが、彼らの使ったフォックス・テリアには、狩猟の技術が欠けていました。その後、これらの犬を狩猟用のフォックス・テリア（P208）、イギリス産ワイアー・コートのテリア、そしてウェルシュ・テリア（P201）などと交配しました。その結果、頑健で勇敢かつ多目的に使える狩猟犬が生まれたのです。

---

**ラフ・コート**
- 長くまっすぐな背
- ブラック＆タン
- 楕円形でダークな小さい目
- 粗いワイアー・コート
- 胸にタンのマーキング

**スムース・コート**
- 明瞭でないストップ
- 三角形のボタン・イヤー
- 力強い頸
- 前足は後ろ足よりもやや大きい

# ソフトコーテッド・ウィートン・テリア
## Soft-coated Wheaten Terrier

| 体高 | 体重 | 寿命 |
|---|---|---|
| 46～49cm | 16～21kg | 13～14年 |

**楽天的で愛情深く、多才な農場犬**
**家庭犬としての生活にもうまく適応可能**

　200年以上も前から知られており、おそらくアイルランドで最も古い犬種のひとつでしょう。アイリッシュ・テリア（P200）やケリー・ブルー・テリア（P201）と共通の祖先を持ちます。しかしアイルランドでこの犬種が正式に認められたのは、1937年になってからのことでした。

　もともとは作業犬で、初期の犬たちはネズミ、アナウサギ、アナグマ狩りをして能力を証明しなければなりませんでした。今日この犬は主にペットとして飼われていますが、セラピー・ドッグとして働く犬もいます。

　人間が大好きで、他のテリアに比べるとやさしい性格で、子どもにも寛容です。ただ、幼児相手には少々がさつかもしれません。成犬になっても子犬のような性質を持っていますが、かなり賢く訓練にはよく反応します。そして、毎日十分な運動が必要です。

　この犬種名は、その被毛の特徴に由来します。被毛は、テリアによくあるワイアー状ではありません。被毛のタイプには、絹のように光沢のある「アイリッシュ」と、より厚い「イングリッシュ」（もしくは「アメリカン」）の2種類があります。ほとんどの子犬がダーク・レッドかブラウンで生まれてきますが、成長するにつれて明るくなり、淡いゴールドになります。数日おきのていねいなグルーミングと、定期的なトリミングが必要です。

## 貧しき者の犬

　イングランドやアイルランドでは、ハウンドなどの狩猟犬の飼育は何世紀もの間貴族階級にのみ許され、貧しい人々は代わりにテリアを飼っていました。手間がかからず幅広い仕事ができたからです。ソフトコーテッド・ウィートン・テリアは、ネズミなどの害獣退治や、敷地、家畜の警護に使われていました（下の絵は、アルフレッド・デュークによって19世紀に描かれたソフトコーテッド・ウィートン・テリア）。後には、ガンドッグとして狩猟に連れ出されるようになります。そしてそのサイズと狩猟の技術から、「貧しい者のウルフハウンド」と呼ばれるようになりました。

- 高く上げられた尾
- ウィートン
- 三角形の耳
- ダーク・ヘーゼルの目
- 大きく黒い鼻
- 顎ひげのようなマズルの毛
- 目を覆う頭頂部の毛
- 成長するにつれて毛色は次第に明るくなる
- ゆるいウエーブ状で、やわらかく絹のような被毛
- 黒い爪

犬種の解説｜テリア

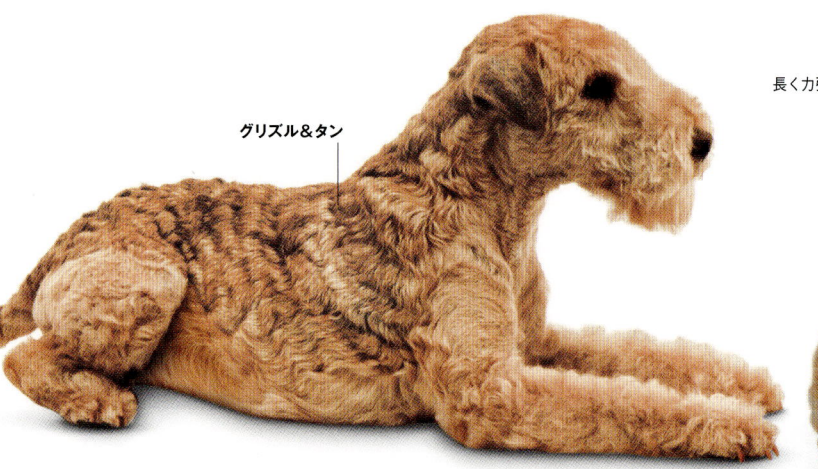

## ダッチ・スモースホンド  Dutch Smoushond

体高：35〜42cm
体重：9〜10kg
寿命：12〜15年

かつて「御者の犬」とも呼ばれていたダッチ・スモースホンドは、馬や馬車を追いかけられるくらい元気で、ネズミ捕りとしても優秀な犬でした。1970年代に絶滅しかけ、現在でも希少種に変わりはありませんが、人気を回復しつつあります。優秀な番犬になり、子どもともうまく付き合える上、同居するペットの猫を受け入れることもできます。十分な運動は必要です。

**イエロー**

額の毛が前に垂れ、ぼさぼさと乱れた印象

色の濃い垂れ耳は短い被毛で覆われる

粗いワイアー・コート。どんな天候にも耐えうるアンダー・コートを持つ

四肢の被毛はボディよりやや少なめ

猫足で爪は黒い

黒く縁取られた薄い唇

## レークランド・テリア  Lakeland Terrier

体高：33〜37cm
体重：7〜8kg
寿命：13〜14年

さまざまな毛色

起伏のある険しい土地でキツネを追い、巣穴まで追い込むために作られた、敏捷で小さなテリア。大きさを問わず、動いていればどんなものでも追いかけようとする性質を持っています。また、他の犬に対して攻撃的になる傾向も残っています。しっかり訓練をすれば、番犬や情熱的な家庭犬になります。

**グリズル&タン**

尾は高く上げられるが巻かない

小さなV字形のボタン・イヤー

適度に短くたくましい背

顎ひげに隠された幅広く丈夫なマズル

長く力強い大腿部

**ウィートン**

ワイアー・コート

# ボーダー・テリア  Border Terrier

| 体高 | 体重 | 寿命 | | |
|---|---|---|---|---|
| 25〜28cm | 5〜7kg | 13〜14年 | | ウィートン / レッド / ブルー&タン |

## エネルギッシュで陽気ながらのんびりしたところも家庭犬にぴったり

持久力とカワウソのような頭部が特徴的なボーダー・テリア。イングランドとスコットランドの国境地帯（ボーダー）にあるチェヴィオット・ヒルズにその起源があります。イギリスのケネルクラブ（KC）がこの犬種を正式に承認したのは1920年のことですが、18世紀にはすでに存在していました。イギリスで最も古いテリアのひとつと考えられています。

もともと農家の作業犬として繁殖されていましたが、やがて幅広く狩猟に使われるようになります。馬についていけるだけの俊足で、キツネやネズミの巣に潜り込んで獲物を巣から追い出せるほど小型になるよう改良されました。どんな天候でも1日中仕事をするだけのスタミナと勇気を持ち、放っておいても自ら餌を調達してしまうほど。非常に強い狩猟欲を持っているのです。

この犬種は、今でも狩猟で活躍しています。さらにアジリティーやオビディエンスの競技会でも能力を発揮しています。協調性があって、小さい子どもや他の犬に対しても寛容。そのため、家庭犬としても人気が高まりました。ただ日常的にエネルギーを発散させることが必要で、それができないとものを壊すなどの行動に出ることもあるでしょう。

### 新しい仕事

ボーダー・テリアの優れた狩猟犬としての性質は、現代社会での仕事を見つけるのに役立ちました。セラピー・ドッグは、この犬に適した新しい仕事のひとつといえるでしょう。友好的な性質が病気の子どもやストレスを抱える人々、孤独なお年寄りを慰めるのに理想的なのです。さらに、その安定した性格と勇気が買われて洪水や事故などで使われるようになっており、被害にあった人や救急隊員のストレス軽減にも貢献しています。

- 太く短い尾
- グリズル&タン
- 四肢の被毛はタン
- 短く力強いマズル
- 高い位置に付いたドロップ・イヤー
- 胸にホワイトのマーク
- 密生し、厚いアンダー・コートを持つ被毛

**テリアらしさ**
テリアは、わずかな刺激に対していつでも瞬時に行動に移ることができる犬種です。写真のワイアー・フォックス・テリアは、水が出るホースにふざけて取っ組み合っていますが、油断は見せていません。

# フォックス・テリア Fox Terrier

| 体高 | 体重 | 寿命 | ホワイト |
|---|---|---|---|
| 最高39cm | 最大8kg | 10年 | (タンもしくはブラックのマーキングが入る場合もある) |

## タンタンと『スノーウィー』

漫画『タンタンの冒険』シリーズの主人公タンタンには『スノーウィー』という犬の相棒がいます。作者であるエルジェは、当時人気のあったワイアー・フォックス・テリアをモデルにしてスノーウィーを生み出しました。エルジェ自身がよく通っていたレストランのオーナーが飼っていたフォックス・テリアからもアイデアを得たようです。スノーウィーはおっちょこちょいでコミカルな性格なのですが、主人を危険から救い出す賢さと、自分よりもはるかに大きな敵でも恐れずに対峙する勇気があり、テリアの典型的な特徴と重なります。

### 陽気で愛情深く、楽しいことが大好きな犬
### 子どもに寛容で、長い散歩と運動を好む

エネルギーにあふれた犬。イギリス原産で、もともとは小害獣を仕留め、ウサギを狩り、穴に逃げ込んだキツネに立ち向かうために飼われていました。大胆で怖いもの知らず、穴掘りが大好きなこの犬は、早期の社会化と訓練で噛みつきや穴掘りの欲求を抑える必要があります。それができれば遊び好きのすばらしいペットになり、注いだ愛情に応えてくれることでしょう。

ワイアー・フォックス・テリアの被毛は、オーバー・コートを引き抜く「プラッキング」を定期的に行う必要があります。また年に3〜4回はさらにムダ毛やオーバー・コートを抜く「ストリッピング」を行う必要もあります。抜け毛を取りのぞくことができず、炎症を起こす可能性があるため、バリカンをかけることはあまりおすすめできません。また、被毛の質感や色の劣化にもつながります。ワイアーに比べ、スムース・フォックス・テリアの被毛の手入れはずっと簡単です。

フォックス・テリアは他のいくつかの犬種の基礎になっています。トイ・フォックス・テリア (P210)、ブラジリアン・テリア (P210)、ラット・テリア (P212)、パーソン・ラッセル・テリア (P194)、ジャック・ラッセル・テリア (P196) などです。

**子犬**

**ワイアー・フォックス・テリア**
- 立った尾
- ブラック&タンのマーキングが入ったホワイト
- 長く力強い大腿部
- わずかにあるストップ
- 広くはなく、深い胸
- 丸みを帯びたコンパクトな足
- V字形の小さな半立ち耳
- ホワイトが優勢なワイアー・コート

**スムース・フォックス・テリア**
- 頭部とマズルは同じ長さ
- くさび形の頭部
- ダークで丸い目
- タンのマーキング
- 被毛にブラックの小さな斑点
- 黒い鼻
- ブラックのパッチ

犬種の解説｜テリア

## 日本テリア
Japanese Terrier

体高：30〜33cm
体重：2〜4kg
寿命：12〜14年

ブラック・タン＆ホワイト

大きさの割には、丈夫で活発なテリア。先祖にはイングリッシュ・トイ・テリア（P211）と、今では絶滅したトイ・ブル・テリアが含まれると考えられています。愛玩犬、ネズミ捕獲犬、回収犬などとして飼われてきましたが、順応性のある家庭犬や優れた番犬にもなります。

- 典型的なブラックのマーキングがある頭部
- 高い位置に付いたボタン・イヤー
- ホワイトにブラックのマーキング
- 小さな黒い鼻
- なめらかで光沢のある短毛
- 四肢にブラックのスポット

## トイ・フォックス・テリア
Toy Fox Terrier

体高：23〜30cm
体重：2〜3kg
寿命：13〜14年

ホワイト＆タン
ホワイト＆ブラック
ホワイト・チョコレート＆タン

スムース・フォックス・テリア（P209）とさまざまなトイ種の犬の交配種で、「アメリカン・トイ・テリア」とも呼ばれます。優れたネズミハンターで、家庭にもふさわしい犬ですが、乳幼児がいる家庭のペットにはあまり向きません。もう少し大きな子どもなら、この犬の情熱的な部分を楽しむことができるでしょう。

- 先のとがった立ち耳
- 断尾されて直立する尾
- ブラック優勢でタンのマーキングがある顔
- 丸くダークで輝く目
- 細く、サテンのような被毛
- ホワイト・ブラック・＆タン

## ブラジリアン・テリア
Brazilian Terrier

体高：33〜40cm
体重：7〜10kg
寿命：12〜14年

ヨーロッパのテリアをブラジルの農場犬と交配して作られた犬種。強い狩猟本能を持ち、探検や穴掘りに熱心で、ネズミ類を追い回して仕留めることに情熱を燃やします。ジャック・ラッセル・テリア（P196）と同様に、家族内で誰がボスなのかを明確にしておく必要があります。毅然とした飼い主には深い愛情と従順さで応え、家族を守る（そしてよく吠える）番犬になります。つねに活動的で、毎日しっかりと長い散歩をすればいきいきと過ごせますが、退屈すると落ち着きがなくなります。きちんとしつけをすることで、すばらしいペットになるでしょう。

- 三角形のドロップ・イヤー
- ホワイト優勢のなめらかな短毛
- 頭部にあるタンのマーキングが典型的
- 低い位置に付いた短い尾
- トライカラー
- 深い胸
- ブラックのマーキング
- 注意深い表情

# イングリッシュ・トイ・テリア English Toy Terrier
（トイ・マンチェスター・テリア）

| 体高 | 体重 | 寿命 |
|---|---|---|
| 25〜30cm | 3〜4kg | 12〜13年 |

## 活発で人懐こく、自信家の小型犬
## 都市の生活にも田舎の生活にもよく順応する

イギリスで最古のトイ種であるイングリッシュ・トイ・テリアは、マンチェスター・テリア（P212）とは、大きさと立ち耳であることが異なるだけです。これら2種が異なる犬種として分類されるようになったのは、1920年代以降のこと。

ブラック&タンのテリアは、イギリスでは16世紀から知られていました。昔はネズミ殺しのゲームに使われていました。18世紀になるとこのテリアはペットとしての人気が高まります。ヴィクトリア女王の統治下では、テリアを小さく改良することが流行しましたが、これによって健康上の問題が発生するようになりました。しかし、19世紀の終わりに熱心な愛好者によって小型のブラック&タン・テリアの厳格なスタンダードが定められ、「ミニチュア・ブラック&タン・テリア」と呼ばれるようになり、さらに1960年代以降「イングリッシュ・トイ・テリア」と呼ばれるようになったのです。現在は珍しい犬種になってしまい、イギリスのケネルクラブ（KC）では、絶滅が危惧される国産犬としてリストアップされています。

イングリッシュ・トイ・テリアは、非常に機敏で活発なテリアの性質を持っています。ただし、他のテリアよりもやや繊細でしょう。主人や家族とは強い絆で結ばれ、優れた番犬になります。しかし他に小さなペットがいれば、獲物と見なして狩りを始めてしまう可能性もあります。体が小さいので日々の運動量はそれほど多くなく、都会での暮らしにもうまく適応できるでしょう。

### ネズミ殺しゲーム

産業革命期のイギリスでは、ブラック&タン・テリアなどを使ったネズミ殺しゲームが至るところで行われ、賭博の対象や娯楽にもなっていました。「ラット・ピット」と呼ばれる囲われたスペースに決まった数のネズミを入れ、そこにテリアを投入。犬がどれだけ速くすべてのネズミを殺せるかを賭けたのです（『Rat-catching at the Blue Anchor Tavern［ブルー・アンカーの居酒屋でのネズミ捕り］』は、19世紀にネズミ殺しゲームを描いたもの）。「ベイティング」と呼ばれる動物に血を流させるスポーツは、イギリスでは1835年に法律で禁じられましたが、ネズミを殺す「ラット・ベイティング」は1912年ごろまで法の網をかいくぐって続けられていました。

- 高い位置に付いたキャンドル・フレーム・イヤー
- アーモンド形のダークな目
- はっきりしたマホガニー・タンのマーキング
- 胸にマホガニー・タンのマーキング
- **ジェット・ブラック&タン**
- 光沢のある厚い被毛
- 低い位置に付いた先細りの尾は、飛節のすぐ上まで届く長さ
- 内側2本の指は外側の指より長い

犬種の解説｜テリア

## マンチェスター・テリア  Manchester Terrier

体高：38〜41cm
体重：5〜10kg
寿命：13〜14年

イングリッシュ・トイ・テリア（P211）より大きく、スタイルのいい犬。エレガントで明るい家庭犬になります。19世紀にマンチェスターで行われていた「ネズミ殺しゲーム」で優れた成果を上げていたことから、この名前がつきました。害獣に対しては情け容赦のないハンターですが、飼い主には温厚な態度で接します。

**ブラック&タン**

- わずかに丸みを帯びた背
- V字形の小さなボタン・イヤー
- 黒い鼻
- 下がった短い尾
- なめらかで光沢のある短毛
- 肢にタンのマーキング
- アーチがかったコンパクトな前足

## ラット・テリア  Rat Terrier

体高：36〜56cm
体重：5〜16kg
寿命：11〜14年

さまざまな毛色（タンのマーキングが一般的）

ラット・テリアは、その名の通り驚異的なネズミ捕獲犬です。ほんの7時間で2500匹以上のネズミを捕獲した犬もいるほどです。とくにアメリカで人気を獲得し、セオドア・ルーズベルト大統領のお気に入りの狩猟犬でした。エネルギッシュで活動的な飼い主に適した犬です。耳のタイプは、立ち耳とボタン・イヤーの2種類があります。

**ブラック&タン**

- 洋なし形の頭
- 立ち耳
- 足先はホワイト
- 頑健でコンパクト、タン混じりのボディ
- 探究心があり注意深い表情

**スタンダード**

## アメリカン・ヘアレス・テリア  American Hairless Terrier

体高：25〜46cm
体重：3〜6kg
寿命：12〜13年

さまざまな毛色

ラット・テリア（左）で最初に見られたヘアレス（毛のない）タイプは、遺伝子の突然変異によるものでした。しかしその後、ヘアレスの子犬を作るためにヘアレス同士で交配が行われ、生まれたのがこのテリアです。被毛がないので、冬は体温を保つため、そして夏は日焼け防止のために洋服などを着せる必要があります。

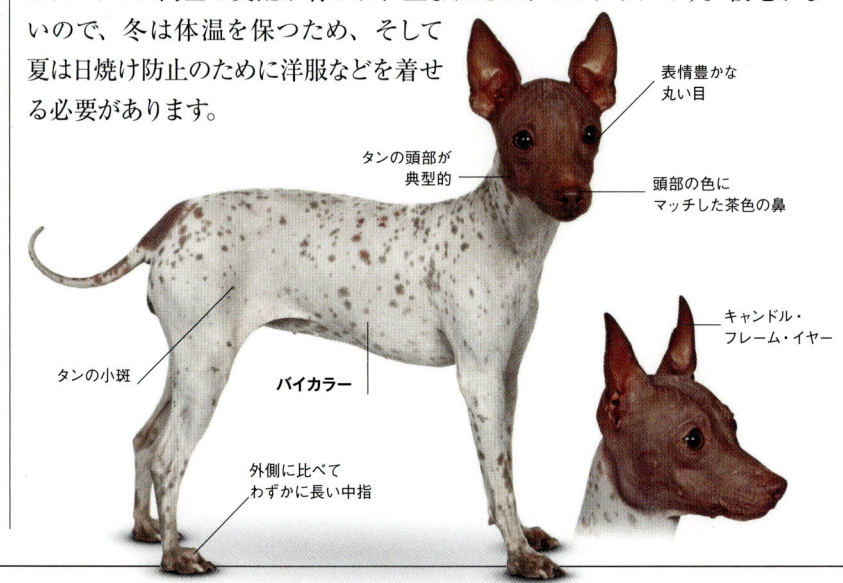

- 表情豊かな丸い目
- タンの頭部が典型的
- 頭部の色にマッチした茶色の鼻
- タンの小斑
- キャンドル・フレーム・イヤー
- **バイカラー**
- 外側に比べてわずかに長い中指

テリア

## パタデール・テリア　Patterdale Terrier

- 体高：25〜38cm
- 体重：5〜6kg
- 寿命：13〜14年

- レッド
- レバーあるいはブロンズ（グリズルが入る場合もある）
- ブラック＆タン

イギリスの湖水地方にある渓谷には、それぞれ固有のテリアが存在していました。パタデール・テリアは、パタデール村に起源のあるテリアです。イギリスでは今でも人気の犬ですが、アメリカでも支持されるようになりました。獲物を追うことをけっしてあきらめず、優れた狩猟犬となります。被毛のタイプは、スムースとブロークンの2種類。

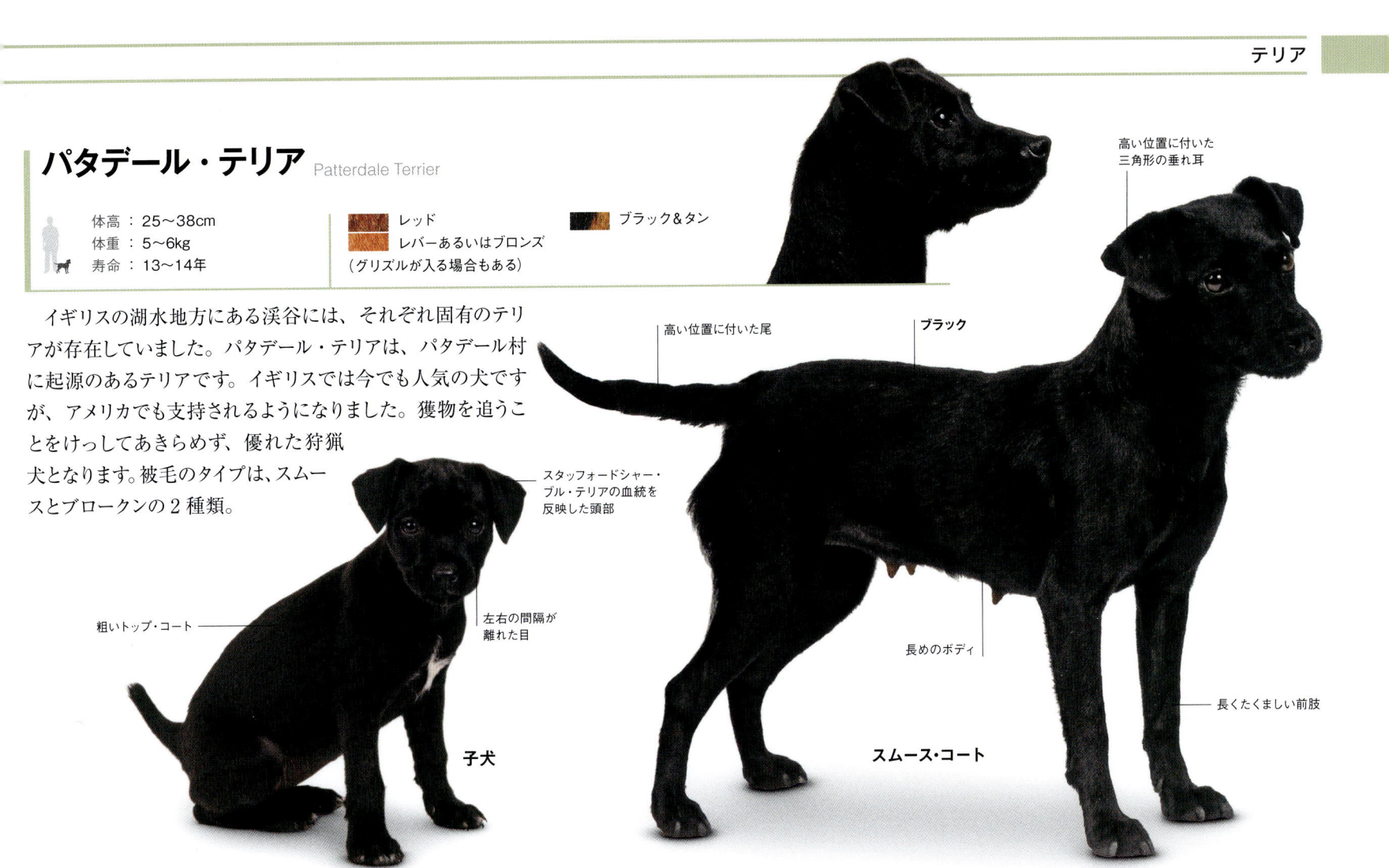

高い位置に付いた三角形の垂れ耳
高い位置に付いた尾
ブラック
スタッフォードシャー・ブル・テリアの血統を反映した頭部
粗いトップ・コート
左右の間隔が離れた目
長めのボディ
長くたくましい前肢
子犬
スムース・コート

## アメリカン・ピット・ブル・テリア
American Pit Bull Terrier

- 体高：46〜56cm
- 体重：14〜27kg
- 寿命：12年

- さまざまな毛色（マールは推奨されない）

アメリカン・ピット・ブル・テリアの祖先は、19世紀にアイルランドからの入植者がアメリカに持ち込んだ犬です。闘犬として作られたものの、作業犬やペットとして愛されるようになりました。攻撃的であるとの評判が立っていますが、この犬のファンはそれに反論しています。

特徴的なしわのある前頭部
筋肉質でずっしりした頸部
広く深い胸には小さなホワイトのマーキング
密で光沢のある短毛
レッド
高い位置に付いた半立ち耳

## アメリカン・スタッフォードシャー・テリア
American Staffordshire Terrier

- 体高：43〜48cm
- 体重：26〜30kg
- 寿命：10〜16年

- さまざまな毛色

スタッフォードシャー・ブル・テリア（P214）を改良して作られ、アメリカでは1930年代に別の犬種として認められました。イギリスの先祖犬よりも体格ががっしりしていることをのぞけば、この犬には、もともとの「スタッフィー」の特徴がすべて当てはまります。勇敢で聡明なので、忠実な家庭犬になります。

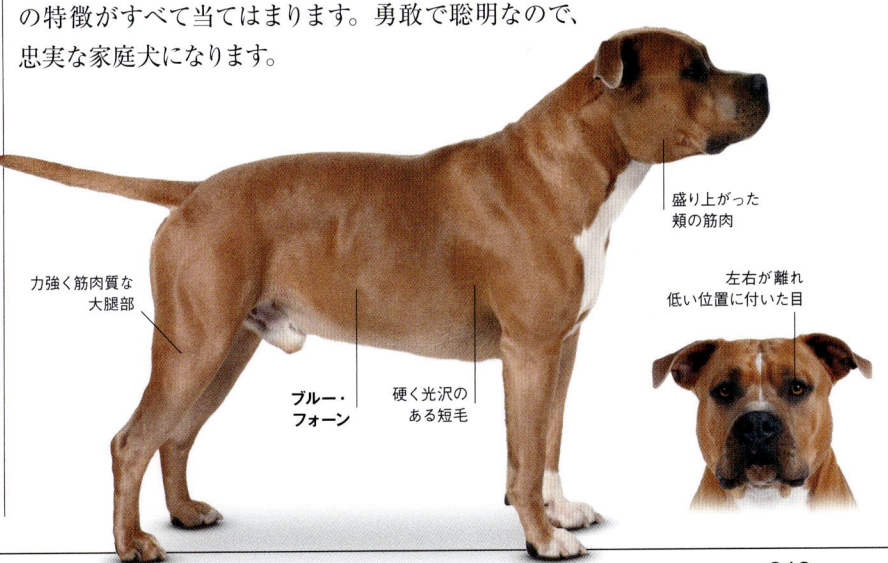

盛り上がった頬の筋肉
左右が離れ低い位置に付いた目
力強く筋肉質な大腿部
硬く光沢のある短毛
ブルー・フォーン

犬種の解説 | テリア

テリア

# スタッフォードシャー・ブル・テリア Staffordshire Bull Terrier

体高 36〜41cm　体重 11〜17kg　寿命 10〜16年　さまざまな毛色

### サバンナからの風／冒犬ジョック物語

『ジョック』は、1880年代の南アフリカで牛の引く荷車で物資の輸送を生業とする、パーシー・フィッツパトリックが飼っていたスタッフォードシャー・ブル・テリア。子犬のころはきょうだいでいちばん小さく、いじめられていたジョックでしたが、成長すると勇敢で忠実な番犬・狩猟犬になりました。ジョックは主人のパーシーと数々の冒険に遭遇し、パーシーは後に子どもたちに冒険談を聞かせました。1907年、これらの冒険を集めた『サバンナからの風／冒犬ジョック物語』が出版され、今では南アフリカの児童文学の古典的名著になっています。（写真はアンテロープと戦うジョックをモデルにしたブロンズ像。南アフリカのクルーガー国立公園にある「ジョック・サファリ・ロッジ」に建てられた）

### 非常に勇敢でありながら子どもが大好き 適切なトレーニングできわめて従順に

19世紀、イギリスのミッドランズでブルドッグ（P95）と土着のテリアとを交配して闘犬用として作られた犬です。初めは「ブル・アンド・テリア」と呼ばれ、小さくて敏捷かつ強力な顎を持った力強い犬でした。ブル・アンド・テリアは、闘犬場では勇敢で攻撃的であることを見せる必要がある一方、人間に対しては穏やかでいることが求められました。ブルベイティングなどの「ベイティング」は1835年に法律で禁じられましたが、闘犬は1920年代まで密かに続けられました。

19世紀になると、ある愛好者のグループが、「ブル・アンド・テリア」をドッグ・ショーや家庭にふさわしい犬にしようと努力し、その改良された犬が「スタッフォードシャー・ブル・テリア」と呼ばれるようになり、1935年、イギリスのケネルクラブ（KC）によって正式に認められました。

「スタッフィー」の愛称で知られる現代の犬は、都会でも田舎でも非常に人気があります。スタッフィーは丈夫でにぎやかで、勇敢な犬です。毅然とした扱いと早期の服従訓練は必須ですが、きちんとトレーニングできる飼い主のもとであれば、この犬は従順ですばらしいペットになるでしょう。残念なことに、近年この犬には「危険な犬」という不当なレッテルが張られ、捨てられて保護施設に収容されるケースも後を絶ちません。見知らぬ犬から攻撃されれば対抗しますが、人に対しては友好的で心やさしい犬であり、とくに子どもに対しては特別な親しみを抱いています。

子犬

レッド

尾は先細りでほとんどまっすぐ

目には濃い縁取り

なめらかな短毛

力強く筋肉質のボディ

足先にはホワイトのマーキング

前足は手根骨からわずかに外向する

頭部は幅広くストップは明瞭

小さな半立ち耳

マズルはダークな毛色

幅広い胸にはホワイトのマーキング

犬種の解説｜テリア

# クロムフォルレンダー Kromfohrländer

体高 38〜46cm
体重 9〜16kg
寿命 13〜14年

### 雑種の起源

クロムフォルレンダーは、1940年代に、ワイアー・フォックス・テリアのメスと『ペーター』という名の迷い犬とが仲良くなって交尾をし、その結果生まれた犬種です。ペーターの飼い主だったイルゼ・シュライフェンバウムという女性によれば、ペーターはグラン・グリフォン・ヴァンデーン（P144）だったそうです。生まれた子犬たちが魅力的だったため、彼女は同じ犬をもっと作りたいと思い、ブリーディングに取り組みました。そして約10年後、作り上げた犬を完全な新種としてドッグ・ショーに出陳することにしたのです。

**見知らぬ人には用心深くなることがあるものの家族には打ち解ける、落ち着いて愛すべきテリア**

ドイツ生まれの犬種であるクロムフォルレンダーが正式に承認されたのは、1955年のこと。この犬が生まれたドイツ西部、ジーガーラントのクルム・フルヒェ地方にちなんで名づけられました。1962年、マリア・オーケルブロムというフィンランド人女性が、この犬を自国で繁殖させるために輸入を始め、今やフィンランドはこの犬種が世界で2番目に多い国になりました。しかしそれでも、世界中の頭数は1800頭に届きません。

先祖には、ワイアー・フォックス・テリア（P208）やグラン・グリフォン・ヴァンデーン（P144）、それにドイツの雑種犬が含まれますが、結果的にさほど手がかからず、人を喜ばせるのが大好きな犬が誕生したのです。珍しく、この犬は最初から家庭犬として作られました。

見知らぬ人には注意深くなりますが、見慣れた人や犬に対してはやさしく、陽気に接します。番犬としても優秀でネズミ捕りにも長けていますが、他のテリアほどその本能は強くありません。独立心は旺盛ながら訓練は容易で、アジリティー競技などで能力を発揮する犬もいます。被毛はラフ（顎ひげあり）とスムースの2種類。

- タンの小斑の入った白いブレーズ
- タンのパッチ入りホワイト
- 大腿部に飾り毛
- 四肢にタンの小斑
- 三角形の垂れ耳
- 典型的な左右対称のマーキングがある頭部
- 体に密着した厚い被毛

**スムース・ヘアー**

**ラフ・ヘアー**

## ダンディー・ディンモント・テリア Dandie Dinmont Terrier

体高：20〜28cm
体重：8〜11kg
寿命：最長13年

マスタード
（胸にホワイトの毛が入る場合もある）

　イングランドとスコットランドの国境地方の出身で、アナグマやカワウソ狩りのために作られました。ダンディー・ディンモント・テリアという名前は、ウォルター・スコット卿の小説にその名で登場する人物が、この犬によく似た犬を飼っていたことに由来します。元気いっぱい、繊細で聡明なこの犬は、愛情を注がれて注目されることが大好きです。

- 先細りで長い尾の下側に飾り毛
- 体長は体高をはるかに上回る
- 左右の間隔が離れた、ダーク・ヘーゼルの目
- かなり後方に付いたペンダント・イヤー
- 大きなドーム状の頭部。やわらかく、絹のような明るい色の被毛に覆われる
- **ペッパー**
- ダークな青みを帯びたブラックの被毛
- 四肢の下部は明るい色

## スカイ・テリア
Skye Terrier

体高：25〜26cm
体重：11〜18kg
寿命：12〜15年

クリーム
フォーン
ブラック
（胸にホワイトの毛が入る場合もある）

　スコットランドのウエスタンアイルズ出身のテリアで、もともとはキツネ狩り、アナグマ狩りに使われていました。体高が低い胴長の体型を生かして、獲物が通る細い地下道に容易に潜り込むことができたのです。元気にあふれて活発で、すばらしいペットにもなるでしょう。長い被毛も特徴ですが、成長して伸びきるには数年かかります。

- ライト・グレーのやわらかい被毛が茶色の目を覆う
- 長い飾り毛の付いた尾
- 背の中央で左右に分かれて垂れる長くまっすぐな被毛
- 縁に長い絹のような飾り毛のある立ち耳
- **グレー**
- 部分的に明るい毛が混じる被毛

## ミニチュア・ピンシャー
Miniature Pinscher

体高：25〜30cm
体重：4〜5kg
寿命：最長15年

ブルー＆タン
ブラウン＆タン

　ドイツにおいて、はるかに大きなジャーマン・ピンシャー（P218）から作られた、丈夫で優美な犬。かつては農家のネズミ捕りとして活躍していました。快活で動きが速く、飛び跳ねるように進む特徴的なハクニー歩様を見せます。小さな家に最適で、感覚の鋭い優れた番犬になります。

- 高く上がった尾
- わずかにアーチ状になった頸部
- まっすぐな背
- 先細りのマズル
- 高い位置に付いた立ち耳
- なめらかな短毛
- **ブラック＆タン**
- 猫足

犬種の解説｜テリア

## ジャーマン・ピンシャー
German Pinscher

- 体高：43〜48cm
- 体重：11〜16kg
- 寿命：12〜14年

- イザベラ
- ブルー

「スタンダード・ピンシャー」としても知られる大型のテリア。その歴史は、多目的農場犬として始まりました。保護本能の強い番犬になりますが、吠えすぎや他の犬に対する攻撃的なふるまいを抑制するためには、十分にしつけを行う必要があります。適切にトレーニングをすれば、穏やかで反応の良い犬になります。

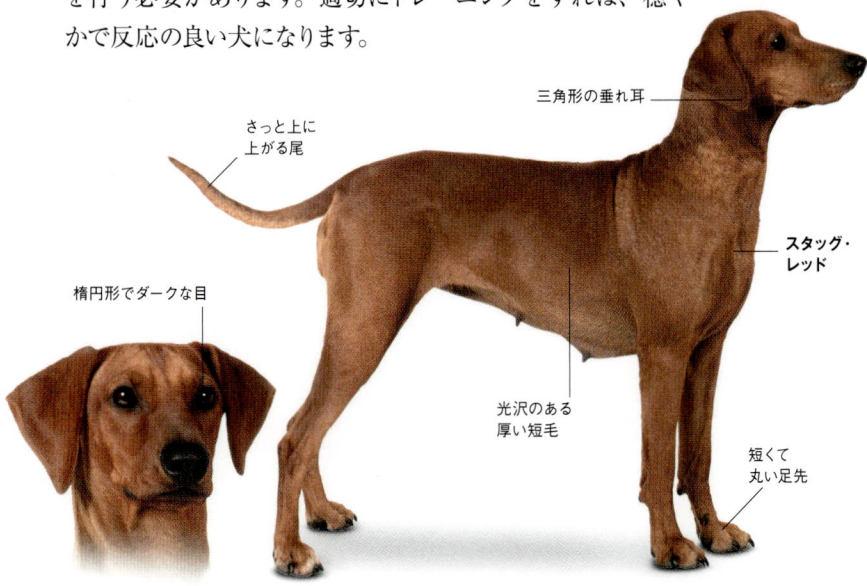

- 楕円形でダークな目
- さっと上に上がる尾
- 三角形の垂れ耳
- スタッグ・レッド
- 光沢のある厚い短毛
- 短くて丸い足先

## オーストリアン・ピンシャー
Austrian Pinscher

- 体高：42〜50cm
- 体重：12〜18kg
- 寿命：12〜14年

- ラセット・ゴールド（もしくは茶色がかったイエロー）
- ブラック＆タン

警備、牧畜・牧羊など、多目的農場犬として作られたオーストリア原産の犬。自信に満ちた飼い主に対しては、徹底的な忠誠心と献身的な愛情で応えます。怪しいと感じたものには何に対しても吠えるので、人里離れたところでは優秀な番犬になりますが、防衛本能と勇敢さが攻撃性に発展することもあります。

- スタッグ・レッド
- 三角形の垂れ耳
- 力強くまっすぐな肢
- ややダークなマズル
- 胸にホワイトのマーキング

## アッフェンピンシャー Affenpinscher

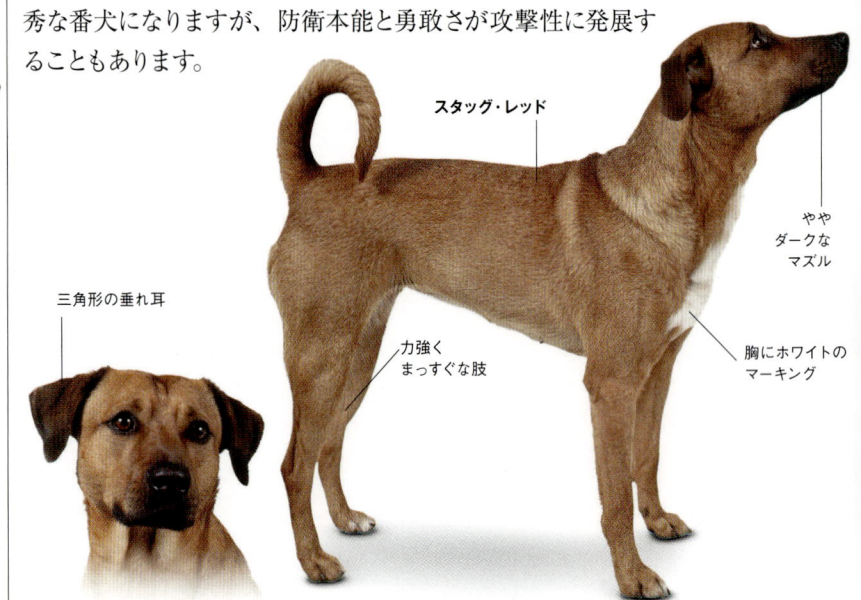

- 体高：24〜28cm
- 体重：3〜4kg
- 寿命：10〜12年

ヨーロッパのトイ種のなかでは最古のグループに入る犬で、「ブラック・デビル（黒い悪魔）」とも呼ばれます。トイながらテリアの本能を維持しており、小さいながら勇敢な番犬やネズミ捕獲犬にもなります。快活で学習能力がありますが、時に頑固なこともあるので誰がボスなのかを明確にしておきたい犬です。遊び好きで、思いやりを持って自分に付き合ってくれる子どもには寛容です。

- ドーム状で幅広の前頭部
- 丸みを帯びたマズルと幅広の鼻孔
- 小さく、丸みを帯びた黒い足
- ブラック
- 顎ひげはライト・グレー
- まっすぐな前肢

# ミニチュア・シュナウザー　Miniature Schnauzer

| 体高 | 体重 | 寿命 | ホワイト |
|---|---|---|---|
| 33〜36cm | 6〜7kg | 14年 | ブラック |
|  |  |  | ブラック＆シルバー |

## ミニチュア種を作る

ミニチュア・シュナウザー（写真左）は、スタンダード・シュナウザー（右）の小型版が欲しいと考えた農民によって19世紀に作られました。害獣捕獲と敷地や家畜の警護をさせるための犬でした。ブリーダーは小さめのスタンダード・シュナウザーを使って特徴的な外見と性質を残そうとし、それら小型のシュナウザーをアッフェンピンシャー（P218）やミニチュア・ピンシャー（P217）、プードル（P276）とも交配させ、小さいながらしっかりした体格の犬を作り出したのです。

## 快活で友好的、そして楽しいことが大好きな犬
## 訓練性能も良く、家庭犬として信頼できる

ジャイアント・シュナウザー（P46）同様、スタンダード・シュナウザー（P45）から作られたドイツ原産の犬です。3つのシュナウザーのなかでは新しい種類ですが、絶大な人気を誇ります。「シュナウザー（ドイツ語ではシュナウツァー）」という犬種名は、1879年にドッグ・ショーに出陳された犬の名前に由来します。どのシュナウザーも、マズルに特徴的な長い顎ひげがあります。「schnauze（シュナウツ）」とはドイツ語で「マズル」の意味なのです。

ミニチュア・シュナウザーが最初にドッグ・ショーに出陳されたのは1899年でしたが、1933年まではスタンダード・シュナウザーと同一犬種とされていました。第二次世界大戦が終わると世界中に普及し、とくにアメリカで人気が高まりました。

もともとは農家がネズミの捕獲犬として繁殖していましたが、現在はほとんどが家庭犬かショードッグとして飼われています。遊び好きで家族に対しては保護本能が働くので、良い番犬になるでしょう。元気でタフで聡明、もの覚えの早い犬ですが、気が強いところがあるため、毅然と忍耐強くトレーニングを行う必要があります。都会でも田舎でも暮らせますが、健康で幸せに過ごすためには、十分に運動する時間を取り、毎日しっかりと散歩をすることが必須です。

- ソルト＆ペッパー
- 飛節の下は短い
- 筋肉質の力強い大腿部
- 力強い背は、肩から尾にかけて傾斜する
- 力強いマズル。明るい色の顎ひげが生えている
- 硬いワイヤー・コート
- 高い位置に付いた半立ち耳
- ふさふさした眉

**マルチな仕事ぶり**
ジャーマン・ポインターは、いくつかの役割を同時にこなすことができるガンドッグの1種です。ここではハンターに獲物の場所を伝える「ポインティング」をしています。

# 鳥猟犬種 （ガンドッグ）

銃が発明される以前から、ハンターは獲物を見つけて追跡するために犬を使っていました。銃が使われるようになると、それまでとは異なるタイプの犬が求められるようになります。ガンドッグは、特定の役割を果たし、ハンターとより緊密に仕事をするために開発されました。その役割によって、いくつかのカテゴリーに分類されます。

ガンドッグのグループに入る犬は、基本的にすべて嗅覚を使って狩りをするのですが、役割ごとに大きく3つに分類されています。隠れている獲物を飛び立たせる「スパニエル」、獲物の位置を特定する「ポインター／セター」、そして撃ち落とされた獲物を回収しハンターのところまで持って来る「レトリーバー」です。これらの機能をすべて行える犬種はHPR（Hunt/Point/Retrieve）犬種と呼ばれ、ワイマラナー（P248）、ジャーマン・ポインター（P245）、ハンガリアン・ヴィズラ（P246）などがそれに当たります。

ポインターは、17世紀以降狩猟犬として使われており、「ポインティング」によって獲物の場所を指し示すという特別な能力を持っています。鼻〜ボディ〜尾を一直線にした、ポインティングの姿勢を取って静止するのです。ハンターが獲物を飛び出させるか、あるいは飛び出させるように指示をするまでは、動かずにじっとしています。狩猟の様子を描いた多くの古い絵画で、狩猟をする人の従者や獲物の鳥を入れた袋と一緒に描かれているイングリッシュ・ポインター（P254）は、典型的なポインターといえるでしょう。

セターもポインターと同じように動きを止めて、ハンターの注意を獲物に向けさせます。主としてウズラやキジ、ライチョウの狩りに使われますが、セターは獲物の臭いを感知すると身をかがめ、「セット（不動の姿勢を取って獲物の場所を教えること）」するのです。もともとは、網で獲物を捕獲するハンターを手伝って獲物が逃げるのを防ぐように訓練されていた犬でもあります。スパニエルは、獲物の鳥を茂みから追い出し（あるいは飛び立たせ）、ハンターが銃で撃ち落とせる方向に追いやります。また彼らは獲物がどこに落ちるのかを観察し、たいていは撃ち落とされた獲物の回収も行います。スパニエルとしては、絹のような被毛を持った耳の長いイングリッシュスプリンガー・スパニエル（P224）やイングリッシュ・コッカー・スパニエル（P222）、バルビーやヴェッターフーン（P230）などが挙げられます。スプリンガーやコッカーは陸上で獲物を探すのに使われ、バルビーやフリージャン・ウォーター・ドッグは水鳥を飛び立たせるのが専門です。

レトリーバーは、撃ち落とされた水鳥の回収を行う犬です。スパニエル犬種のいくつかと同じように、耐水性のある被毛で覆われています。また、獲物を傷つけることなくすばやく回収することができる「ソフトマウス（やわらかい口）」を持っていることでも知られています。

犬種の解説 ｜ 鳥猟犬種（ガンドッグ）

# アメリカン・コッカー・スパニエル American Cocker Spaniel

体高：34〜39cm
体重：7〜14kg
寿命：12〜15年

さまざまな毛色

やさしくて遊び好きな犬種で、ガンドッグはもちろん、家庭犬にもふさわしい犬です。スピードとスタミナがあって、必要な運動量は膨大。臆病になることもあるので、早い段階で定期的に社会化を経験させることが重要です。

- はっきりしたストップ
- 際立って丸い形がはっきりわかる頭部
- 大きな丸い目
- 低い位置に付いた耳には絹のような長い毛
- がっしりしてコンパクトなボディ
- ウエーブがかった長い被毛
- バフ
- ジェット・ブラック
- 腹部がより明るい色の被色

# イングリッシュ・コッカー・スパニエル English Cocker Spaniel

体高：38〜41cm
体重：13〜15kg
寿命：12〜15年

さまざまな毛色
（単色の場合はホワイトのマーキングが入るのは不可）

もともとヤマシギやライチョウを飛び立たせるのに使われており、最も人気のあるスパニエルのひとつです。イングリッシュ・スプリンガー・スパニエル（P224）よりも小型で、下草が密生するところで仕事をするために作られました。ワーキング・タイプよりもショードッグのほうががっしりした体格ですが、どちらもすばらしい家庭犬になります。

- 唇が適度に垂れた四角いマズル
- ウエーブのかかった長い飾り毛のある耳
- 黒いサドル
- 絹のような長い被毛
- ブラック＆ホワイト
- 胸と四肢には飾り毛
- 飾り毛の生えた尾
- ブルー・ローン

222

鳥猟犬種（ガンドッグ）

## ジャーマン・スパニエル
German Spaniel

- 体高：44〜54cm
- 体重：18〜25kg
- 寿命：12〜14年

- レッド
- ブラウン
- レッド・ローン

優秀な回収犬で、水が大好きです。とてつもないスタミナの持ち主で、働いているときがいちばんいきいきとしています。たっぷりと時間をかけて長距離をきびきびと散歩すれば、満足させられるでしょう。外でも生活できますが、家族と一緒に屋内で生活すればさらに楽しく過ごせます。猟犬にも家庭犬にもふさわしい犬です。

- やさしい表情をたたえる、ミディアム・ブラウンの目
- ブラウンのサドル
- ブラウンの細い短毛に覆われた頭部
- ブラウン・ローン
- ウエーブがかった厚い被毛
- 多少飾り毛のある垂れ耳
- スプーン形の足

## ボイキン・スパニエル
Boykin Spaniel

- 体高：36〜46cm
- 体重：11〜18kg
- 寿命：14〜16年

- レバー
（胸や足先にホワイトが入る場合もある）

アメリカ・サウスカロライナ州の「州犬」。愛情深い家庭犬であり、他の犬や子どもともうまく付き合えます。おおらかな性質で意欲的に仕事をするので、狩猟犬や活動的な家庭犬として理想的な犬です。被毛は巻き毛で、定期的なグルーミングが必要です。

- ダーク・チョコレート
- 短い被毛が生えた顔
- 伝統的に断尾される尾
- ブラウンで楕円形の独特な目
- カーリー・コート
- 丸くコンパクトな足

## フィールド・スパニエル Field Spaniel

- 体高：44〜46cm
- 体重：18〜25kg
- 寿命：10〜12年

- ブラック
- ローン
（タンのマーキングが入る場合もある）

もともとはサセックス・スパニエル（P226）とイングリッシュ・コッカー・スパニエル（P222）の交雑種で、水中や下草の厚く生い茂るところから獲物を回収するために作られました。従順ながら活力みなぎる中型の狩猟犬で、つねに忙しくしていたい性質。田舎で暮らす活動的な家族の狩猟のお供として最適です。

- 体高に比べて体長が長い
- 飾り毛が少しある尾の下側
- ほどほどに長い被毛
- 飾り毛が生えた肢の後ろ側
- ほどよい深さのストップ
- レバーの鼻
- レバー
- 胸にホワイトのマーキング

犬種の解説｜鳥猟犬種（ガンドッグ）

# イングリッシュ・スプリンガー・スパニエル English Springer Spaniel

| 体高 46〜56cm | 体重 18〜23kg | 寿命 12〜14年 | ブラック＆ホワイト（タンのマーキングが入る場合もある） |

## 熱意と愛情にあふれる優秀な狩猟犬 人懐こく家庭犬にもぴったり

　もともと獲物を「スプリングする（飛び立たせる）」ことに使われていたことからその名前がついた、典型的なガンドッグです。獲物を驚かせて、空中に追いやることが役目です。狩猟犬として使われたスパニエルは、かつてその大きさによって分類されていました。より大型の犬（スプリンガー）は鳥の獲物を飛び立たせ、小型の犬（コッカー／P222）はヤマシギの狩りに使われていました。20世紀初頭までは、イングリッシュ・スプリンガー・スパニエルは正式な犬種とは認められていませんでした。とはいえ、それまでにすでに特徴的なタイプに確立されており、「ノーフォーク・スパニエル」という名で知られていました。

　イングリッシュ・スプリンガー・スパニエルは、1日中でもハンターと一緒に狩猟場で働く犬種です。険しい地形や悪天候にも臆せず、必要とあらば凍りかけた水の中にでも飛び込みます。狩猟家にはとても人気のある犬種ですが、友好的で素直な性質なので家庭犬としてもすばらしい犬といえるでしょう。子どもやほかの犬や猫も含めて誰かと一緒にいることを好み、あまり長い時間孤独にされると、無駄吠えをすることもあります。作業犬でない場合は毎日たっぷりと精力的に散歩をすることが必要です。小川に飛び込んだり、泥の中に転げ回ったり、投げられたおもちゃを回収したりできれば、大喜びすることでしょう。賢く学習意欲にあふれており、飼い主が落ち着いてリーダーシップを示せばよく反応します。ただ非常に繊細な面もあるので、指示の声が強すぎたり大きすぎたりすると逆効果になることも。

　外で活動することが大好きなので、被毛のからまりや汚れを防ぐためには週に1度はグルーミングを行い、定期的にトリミングをする必要があります。耳や四肢の長い飾り毛は、とくに念入りな手入れが必要でしょう。

　この犬種には、狩猟作業犬とショードッグという2種類のタイプが存在します。狩猟犬として狩猟場で働くために繁殖された犬は、ショードッグよりも若干小さめのサイズで断尾を施されています。どちらのタイプであっても、家庭犬には適しています。

飾り毛の多い尾は、背のラインよりも低い位置に保持

子犬

レバーの小斑がある四肢

### 捜索・探知犬として

　イングリッシュ・スプリンガー・スパニエルは、伝統的に狩猟用として繁殖されてきましたが、今では捜索・探知犬としてもおなじみです。麻薬や爆発物、金属の探知、そして時には人間の捜索も行います。非常に鋭い嗅覚を持っており、ごく微量の爆発物の臭跡や人の汗に含まれる麻薬の臭いを感知することができるのです。広大なエリアをすばやく探索するスピードとエネルギーがある上、車の内部などの小さなスペースで作業できるほどのサイズと敏捷性も兼ね備えています。

鳥猟犬種（ガンドッグ）

明瞭なストップ

ペンダント・イヤー。
付け根は毛と同じ高さ

どんな気候にも耐えうる、
厚くウエーブがかった被毛

**レバー&ホワイト**

飾り毛が豊富な胸

やさしい気質が表れた、
ダーク・ヘーゼルで
アーモンド形の目

体全体に
適度な飾り毛

コンパクトで
丸まった足

225

犬種の解説｜鳥猟犬種（ガンドッグ）

# ウェルシュ・スプリンガー・スパニエル
Welsh Springer Spaniel

体高：46～48cm
体重：16～23kg
寿命：12～15年

イングリッシュ・スプリンガー・スパニエル（P224）やイングリッシュ・コッカー・スパニエル（P222）と非常に近い関係で、ウェールズ産の中型ガンドッグです。陽気な性質で家庭犬にも狩猟犬にも適しています。あちこち徘徊する傾向があるので、早い段階でのトレーニングは必須でしょう。

- イングリッシュ・スプリンガー・スパニエルに比べて細い頭部
- レッド＆ホワイト
- 筋肉質の長い頸
- ブドウの葉の形をした、付け根の低い耳。飾り毛はわずか
- ブラウンの鼻
- 猫足
- 飾り毛のある胸
- 生まれつきまっすぐの、やわらかい被毛

# サセックス・スパニエル Sussex Spaniel

体高：38～41cm
体重：18～23kg
寿命：12～15年

イギリス・サセックス出身のガンドッグ。生来活動的ですが、十分に運動をさせられればさほど広くない家での生活にも適応します。ほかのガンドッグと異なり、仕事中に吠えるのが特徴。獲物を追いながら吠え続ける「追い鳴き」というスタイルです。体を動かすように歩く「ローリング・ゲイト」という歩様も独特です。

- 下がった感じの眉とヘーゼルの目
- ほかの部位より短い被毛で覆われた顔
- 長く豊かな被毛
- 絹のような長い毛で覆われたペンダント・イヤー
- 飾り毛のある胸
- ゴールデン・レバー
- 体長は体高よりも長い
- 指の間に毛が生えた丸い足

# クランバー・スパニエル Clumber Spaniel

体高 43〜51cm　体重 25〜34kg　寿命 10〜12年

## 大きく、おおらかで安定した気質 田舎の広い家向きの楽しい犬種

犬種名は、ニューキャッスル公爵の領地であるイングランド・ミッドランズのノッティンガムシャーにあるクランバー・パークに由来します。この犬種の先祖としては、歴史あるブリティッシュ・ブレンハイム・スパニエル、絶滅したアルパイン・スパニエル、バセット・ハウンド（P146）などが挙げられます。18世紀の終わりに、ニューキャッスル公爵2世と猟場番人が、近代のクランバー・スパニエルの始まりと認められる犬を繁殖しました。

19世紀から20世紀初頭にかけて、クランバー・スパニエルはイギリス王室のお気に入りの犬種となりました。最初はアルバート公（ヴィクトリア女王の夫）、その後はエドワード7世やジョージ5世が、ノーフォークにある王室の邸宅で繁殖していたほどです。しかし、第一次世界大戦後に頭数が減少し、今なお希少種となっているためイギリスのケネルクラブ（KC）では絶滅が危惧される原産犬種としてリストアップされています。

筋肉質で体高が低く、スパニエルのなかでは最もしっかりした体つきをしています。穏和で落ち着いた性質で、ペットとしてもショードッグとしてもとても愛されていますが、この犬を狩猟犬として使うことへの関心も再び高まってきています。穏やかな性格なので訓練も簡単です。暑さには弱いので、高温から体を保護する必要があります。

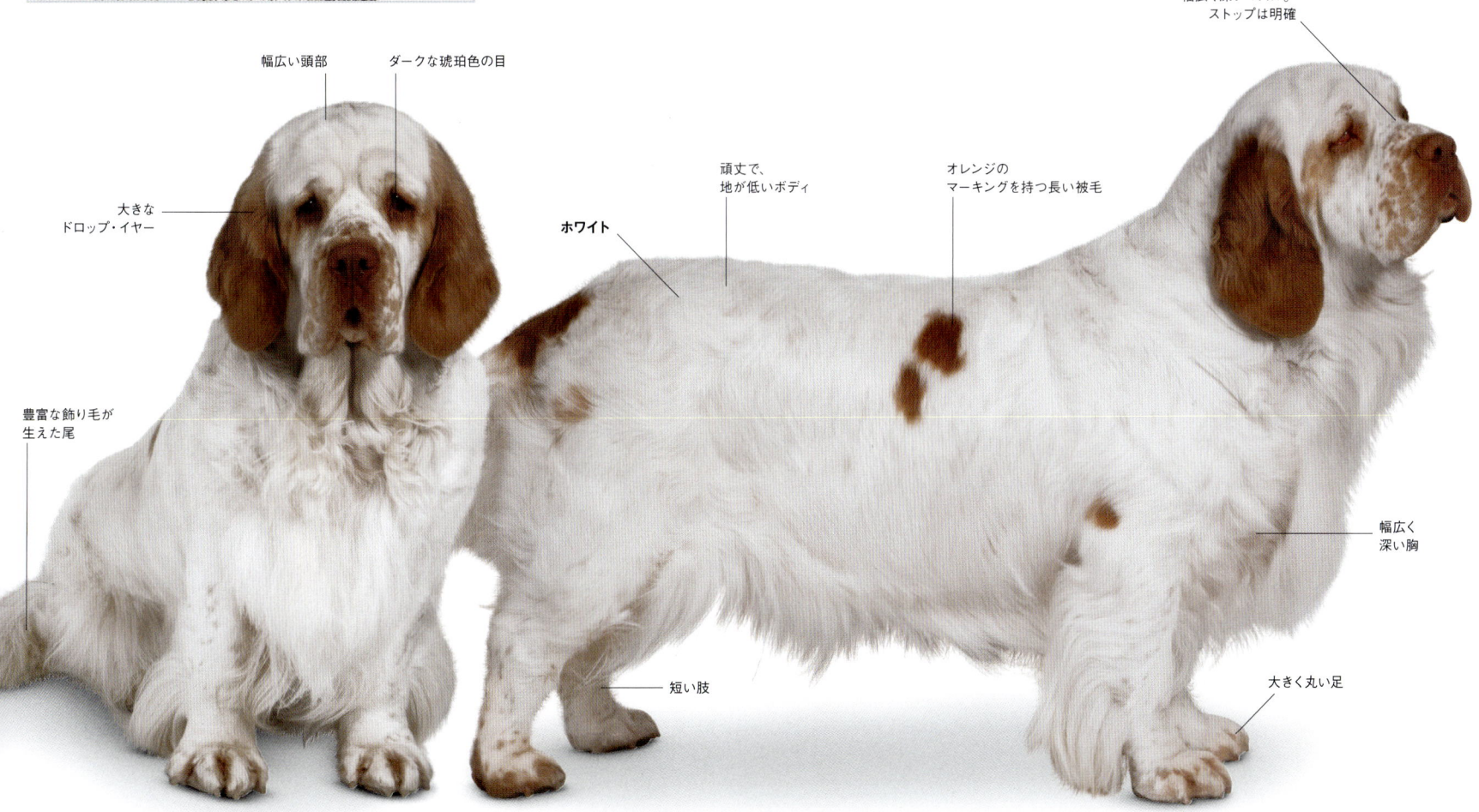

### 再び猟犬として

クランバー・スパニエルは、ガンドッグとしては絶滅しかけましたが、1980年代以降、イギリスの熱心な狩猟愛好者がこの犬種の優れた点を再発見しています。他のスパニエルに比べ動きは遅く、成長にも訓練にも時間を要する傾向がありますが、静かでどのような状況でも働けるという完璧な実用犬なのです。厚く棘の多い下草があっても難なく入れる上に水にもうまく対処でき、どんなにわずかな臭跡でも逃さず検知します。下の絵は、19世紀に描かれたクランバー・スパニエルの姿です。

- 幅広い頭部
- ダークな琥珀色の目
- 大きなドロップ・イヤー
- 豊富な飾り毛が生えた尾
- 頑丈で、地が低いボディ
- ホワイト
- オレンジのマーキングを持つ長い被毛
- 短い肢
- 幅広く深いマズル。ストップは明確
- 幅広く深い胸
- 大きく丸い足

犬種の解説｜鳥猟犬種（ガンドッグ）

# アイリッシュ・ウォーター・スパニエル　Irish Water Spaniel

体高：51〜58cm
体重：20〜30kg
寿命：10〜12年

　疲れを知らないこの犬は、ハイキングを楽しむ人にとっては理想的な相棒です。暗いレバーの被毛は耐水性があり、氷のように冷たい水の中へも喜んで飛び込むことから、「ボッグドッグ（泥沼にはまる犬）」という愛称がつきました。穏やかで忠実ですが、時に頑固なことがあるので、若いうちにしっかりと訓練をしておく必要があります。

- 顔の毛はよりなめらか
- 幅広く平らな背
- のどの短毛は、V字形のパッチを形作る
- 被毛と同じ色の鼻
- オイリーで厚い被毛
- 巻き毛が密生する被毛
- 根元以外はつるつるした尾
- 暗赤色のレバー
- 豊富な毛で覆われた大きく丸い足

# ポーチュギース・ウォーター・ドッグ　Portuguese Water Dog

体高：43〜57cm
体重：16〜25kg
寿命：10〜14年

- ホワイト
- ブラウン
- ブラック&ホワイト
- ブラウン&ホワイト
（ブラックやブラウンにはホワイトのマーキングが入る場合もある）

　ガンドッグに分類されますが、ハンターの獲物の回収と同じくらい頻繁に猟師の網の回収をしていました。その順応性の高さは陽気な気質と人を喜ばせたい欲求から来ています。しかし、つねに忙しくしていないと破壊的行動を起こすこともあります。被毛は長くウエーブがかったタイプと、短い巻き毛のタイプがあります。

- 尾はカーブしていて、先端に飾り毛がある
- 左右が離れた丸い目
- 後躯は仕事やショーのためにクリッピングされる
- 丸い足
- ブラック
- ウエービー・コート

鳥猟犬種（ガンドッグ）

# アメリカン・ウォーター・スパニエル American Water Spaniel

体高：38〜45cm
体重：12〜21kg
寿命：10〜12年

チョコレート
（足先と指にホワイトが混じる場合もある）

　もともとアメリカの五大湖地域で多目的なハンティング・ドッグ、ウォーター・ドッグとして使われていた犬です。中型で引き締まった体を持ち、陸上だけでなくボートからの作業も可能でした。現在でも水鳥を飛び立たせて回収するのに使われていますが、アウトドア志向の家族のもとでは良い家庭犬にもなります。厚い巻き毛の被毛はアイリッシュ・ウォーター・スパニエル（P228）や、カーリーコーテッド・レトリーバー（P262）などの先祖犬から受け継がれました。「マーセル・コート」と呼ばれる、それほどカールのきつくない被毛を持つ個体もあります。

ライト・ブラウンの目
幅の広い頭部
レバー
巻き毛で覆われた耳
適度な飾り毛のある尾
顔はスムース・ヘアー
若干飾り毛のある四肢

**成犬と子犬**

# フレンチ・ウォーター・ドッグ
French Water Dog

体高：53〜65cm
体重：16〜27kg
寿命：12〜14年

さまざまな毛色

　ヨーロッパ最古のウォーター・ドッグの1種で、先祖は中世までさかのぼることができ、他の多くの犬種の開発に貢献してきました。その被毛は水猟犬として働くのに理想的な保護機能を果たしています。しかし手入れが非常に大変なことが、子どもや他の犬に寛容で友好的なこの犬の人気が衰えてしまった理由のひとつでしょう。

豊富な巻き毛（長毛）
付け根が低く長い毛で覆われた垂れ耳
豊富な毛で覆われた顔
**ソリッド・ブラック**
先がわずかに鉤状になった尾
丸く幅広い足
顎にはグレーの毛

# スタンダード・プードル
Standard Poodle

体高：38cm以上
体重：21〜32kg
寿命：10〜13年

さまざまな単色

　フランス産といわれていますが、もともとはドイツ原産でウォーター・ドッグ（水猟犬）として活躍していました。このサイズのプードルは、ウォーター・ドッグの先祖の面影を最も色濃く残しています。丈夫で賢く性質も良いため、異犬種交配でよく使われます。全体を均一に刈り込むシンプルなスタイルだと、手入れが楽です。

**ブラック**
密生した豊富なカーリー・コート
高く上げられた頭
幅広く長い垂れ耳
アーモンド形でダークな目
丈夫で輪郭のはっきりした顔と顎
小さな楕円形の足で、足先はアーチ形

229

犬種の解説｜鳥猟犬種（ガンドッグ）

## コーデッド・プードル　Corded Poodle

体高：24〜60cm
体重：21〜32kg
寿命：10〜13年

さまざまな毛色

　スタンダード・プードル（P229）とは長年別系統で発展してきているにもかかわらず、コーデッド・プードルは独立した犬種として認められていません。この犬と同じタイプの縄状の被毛は、牧畜・牧羊犬に多く見られ、厳しい天候やオオカミなどの捕食動物からの保護という役割も果たします。縄状の被毛は完成までに少し手間がかかりますが、そうなってしまえば手入れは簡単です。

縄状の被毛　**ブラック**
まっすぐな鼻梁のあるマズル
エレガントで幅が狭く、長い頭部
平らな背
刈り込まれた後躯の被毛
**ホワイト**
細く密生する縄状毛

## フリージャン・ウォーター・ドッグ　Frisian Water Dog

体高：55〜59cm
体重：15〜20kg
寿命：12〜13年

ダーク・ブラウン

　「ダッチ・スパニエル」や「ヴェッターフーン」としても知られる犬種でもともとは猟師がカワウソ猟に使っていました。今でもフラッシングや回収に使われますが、それに加えて警備犬、農場作業犬としても活躍しています。独立心が強く、少々疑い深い性格なので、都会の生活には向きません。田舎の家庭なら信頼できる存在になるでしょう。

丸みを帯びた頭頂部
リング状に巻かれた長い尾
低い位置に付き、頭にぴったり沿った耳
**ブラック**
アーチ状になった丸い足
胸にホワイトのマーキング

# ラゴット・ロマノロ　Lagotto Romagnolo

| 体高 | 体重 | 寿命 | |
|---|---|---|---|
| 41〜48cm | 11〜16kg | 12〜14年 | オレンジ／ローン（オレンジやローンでは、ブラウンのマスクが見られる場合もある） |

## 愛情深く、良い家庭犬にもなる
## やや騒がしいこともあるので、田舎での暮らしに向く

原産国イタリアでは、少なくとも中世からその存在が知られており、このタイプの犬はすべてのウォーター・ドッグの祖先と考えられています。ラゴット・ロマノロは、もともとイタリア北部のロマーニャの湿地帯で回収犬として働いていました。この犬種名は、イタリア語で「ロマーニャの湖（水）の犬」を意味しています。19世紀の終わりに湿地が枯渇して水鳥の群れが減少すると、この犬にはトリュフ狩りという新しい仕事が与えられました。

20世紀半ばにはトリュフ狩りのスペシャリストになっていましたが、他の犬種との交配が進み、1970年代にはこの犬の純血種はほとんど見られなくなっていました。そこで熱心なファンが犬種の復興に乗り出し、1995年にFCIに公認されたのです。

今日、ラゴット・ロマノロは実用犬としてのみならず家庭犬として飼われています。愛情深いペットにも、優秀な番犬にもなるのです。性質が良く訓練が容易なのも特徴で、たくさん散歩をし、泳いだり穴掘りをしたりするのが好きな犬です。特徴的な巻き毛の被毛はこまめにブラッシングを行い、年に1回は刈る必要があります。

### 「カモ」から「トリュフ」へ

何百年もの間、ロマーニャ地方の農民はラゴット・ロマノロを使って小舟から水鳥の狩りをしていました。現在でもわずかながら、その仕事に従事する犬がいます。この犬の指の間には水かきがあり、巻き毛のダブル・コートに守られて、冷たい水の中で何時間も仕事をすることができます。泳ぎと回収の本能も保持しており、まさに究極の水猟犬といえるでしょう。さらに、非常に発達した嗅覚と強い穴掘りの欲求もあるので、トリュフ狩り（写真）の訓練には理想的だったのです。

犬種の解説｜鳥猟犬種（ガンドッグ）

# スパニッシュ・ウォーター・ドッグ Spanish Water Dog

| 体高 | 体重 | 寿命 | ホワイト | ブラック |
|---|---|---|---|---|
| 40〜50cm | 14〜22kg | 10〜14年 | ブラウン | |

**順応性があって仕事熱心な作業犬**
**頑固ながらトレーニング次第で良い家庭犬に**

原産国のスペインではさまざまな役割が与えられ、複数の名称で呼ばれてきました。現在は「ペロ・デ・アグア・エスパニョール」と呼ばれています。記録によれば、スペインでは羊の毛のような被毛を持つウォーター・ドッグは、1110年から存在しています。その起源は不明ですが、北アフリカやトルコの商人がこのタイプの犬をアンダルシアに持ち込んだのが最初ではないかと考えられています。スペインの各地方で、スペイン北部で生まれた小型のタイプ、アンダルシア西部の湿地帯で生まれた長い縄状毛を持つタイプ、そしてアンダルシア南部の山岳地帯で生まれた大型のタイプという3種が生まれました。

18世紀になると、スパニッシュ・ウォーター・ドッグは牧羊犬として使われ、新しい牧草地を求めて毎年スペイン南部から北部へ移動し再び戻る羊の群れの誘導をするようになりました。さらに狩猟（とくに水猟）でも使われ、港でも仕事をしていました。猟師とともに船に乗り、また船が港に入るときにはロープを曳いて猟師を助けていたのです。

今日、スパニッシュ・ウォーター・ドッグは大きさも被毛のタイプも統一されてきています。1980年代まではスペイン南部以外ではほとんど知られておらず、いまだに希少種ではありますが、この犬種を普及させようという努力は続いています。

現在は狩猟犬として使われるほか、捜索救助犬や探知犬として採用されています。一般的には聡明な犬ですが、子どもは苦手なことがあります。被毛のブラッシングはけっしてしてはいけません。必要に応じてシャンプーし、年1回は刈り込みを行います。

尾はかろうじて飛節に届くくらいの長さ

ブラック＆ホワイト

子犬

## 犬種公認への道のり

現代におけるスパニッシュ・ウォーター・ドッグの歴史は1980年に始まりました。アントニオ・ペレスという人物が、マラガで開催されたドッグ・ショーで、なじみのある犬が「アンダルシアン（アンダルシア産の）」と紹介されていることに気づき、ショーの主催者に犬種として認められていないことの理由を尋ねました。すると彼らもその犬のことはよく知っていて、犬種公認のためにペレスを援助することに合意したのです。1983年にはスタンダードが作成され、1985年までに40頭のスパニッシュ・ウォーター・ドッグが登録されました。FCIでは、1999年に公認されました。

鳥猟犬種（ガンドッグ）

尾にかけて
ゆるやかに傾斜する背

羊毛のような被毛。
クリッピングをしなければ
縄状になる

ブラウン&ホワイト

被毛の色と
マッチするブラウンの鼻

胸に明るい色の
マーキング

体長は体高よりも
少し長い

毛で覆われた
丸い足

233

犬種の解説｜鳥猟犬種（ガンドッグ）

# ブリタニー Brittany

| 体高 47〜51cm | 体重 14〜18kg | 寿命 12〜14年 | ■ レバー&ホワイト ■ ブラック・タン&ホワイト ■ ブラック&ホワイト |

（各色が融合し、はっきりと区別できない場合もある／ローン）

## イギリスとのつながり

1907年のフランスの印刷画に描かれたブリタニーと思われる犬は、ウェルシュ・スプリンガー・スパニエル（P226）に驚くほどよく似ています。これら2つの犬種の血がどこかで混じった可能性があるということでしょう。19世紀半ば以降、この犬はイギリスの狩猟家がフランスに持ち込んだスパニエルやイングリッシュ・セター（P241）と交配されていました。検疫法がすでに施行されていたため、イギリスの狩猟家は狩猟シーズンが終わると持ち込んだ犬をフランスにそのまま残して帰り、残された犬のなかにはフランスの犬と交尾をする犬がいたのです。

## 順応性があり、子どもにも寛容で信頼できる性質
## 田舎に住む活動的な飼い主には理想的な家庭犬

かつては「ブリタニー・スパニエル」（原産国フランスでは「エパニョール・ブルトン」）として知られていましたが、現在は通常ブリタニーと呼ばれています。その狩猟のスタイルが、獲物を飛び立たせるスパニエルというよりは、獲物の居場所を特定することがメインのポインターやセターに近いことがその理由です。動きが速く身のこなしが軽いので、鳥猟やノウサギなど特定の獲物の狩猟に使われます。獲物の回収もできますが、猟鳥の場所を特定することを最も得意としています。

狩猟犬としての歴史が長いブリタニーは、生まれ故郷のフランス北西部の地方に名前の由来があります。ブリタニーと見られる最初の犬は、17世紀の絵画やタペストリーに見ることができ、フランスの貴族の間で人気が高まったようです。また、ポインティングと回収の技術に加え従順だったため、密猟者にとっても役立つ犬になりました。フランスでこの犬が正式に承認されたのは1907年のことです。

今日、狩猟犬としても気立てのよい穏やかな家庭犬としても人気があります。エネルギッシュな犬種で、運動や精神的な刺激がたくさん必要なので、都会よりは田舎の家に向いているでしょう。生まれつき尾がない、あるいはボブテイルのタイプも見られます。

- 三角形のドロップ・イヤー
- ウエーブがかった細い被毛が密生
- マズルは先細りだが先はとがっていない
- オレンジ&ホワイト
- 楕円形でダークな目
- オレンジの小斑
- 尾付きは高いが、背線より低い位置に保持される
- 飾り毛のある前肢
- コンパクトで丸い足

鳥猟犬種（ガンドッグ）

## ラージ・ミュンスターレンダー　Large Munsterlander

体高：58〜65cm
体重：29〜31kg
寿命：12〜13年

　原産国のドイツで「グローサー・ミュンスターレンダー・フォルステフント」と呼ばれる犬。下のスモール・ミュンスターレンダーよりもジャーマン・ポインターに近い犬種です。成熟するのに時間がかかりますが、落ち着いていて非常に訓練しやすい万能のガンドッグです。人間と一緒にいることをとても喜び、子どもに対しても寛容です。

ブラック・ホワイト＆ローン
黒のマントル
黒い頭部
白い毛の混じった鼻先
ブルー・ローンに見えることもある
長く密生する被毛が体を保護
豊富な飾り毛の生えた肢

## スモール・ミュンスターレンダー　Small Munsterlander

体高：52〜54cm
体重：18〜27kg
寿命：13〜14年

　原産国ドイツでは「ハイデヴァハテル」とも呼ばれ、これはこの犬が作られた当初の目的が鳥猟におけるフラッシングであったことを示す名前です。陽気で愛情深いので家庭犬にもなりますが、生まれてくる数少ない子犬は、毎年ほとんどをハンターが買い占めてしまいます。上のラージ・ミュンスターレンダーと直接の関連はありません。

頭部にホワイトのブレーズ
ブラウン＆ホワイト
飾り毛の豊富な幅広い耳
豊富に飾り毛が生えた尾は中程度の長さ
シルキー・コート
白地の四肢にブラウンのモトリング（細かな小斑）がある

犬種の解説｜鳥猟犬種（ガンドッグ）

# ポン・オードメール・スパニエル Pont-Audemer Spaniel

体高 51〜58cm
体重 18〜24kg
寿命 12〜14年
ブラウン

家では穏やかで落ち着いた犬
広い土地での運動を喜ぶので、都会の生活にはやや不向き

フランス原産の珍しいポインター兼レトリーバー（回収犬）。水辺や沼沢地での狩りのスペシャリストで、フランス北西部・ノルマンディーにある湿地の多いポン・オードメール地方で、19世紀に生まれたようです。当時、イギリスのハンターが狩猟シーズンにフランスに持ち込んでそのままその地に残した犬と地元の犬が、異犬種交配されたのではないかと考えられています。また、アイリッシュ・ウォーター・スパニエル（P228）の血が早い段階で入れられたともいわれます。

20世紀になるとこの犬の数は激減し、犬種保存のための努力が必要になりました。わずかな数ながら存続し、現在も主に狩猟に使われています。この犬はかつて小型の水鳥のフラッシングに使われていましたが、ポインティングや回収もできる万能犬にするための訓練も施されました。先祖犬の血統を受け継いで、生まれつき水の中での仕事に向いていますが、森林や下草の生い茂るところでも仕事ができ、アナウサギ、ノウサギ、キジなどの狩りにも使われます。

この犬は純粋なペットとして飼われることはあまりありませんが、人懐こい家庭犬にもなります。陽気で愉快な性格から「湿地の小さな道化師」という愛称もついているほどです。自由に走り回れる広大なスペースのある、田舎の家での暮らしが理想。巻き毛の被毛の手入れはそれほど難しくなく、週に1〜2回のブラッシングが必要な程度です。

## 危機的状況にある犬種

1907年のフランスの印刷画に描かれたポン・オードメール・スパニエルは、原産国フランスにおいてさえその存在が広く知られたことはありません。19世紀の終わりまでには、その数はどんどん減少。ブリーダーは犬種を復活させようと努力しましたが、1940年代までにはほとんど絶滅状態になりました。1949年、近親交配の不安を解消するためにアイリッシュ・ウォーター・スパニエルとの異犬種交配が実施されましたが、それでも頭数は少ないままでした。1980年、犬種クラブはピカルディ・スパニエル（P239）、及びブルー・ピカルディ・スパニエル（P239）の犬種クラブと統合し、3種すべての存続に一致団結して取り組んでいます。

尾は少し曲がり、先端がより明るい色

鳥猟犬種（ガンドッグ）

丸みを帯びた頭蓋には、巻き毛のトップノット

長い絹状毛で覆われた耳

グレーのモトリング入りのブラウン

ややとがった長いマズル

ブラウンのパッチ

深く幅広い胸は、肘まで達する

ダークな琥珀色の小さな目

ぼさぼさしたような巻き毛

指の間に巻き毛がある丸い足

237

犬種の解説｜鳥猟犬種（ガンドッグ）

# コーイケルホンディエ Kooikerhondje

体高 35～40cm／体重 9～11kg／寿命 12～13年

陽気でエネルギッシュで、友好的な家庭犬になる犬
動き回れる広い土地が大好きなので、都会の生活には不向き

### 暗殺の阻止

17世紀、オランダの巨匠たちが家族の肖像にコーイケルホンディエに似た犬を描いています。ヤン・ステーンの『大人が歌えば子供が笛吹く（陽気な家族）』（下）はその一例です。コーイケルホンディエは忠実で愛情深いと評判の高い犬でしたが、『クンツェ』という名の犬は、オラニエ公ウィレム2世（1626～1650年）の命を救ったといわれています。オランダとスペインが戦争中のある夜、クンツェは吠え立ててウィレム公を起こし、侵入者がいることを知らせます。そうしてウィレム公を暗殺の危機から救ったのです。ウィレム公はこの犬に感謝し、その日以降ずっとそばに置いたといわれています。

オランダ原産で、複数の名前を持つ犬種。そのうちコーイケルホンディエ、「ダッチ・ディーコイ・スパニエル（『オランダのおとりのスパニエル』の意）」は、この犬の珍しい役割を表しています。この犬は伝統的にカモなどの水鳥猟に使われていました。跳ね回って、旗のような尾を振りながら、しかしけっして吠えずに水鳥の注意を引き、オランダ語でコーイ（kooi）と呼ばれる水中のトンネル形の罠に誘い込みます。ハンターはそれで鳥を生け捕りにしたのです。

このタイプの犬は少なくとも16世紀には存在していましたが、1940年代までにほとんど絶滅状態になってしまいます。それを救って復興させたのは、ハルデンブロック・ファン・アメルストル男爵夫人でした。今日でもこの犬は珍しい存在ですが、ヨーロッパや北アメリカでは人気が高まりつつあります。現在も水鳥をおびき寄せるという伝統的な仕事を続けていますが、最近はその多くが珍種の鳥にタグをつけて放すという自然保護活動家に使われています。訓練を受けて捜索救助犬として働く犬もいます。

性質は遊び好きで良いペットになりますが、にぎやかで小さな子どもと暮らすには、少々繊細すぎるかもしれません。飼い主にはひたむきに尽くしますが、見知らぬ人には打ち解けないことがあります。

- 長い絹状毛で覆われたドロップ・イヤー
- ほかの部位より短い毛で覆われた顔
- ラフを形作る頸部の長い毛
- **純白の地色にオレンジ・レッドのパッチ**
- 飾り毛の豊富な尾
- 飾り毛のある前肢
- ノウサギのような小さい足
- ダークブラウンでアーモンド形の目
- 顔に白のブレーズ
- 光沢があってややウエーブのかかった被毛

鳥猟犬種（ガンドッグ）

## フリージャン・ポインティング・ドッグ
Frisian Pointing Dog

- 体高：50～53cm
- 体重：19～25kg
- 寿命：12～14年

オレンジにホワイトのマーキング

別名「シュタバイフーン」。農民によって繁殖され、ハンターのお伴をして追跡、ポインティング、回収などに使われています。子どもに対しては非常に寛容で、活動的で落ち着いた家庭犬にもなります。頭数を増やすための努力がされていますが、原産国のオランダ国内においてさえ珍しい犬種です。

- ブラックのティッキング
- ブラックにホワイトのマーキング
- 長くまっすぐでなめらかな被毛
- 明瞭なストップ
- 飾り毛のある肢

## ドレンチェ・パートリッジ・ドッグ
Drentsche Partridge Dog

- 体高：55～63cm
- 体重：20～25kg
- 寿命：12～13年

「ドレンチェ・パトライスホント」とも呼ばれる犬。ポインターとレトリーバーの中間のような役割を果たし、スモール・ミュンスターレンダー（P235）やフレンチ・スパニエル（P240）と関連のある、ヨーロッパの典型的な多目的狩猟犬です。するべき仕事を十分に与えられれば、落ち着いて信頼できる家庭犬になります。

- ホワイトにブラウンのマーキング
- 長い絹状毛で覆われたドロップ・イヤー
- 飾り毛の豊富な尾
- ウエーブがかった被毛
- ブラウンの小斑のある肢
- 琥珀色で楕円形の目

## ピカルディ・スパニエル
Picardy Spaniel

- 体高：55～60cm
- 体重：20～25kg
- 寿命：12～14年

スパニエルのなかで最も古い犬種のひとつであるピカルディ・スパニエルは、フランスでは今でも森林や湿地帯で鳥を飛び立たせるのに使われています。泳ぎが大好きなこの犬は、落ち着いて信頼でき、愛情深い家庭犬になります。適度に運動させれば、都会での生活にも順応できるでしょう。

- 飾り毛のあるカーブした尾
- 尾に向けてわずかに傾斜した背
- 付け根が低く、長い垂れ耳
- 少しウエーブがかった密生した被毛
- スクエアなボディ
- タンのマーキング
- グレーのモトリングにブラウンのパッチ
- 卵形の頭部

## ブルー・ピカルディ・スパニエル
Blue Picardy Spaniel

- 体高：57～60cm
- 体重：20～21kg
- 寿命：11～13年

主に湿地帯でシギ猟に使われ、ポインティングや回収を行う犬。静かでおおらかな性質で楽しいことが大好き。子どもにも寛容です。友好的な性質なので、番犬には不向きです。

- ブラック・パッチ入りのグレー・ブラック
- ウエーブがかった毛で覆われた長い垂れ耳
- 飛節あたりまで伸びる尾
- グレーとブラックの斑はブルーの濃淡を生み出す
- 指の間に毛の生えた、丸く引き締まった足
- 明るい色のブレーズ

犬種の解説｜鳥猟犬種（ガンドッグ）

## フレンチ・スパニエル
French Spaniel

体高：55～61cm
体重：20～25kg
寿命：12～14年

　原産国フランスでは、この犬がすべてのハンティング・スパニエルの祖先だといわれています。フランス内外で現在でも狩猟に使われますが、穏健であまり吠えません。十分に運動させ、たっぷり愛情を注げば都会でも生活できるでしょう。

- ブラウンの被毛にマッチした、大きな楕円形の目
- 先端が上にカーブした尾
- シルキー・コート
- 頭部のかなり後方に付いた垂れ耳
- マズルの上はまっすぐ
- **ホワイトにブラウンのマーキング**
- 胸にブラウンの斑

## アイリッシュ・レッド・アンド・ホワイト・セター
Irish Red and White Setter

体高：64～69cm
体重：25～34kg
寿命：12～13年

　狩猟犬に典型的に見られるレッド＆ホワイトの被毛を持つものの、現在は家庭犬として飼われることが多い犬です。長い間アイリッシュ・セター（P242）の陰に隠れて目立ちませんでしたが、聡明な犬であることから人気を獲得しつつあるのは当然かもしれません。陽気でエネルギッシュな犬なので、飼い主が毅然と導けば、いきいきと生活します。

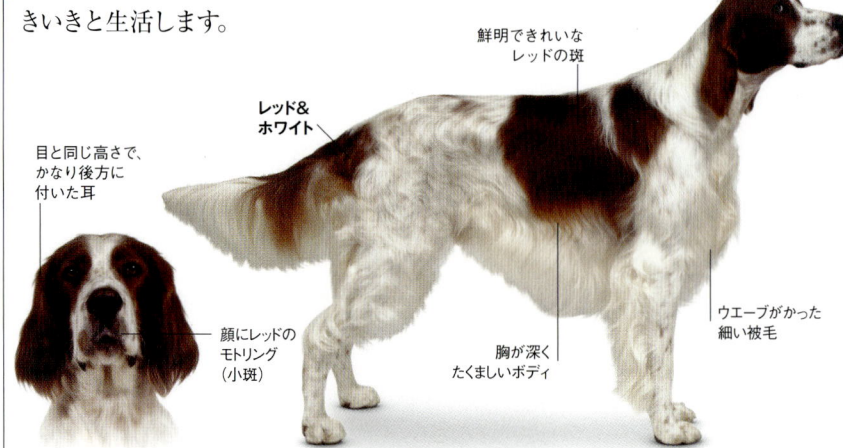

- 目と同じ高さで、かなり後方に付いた耳
- 顔にレッドのモトリング（小斑）
- **レッド＆ホワイト**
- 鮮明できれいなレッドの斑
- 胸が深くたくましいボディ
- ドーム形の幅広い頭部
- ウエーブがかった細い被毛

## ゴードン・セター  Gordon Setter

体高：62～66cm
体重：26～30kg
寿命：12～13年

　もともとはスコットランドで獲物の鳥を追い、見つけたら静止して知らせる仕事をしていましたが、狩りのスタイルが変わったことで、活躍の場は狩猟場から家族の集まる暖炉のそばへと移動しました。穏健で忠実な性質ですが、毎日豊富な運動をする必要があり、そのための広いスペースも必要です。

- 光り輝く被毛
- **コール・ブラック**
- 長い飾り毛で覆われた筋肉質で長い大腿部
- 頭蓋は少し丸みを帯び、頭部には深みがある
- 長くすっきりした頸
- 胸には豊富な飾り毛
- 肢の下から足先にかけて見られる典型的なチェスナット・レッドのマーキング

# イングリッシュ・セター English Setter

体高 61〜64cm
体重 25〜30kg
寿命 12〜13年

- オレンジまたはレモン・ベルトン
- レバー・ベルトン

（レバー・ベルトンにタンのマーキングが入る場合もある）

## 見た目も性質も田舎の家に理想的な犬
## 疲れを知らず、飼うには広大なスペースが必要

「セター」の名がつく犬の中でも最古の犬種。少なくとも400年の歴史を持ち、「セッティング」の習性があることにその名の由来があります。獲物を見つけると獲物に顔を向け、伏せて動きを止め、ハンターに獲物の場所を知らせるのです。イングリッシュ・セターの祖先には、イングリッシュ・スプリンガー・スパニエル（P224）、スパニッシュ・ポインター、それに大型のウォーター・スパニエルが含まれるのではないかと考えられます。結果として生まれたのは、広大な荒れ地で獲物を追跡し見つけることに長けた犬でした。

近代のイングリッシュ・セターの基礎は、2人の男性が確立しました。エドワード・ラヴェラックは1820年代に純粋なイングリッシュ・セターを作り出しました。19世紀の終わりになると、R・パーセル・ルウェリンがラヴェラックのセターを使って、フィールド・ワークに特化した異なる系統の犬を作り出しました。ルウェリンが作り出した犬はラヴェラックのセターとは外見が異なり、これを別の犬種と見てルウェリン・セターと呼ぶ人もいます。

イングリッシュ・セターは現在でも作業犬として狩猟に使われていますが、狩猟用とドッグ・ショー用とでは異なる血統の犬が使われます。また、狩猟用のイングリッシュ・セターは、親類であるアイリッシュ・セター（P242）やゴードン・セター（P240）に比べて、肢が短くなっています。落ち着いて信頼できる性質であり、家庭犬にもふさわしい犬ですが、運動量は膨大で走り回れるスペースが必要です。ショードッグは狩猟用の犬に比べて、よりウエーブがかった長い被毛を持ちます。

### エドワード・ラヴェラック

ブリーダーのエドワード・ラヴェラックは、19世紀に伝統的なイングリッシュ・セターの形質を変えました。1825年に手に入れた2頭の犬から、ラヴェラックは別の系統の犬を作出。通常より直立に近い姿勢で獲物の鳥のセッティングを行い、それまでの犬よりも体高あるもののつくりは軽く、飾り毛の多い犬でした。ラヴェラックの犬は1870年代に作られたスタンダードの基礎になりました。1890年ごろに作られた下のトレード・カード（名刺の先駆けのようなもの）は、初期のイングリッシュ・セターを描いています。

- 付け根の低い垂れ耳です
- マズルは四角く、上唇は少し垂れ下がる
- ブルー・ベルトン
- 顔に明るいタンのマーキング
- 飾り毛の豊富な尾

犬種の解説 | 鳥猟犬種（ガンドッグ）

鳥猟犬種（ガンドッグ）

# アイリッシュ・セター Irish Setter

体高 64〜69cm ｜ 体重 27〜32kg ｜ 寿命 12〜13年

**有り余るほどのエネルギーを持つ情熱的な犬**
**華やかで愛情深い犬だけに、忍耐強く活動的な飼い主に向く**

「セター」と呼ばれる狩猟犬、すなわち獲物の鳥の近くで身をかがめて「セット」し、ハンターに獲物の位置を示す犬については、16世紀後半〜17世紀初頭の文書にその記載があり、18世紀には固有のタイプとして認識されていました。アイリッシュ・セターは、イングリッシュ・セター（P241）、ゴードン・セター（P240）、アイリッシュ・ウォーター・スパニエル（P228）、その他のスパニエルやポインターを交配した犬から作られました。高台での鳥猟のために作られ、そのスピードや効率の良い動き、鋭い嗅覚で高く評価されていました。

初期の犬は、アイリッシュ・レッド・アンド・ホワイト・セター（P240）のようなレッド＆ホワイトの毛色でしたが、19世紀になると深みがあって濃いレッドが標準になりました。しかし、今でも小さなホワイトのマーキングのある個体が生まれることがあります。

1850年代までには、レッドのアイリッシュ・セターはアイルランドとイギリスで広く普及し、ドッグ・ショーでも見られるようになっていました。

1862年生まれの『パルマーストン』という名のオスは、アイリッシュ・セター初のチャンピオンとなり、最初の種オスとして現在のほとんどのアイリッシュ・セターの祖先となったのです。現在では主にショードッグや家庭犬として飼われていますが、その作業能力にも留意して繁殖するブリーダーが今でも存在します。

アイリッシュ・セターはとても魅力的で、愛情深いペットになります。子どもや他の動物に対してもやさしく、遊び心にあふれています。しかし精神的に大人になるのに時間がかかり、早いうちからしっかりと訓練をする必要があります。毎日たっぷり運動でき、自由に走り回ることができる家が必要です。

## ビッグ・レッド

アイリッシュ・セターの無邪気で自由な心は、北米では1962年のディズニー映画『ビッグ・レッド』で有名になりました。カナダを舞台にしたこの映画は、ドッグ・ショーのチャンピオンとなった『ビッグ・レッド』と、その友達のみなしごルネの物語です。ビッグ・レッドはお行儀の良いショードッグとしての暮らしより、ルネと狩りに出かけることに興味を持ってしまい、飼い主に捨てられてしまいます。ビッグ・レッドは逃げ出してカナダを縦断し、ルネと再会して、クーガーに襲われ危機に瀕している元の飼い主を、勇敢にもルネと一緒に助けることになるのです。

子犬

レッド

付け根の低い耳はきれいなひだをつくり、頭部に沿って垂れる

やさしい表情をたたえたアーモンド形の目

スクエアで深いマズル

やわらかいシルキー・コート

深く狭い胸

前肢の裏側には飾り毛

飾り毛の豊富な尾

犬種の解説 ｜ 鳥猟犬種（ガンドッグ）

# ノヴァ・スコシア・ダック・トーリング・レトリーバー
## Nova Scotia Duck Tolling Retriever

体高 45〜53cm　体重 17〜23kg　寿命 12〜13年

## 性質が良く魅力的なガンドッグ
## 十分運動をさせれば家庭犬としての暮らしにも適応

### キツネのような賢さ

獲物をおびき寄せるのはキツネのお家芸です。キツネは、1〜2頭が水辺で遊びながら、そばにいる水鳥をじらします。水鳥はキツネを追い払おうとしてキツネに近寄り、キツネが捕獲できるところまで入り込んでしまうことがあるのです。アメリカ・インディアンがこれをまね、ロープにくくりつけたキツネの毛皮を前後に振って、カモを捕まえるようになりました。ヨーロッパからの入植者はキツネに似た赤い被毛の犬を作り出し、キツネと同じ動きをするように訓練しました。こうしてノヴァ・スコシア・ダック・トーリング・レトリーバーは、キツネのような色の被毛を持ち、キツネのような動きを見せるようになったのです。

　カナダ原産で、カモやガチョウの猟で果たす珍しい役割にその名の由来があります。かつてこの犬は、隠れているハンターのそばで仕事をしていました。身を隠したハンターが木の棒を投げると、犬はさまざまな動きを見せながら、しかしけっして吠えずに、棒を追って飛び出していきます。犬の動きは興味を引かれた鳥をおびき寄せ（「toll」はおびき寄せるという意味で使われる）、鳥が射程距離に入るとハンターは鳥を撃ち落とし、犬は撃ち落とされた鳥を回収するのです。

　この犬は、カナダのノヴァ・スコシアで19世紀に作られました。ヨーロッパから持ち込まれた「ディーコイ・ドッグ（おとり犬）」の子孫で、獲物をおびき寄せるその手法は、コーイケルホンディエ（P238）などのやり方に似ています。それらの犬がスパニエル、レトリーバー、アイリッシュ・セター（P242）と交配されてできたのです。今の犬種名は、カナダのケネルクラブがこの犬を公認した1945年につけられたものです。

　コンパクトで敏捷なことが特徴で、その被毛は厚く耐水性に富み、足指の間には水かきがあります。被毛の色はレッドで、しばしば胸と尾の先端に、キツネの毛皮のようなホワイトが入っています。遊び好きで寡黙、そして従順な性質で、すばらしい家庭犬にもなります。精力的なので、運動はたっぷり必要です。

- 三角形の垂れ耳
- レッド
- しっかり閉まった唇
- 注意深い表情をたたえたアーモンド形の目
- 頭部はややくさび形で、マズルは先細り
- 太い付け根の尾は豊富な飾り毛で覆われる
- 厚いアンダー・コートを持つ耐水性の被毛
- 足先に典型的なホワイトのマーキング

# ジャーマン・ポインター　German Pointer

| 体高 | 体重 | 寿命 | 色 |
|---|---|---|---|
| 53〜64cm | 20〜32kg | 10〜14年 | レバー／ブラウン／ブラック |

## HPR犬種

ジャーマン・ポインターは、HPR（Hunt, Point, Retrieve：狩りをし、指示をし、回収をする）犬種として知られるオールラウンドなガンドッグです。HPR犬種は、ヨーロッパ大陸で生まれました。ヨーロッパではハンターが飼う狩猟犬は通常1〜2頭で、犬たちはあらゆる仕事をこなしていたのです。HPR犬種には、他にワイマラナー（P248）やハンガリアン・ヴィズラ（P246）、イタリアン・スピノーネ（P250）なども含まれます。それとは対照的に、イギリスのブリーダーは特定の仕事や特定のタイプの獲物に特化したガンドッグの繁殖に力を注ぎました。たとえばコッカー・スパニエル（P222）は、ヤマシギのフラッシングのスペシャリストです。

## 賢く、根強い人気を誇る犬種
## 穏やかでやさしく、アウトドア志向の飼い主向き

ジャーマン・ポインターは、最高にすばらしい多目的狩猟犬です。背の低い植物が群生するような荒れ地から湿地帯まで、地形を問わずに追跡、ポインティング、回収をこなす犬で、19世紀に作られました。ゾルムス・ブラウンフェルスの王子アルブレヒトに率いられたブリーダーが、シュヴァイスフント（獲物の追跡とポインティングの両方ができるハウンド）を含むドイツのハウンドやレトリーバーを、イングリッシュ・ポインター（P254）と交配し、スピードや敏捷性、優雅さを加えたのです。

ジャーマン・ポインターには3つのバリエーションがあります。圧倒的に知名度が高いのはジャーマン・ショートヘアード・ポインター（ドイッチェ・クルツハール）で、イギリスのハンターは「GPS」と呼んでいます。その歴史は1880年代にさかのぼり、世界で最も人気のある狩猟犬のひとつになりました。ジャーマン・ロングヘアード・ポインター（ドイッチェ・ラングハール）も同じころに登場しています。ジャーマン・ワイアーヘアード・ポインター（ドイッチェ・ドラートハール）は、もう少し後にジャーマン・ショートヘアード・ポインターから作られました。

ジャーマン・ポインターは、原産国ドイツでは狩猟犬であると同時に家庭犬として飼われてきました。一般的に穏やかで、人間に対して信頼を寄せる犬なのです。ただし非常にエネルギッシュなので、毎日豊富な運動が必要です。ハンターや、ランニングやハイキング、サイクリングなどを楽しむ活動的な飼い主のもとで暮らすのに向いています。

---

**ショート・ヘアー**
- 明瞭なストップ
- 中くらいの大きさのブラウンの目
- レバーのパッチ
- ホワイトのティッキング入りレバー
- 先端にホワイトが入った先細りの尾。低い位置に保持される
- よく巻き上がった腹部
- 粗い手ざわりの被毛
- スプーン形のコンパクトな足

**ワイアー・ヘアー**
- 先端が丸みを帯びた、幅広い垂れ耳
- ブラウンの鼻

犬種の解説｜鳥猟犬種（ガンドッグ）

# ハンガリアン・ヴィズラ　Hungarian Vizsla

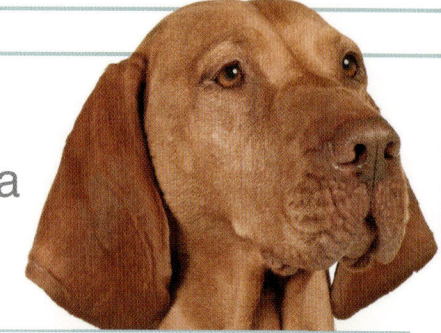

体高　53～64cm
体重　20～30kg
寿命　13～14年

## やさしく忠実な性質で魅力的な家庭犬にもなる犬
## あふれるエネルギーを発散する機会が必要

　ヨーロッパの典型的な多目的狩猟犬といえるハンガリアン・ヴィズラの祖先は、14世紀の文書に記述がありますが、それ以前から存在していたと考えられます。1000年ほど前の壁画に、ヴィズラによく似た犬とハヤブサを伴って狩りをするマジャール人ハンターの姿があるのです。何世紀もの間、この犬はハンガリーの上流階級のお気に入りで、彼らは純粋な血統を保ちました。「王の贈り物」としても知られ、王族や外国人にのみ贈られたのです。第二次世界大戦後、一度は絶滅しかけましたが、外国に移住したハンガリー人が西ヨーロッパやアメリカにこの犬を持ち込み、今ではそうした新しい地で人気が高まりつつあります。

　狩猟場ではスピードとスタミナを見せつけ、どのようなコンディションでも、また陸上でも水中でも1日中働くことができます。獲物もさまざまで、カモ、ウサギ、オオカミ、イノシシなどあらゆる狩りで使われてきました。追跡に適した鋭い嗅覚と回収に適したやわらかい口を持ち、訓練にもよく反応します。

　それだけでなく、つねに家庭犬としても飼われてきました。忠実で愛情深いため、昔からこの犬は家族の一員だったといわれています。ただ、毎日豊富な運動が必要です。

　ハンガリアン・ヴィズラには2つの異なるタイプがあります。もともとのショート・ヘアーのタイプは「ハンガリアン・ショートヘアード・ポインター」としても知られています。ワイアー・ヘアーのタイプは1930年代に作られ、より体格のがっしりした犬です。

### チャンピオン『ヨギ』

ドッグ・ショーで最も有名なハンガリアン・ヴィズラといえば、オスの『ヨギ』（登録名は『Hungargunn Bear It's Mind』）でしょう。2002年にオーストラリアで生まれたヨギは、生後わずか12週で最初のBIS（ベスト・イン・ショー／最高賞）を獲得しています。2005年にはイギリスに輸入され、そこから華麗なるショー・キャリアが始まりました。2010年までにイギリスで17のBISタイトルを獲得し、それまでの記録を塗り替えました。その後もヨギの活躍は続き、2010年にはイギリス最大のドッグ・ショーであるクラフト展でBISを獲得。そこで引退して、種オスとしての生活に入りました。

多少カーブのある先細りの尾、先端はとがっている

アーチがかった足。丸く引き締まっている

**ワイアー・ヘアーの子犬**

鳥猟犬種（ガンドッグ）

被毛の色とマッチした鼻の色

筋肉質のたくましい背

なめらかにアーチを描く、筋肉質の頸

アンダー・コートのない、特徴的な光沢のある被毛

被毛より少し濃い色の目

垂れ耳の被毛は、ほかの部位よりも少し短い

マズルは先細りで先端が四角い

ゴールデン・ラセット

長い前肢

ショート・ヘアー

ワイアー・ヘアー

247

犬種の解説｜鳥猟犬種（ガンドッグ）

# ワイマラナー Weimaraner

体高 56〜69cm ｜ 体重 25〜41kg ｜ 寿命 12〜13年

### 写真の中の美

1970年代以降、アメリカのアーティストであるウィリアム・ウェグマンは、愛犬『マン・レイ』を皮切りに、ワイマラナーを題材にした写真やビデオを制作してきました。ウェグマンはワイマラナーの体型の美しさと被毛の質感を強調しています。また、奇妙なセッティングでポーズをとらせ、コスチュームを着せ、はたまた謎めいたフィルムに登場させて、ワイマラナーの空想的な姿を表現しています。

## 珍しい色の被毛をまとった優雅で聡明な犬
## 無限のエネルギーの持ち主で、飼うには広いスペースが必要

オールラウンドのHPR犬種（P245）として19世紀に作出されたこの犬種の祖先は、ドイツ産のさまざまな狩猟犬です。ワイマラナーという名前は、この犬が作られたドイツ・ワイマール公国の宮廷に由来します。長い間この犬はほとんど貴族のみが飼うことのできる犬でした。初めはオオカミやシカなど大型の獲物を倒すために使われていましたが、後に陸地や水中で鳥を回収するのに使われるようになりました。

スムーズで力強い歩様、そして卓越したスタミナの持ち主です。また注意深く、狩猟場ではほとんど足音を立てずに動きます。この狩猟スタイルと、見事なシルバー・グレーの被毛、そして淡い色の目から、「グレー・ゴースト（灰色の幽霊）」という愛称も生まれました。またその優雅なシルエット、シルバー・グレーという珍しい毛色、それに動きの美しさは、この犬をショードッグやペットとしても人気犬にしてきました。ワイマラナーは見知らぬ人にはあまり打ち解けませんが、家族に対しては元気いっぱいの犬です。小さな子どもには少々荒々しすぎるかもしれません。運動量は膨大で、走り回って探検してエネルギーを発散させる必要があります。被毛は2タイプで、ショート・ヘアーとロング・ヘアーがあります。

- 高い位置に付いた大きい耳。若干ひだがある
- 体長は体高とほぼ同じ
- 飛節まで届く尾
- 腹部はほどよく引き締まっている
- コンパクトで引き締まった足
- ショート・ヘアー

- 淡いブルー・グレーの印象的な目
- 被毛の色にマッチした鼻の色
- シルキー・コート
- シルバー・グレー
- 飾り毛のある肢
- ロング・ヘアー

鳥猟犬種（ガンドッグ）

## チェスキー・フォーセク
Cesky Fousek

- 体高：58〜66cm
- 体重：22〜34kg
- 寿命：12〜13年

ブラウン
（胸と四肢の下部に色の異なるマーキングが入る場合もある）

チェコ、スロバキア、ボヘミアなどが原産国だと主張しており、これらの地域では今でも人気のある犬ですが、ほかではあまり見かけません。忠実で訓練も可能、通常は人のそばで穏やかに過ごせます。しかし生まれつきの狩猟犬なので、他にペットがいる場合は獲物と見なされる危険性があるでしょう。

- 茶色のパッチ入りダーク・ローン
- 大きな垂れ耳
- 伝統的に2/5の長さに断尾される尾
- やわらかい顎ひげ
- 琥珀色のくぼんだ目
- もじゃもじゃの眉
- 体を保護する硬い被毛
- スプーン形でコンパクトな足

## コルトハルス・グリフォン
Korthals Griffon

- 体高：50〜60cm
- 体重：23〜27kg
- 寿命：12〜13年

レバーまたはレバー・ブラウン
レバー・ローン、ホワイト&ブラウン

オランダ人のエドゥアルト・コルトハルスが作出し、ジャーマン・ポインター（P245）と関連があります。フランスの狩猟家が狩猟に用い、多才でおおらかな犬となりました。ガンドッグのなかで最速というわけではありませんが、ハンターのそばで仕事のできる従順な犬です。そうした資質は家庭犬にも適しています。

- レバー・ブラウンのパッチ入りスチール・グレー
- 硬く粗い被毛
- 体高より長い体長
- 毛深い眉
- レバーの短毛で覆われた耳
- 顎ひげ、口ひげのある長いマズル
- 深い胸
- アーチ形の引き締まった丸い足

## ポーチュギース・ポインティング・ドック
Portuguese Pointing Dog

- 体高：52〜56cm
- 体重：16〜27kg
- 寿命：12〜14年

「ポルトガルの鳥猟犬」を意味する「ペルディゲイル・ポルトゥゲース」としても知られる犬。ハヤブサや網を使うハンターがポインターとして使っていました。現在でも狩猟場で働くこの犬は、穏健で素直な性質であり、従順な家庭犬にもなります。しかし執拗なハンターであり、肉体的にも精神的にも毎日豊富な量の刺激が必要です。

- ほどよく発達した上唇
- わずかなデューラップ
- 深い胸
- 縁取りのあるダークな目
- 三角形の垂れ耳
- レッド・イエロー
- 短毛
- 足にホワイトのマーキング

犬種の解説 | 鳥猟犬種（ガンドッグ）

# イタリアン・スピノーネ Italian Spinone

| 体高 | 体重 | 寿命 | |
|---|---|---|---|
| 58〜70cm | 29〜39kg | 12〜13年 | ホワイト<br>オレンジ・ローン<br>ホワイト&ブラウンもしくはブラウン・ローン |

## おおらかで落ち着いた犬
## 瞬時に気を取られて取り散らかすことがあるので注意

イタリアン・スピノーネの起源はよくわかっていませんが、ワイアー・ヘアーのポインター・タイプの犬は、イタリアではルネッサンス期以降に存在が知られていました。1470年代にアンドレア・マンテーニャが描いた、マントヴァのドゥカーレ宮殿の壁画『The court of Gonzaga（ゴンザーガ家の宮廷）』に見られる犬はその一例です。

近代のイタリアン・スピノーネはイタリア北西部のピエモンテ州で作られ、「スピノーネ」という名前は19世紀につけられました。オールラウンドのHPR犬種（P245）で、20世紀まではピエモンテ州で最も人気のある狩猟犬でした。第二次世界大戦中はイタリア・パルチザンに貴重な貢献をしましたが、戦争が終わるころにはその数が激減してしまい、1950年代にはこの犬を絶滅から救うためにイタリアのブリーダーが犬種クラブを設立しました。

空気中に漂う臭いも地面の臭いも追うことができ、厚くイバラの多い下草の中でも仕事ができます。ハンドラーの近くで、大きなストライドの速足でジグザグに動きながら、静かに徹底的に追跡します。その粗い被毛は、非常に厚い棘の生えた茂みでも氷のように冷たい水の中でも体を守ります。現在でも狩猟犬として仕事をしていますが、最近ではよりスピードのあるブラッコ・イタリアーノ（P252）の人気が上回るようになっています。

穏やかで忠実な性質もあり、さまざまな国でペットとしての人気が高まってきました。毎日の運動はたっぷり必要ですが、多くのガンドッグと比べて動きが遅いので、散歩のお伴にも適しています。被毛は時折ブラッシングと手で毛を抜くハンド・ストリッピング程度で十分ですが、多少臭います。

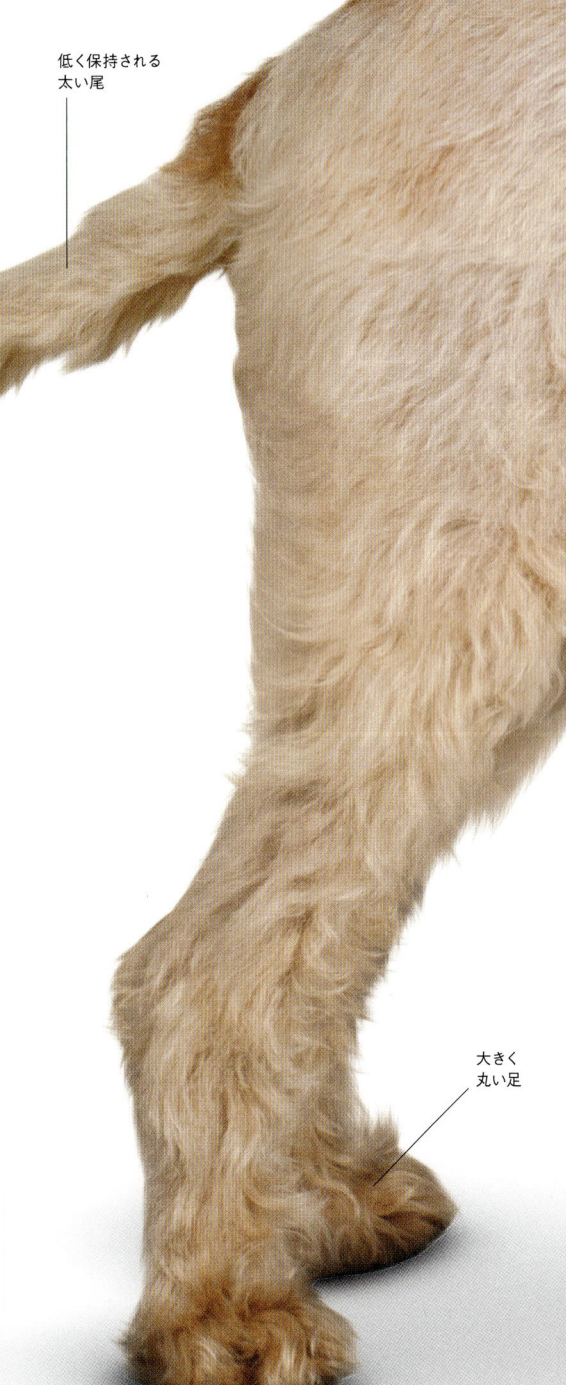

低く保持される太い尾

子犬

大きく丸い足

### 「トゲのある」名前

現在この犬種は「イタリアン・スピノーネ」として知られていますが、かつては繁殖された地域によってさまざまな名前で呼ばれていました。「トゲだらけのポインター」を意味する「ブラッコ・スピノーゾ」はそのひとつで、粗い剛毛が密生するこの犬の被毛を表したものだと考えられています。「スピノーネ（spinone）」は「ピーノ（pino）」という単語から来ていますが、これはイタリアに見られるトゲの多い厚い藪のようなところを意味する名前です。スピノーネが、その丈夫な皮膚と硬い被毛で、トゲの多い下草をかき分けて獲物を追う数少ない犬種であることからついた名前だと考えられます。右の1907年のフランスの印刷画は、獲物を追跡中のスピノーネの姿です。

鳥猟犬種（ガンドッグ）

大きく、丸く、黄土色でやさしい表情の目

三角形のペンダント・イヤー

ゆるやかにカーブした背

顎ひげと混じり合った長い口ひげ

ホワイト＆オレンジ

明るい色の鼻

徐々に巻き上がった腹部

粗く厚い被毛

広く深い胸

251

犬種の解説｜鳥猟犬種（ガンドッグ）

# ブラッコ・イタリアーノ Bracco Italiano

| 体高 | 体重 | 寿命 | | |
|---|---|---|---|---|
| 55～67cm | 25～40kg | 12～13年 | | ホワイト<br>ホワイト＆オレンジ／アンバー（琥珀色）／チェスナット |

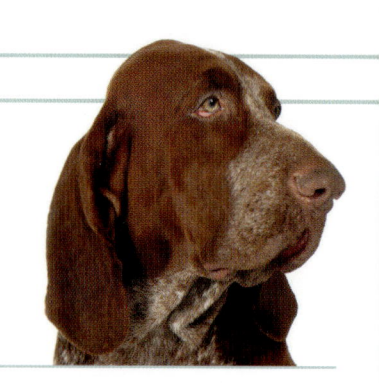

## 高貴なハンター

ルネッサンスの時代、ブラッコ・イタリアーノのような犬はイタリアの貴族の間で人気がありました。鳥猟犬として、ハヤブサと一緒に使われていたのです。メディチ家やゴンザーガ家などの貴族は繁殖のための犬舎を所有し、狩猟のための優れたスキルを持ち珍重される犬を作り出しました。1527年にはチェスナットの被毛を持つ犬がフランスの王宮に贈られたと記録されています。ピエモンテの犬（下のフランスの印刷画に描かれた犬／1907年）もヨーロッパ中の宮廷で非常に人気がありました。

### 大きさからすると驚くほどの運動神経の持ち主
### 性質は穏やかで家庭犬にもふさわしい

イタリア北部の原産であるブラッコ・イタリアーノ（別名イタリアン・ポインター）の先祖は、少なくとも中世までさかのぼります。ブラッコ・イタリアーノのような犬は14世紀の絵画にも見られ、当時は獲物の鳥を網に追い込むために使われていました。ハンターが銃を使うようになると、この犬はHPR犬種（P245）へと進化しました。

19世紀までには、この犬には2種類のタイプが存在していました。体高がありがっしりした体格で、ホワイト＆ブラウン・ローンの被毛を持つロンバルディア出身の「ブラッコ・ロンバルド」と、山岳地方で作業をするために改良され、より軽いつくりでホワイト＆オレンジの被毛を持つ「ブラッコ・ピエモンテ」です。20世紀の初めまでに数が減少してしまいましたが、熱心なファンによって救われ、1949年にはイタリアのケネルクラブがこの犬種のスタンダードを作成しました。2つのタイプは1犬種としてくくられましたが、現在でも重量級と軽量級の両方が見られます。

今でも狩猟犬として使われており、ストライドの大きな速足で、鼻を高く上げた独特のスタイルで臭跡を追います。イタリア人はこれを「鼻に導かれて」と表現します。この犬は人間が大好きで、落ち着いたやさしい家庭犬になります。しかし運動量は膨大で、その強い狩猟欲求をコントロールするためには必ずリードを付けて運動させる必要があるでしょう。

## プードルポインター Pudelpointer

- 体高：55〜68cm
- 体重：20〜30kg
- 寿命：12〜14年

- デッド・リーフ（枯葉色）
- ブラック

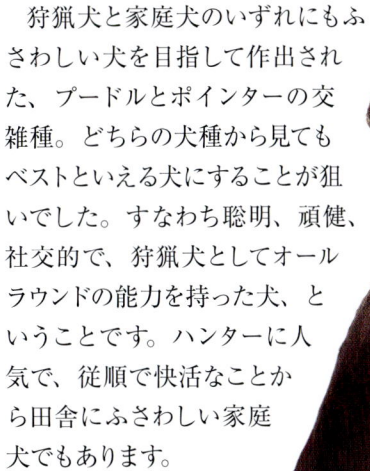

狩猟犬と家庭犬のいずれにもふさわしい犬を目指して作出された、プードルとポインターの交雑種。どちらの犬種から見てもベストといえる犬にすることが狙いでした。すなわち聡明、頑健、社交的で、狩猟犬としてオールラウンドの能力を持った犬、ということです。ハンターに人気で、従順で快活なことから田舎にふさわしい家庭犬でもあります。

- 巻き毛のフォアロック
- アンダー・コートが密生した、硬く粗い被毛
- **ブラウン**
- 顎ひげと口ひげはほかの部位より明るい色
- 胸にホワイトのマーキング
- サーベルのような形の尾
- やや巻き上がった腹部
- 楕円形の足

## スロヴァキアン・ラフヘアード・ポインター Slovakian Rough-haired Pointer

- 体高：57〜68cm
- 体重：25〜35kg
- 寿命：12〜14年

「スロヴェンスキー・ポインター」や「ワイアーヘアード・スロヴァキアン・ポインター」、そして母国の呼び名である「スロヴェンスキー・フルボルスティ・スタヴァチ」など、この犬種にはさまざまな名前があります。おそらくドイツ原産の狩猟犬の影響を受けており、知性やエネルギーなど、ドイツの狩猟犬の典型的な特徴を持っています。仲間と一緒に何か活動をすることが生きがいの犬であり、家にひとりで置いておくのにはふさわしくありません。

- 琥珀色でアーモンド形の目
- まっすぐで頑丈な背。尾にかけてわずかに傾斜している
- 細長い頭部
- 短くやわらかい毛で覆われた垂れ耳
- マズルには明るい色の長くやわらかい毛が生える
- **ブラウン・シェーデッドのあるセーブル・グレー**
- 胸にホワイトのマーキング
- 粗くフラットな被毛
- きれいなアーチ形の指を持つ長い足

犬種の解説 | 鳥猟犬種（ガンドッグ）

# イングリッシュ・ポインター English Pointer

| 体高 | 体重 | 寿命 | さまざまな毛色 |
|---|---|---|---|
| 53〜64cm | 20〜34kg | 12〜13年 | |

**友好的で聡明、高い運動能力を持つ犬**
**心身ともにたっぷり刺激を与えることが重要**

ポインターは、獲物を見つけたときに取る姿勢「ポイント（足を1本上げ、鼻を獲物の方向に向けてそのまま静止する）」に名前の由来を持ちます。そうした犬は、ヨーロッパの至るところで同時期に作られました。イングリッシュ・ポインター（イギリスでは単純に「ポインター」と呼ばれる）の先祖にあたる犬は、イギリスでは1650年ごろに現れました。初期の犬は、イングリッシュ・フォックスハウンド（P158）、グレーハウンド（P126）、それに古いタイプの「セッティング・スパニエル」などの犬種を交配した結果生まれた犬たちです。その後、スペイン産の狩猟犬やセターとの交配によって、ポインティングの技術と訓練への反応が改善されました。

イングリッシュ・ポインターは当初、追跡を行うグレーハウンドのためにノウサギをポイントしたり、ハヤブサと一緒の狩りで使われていました。18世紀以降、飛行中の鳥を銃で撃ち落とす猟の人気が高まると、ポインターは猟鳥の居場所を特定するのに使われるようになり、とくに高地で活躍しました。空気中に漂う臭跡を検知する能力に秀でており、それもこの犬が優秀なポインターである証です。回収はあまり得意ではありませんが、その役割を果たすこともあります。スピードと持久力でもよく知られており、現在のイギリスやアメリカでは狩猟やフィールド・トライアルに使われています。

性質はやさしく忠実で従順。家族に対して愛情深く、子どもにも寛容です。ただし、幼児と一緒に過ごすには少し騒がしすぎるかもしれません。現在も狩猟に使える持久力を持っているので、毎日激しい運動をたっぷり行う必要があります。

**子犬**

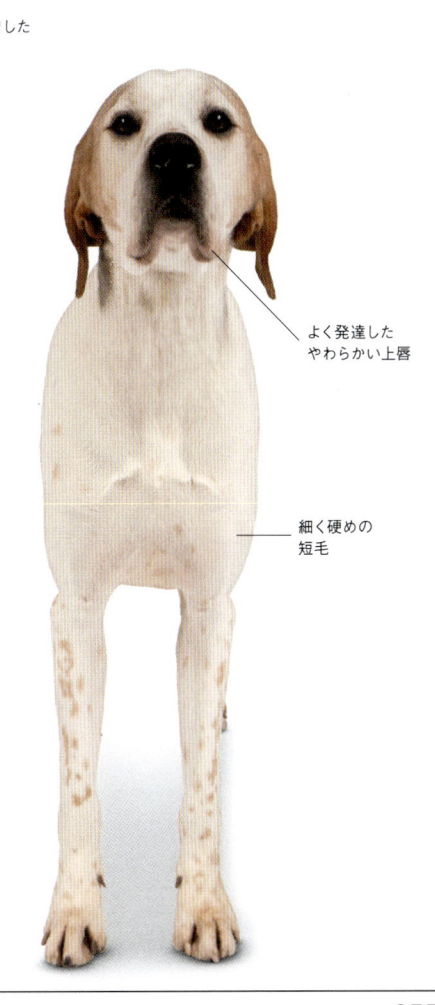

## 文学に登場するポインター

イングリッシュ・ポインターにスペイン産の犬の名残が見られたせいか、19世紀には飼い犬のポインターにスペイン風の名前をつけるイギリス人が多かったようです。チャールズ・ディケンズの『ピクウィック・クラブ』に出てくる架空の犬『ポント』はその一例でしょう。ポントはいいかげんでずるいミスター・ジングルのほら話に登場するのですが、ある日のこと狩猟の途中で立ち止まり、頑として動かずにある掲示板を凝視していたというのです。掲示板には、狩猟場内にいる犬はすべて狩猟番に射撃される可能性がある、と書かれていました。文字が読めると思わせるほど、イングリッシュ・ポインターはとても賢い犬なのです。

1837年版『ピクウィック・クラブ』に掲載されたイラスト

- 非常にはっきりしたストップ
- 頭部に沿った垂れ耳
- 少しアーチがかった長い頸
- よく発達したやわらかい上唇
- 筋骨たくましい後躯
- **オレンジ&ホワイト**
- 細く硬めの短毛
- オレンジの斑がある、まっすぐな前肢
- 少し傾斜したパスターン（中手）
- 足先がアーチ形になった楕円形の足

鳥猟犬種（ガンドッグ）

犬種の解説｜鳥猟犬種（ガンドッグ）

## フレンチ・ピレニアン・ポインター French Pyrenean Pointer

体高：47〜58cm
体重：18〜24kg
寿命：12〜14年

チェスナット・ブラウン
（タンのマーキングが入る場合もある）

フランス産のポインターのなかでも一番人気の犬ですが、珍しい犬種で、ほとんどは狩猟に使われています。敏速で疲れを知らないこの犬は、山岳地帯で働く犬としてフランス南西部で作出されました。家庭では穏やかでやさしく、活動的な飼い主にとっては理想の家庭犬になるでしょう。

- 典型的なチェスナット・ブラウンの頭部
- フレンチ・ガスコニー・ポインターよりも密な斑
- 幅広でまっすぐな背は、かなり長い
- **チェスナット・ブラウン＆ホワイト**
- 被毛の色にマッチした鼻の色
- 非常に短く細い被毛
- ほどよく引き締まった腹部

## サン・ジェルマン・ポインター Saint Germain Pointer

体高：54〜62cm
体重：18〜26kg
寿命：12〜14年

「ブラク・サンジェルマン」としても知られるこの犬は、開けた牧草地、森林地帯、湿地帯の鳥猟で使われる俊足のポインターであり、回収犬でもあります。しかし被毛の保温性は十分とはいえず、全天候型ではありません。愛情深く繊細な性質なので、飼い主は毅然としながらも思いやりのある扱いをする必要があります。都会での家庭犬としての生活にも驚くほどよく順応します。

- 上唇は下顎を覆う
- ピンク色の鼻
- 先細りで飛節に届く尾。ほぼ水平に保たれる
- ゴールデン・イエローの目
- **ホワイトにオレンジのマーキング**
- 深い胸
- 足は長く、爪は明るい色

鳥猟犬種（ガンドッグ）

# ブルボネ・ポインティング・ドッグ　Bourbonnais Pointing Dog

体高：48～57cm
体重：16～26kg
寿命：12～14年

　フランス原産のガンドッグのなかで最も古い歴史を持ち、おそらく最も穏やかな犬。多才な犬で、捜索し回収する犬としても活躍しています。頑健な体で力強い印象を与えるこの犬は、仕事をしているときはスタミナにあふれ、仕事を離れれば落ち着いて愛情深い犬です。

やや先細りのマズル

先端が丸みを帯びた、茶色のドロップ・イヤー

ホワイトにブラウンのティッキング

洋なし形の頭部

腹部のラインは徐々に上がる

丸い足

# オーヴェルニュ・ポインター

Auvergne Pointer

体高：53～63cm
体重：22～28kg
寿命：12～13年

　別名「ブラク・ドーヴェルニュ」。フランス中部の狩猟家が狩猟のために作出した犬です。今なお多目的な狩猟犬として活躍し、1日中でも働くことができます。友好的で賢く、活発で愛情深いこの犬は、人と一緒にいるのが大好きで、訓練も容易です。活動的な家庭ならどんな家でもいきいきと暮らせるでしょう。

上唇は下唇を覆う

ホワイトにブラックのマーキング

顔と耳に典型的な黒のマーキング

ホワイトにブラックの斑点があることで、被毛にブルーが入っているように見える

# アリエージュ・ポインティング・ドッグ

Ariege Pointing Dog

体高：56～67cm
体重：25～30kg
寿命：12～14年

　生まれ故郷のフランス南西部でも珍しい存在の犬で、別名は「ブラク・ド・アリエージュ」。ポインティングと回収に使われていますが、追跡能力も多少持ち合わせています。ほとんどが狩猟家に飼われている犬で、辛抱強く訓練し、興奮しやすい性質を落ち着かせる必要があります。

先細りの尾

長くまっすぐなマズル

ホワイトにフォーンのティッキング

光沢のある短毛

ひだのあるタン色の耳

アーチがかったコンパクトな足

犬種の解説｜鳥猟犬種（ガンドッグ）

## フレンチ・ガスコニー・ポインター  French Gascony Pointer

- 体高：56〜69cm
- 体重：25〜32kg
- 寿命：12〜14年

■ チェスナット・ブラウン（タンのマーキングが入る場合もある）

フランス南西部生まれで、ポインターのなかでも最も古い犬種のひとつ。今でも狩猟犬として活躍していますが、家庭犬として飼われる犬もいます。忠実で愛情深く繊細で、思いやりのある一貫したトレーニングによく反応します。狩猟場ではひたむきで熱心な追跡犬です。

- 非常に細い短毛
- 先端が丸みを帯びた垂れ耳
- チェスナット・ブラウンの目
- チェスナット・ブラウンの斑は、フレンチ・ピレニアン・ポインターほど密ではない
- 幅広く平らな背
- **チェスナット・ブラウン＆ホワイト**
- コンパクトでほとんど丸い足

## スパニッシュ・ポインター  Spanish Pointer

- 体高：59〜67cm
- 体重：25〜30kg
- 寿命：12〜14年

「ペルディゲーロ・デ・ブルゴス」という名でも知られる犬。シカの追跡用に作られましたが、現在ではもっと小型の獲物の狩猟に使われています。おおらかな性質で、家庭犬としてもうまく順応します。ただ、嗅覚ハウンドとポインターの中間に位置するような熱心な狩猟犬であり、仕事が生きがいであることに変わりはありません。

- ダーク・ヘーゼルの目
- 非常によく発達した上唇が下唇を覆う
- 伝統的に1/3ほどの長さに断尾される尾
- レバーのパッチ
- 頭部にホワイトのパッチ
- **レバー・マーブル**
- 猫足

## オールド・デニッシュ・ポインター  Old Danish Pointer

- 体高：50〜60cm
- 体重：26〜35kg
- 寿命：12〜13年

地元の犬種名は「ガンメル・ダンスク・ホンゼホント」。これは「デンマークの古いチキン・ドッグ（バード・ドッグ）」を意味します。今でも追跡犬、ポインター、回収犬、嗅覚探索犬として働いていますが、活動的な飼い主のもとであれば落ち着いた家庭犬にもなります。

- 適度なストップ
- レバーのパッチ
- **レバーのマーキングの入った白**
- ややたるみのある筋肉質な頸
- 先端が丸みを帯びた幅広い垂れ耳
- レバーの斑

# ゴールデン・レトリーバー Golden Retriever

| 体高 | 体重 | 寿命 | |
|---|---|---|---|
| 51〜61cm | 25〜34kg | 12〜13年 | クリーム |

## 盲導犬として

盲導犬とは、目が見えない人や弱視の人の屋外での移動を助ける犬で、ゴールデン・レトリーバーの純血種や混血種は、盲導犬として最も人気のある犬種です。人を誘導するのに必要な大きさと力があり、聡明なのでさまざまな仕事の訓練も容易です。また穏やかで友好的な性質なので、飼い主が犬と強い絆を作ることもできるのです。

## 穏やかで人懐こく、活力にあふれた性質 多くの国で人気を誇る家庭犬となる

世界中で最も人気のある犬種のひとつで、19世紀中ごろにスコットランドで生まれました。貴族のトゥイードマス卿が、所有する「イエロー・レトリーバー」を、イングランドとスコットランドの国境地帯に生息していたトゥイード・ウォーター・スパニエルと交配したのが始まりです。後にアイリッシュ・セター（P242）、フラットコーテッド・レトリーバー（P262）とも交配が行われました。その結果生まれたのが活発で聡明なレトリーバー（回収犬）で、険しい高山地方や草木の生い茂るところ、そして冷たい水の中でも長距離を移動して働くことのできる犬だったのです。訓練が容易で獲物を運ぶときの口がやわらかいこと（ソフトマウス）でも知られていました。

ゴールデン・レトリーバーは今でも狩猟に用いられ、フィールド・トライアルやオビディエンスの競技にも参加しています。捜索救助犬として、また薬物や爆発物の発見でも活躍しています。さらには目の不自由な人のための盲導犬、その他の障害を持つ人のための介助犬、セラピー・ドッグとしても採用されています。唯一うまくできない仕事を挙げるとしたら、番犬でしょう。この犬種は人に対して友好的すぎるのです。また、家庭犬としても非常に人気があります。社交的で訓練によく反応し、気分にムラのないこの犬が大きな生きがいとするのは、人を喜ばせること。いつも誰かと一緒にいて、運動もしたい犬なので、回収や運搬ができるゲームが最適でしょう。

- 巻き毛のない長い尾
- 長いシルキー・コート
- ドロップ・イヤー
- より明るい色のアンダー・コート
- 猫足
- 力強く輪郭の整った頭部
- ダーク・ブラウンの目
- ゴールド

犬種の解説｜鳥猟犬種（ガンドッグ）

# ラブラドール・レトリーバー　Labrador Retriever

体高 55〜57cm　体重 25〜37kg　寿命 10〜12年

■ チョコレート
■ ブラック
（胸に小さなホワイトの斑が見られる場合もある）

## 世界中のあらゆる家庭で愛される犬
## 落ち着いたやさしい性質と、狩猟や泳ぐことへの情熱で人気

　最もよく知られた犬種のひとつであるラブラドール・レトリーバーは、過去少なくとも20年はつねに人気犬種の上位に位置しています。現在のラブラドール・レトリーバーの先祖は、カナダのラブラドール地方からやってきた犬ではなく、実際はニューファンドランド州出身の犬です。18世紀以降のニューファンドランドでは、耐水性の被毛を持った黒い犬が地元の漁師によって繁殖され、魚の入った網を引く仕事や逃げた魚を回収する仕事に使われていました。この初期のタイプの犬はもう存在しませんが、19世紀にイギリスに持ち込まれた何頭かが、現代のラブラドール・レトリーバーの基礎になったのです。20世紀初めには犬種として正式に認められ、その回収の技術によって引き続き狩猟家の称賛を浴びていました。

　今日でもガンドッグとして広く使われていますが、そのほかの仕事でも有能であることを証明しています。警察犬として追跡に使われるだけでなく、その安定した性質で盲導犬としても優れています。しかし、この犬の人気の爆発的な高まりは、やはり家庭犬としてのものでしょう。愛情にあふれて愛嬌があり、人を喜ばせることが大好きで訓練も容易、子どもにも他のペットにもやさしい犬なのです。ただし、番犬にするには愛想が良すぎるでしょう。

　エネルギーにあふれ、精神的にも肉体的にもつねに忙しくしていたい犬です。毎日の長い散歩は不可欠で、途中で泳ぐことができればそれにこしたことはありません。水を見れば大喜びで飛び込みます。運動不足の状態で自由にさせておくと、無駄吠えや破壊行動に走る可能性があります。太りやすいので、運動不足と旺盛な食欲とが合わされば、肥満の問題にもつながります。

### アンドレックス・パピー

『アンドレックス・パピー（Andrex Puppy）』は、イギリスで40年以上、トイレットペーパーのブランド「Andrex®」のキャラクターとして活躍しています。トイレットペーパーはあまり目立たない商品ですが、ラブラドール・レトリーバーの子犬の効果で魅力的なイメージができあがりました。アンドレックス・パピーは、オーストラリアなど30を超す国々でも活躍しています。イギリスのアンドレックス（そしてオーストラリアのクリネックス・コットンエール）は、ラブラドールの子犬を使って、盲導犬や介助犬育成のためのチャリティーを行い、その普及に貢献しています。

特徴的な「オッター・テイル（カワウソのような尾）」。丸く毛がふさふさしている

丸くコンパクトな足

子犬

鳥猟犬種（ガンドッグ）

ほどよいストップ

力強く丈夫な頸

平らな背

イエロー

幅広い頭部

中くらいのサイズでヘーゼルの目

黒い鼻は加齢とともに色が薄くなり、ライト・ブラウンに

耐候性の短い被毛

幅広い胸

犬種の解説 ｜ 鳥猟犬種（ガンドッグ）

# フラットコーテッド・レトリーバー Flat Coated Retriever

体高：56〜61cm
体重：25〜36kg
寿命：11〜13年

レバー

浅いストップ

ブラック

飾り毛の豊富な尾

厚く密生した被毛

飾り毛のある胸

丸くコンパクトに詰まった足

　レトリーバーのなかで最も古い犬種。かつてはイギリスのゲームキーパー（猟場番人）によく使われていました。現在でも狩猟に使われていますが、性質が良く家庭犬として飼われることのほうが多くなっています。元気いっぱいで熱意にあふれるこの犬は、穏やかで従順ですが低く太い声で吠えるので、番犬にも適しています。

# カーリーコーテッド・レトリーバー Curly Coated Retriever

体高：64〜69cm
体重：27〜32kg
寿命：12〜13年

レバー

なめらかな短毛が生えた頭部

きつくカールした厚い被毛

飛節に届く尾

ブラック

三角形の小さな垂れ耳

被毛の色にマッチした卵形の目

足先がアーチがかった丸い足

　水鳥猟のために作られたイギリス産のレトリーバー。狩猟犬だけでなく介助犬としても使われ、愛情深く穏やかな家庭犬でもあります。エネルギーに満ちあふれ、つねに人と一緒にいたい犬なので、都会の家庭で飼われるよりも田舎暮らしに向いているでしょう。

# チェサピーク・ベイ・レトリーバー　Chesapeake Bay Retriever

| 体高 | 体重 | 寿命 | 麦わら色～ワラビ色／レッド・ゴールド |
|---|---|---|---|
| 53～66cm | 25～36kg | 12～13年 | （小さなホワイトのマーキングが入る場合もある） |

## 落ち着いていて頑健、田舎暮らしがふさわしい
## 多くの注目を浴びることと豊富な運動を好む犬

### 難破船の生き残り

チェサピーク・ベイ・レトリーバーの起源は、1807年に2頭のニューファンドランド・タイプの子犬がメリーランド沖で沈没する船から助け出されたことにさかのぼります。『セイラー』と名づけられたくすんだ赤の子犬と、船名から『キャントン』と名づけられたメスの2頭は、それぞれ別の飼い主に贈られ、水に飛び込んで撃ち落とされた水鳥を回収する優れた水鳥回収犬であることを証明しました。その後この2頭がフラットコーテッド・レトリーバー（P262）やカーリーコーテッド・レトリーバー（P262）などの地元の犬と交配され、最初のチェサピーク・ベイ・レトリーバーが生まれたのです。

「チェシー」の愛称でも知られるこの犬は、アメリカ北東部にあるメリーランド州で生まれました。チェサピーク・ベイの冷たく荒れた水中でも水鳥を回収できるように作られたとあって、卓越した水猟犬です。19世紀、チェサピーク・ベイの犬は称賛を浴び、ある鋳鉄メーカーが、犬種の基礎になった『セイラー』と『キャントン』という2頭の像を作って会社の象徴にするほどでした。1880年代には固有のタイプとしてできあがり、1918年にアメリカンケネルクラブ（AKC）が犬種として承認。今ではメリーランドの州犬になっています。

レトリーバー特有の穏やかさと、機敏で断固とした性質を併せ持ち、今でも狩猟に使われています。強い潮の流れや強風など、どのような条件下でもしっかり仕事をし、氷すら前肢で割って獲物を目指します。1日で数百羽の水鳥を回収できる犬として知られてきました。足指の間には水かきがあり、密生する短い被毛はオイリーで耐水性を有するという、泳ぎの名手です。家庭犬にも適していますが、泳ぎや回収を取り入れた運動などであふれるエネルギーを発散させることが必要です。

- ほどよいストップ
- 被毛の色とマッチした鼻の色
- ブラウン
- オイリーでウエーブがかったダブル・コート
- ややカーブした、中くらいの長さの尾
- 深い胸
- ノウサギのような足

**メキシコ原産のペット**
チワワはハンドバッグに収まるサイズですが、アクセサリーではありません。メキシコ原産のこの小さな犬も、大型犬同様に運動が必要なのです。

# 愛玩・家庭犬種（コンパニオン・ドッグ）

**犬という動物は、たいてい人間に友情を示してくれます。かつて牧畜・牧羊など屋外作業に使われていた犬も、今ではその多くが室内で家族と暮らすようになりました。そうした犬種は特定の仕事のために作出されており、主要な役割ごとに分類されています。この章に登場するのは、（若干の例外をのぞき）純粋に愛玩・家庭犬として繁殖された犬種です。**

コンパニオン・ドッグのほとんどは小型犬で、膝の上に座るなどあまりスペースを取らずに飼い主を楽しませてくれるような犬たちです。なかには、同種の大型作業犬のトイ・バージョン（小型版）も見られます。たとえばスタンダード・プードル（P229）は、かつて牧畜・牧羊や水鳥の回収に使われていましたが、その小型版であるトイ・プードルは、そのような実用的な役割を担うことはありません。大型犬でコンパニオン・ドッグに分類される犬としてはダルメシアン（P286）が挙げられますが、ダルメシアンにはかつて、馬車の同伴犬や富裕層の警備犬としての仕事がありました。しかし今ではそのような仕事は存在せず、ダルメシアンが何かの作業に使われることはほとんどありません。

コンパニオン・ドッグには長い歴史があり、その多くは何千年も前の中国に起源があります。中国の宮廷では抱き犬や癒しとして、小型犬が飼われていました。19世紀の終わりまで、コンパニオン・ドッグはほぼ例外なく、富裕層に甘やかされたペットだったのです。そのためしばしば肖像画にも登場し、客間にかわいらしく座っている姿や、子どもと一緒にいる姿が描かれていることがあります。キング・チャールズ・スパニエル（P289）のように、王室の庇護のおかげで人気が長く続いている犬種もあります。

コンパニオン・ドッグは、つねに外見が重視されてきました。何世紀にも渡る犬種改良により、実用的な役割はまったくない、人間の気を引くような特徴の数々が生み出されました。平たい顔に大きな丸い目を持つペキニーズ（P270）やパグ（P268）など、奇妙に思える特徴もあります。途方もなく長い被毛の犬、尾を巻いている犬、あるいはチャイニーズ・クレステッド・ドッグ（P280）のように頭と四肢にあるわずかな房毛以外は無毛という犬もあります。

現代では、コンパニオン・ドッグはもはや上流階級のシンボルではありません。あらゆる年齢層、そしてあらゆる状況の飼い主の元で、また田舎の広大な家ばかりではなく、小さなマンションにも居場所を見つけたのです。今なお外見で選ばれることの多いコンパニオン・ドッグですが、愛情を与えてくれるだけでなく私たちの愛情も必要とし、家族のすることには喜んで参加する友人として、その存在は求められ続けています。

犬種の解説｜愛玩・家庭犬種（コンパニオン・ドッグ）

# ブリュッセル・グリフォン  Griffon Bruxellois

| 体高 | 体重 | 寿命 | ブラック＆タン |
|---|---|---|---|
| 23〜28cm | 3〜5kg | 12年以上 | ブラック |

スムース・ヘアー（プチ・ブラバンソン）

## テリアのような気質で元気いっぱいの犬
## 都会の生活にもうまく適応するが、まだまだ珍しい犬種

ベルギーで作られ、ステーブル・ドッグ（馬小屋の犬）として飼われていた犬です。そのモンキー・フェイス（猿のような顔）は、おそらくアッフェンピンシャー（P218）から受け継がれたものでしょう。19世紀には、パグ（P268）やルビーのキング・チャールズ・スパニエル（P279）と交配され、現在見られる赤みを帯びた被毛やブラック＆タンの被毛が作られました。

ブリュッセル・グリフォンは19世紀の終わりには人気のある犬種でしたが、1945年までにベルギーからはほとんど姿を消してしまい、イギリスからこの犬を輸入したブリーダーがいたことで、かろうじて救われました。『恋愛小説家』や『ゴスフォード・パーク』などの有名な映画に登場しているにもかかわらず、今日でも珍しい犬種であることに変わりはありません。

「プチ・ブラバンソン」として知られるスムース・ヘアーの変種や、特徴的な顎ひげを持つラフ・ヘアーの変種も存在します。ブラックのラフ・コートの個体を「ベルギー・グリフォン」、ほかのすべての色のラフ・コートの個体を「グリフォン・ブリュッセル」と定義する国もあります。

勇敢で自信がありながらも愛情深いこの犬種は、愉快な家庭犬になります。しかし少々過敏な性質なので、小さな子どものいる家庭では注意が必要かもしれません。散歩と甘やかされることが大好きな犬です。

### 馬小屋からロイヤル・ペットへ

ブリュッセル・グリフォンは、ブリュッセルの街の通りでよく見かけられ、「通りの小さなハリネズミ」と呼ばれていた小型のラフ・ヘアーの犬の子孫です。当時のタクシー（1頭立て2人乗りの馬車）の御者のお気に入りで、ネズミ捕りとして馬小屋で飼われていました。19世紀になると家庭犬として社交界で広く人気を得ますが、とくに熱心な愛好者として知られたのは、ベルギーのヘンリエッタ・マリア女王（写真左）。彼女に愛されたことで、この犬種は世界的に有名になったのです。

- 付け根の高い尾は、活動時に背の上でアーチを描く
- ワイアー・コート
- 高い位置に付いた半立ち耳は、短毛で覆われる
- 特徴的な顎ひげ
- レッド
- スクエアでコンパクトなボディ
- 猫足
- 丸い頭部で鼻は上を向く
- スムース・コート
- 広く深い胸

ラフ・ヘアー（ブリュッセル・グリフォン）　スムース・ヘアー（プチ・ブラバンソン）

愛玩・家庭犬種（コンパニオン・ドッグ）

## アメリカン・ブルドッグ
American Bulldog

- 体高：51〜69cm
- 体重：27〜57kg
- 寿命：最長16年
- さまざまな毛色

イギリスからアメリカへの最初の入植者たちは、ブルドッグ（P95）をアメリカに持ち込みました。ジョン・D・ジョンソンとアラン・スコットという2人のブリーダーが、イギリス産のブルドッグを使って、より体高が高く活動的で、さらに融通の利くこの犬を作り出しました。オスはメスよりもかなり重くずっしりしています。

- 大きくて幅広い頭部
- レッド
- 短毛
- よく発達した上唇
- ホワイト
- 幅の広い胸

## オールド・イングリッシュ・ブルドッグ
Olde English Bulldogge

- 体高：41〜51cm
- 体重：23〜36kg
- 寿命：9〜14年
- さまざまな毛色

筋骨たくましいこの犬は、19世紀のブルドッグを復元したものです。1970年代に、デイヴィッド・リーヴィットという名のブリーダーが、近代のブルドッグ（P95）に見られる健康上の問題のいくつかを取りのぞこうと、アメリカで作出しました。自信にあふれ勇敢で聡明なこの犬は、家庭犬としてもすばらしい犬ですが、早期の社会化と訓練を必要とします。

- 広く筋肉質な背
- ホワイト&タン
- 左右が離れた、茶色の丸い目
- ボタン・イヤー
- 光沢のある短毛
- 幅の広い胸
- 猫足

## フレンチ・ブルドッグ French Bulldog

- 体高：28〜33cm
- 体重：11〜13kg
- 寿命：10年以上
- ブラック・ブリンドル

コンパクトでがっしりした小型犬で、家庭犬としてすばらしい犬。飼い主のお気に入りの椅子に自分も座りたいような犬です。楽しいことにはいつでも興味を持ちますが、飼い主がやさしくも毅然と方向づけをしてやる必要があるでしょう。19世紀にイギリスからフランスに連れてこられたトイ・ブルドッグの子孫にあたります。

- はっきりしたストップ
- 短毛
- フォーン
- 特徴的なバット・イヤー。付け根が幅広く先端は丸みを帯びる
- ずんぐりして丈夫な頚
- パイド（ホワイトが優勢でダーク・ブリンドルの斑がある）

267

犬種の解説 ｜ 愛玩・家庭犬種（コンパニオン・ドッグ）

愛玩・家庭犬種（コンパニオン・ドッグ）

# パグ Pug

| 体高 | 体重 | 寿命 | |
|---|---|---|---|
| 25〜28cm | 6〜8kg | 10年以上 | シルバー／アプリコット／ブラック |

**遊び好きで、気分にムラがなく聡明**
**人間が大好きだが、時に頑固になることも**

このように小さくてずんぐりした犬の存在は、何百年も前から知られています。しかし、犬種としてのパグの先祖や起源は正確にはわかっていません。遺伝学的証拠は、この犬がブリュッセル・グリフォン、とくにプチ・ブラバンソン（P266）に非常に近いことを示しています。ペキニーズ（P270）、シー・ズー（P272）とも共通の先祖がいます。すでに絶滅した中国産のハパ・ドッグ（P270）を介してこれらの犬と関連しているのでしょう。

パグに似た犬は、オランダ・東インド会社の貿易商によって、16世紀にヨーロッパに持ち込まれました。その後オランダの貴族の間で人気となり、1689年、オラニエ公ウィレムとその妻メアリーがイングランド王ウィリアム3世と女王メアリー2世としてイングランドの王位を継承した際に、イギリスに持ち込まれました。18世紀、パグに似た犬の人気は上がり続け、ゴヤやホガースの絵画（P22）に描かれるようになりました。

19世紀にはアメリカに輸入され、1885年に犬種として正式に承認されました。1877年には中国からイギリスに輸出された犬によってブラックの被毛の個体が紹介され、1896年にイギリスのケネルクラブ（KC）に公認されました。

しわのある悲しげな小さな顔からは想像できませんが、パグは陽気でいたずら好き、社交的な性質です。とても聡明で愛情深く忠実で、子どもや他のペットにもやさしく接します。規則的に運動させることでいきいきと生活できますが、それほど広いスペースは必要ありません。

**子犬**

## 顔の変化

下のエッチング（1893年）からもわかるように、パグの外見は19世紀以降劇的に変わりました。当時のパグのマズルは今より長く、現代のこの犬種の特徴である平らな顔や上を向いた鼻は見られませんでした。肢も今より長く、ボディはもっと筋肉質で、今のようなスクエアな体型ではありませんでした。現代のパグのような特徴は19世紀の終わりごろに見られるようになります。下のパグは2頭とも断耳されています。当時は一般的に断耳が行われていましたが、イギリスでは断耳を残酷と考えたヴィクトリア女王によって禁じられました。

**フォーン**
- 尾は高い位置に付き、きつく巻かれている
- ダークなボタン・イヤー
- 短く太い頸
- なめらかで光沢のある被毛
- 上向きの鼻
- しわが多く平らな顔
- 丸く大きいダークな目
- 黒いマスク
- 広い胸

犬種の解説 | 愛玩・家庭犬種（コンパニオン・ドッグ）

# ペキニーズ Pekingese

| 体高 | 体重 | 寿命 | さまざまな毛色 |
|---|---|---|---|
| 15〜23cm | 5kg | 12年以上 | |

**威厳があって勇敢、繊細で気立ての良い犬**
**独立心旺盛で訓練は難しいことも**

　中国の首都である北京に由来する名を持つ犬。DNA解析によって、現存する最古の犬種のひとつであることが明らかになりました。ペキニーズのような小さくて"しし鼻"の犬は、少なくとも唐の時代（618〜907年）以降中国の宮廷と結びつきのある犬とされてきました。釈迦の象徴として崇められたライオンに似ていることで神聖な犬と考えられ、宮中でのみ飼うことができる犬だったのです。平民はこの犬に頭を下げてお辞儀をしなければならず、この犬を盗もうとすれば誰であろうと処刑されました。この犬のなかでも最も小さな犬は「袖犬（スリーブ・ドッグ）」と呼ばれ、貴族がふっくらした袖に入れてお守り犬として持ち歩きました。

　1820年代までにはこの犬の繁殖が中国でピークに達し、最も優れた個体は宮廷画家によって絵の血統書ともいえる「インペリアル・ドッグ・ブックス（皇室の犬の記録）」に描かれました。1860年、イギリス軍が宮廷に突入した際に5頭のペキニーズを発見して連れ帰ったことで、この犬はヨーロッパデビューを果たします。それ以前に、1900年代には西太后が欧米からの訪問客にペキニーズを贈呈しています。

　ペキニーズは、運動は大好きですが長い散歩は好まず、マンション飼いに最適です。忠実で恐れを知らない家庭犬になりますが、子どもや他の犬に対してやきもちを焼くことがあるでしょう。

## ライオンとマーモセット

中国にはこんな言い伝えがあります。ある時、1頭のライオンがマーモセットに恋をしました。大きさの違いを考えればこれはありえないことです。それゆえライオンは、動物の守護神である「Ah Chu」に、ライオンの心と性質を残したまま自分の体を小さくし、マーモセットと同じ大きさにしてほしいと懇願しました。その恋が成就して生まれたのが、中国の狆犬です（下は『インペリアル・ドッグ・ブック』にあるイラスト。右のハパ・ドッグとともに描かれた狆犬）。

- ライオンのようなメーン・コートがある顔周り
- 長く、粗く、まっすぐなトップ・コート
- **ゴールド**
- 非常に短いマズル
- より明るい色のアンダー・コート

愛玩・家庭犬種（コンパニオン・ドッグ）

## ビション・フリーゼ
Bichon Frise

体高：23～28cm
体重：5～7kg
寿命：12年以上

「テネリフェ・ドッグ」とも呼ばれる犬。フレンチ・ウォーター・ドッグ（P229）とプードル（P276）を先祖に持ち、テネリフェ島からフランスに連れて来られたといわれています。愛想の良い小型犬で、注目の的になるのが大好き。孤独にされるのは好みません。

- やわらかく密生するアンダー・コートに比べて粗いトップ・コート
- 丸く黒い目
- ホワイト
- ペンダント・イヤー
- トリミングで強調された丸い足

## コトン・ド・テュレアール
Coton de Tulear

体高：25～32cm
体重：4～6kg
寿命：12年以上

小さくて長毛のこの犬は、その愉快な性質で知られています。人や他の犬と一緒にいることを喜び、ひとりにされるのは嫌いです。フランスで紹介される前は何百年もマダガスカル島に生息していたことから、「ロイヤル・ドッグ・オブ・マダガスカル」と呼ばれることがあります。

- 飾り毛でふさふさの尾
- やわらかく抜けにくい被毛
- ホワイト
- たくましく力強いマズル

## ラサ・アプソ Lhasa Apso

体高：最高25cm
体重：6～7kg
寿命：15～18年

さまざまな毛色

もともとチベットで寺院や僧院の番犬として使われていましたが、1920年代にインドを経由してヨーロッパに持ち込まれました。ラサ・アプソは小さいながら頑健な犬で、何kmでも喜んで歩きます。優雅で長い被毛の手入れは、それほど難しくありません。非常に愛情深い犬ですが、時に頑固になることがあります。

- 毛で覆われ、ダークで中くらいの大きさの目
- 飾り毛でびっしり覆われた垂れ耳
- まっすぐで、厚いアンダー・コートがある豊かな被毛
- 高い位置に付いた飾り毛のある尾を背負う
- ウィートン・＆ホワイト

犬種の解説 | 愛玩・家庭犬種（コンパニオン・ドッグ）

# シー・ズー　Shih Tzu

| 体高 最高27cm | 体重 5〜8kg | 寿命 10年以上 | さまざまな毛色 |

## 賢く、元気がよくて社交的な犬
## 家族の一員として暮らすことを喜ぶ人気の家庭犬

もともとチベットで繁殖されていた小型で長毛の「ライオン・ドッグ」の子孫です。ラマ教の高僧は、その貴重な犬を中国の皇帝に貢ぎ物として献上することがあり、贈られた犬が過去に西洋から輸入された犬と交配され、それがシー・ズーの祖先となりました。仏教の聖なる象徴であるライオンにイメージが似ていたため、ペキニーズ（P270）と同様にその犬も神聖なものとして崇められていました。「シー・ズー」という犬種名は、中国語で「小さなライオン」を意味します。

シー・ズーは、中国で皇帝一族のお気に入りでした。19世紀の終わりには、西太后がシー・ズーの犬舎を（パグやペキニーズの犬舎のほかに）所有していました。しかし1908年に西太后が亡くなると、犬舎の犬たちは散り散りになってしまいました。

1912年に中華民国が樹立されると、シー・ズーは海外に輸出されるようになります。そのうちイギリス、ノルウェーが輸入した犬がわずかに生き残り、イギリスの犬が今日のシー・ズーの基礎になりました。イギリスでは1934年に正式に犬種として公認されます。イギリスで生まれた犬がヨーロッパやオーストラリアに輸出され、第二次世界大戦後はアメリカでも見られるようになります。しかし原産国である中国ではその数が減少し、1949年までにはシー・ズーはほとんど絶滅しかけていました。現在では、シー・ズーは世界で人気のある家庭犬のひとつです。身のこなしには威厳を感じますが、愛情深く友好的なペットになるのです。しかし時に頑固になることもあります。長い被毛は毎日グルーミングをする必要がありますが、抜け毛はほとんどないので、アレルギー疾患のある飼い主にも適した犬です。

ブラック&ホワイト

ゴールドにブラックのマスク

子犬

### 新しい発見

1930年、2頭の小さなブラック&ホワイトのつがいの犬が、熱心なブリーダーだったブラウンリッグ夫人（右）によってイギリスに持ち込まれました。続いて2頭目（メス）がアイルランドに送られました。これら3頭の子孫がブラウンリッグ夫人の犬舎の基礎犬となり、現在のシー・ズーの先祖になったのです。1933年、ブラウンリッグ夫人のシー・ズーが、チベット産の犬のカテゴリーで初めてドッグ・ショーに出陳されると、ラサ・アプソ（P271）やチベタン・テリア（P283）と異なる犬であることがすぐにわかりました。これがきっかけになって、ブラウンリッグ夫人はチベタン・ライオン・ドッグ・クラブを設立し、シー・ズーのスタンダードを作成することになりました。

飼い犬のシー・ズーを抱くブラウンリッグ夫人

愛玩・家庭犬種（コンパニオン・ドッグ）

尾には飾り毛がたっぷりあり、先端はホワイト

長く密なトップ・コート

上向きに生えたマズル周りの毛

額にホワイトのブレーズ

筋肉質で短い肢は、長い被毛で隠れる

273

犬種の解説｜愛玩・家庭犬種（コンパニオン・ドッグ）

## ローシェン
Löwchen

- 体高：25～33cm
- 体重：4～8kg
- 寿命：12～14年

さまざまな毛色

　ローシェンの故郷は、フランスとドイツです。ローシェン（ドイツ語読みでは「レーフヒェン」）はドイツ語で「小さなライオン」という意味で、「リトル・ライオン・ドッグ」という別名もあります。明るい表情を見せること、しなやかで敏捷な動きをすることで知られています。聡明で社交的でもあり、その大きさと抜け毛のない被毛も家庭犬として理想的で、ペットに最適の犬でしょう。

- 背上に高く掲げられた尾
- ウエーブがかった長い被毛
- ブラウン
- ブラック＆シルバー
- 前躯は長め、後躯は短くカットされることが多い被毛

## ボロニーズ
Bolognese

- 体高：26～31cm
- 体重：3～4kg
- 寿命：12年以上

　イタリア北部出身の犬です。このような犬は、古くはローマ帝国時代にも生息していたことが知られており、16世紀のイタリア絵画にも多く描かれています。親類犬のビション・フリーゼ（P271）に比べるとやや控えめでシャイな性質ですが、人が大好きで、飼い主と親密な関係を築きます。ビション・フリーゼ同様、抜け毛はあまりありません。

- 抜け毛のない特徴的な房状の被毛
- 体高と体長はほぼ同じ
- 縁が黒く丸い目
- 高い位置に付いた垂れ耳
- ホワイト

## マルチーズ
Maltese

- 体高：最高25cm
- 体重：2～3kg
- 寿命：12年以上

　地中海出身の古代から生息する犬で、このような犬についての記述は紀元前300年までさかのぼります。美しくかわいらしいその外見から想像する以上に、元気いっぱいで楽しいことが大好きです。長く絹のような被毛にはかなり手間暇をかける必要があります。抜け毛はありませんが、もつれを防ぐためには毎日お手入れをする必要があります。

- コンパクトでスクエアなボディ
- 長いシルキー・コート
- 被毛とともに左右どちらかに垂れた尾
- 頭にぴったりと沿った、飾り毛の豊富な長い耳
- ホワイト

## ハバニーズ
Havanese

- 体高：23～28cm
- 体重：3～6kg
- 寿命：12年以上

さまざまな毛色あり

　キューバの国犬で、現地では「ハバネロ」の名で知られています。ビション・フリーゼ（P271）と関係のあるこの犬は、イタリアかスペインの貿易商人がキューバに持ち込んだと考えられています。家族の中心にいることが大好きで、子どもといくらでも遊びます。番犬にも適した犬です。

- 尾は高い位置に付き、背上に保持される
- やわらかい絹のようにウエーブがかったトップ・コート
- ウィートン
- 目のすぐ上に付け根のある垂れ耳

274

# ロシアン・トイ・テリア Russian Toy

| 体高 | 体重 | 寿命 | |
|---|---|---|---|
| 20〜28cm | 最大3kg | 12年以上 | レッド／ブラック＆タン／ブルー＆タン |

## 小型犬ながら繊細すぎず社交的
## 人と一緒にいることで生き生きと生活できる

「ルスキー・トイ」という別名でも知られる犬。イングリッシュ・トイ・テリア（P211）の血を引いています。イングリッシュ・トイ・テリアは、イギリスにあこがれる貴族の欲求を満たすため、18世紀に初めてロシアに持ち込まれました。しかし、1917年にロシア革命が勃発すると、その数は激減。1940年代には軍用犬ばかりが繁殖されるようになり、この犬の数はさらに落ち込みます。しかし、わずかに生き延びた犬も存在し、それらの子孫がスムース・ヘアーのロシアン・トイ・テリアと呼ばれる犬になりました。ロング・ヘアーの犬は、1958年のモスクワで、絹のような被毛と飾り毛のある耳を持った子犬がスムース・ヘアーの両親から生まれたのが始まりです。

1980年代にソビエト連邦が崩壊すると、今度は西側諸国の犬種の流入によって、ロング・ヘアーとスムース・ヘアーのどちらも再び数が減少します。どちらもいまだに少ないままですが、1988年に正式な犬種として認められたことにより、犬種の存続は確かなものになりました。外見上は非常に小さく弱い印象のある犬ですが、実際は活発でエネルギッシュ。健康的な犬です。

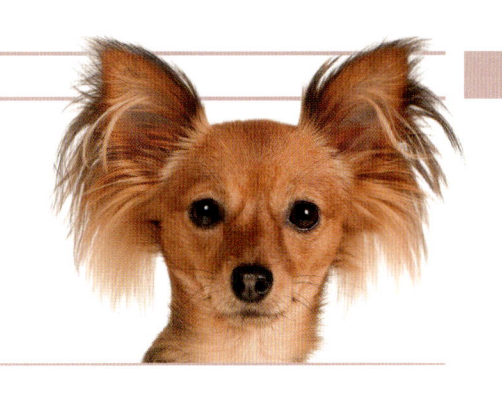

### 小さなテリア

小型犬はペットとして人気が高いため、多くの犬種が作出されてきました。ロシアン・トイ・テリアは最も新しい犬種のひとつで、FCIの承認は2006年のこと。世界でも最小級のサイズで、その大きさはチワワ（P282）とほぼ同じです。その小ささにもかかわらず、この犬には「大きい」と形容される特徴が2つあります。黒くて表情豊かな目、そして三角形の立ち耳です。

スムース・ヘアーの子犬

ロング・ヘアー
- 絹のような長い飾り毛が生えた耳
- 明瞭なストップ
- ややウエーブがかった長い被毛
- 飛節に届く長さの、豊かな飾り毛のある尾
- 少し飾り毛のある肢の後ろ側
- ブラックのオーバーレイのあるフォーン
- 楕円形の小さい足

スムース・ヘアー
- 丸みを帯びた小さな頭部
- 突き出た小さな目
- ブラウン＆タン
- 体に密着した短毛

犬種の解説 | 愛玩・家庭犬種（コンパニオン・ドッグ）

愛玩・家庭犬種（コンパニオン・ドッグ）

# プードル　Poodle

体高
トイ：最高28cm
ミニチュア：28〜38cm
ミディアム：38〜45cm

体重
トイ：3〜4kg
ミニチュア：7〜8kg
ミディアム：21〜35kg

寿命
12年以上

さまざまな単色

**非常に賢く社交的で、人を楽しませる才能を持つ活動的で敏捷、そして学習の得意な犬**

　小型のプードルは、スタンダード・プードル（P229）を基礎に、大型の犬を計画的に縮小することで誕生しました。プードルに似た犬は、ドイツの芸術家であるアルブレヒト・デューラーが15世紀末期〜16世紀初頭にかけて制作した版画にも登場します。小さなプードルはつねに家庭犬として飼われていました。フランスの宮廷ではルイ14世からルイ16世の時代に高い人気を誇り、スペイン王室のお気に入りでもあり、18世紀にはイギリスにも登場します。アメリカでは19世紀の終わりに小型のプードルが紹介されますが、人気が出たのは1950年代になってからのことです。現在では、小型のプードルはアメリカで最も愛されている犬種のひとつです。小型のプードルのなかで広く知られているのは、「ミニチュア」と「トイ」です。FCIが認めているサイズには、もうひとつミディアム・プードル（「クライン・プードル」、「モアイェン・プードル」としても知られる）がありますが、これはスタンダードとミニチュアの中間の大きさです。

　小型のプードルは、サーカス犬という独特の目的で利用されてきました。とても賢いので訓練が容易で、多種多様な芸を教えることができるのです。プードルがサーカス犬やショードッグとして活躍したことで、ファッショナブルなカットやクリップ・スタイルが数多く生まれたといわれています。

　エネルギッシュで聡明で愛情深く、また人を喜ばせることにとても熱心です。繊細な犬でもあるので、ひとりの飼い主と緊密な絆で結ばれる傾向があります。抜け毛はほとんどありませんが、定期的なブラッシングとクリッピングが必要です。

## さまざまなクリップ・スタイル

プードルは抜け毛がほとんどない代わりに被毛が伸びるため、被毛のクリッピングやカットが必要です。プードルのクリップ・スタイルには、一部の被毛を長いまま残し、その他は毛を刈ってしまうものも多くあります。もともと作業犬だったスタンダード・プードル用のクリップ・スタイルは、肢を下草から保護し、重要な器官の体温を保つ一方、顔や後躯、肢の上部は清潔さと動きやすさを追求して毛を刈るというものです。ドッグ・ショーへの出陳や作業能力の改善、それにプロのグルーマーの誕生といった背景により、数多くのスタイルが誕生しました。下のエッチング（19世紀）はそのうちの2つを示しています。

**子犬**

力強く短い背

適度なストップ

アプリコット

肢の豊富な毛は、少し長めに整えている

**ミニチュア**

低い位置に付いた長い垂れ耳

毛で覆われた楕円形の小さな足

犬種の解説｜愛玩・家庭犬種（コンパニオン・ドッグ）

## キー・レオ　Kyi Leo

体高：23〜28cm
体重：4〜6kg
寿命：13〜15年

さまざまな毛色
（タンのマーキングが入る場合もある）

　遊び心があって愛情深く、人気上昇中の犬種。その名前は両親に由来します。チベット語で「犬」を意味する「キー」は、一方の親であるチベット原産のラサ・アプソ(P271)にちなみ、ラテン語で「ライオン」を意味する「レオ」は、かつてライオン・ドッグとも呼ばれたもう一方の親、マルチーズ(P274)から来たものです。室内飼い向きのこの犬は用心深く、番犬にも適しています。

- 長く厚いシルキー・コート
- 顎ひげのある短いマズル
- 警戒すると尾は背上に巻き上がる
- 体長は体高を上回る
- 目を覆う長い被毛
- 飾り毛の豊富な垂れ耳
- ブラック＆ホワイト
- 指の間に毛が生えた丸い足

## キャバリア・キング・チャールズ・スパニエル
Cavalier King Charles Spaniel

体高：30〜33cm
体重：5〜8kg
寿命：12年以上

プリンス・チャールズ（トライカラー／右）
ルビー（レッド）

　キング・チャールズ・スパニエル（P279）の親類犬であるこの犬の先祖は、何世紀も昔にさかのぼります。ダークで大きな目に心を和ませる表情、そして尾はいつも振られています。活発で訓練しやすく子どもが大好きという、完璧な家庭犬です。絹のような被毛は定期的にグルーミングをする必要があります。

- キング・チャールズ（ブラック＆タン）
- 高い位置に付いた垂れ耳
- 短めのマズル
- ブレンハイム（レッド＆ホワイト）
- 頭部にひし形のマーク（ロザンジュ）
- 飾り毛のふさふさした絹状の長い被毛には、軽くウエーブがかかる
- 肢の後ろ側には飾り毛

# キング・チャールズ・スパニエル King Charles Spaniel

| 体高 | 体重 | 寿命 | ルビー（レッド） |
|---|---|---|---|
| 25～27cm | 4～6kg | 12年以上 | キング・チャールズ（ブラック＆タン） |

## 行儀が良く人を喜ばせるのに熱心 やさしくて愛情深い家庭犬

「イングリッシュ・トイ・スパニエル」の名でも知られる、イギリス原産の犬。より新しい犬種であるキャバリア・キング・チャールズ・スパニエル（P278）と親類関係にあります。キング・チャールズ・スパニエルの先祖は、16世紀にヨーロッパ大陸やイギリスの王室で登場し、中国産や日本産の小型犬の子孫と考えられていました。

初期の犬は、他のスパニエルに似た外見で、狩猟に使われていた犬もいたようです。18世紀末以降、パグ（P268）との交配で流行の短い鼻が作られ、愛玩犬に特化した犬になりました。19世紀の終わりまでには、4つのタイプが存在していました。

キング・チャールズ（ブラック＆タン）、ブレンハイム（レッド＆ホワイト）、ルビー（深紅）、そしてプリンス・チャールズ（トライカラー）です。1903年にこれら4タイプすべてがひとつの犬種として分類され、キング・チャールズ・スパニエルとなったのです。

現在は静かで従順ながら遊び好きな犬種であり、すばらしい家庭犬になります。小さな家でも幸せに暮らし、運動量もそれほど多くありません。誰かと一緒にいるのが大好きな犬ですので、長時間ひとりで放置するのは避けましょう。長い被毛は、数日ごとのグルーミングが必要です。

### 王室のお気に入り

イングランド王チャールズ2世（1630～1685年）は、自身の犬を溺愛していました。犬たちは宮殿のどこを歩き回るのも自由で、それは国家の行事があるときでさえ同じでした（アンソニー・ヴァン・ダイクは、まだ幼いチャールズを2人の妹、愛犬2頭と描いています）。官僚のサムエル・ピープスが書いた日記には、「会議で公務を果たすよりも犬と遊んでいる」といった王の「silliness（分別のなさ）」についてふれられています。王の犬への強い愛着は、犬種名に王の名前がつけられたことで今日も残っているのです。

**何かあるぞ！**
注意深い表情、筋肉質なボディ、そしてぴんと立ち上がった尾が、この犬の遊び好きな性質を物語っています。流れるように垂れ下がった頭部の毛と飾り毛のある耳は、この犬をさらに魅力的にしています。

# チャイニーズ・クレステッド・ドッグ  Chinese Crested

| 体高 | 体重 | 寿命 | |
|---|---|---|---|
| 23〜33cm | 最大5kg | 12年 | さまざまな毛色 |

## ジプシー・ローズ・リー

近代のチャイニーズ・クレステッド・ドッグの繁殖を最初に行った人のなかに、アメリカの有名なストリッパーであるジプシー・ローズ・リー（写真左）がいます。リーは、妹が動物保護施設から引き取ったチャイニーズ・クレステッド・ドッグをもらい受け、初めてこの犬と出会いました。その後リーはこの犬をショーで使い、それが犬種の普及につながりました。また1950年代には「リー・ブリーディング・ケネル」というチャイニーズ・クレステッド・ドッグの専門犬舎を設立し、現在の主要な2血統のうちの1つを確立させたのです。

## 優雅で賢く、どこに行っても注目の的
## 外での運動はそれほど多く必要ない

「無毛」はいくつかの犬種に見られる特徴です。ほとんどが遺伝子の突然変異の結果であり、初めは変わり種と考えられていましたが、ノミがつかず抜け毛や体臭もないことから、次第に望ましい特徴とされるようになりました。チャイニーズ・クレステッド・ドッグには被毛のグルーミングは不要ですが、無毛の皮膚は非常に敏感です。冬は体温を保つために何か着せることが必要で、夏は熱い日差しから体を守り、やけどや乾燥を防ぐ必要があります。このように気を遣う必要があり、それほど多くの運動が必要ないこの犬は、外で過ごす時間の多い人には適さないでしょう。しかし、楽しく友好的な性質で遊び好きですので、高齢者には理想的な家庭犬となります。

この犬種には、「パウダーパフ」と呼ばれる毛のある変種も存在します。パウダーパフの被毛は長くやわらかいので、定期的にグルーミングをしてもつれを防ぐ必要があります。無毛とパウダーパフは一緒に生まれることもあり、体のつくりが華奢なタイプも見られます。そうした骨の細い軽量タイプの個体は「ディア（シカ）・タイプ」、よりがっしりした体格の個体は「コビィ（ずんぐりして強健な）・タイプ」と呼ばれることがあります。

- ホワイト・マーキングのあるダーク・ブラウン
- やわらかく長い被毛

パウダーパフ・バラエティー

- 大きな立ち耳
- 流れるような長い冠毛は、ストップから頸の底部まで伸びる
- きめ細かくなめらかな皮膚
- ブルー
- 尾の先端に房毛が生える
- 明瞭なストップ
- 四肢の下部を覆う白い被毛（ソックス）

犬種の解説 | 愛玩・家庭犬種（コンパニオン・ドッグ）

# チワワ Chihuahua

体高 15〜23cm
体重 2〜3kg
寿命 12年以上

さまざまな毛色あり
（必ず単色であり、ダップル［複数の色が作る斑］やマール［地色に濃い色の斑］は不可）

## 気さくで賢く、大型犬のような性質を持つ小さな犬 愛情深くペットに最適

　世界最小の犬種であるチワワは、1850年代にこの犬が発見されたメキシコの州名にちなんで名づけられました。土着のトルテック族（800〜1000年ごろ）が飼っていた小型の吠えない犬、「テチチ」の血を引いていると思われます。テチチは時に食用、あるいは宗教的儀式のいけにえになっていた犬です。

　小型犬の存在は、15〜16世紀までには探検家のコロンブスやスペインのコンキスタドール（征服者）に知られていました。チワワが最初にアメリカに輸入されたのは1890年代で、1904年にはアメリカンケネルクラブ（AKC）が犬種として公認しました。1930年代から40年代にかけて、女優のルペ・ヴェレツやバンドリーダーのザビア・クガートなどのスターがチワワを愛玩犬として流行させ、今ではアメリカで最も人気のある犬種のひとつです。

　チワワの頭部は典型的な「アップル・ヘッド（丸い頭蓋に短い鼻が特徴的な頭部）」。被毛にはショート・ヘアーとロング・ヘアーの2種類があり、どちらも手入れは簡単です。

　飼い主によくなつき、愛らしい家庭犬になります。毎日短めの散歩やちょっとしたゲームをするとよいでしょう。ただ、子どもはやや苦手な傾向があるようです。飼い主は、小さいからといってこの犬をおもちゃやアクセサリーのように扱ってはいけません。

### タコベル・ドッグ『ギジェット』

1997年、アメリカでテキサス風メキシコ料理のチェーン店「タコベル」のマスコットに『ギジェット』という名のチワワが選ばれました。テレビのCMに登場するギジェットは、メキシコなまりのある男性の声がアテレコされていましたが、実際は女の子でした。またたく間にスーパースターとなり、ギジェットのおかげでタコベルも人気を集めるようになりました。2000年に広告キャンペーンが終了した後も、ギジェットはコマーシャルや映画『キューティ・ブロンド2 ハッピーMAX』に出演し、2009年に15歳で亡くなりました。

背上に高く保持された中くらいの長さの尾

コウモリのような形をした三角形の大きな耳

なめらかで光沢のあるトップ・コート

小さく華奢な足

レッド

ロング・ヘアー

特徴的な「アップル・ヘッド」

大きくて丸い目

フォーン

体の下部の被毛はより明るい色

ショート・ヘアー

愛玩・家庭犬種（コンパニオン・ドッグ）

## チベタン・スパニエル Tibetan Spaniel

体高：25cm
体重：4〜7kg
寿命：12年以上

さまざまな毛色

楽しくおおらかな性質を持つ小型犬。チベットの寺院で修道僧が飼っていたため、長い歴史があります。イギリスには1900年ごろ、医療使節団が帰国した際に初めて持ち込まれました。少々お高くとまった表情にも見えますが、大喜びで庭を駆け回って遊ぶような一面もあります。

- 楕円形でダーク・ブラウンの目は表情豊か
- 体の大きさの割には小さな頭
- 飾り毛のあるペンダント・イヤー
- 胸の被毛は白
- セーブル

## チベタン・テリア Tibetan Terrier

体高：36〜41cm
体重：8〜14kg
寿命：10年以上

さまざまな毛色

オールド・イングリッシュ・シープドッグ（P56）のミニチュア版のように見えますが、もとは牧羊犬として繁殖された中型犬です。中国を訪れる貿易商人の護衛犬としても使われていました。飼い主は毅然とした態度で接する必要がありますが、それができれば忠実で献身的な家庭犬になります。長い被毛は毎日のグルーミングが必要です。

- 目を覆う長い被毛
- 飾り毛のふさふさした尾を背負う
- キャラメル＆ホワイト
- 絹状のトップ・コート
- 飾り毛で覆われた丸い足

犬種の解説｜愛玩・家庭犬種（コンパニオン・ドッグ）

## 狆
Japanese Chin

- 体高：20〜28cm
- 体重：2〜3kg
- 寿命：10年以上

レッド＆ホワイト

狆の先祖は、中国の皇帝から日本の天皇に贈られた犬だと考えられています。日本の宮廷で暮らす女性の膝や手を温めるために繁殖されていました。狭いところでも幸せに暮らし、マンションで飼うのには理想的です。その豊富な被毛からは、大量の抜け毛が出ます。

- 左右対称のマーキングがあるドーム型の頭部
- 背上で曲線を描く、飾り毛の豊富な尾
- コンパクトでスクエアなボディ
- 上向きの鼻
- 長くまっすぐな絹糸状毛
- ブラック＆ホワイト

## ノース・アメリカン・シェパード
North American Shepherd

- 体高：34〜46cm
- 体重：7〜14kg
- 寿命：12〜13年

レッド・マール
ブルー・マール

アメリカのブリーダーがオーストラリアン・シェパード（P68）を縮小して作出した犬で、「ミニチュア・オーストラリアン・シェパード」と呼ばれることもあります。非常に聡明で訓練しやすく、子どもにも非常に寛容。人を喜ばせるのに熱心ですが、長時間自由にさせておくと家の中のものを壊すなどの行動を起こすこともあります。

- ドロップ・イヤー
- ブラック
- 飾り毛の豊富な尾
- ブラウンの目
- 被毛にはホワイトとタンのマーキング

## デニッシュ＝スウェディッシュ・ファームドッグ
Danish-Swedish Farmdog

- 体高：32〜37cm
- 体重：7〜12kg
- 寿命：10〜15年

トライカラー

デンマークやスウェーデンの農場で、昔から牧羊犬、番犬、ネズミ捕獲犬、そして家庭犬として飼われていた犬です。つねに遊ぶことに熱心で子どもには寛容。すばらしい家族の一員になります。ただ、小動物を追いかける傾向があります。

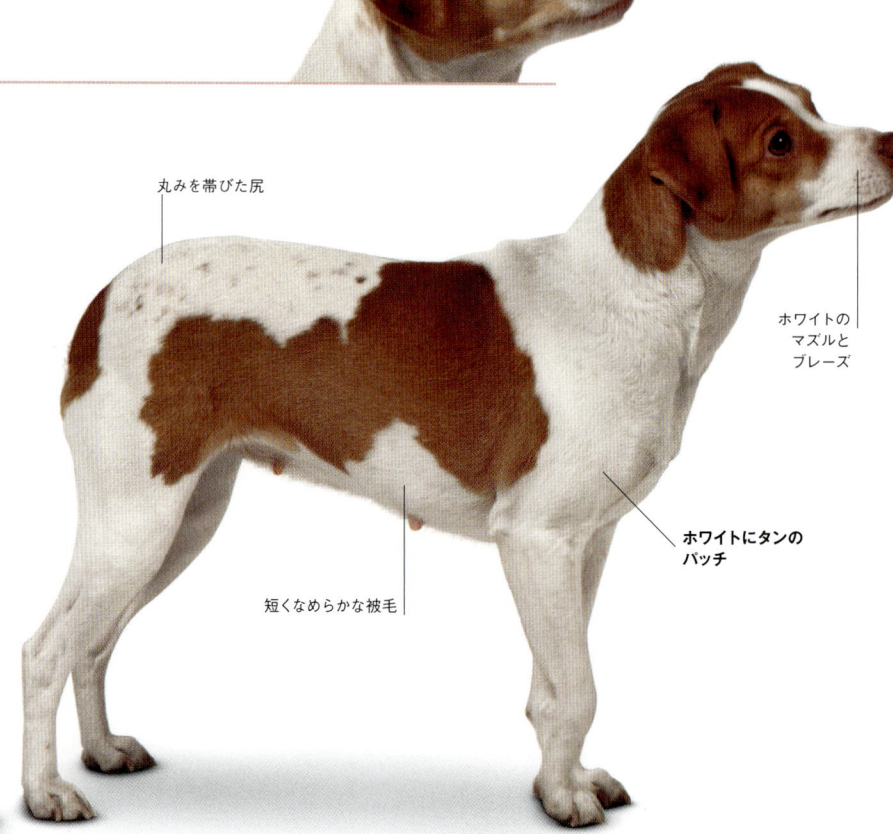

- 高い位置に付いたボタン・イヤー
- 体の割には小さめな三角形の頭部
- 丸みを帯びた尻
- ホワイトのマズルとブレーズ
- ホワイトにタンのパッチ
- 短くなめらかな被毛

愛玩・家庭犬種（コンパニオン・ドッグ）

## ヒマラヤン・シープドッグ Himalayan Sheepdog

体高：51～63cm
体重：23～27kg
寿命：10～11年

- ゴールド
- ブラック
- ブラック＆タン（右）

ヒマラヤ山脈のふもとの出身で、「ボーティア」の名でも知られる珍しい犬。大型のチベタン・マスティフ（P80）と関係がありますが、その正確な起源やかつての用途ははっきりしません。牧畜・牧羊の本能を持った力強い犬ですが、良い家畜犬や優秀な番犬にもなります。

頭にぴったり沿った垂れ耳

平らな背

長く粗いトップ・コート

クリーミー・ホワイト

猫足

毛のふさふさした太い尾

## タイ・リッジバック Thai Ridgeback

体高：51～61cm
体重：23～24kg
寿命：10～12年

- イザベラ
- レッド
- ブルー

歴史のある犬種ながら、1970年代半ばまではタイ国外で知られることのなかった犬ですが、その後徐々に認知されるようになりました。かつては狩猟犬、荷車の付き添い犬、護衛犬として使われていた犬です。タイでも長い間地理的に隔絶されていたため、他の犬種の血が入る機会がほとんどなく、もともと持っていた本能や欲求がそのまま残っています。今日では主として家庭犬として飼われていますが、家族や家に対する防衛本能は生まれながらのもの。忠実で愛情あふれるペットになりますが、適切な社会化を行わなければ、他の犬に対して攻撃的になったり臆病になることもあります。

頭蓋の幅より長いマズル

背にある「リッジ（逆毛）」は、逆方向に毛が生える

立ち耳

ややしわの寄った額

ブラック

短くなめらかな被毛

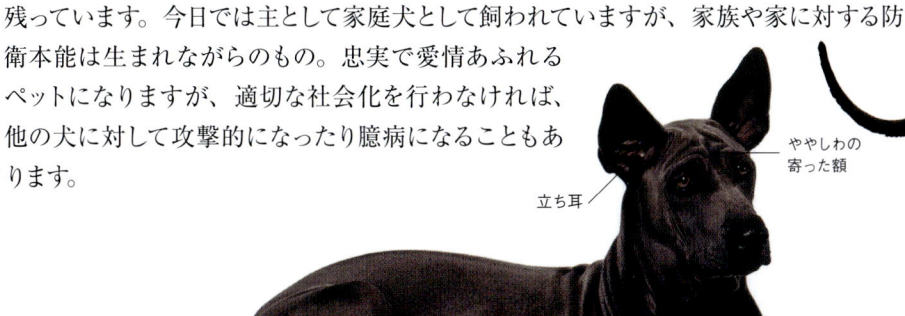

犬種の解説｜愛玩・家庭犬種（コンパニオン・ドッグ）

# ダルメシアン  Dalmatian

| 体高 | 体重 | 寿命 | |
|---|---|---|---|
| 56〜61cm | 18〜27kg | 10年以上 | ホワイトにレバーのスポット |

## 遊び好きかつのんびりした性質で家庭犬向き
## 豊富な運動量と粘り強い訓練が必要

　ダルメシアンは、現存する犬で唯一全身に斑点のある犬種です。斑点のある犬の存在はヨーロッパ、アフリカ、アジアで古代から知られていましたが、ダルメシアンの先祖についてはよくわかっていません。FCIは、アドリア海の東の海岸にあるクロアチアのダルマチア地方に起源があるとしています。

　ダルメシアンには狩猟犬、軍用犬、家畜の護衛犬などを含め、たくさんの用途がありました。イギリスではとくに19世紀初頭に人気となり、「キャリッジ・ドッグ（馬車犬）」として知られていました。馬車の後ろ（あるいは横）を走るように訓練され、非常に長い距離を馬車とともに移動していたからです。そうして一行を優雅に見せるとともに、野良犬から馬や馬車を守ったりしていました。

　アメリカでは、「ファイヤーハウス・ドッグ」として、馬が引く消防車と一緒に走り、消防車が通れるように吠えて道を空ける仕事をしていました。今でもダルメシアンをマスコットとして飼っている消防署があるのはそのためです。また、アメリカのビール会社「アンハイザー・ブッシュ」の象徴でもあり、クライデスデール馬に引かれた荷馬車（バドワイザー・クライデスデール）と並走する姿がしばしば見られます。

　ダルメシアンは聡明でやさしく、社交的です。人と一緒にいるのが大好きで、また今でも馬に対して親近感を持っています。膨大なエネルギーを持っているので、頑固になったりほかの犬に対して攻撃的になることもあります。飼い主は活動的な生活をさせ、時間をかけて訓練をしなければなりません。

　生まれたてのダルメシアンは真っ白で、黒やレバーの斑は生後4週間を経過したころにようやく現れ始めます。白の被毛は、抜け毛が多いのも特徴です。

### 101匹わんちゃん

1956年に出版されたドディー・スミス著の児童書『ダルメシアン100と1ぴきの犬の物語』は、ダルメシアンの子犬の兄弟の物語です。悪魔のようなクルエラ・ド・ヴィルがダルメシアンの毛皮をはいでコートを作るために兄弟を誘拐するのですが、両親の『ポンゴ』と『パーディタ』が彼らを救います。この本をもとに制作された2本のディズニー映画によってダルメシアンの人気が非常に高まりました。しかし元気なこの犬を持て余した飼い主が多く、たくさんのダルメシアンが動物保護施設で暮らすことになってしまったのです。

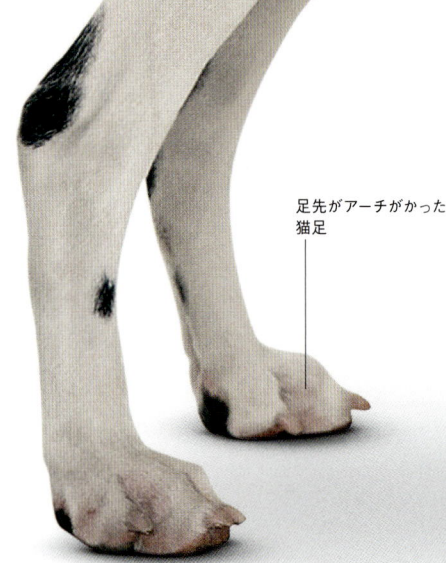

はっきりした黒く丸い斑

根元は太く先に向けて細くなる尾

足先がアーチがかった猫足

子犬

愛玩・家庭犬種（コンパニオン・ドッグ）

明瞭なストップ

ホワイトにブラックのスポット

高い位置に付いたドロップ・イヤー。丸みを帯びた先端に向かって幅が細くなる

黒い鼻

密で光沢のある短毛

287

**ゴールデンドゥードル**
スタンダード・プードルとゴールデン・レトリーバーの交雑種。外見的にはプードルの特徴が強く出ていることがわかります。

# 交雑種 （異犬種交配）

異なる血統が混ざった雑種犬は、2種の純血種の犬を両親に持つ交雑種から、無作為繁殖で偶然生まれたことでさまざまな血が少しずつ入り混じったタイプ（P298）まで、数多く存在しています（なかにはかなり流行しているものもあります）。こうした犬には「コッカープー（コッカー・スパニエルとプードルの交雑種）」のように、たいてい両親の血統を組み合わせた名前がついています。

現在見られるような交雑種が作られた理由のひとつは、望ましい性質を持つある犬種に、別の犬種の特徴（たとえば抜け毛が少ないなど）を持たせたい、ということでした。有名なのがラブラドゥードル（P291）で、ラブラドール・レトリーバー（P260）とスタンダード・プードル（P229）の交雑種です。しかし、このように両親ともによく知られた犬種であっても、生まれる子犬にどちらの血統の特徴がより強く現れるのかを予測するのは困難で、特徴の出方に一貫性はありません。プードルの巻き毛の被毛を受け継いで生まれる犬もいれば、明らかにラブラドールの影響を強く受けている犬も生まれるのです。遺伝の仕方が標準化されていないのは、交雑種にはよくあることです。ただ

し、繁殖で「型」を作り出せると証明されることも、ごくまれにあります。シーリハム・テリア（P189）とノーフォーク・テリア（P192）の交雑種であるルーカス・テリア（P293）はその例です。ただし、こういった交雑種のなかで、現時点で犬種団体に公認されている犬種はほとんどありません。

何らかの資質を作り出すために特定の2つの犬種を計画的にかけ合わせることは、20世紀の終わりごろから急速に広まりました。それはけっして現代的な流行というわけではなく、交雑種のなかでも最もよく知られた犬種であるラーチャー（P290）は何百年も前から存在しています。この犬種は、グレーハウンド（P126）やウィペット（P128）など俊足の視覚ハウンドの資質とコリー（P52）

の仕事への情熱、テリア（P184）の粘り強さなど、他犬種に見られる好ましい特質を備えています。

異犬種交配の交雑種を飼う場合は、交配された両方の犬種の性格や気質を考慮する必要があります。それぞれの特徴がかなり異なっていて、いずれか一方が色濃く現れるというケースもあるのです。また手入れや運動についても、両方の犬種の必要性を考慮することが重要です。

交雑種は総じて純血種よりも賢いといわれることもありますが、それを裏づける証拠はありません。また、無作為繁殖の雑種犬は純血種より丈夫だとよくいわれますが、ある犬種によく見られる遺伝性疾患のリスクが、純血種に比べると低くなることは確かでしょう。

犬種の解説 ｜ 交雑種（異犬種交配）

## ラーチャー　Lurcher

- 体高：55〜71cm
- 体重：27〜32kg
- 寿命：13〜14年

さまざまな毛色

「密猟者の犬」として知られ、アナウサギやノウサギの狩りに使われていたラーチャーは、サイトハウンドとテリア、もしくは牧畜・牧羊犬の雑種第1世代（F1）です。今日ではラーチャー同士の交配も行われており、グレーハウンドの大きさの個体が理想的とされます。家では落ち着いて寛容であり、すばらしい家庭犬になります。

**ブルー・マール**

- 用心深い表情を見せる丸い目
- ラフ・コート
- 細く先のとがったマズル
- 長くてほっそりした肢
- しっかり巻き上がった腹部
- 少し飾り毛のある尾

## コッカープー　Cockerpoo

- 体高：トイ 最高25cm／ミニチュア 28〜35cm／スタンダード 38cm以上
- 体重：トイ 最大5kg／ミニチュア 6〜9kg／スタンダード 10kg以上
- 寿命：14〜15年

さまざまな毛色あり

トイ・プードルもしくはミニチュア・プードル（P276）と、アメリカン・コッカー・スパニエル（P222）、イングリッシュ・コッカー・スパニエル（P222）との交雑種で、従順で愛情深い性格が高く評価されています。外見は両親の特徴がさまざまに現れますが、ウエーブがかって抜け毛の少ない被毛であることは共通しています。

- 大きく丸いダークな目
- 長く絹のような被毛で覆われた垂れ耳
- 飾り毛のある尾
- スクエアでコンパクトな体
- 長い毛が生えたマズル
- 毛で覆われた大きな足
- **ライト・フォーン**

**スタンダード**

# ラブラドゥードル Labradoodle

| 体高 | 体重 | 寿命 | さまざまな毛色 |
|---|---|---|---|
| ミニチュア：36〜41cm | ミニチュア：7〜11kg | 14〜15年 | |
| ミディアム：43〜51cm | ミディアム：14〜20kg | | |
| スタンダード：53〜61cm | スタンダード：23〜29kg | | |

## 両親の特徴がよく反映され、次第に人気が高まりつつある犬
## 遊び好きで愛情深く聡明な性質を持つ

### ドナルド・キャンベルの愛犬

スタンダード・プードルとラブラドール・レトリーバーの異犬種交配は、ラブラドゥードルが意図的に作られる以前から行われていました。1950〜60年代にかけて、イギリスの有名なレーサーだったドナルド・キャンベル（写真左）の愛犬はその例です。1955年に出版された自伝『Into the Water Barrier（水中の限界に挑む）』で、キャンベルは1949年生まれの愛犬『マキシー』を「Labradoodle（ラブラドゥードル）」と呼んでいます。それはウォーリー・コンロンがオーストラリアで「ラブラドゥードル」の名称を使い始めるずっと前のことでした。

オーストラリア盲導犬協会に所属するウォーリー・コンロンが、目の不自由なひとりの女性から「夫の犬アレルギーを悪化させることのない盲導犬がほしい」と依頼されたことがきっかけで誕生した犬です。コンロンは、アレルギーの原因となりやすい抜け毛が少ないスタンダード・プードルをラブラドール・レトリーバーの盲導犬と交配。生まれた子犬のうち、『サルタン』いう名のオスが「抜け毛の少なさ」と「盲導犬にふさわしい性質」を備えていたため、ラブラドゥードルと呼ばれる最初の犬となりました。

オーストラリアではラブラドゥードルの犬種登録実現に向けた取り組みがなされていますが、その他の国々では、需要は非常に高いながらも犬種として公認されていない雑種にとどまっています。

F1の交雑種は個体によって外見が大きく異なりますが、ラブラドゥードル同士の交配が進むにつれ、生まれてくる子犬の予測が可能になりつつあります。現在ラブラドゥードルには、被毛のタイプによってウール・コート（プードルの被毛のようにきつくカールした被毛）とフリース・コート（長くゆるやかにカールした被毛）という2種類のコートタイプが存在します。

ラブラドゥードルは家庭犬としても急速に人気が高まっており、友好的で聡明な性質が外見と同じくらい飼い主を惹きつけているようです。

- アプリコット
- カーブした長い尾
- 巻き上がった腹部
- スタンダード
- 中くらいの大きさの丸い足
- 丸く大きくダークな目
- スタンダード・プードルよりもややがっしりしたボディ
- 体の下側はクリーム色
- ドロップ・イヤー
- 巻き毛の被毛にはフケがほとんど見られない

犬種の解説｜交雑種（異犬種交配）

## ビション・ヨーキー Bichon Yorkie

体高：23〜31cm
体重：3〜6kg
寿命：13〜15年

さまざまな毛色

　ビション・フリーゼ（P271）とヨークシャー・テリア（P190）の交雑種であるビション・ヨーキーは、うっかりかけ合わせたときに偶然生まれたものをブリーダーが再生したものです。通常は、小さなヨークシャー・テリアよりは大きく、テリアの威勢のよさがビション・フリーゼのより従順な性質で緩和されています。

- ダークな鼻
- 高い位置に付いた耳
- ダークで丸い目
- 絹のような2層のカーリー・コート
- 他よりもダークで、飾り毛がふさふさした尾
- オレンジ＆ホワイト
- よく締まった丸い足

## ブル・ボクサー Bull Boxer

体高：41〜53cm
体重：17〜24kg
寿命：12〜13年

さまざまな毛色

　おおらかな性質を持つボクサー（P90）と、他のペットと一緒に飼うのは難しいとされるスタッフォードシャー・ブル・テリア（P214）のような犬種との交雑種。サイズなどの外見的特徴は両親の中間に位置します。ブル・ボクサーを飼うには飼い主に時間とエネルギーを使う覚悟が必要ですが、それに応えてくれる犬でしょう。

- 付け根部分がやや立ち上がった、小さな半立ち耳
- ブラック
- 用心深い表情をたたえた丸い目
- 長く先細りで湾曲した尾
- なめらかで光沢があり、密生した短毛
- 広く深い胸。色はホワイト
- スタッフォードシャー・ブル・テリアよりも長い肢
- 足にホワイトのマーキング

# ルーカス・テリア Lucas Terrier

| 体高 | 体重 | 寿命 | ホワイト |
|---|---|---|---|
| 23〜30cm | 5〜9kg | 14〜15年 | （タンはブラックやバッジャー・グレーのサドルが入る場合があり、ホワイトはブラック、バッジャー・グレー、またはタンのマーキングが入る場合がある） |

**友好的でキャンキャン吠えることのないテリア
子どもや他のペットともうまく暮らせる**

1940年代に、ノーフォーク・テリア（P192）とシーリハム・テリア（P189）の異犬種交配で誕生した珍しいテリア。犬種名は、この犬を最初に繁殖した政治家・狩猟家のイギリス人、ジョスリン・ルーカス卿にちなんでつけられました。ルーカス卿は、シーリハム・テリアよりも小型でより敏捷な狩猟犬が欲しかったのです。1960年代以降ルーカス・テリアはアメリカにも輸出され、ハリウッドスターを含む幅広い層の人気を得ました。

ルーカス卿とビジネス・パートナーだったイーニッド・プラマーの死後は、1987年にイギリスでこの犬の犬種クラブが作られ、改良と普及に取り組んでいます。1988年にはその犬種クラブによってスタンダードが作られ、ケネルクラブの公認を目指して活動していますが、現時点ではまだ達成されていません。現在イギリスに400頭ほど、アメリカに100頭ほどのルーカス・テリアがいると考えられています。

現在では、主に家庭犬として飼われています。従順で賢く、人を喜ばせるのが大好きなこの犬は、訓練も容易。毎日精力的に散歩をさせれば子どもにも寛容で、家の中での行儀も良い犬です。典型的なテリアの特徴は持っており、遊び好きで大喜びで穴掘りをしますが、無駄吠えの傾向はそれほど強くありません。

## 作業用のテリアを作る

ジョスリン・ルーカス卿はシーリハム・テリアのブリーダーとして有名でしたが、シーリハムがショードッグとして大きさと体重が増していくことを快く思っていませんでした。もともとの目的である仕事にも適さなくなってしまったばかりか、自分の犬をショー用のシーリハムと交配させると出産で問題が起きることがあったのです。そこで彼は自身の犬をノーフォーク・テリアと異犬種交配させることにしました。最初の試みで生まれた子犬のすばらしさに感動し、その後もノーフォーク・テリアと交配し続けたのです。

ジョスリン・ルーカス卿と小型のシーリハムの子犬

- 根元が太く、毛がふさふさとした尾
- 体長は体高より長い
- ダークでアーモンド形の目
- 小さなV字形の耳
- 長い毛が口ひげや顎ひげを形作る
- 黒い鼻
- 中くらいの長さの粗い被毛
- ライト・タン

犬種の解説｜交雑種（異犬種交配）

# ゴールデンドゥードル Goldendoodle

体高 最高61cm

体重 23〜41kg

寿命 10〜15年

さまざまな毛色

## 犬アレルギーでも飼える犬

ゴールデンドゥードルは抜け毛が少なく、犬の毛にアレルギー反応を起こしてしまう人でも飼える犬だといわれます。完全にアレルギー反応を起こさないような犬は存在しませんが、ゴールデンドゥードルの抜け毛が他の犬種に比べて少ないことは確かです。カーリーとウエービー・タイプはとくに抜け毛が少なくフケも少なめです。これが、犬（あるいは犬の毛）に対してアレルギー反応がある人にふさわしい犬だといわれる所以です。

## 社交的で訓練しやすい性質 一緒に暮らすのがとても楽しい犬

プードルとゴールデン・レトリーバー（P259）の交雑種で、1990年代にアメリカとオーストラリアで初めて繁殖されました。以来この犬の人気はどんどん高まり、ブリーダーが至るところで引き続き犬種改良に励んでいます。基準となる最初のゴールデンドゥードルはスタンダード・プードル（P229）とゴールデン・レトリーバーのミックスでしたが、1999年以降はより小型の「ミディアム」や「ミニチュア」、さらには「プチ」タイプのゴールデンドゥードルも作られました。小型の個体はミニチュア・プードルやトイ・プードル（P276）と交配されたものです。

ゴールデンドゥードルのほとんどが雑種第1世代（F1）であり、外見は個体により大きく異なります。ゴールデンドゥードル同士での交配や、プードルとの戻し交配も行われています。被毛のタイプは3つで、ゴールデン・レトリーバーの被毛に似た「ストレート」、プードルの被毛に似た「カーリー」、そして、ゆるい巻き毛の「ウエービー」があることでも知られます。

この犬には、盲導犬、介助犬、セラピー・ドッグ、さらには捜索救助犬としての需要があります。ペットとしても人気が高く、2012年にはアメリカのミュージシャンであるアッシャーが、チャリティー・オークションでゴールデンドゥードルの子犬を1万2000ドルで競り落としました。エネルギッシュですが気はやさしいため、一般的に訓練しやすい犬です。子どもや他のペットとも相性が良く、人間と一緒にいるのが大好きです。

- ダークなサドル
- 他の部分に比べてやや濃い色の被毛に覆われた耳
- ダークでやさしい印象の目
- はっきりしたストップ
- ブラウンの鼻
- 厚いカーリー・コート
- アプリコット
- 後方にかけて巻き上がった腹部
- 後ろ足よりも大きな前足
- 飾り毛のふさふさした尾

# ラブラディンガー Labradinger

| 体高 | 体重 | 寿命 | |
|---|---|---|---|
| 46〜56cm | 25〜41kg | 10〜14年 | イエロー / レバー / チョコレート |

## 軍用犬『トレオ』

スパニエルとラブラドールの交雑種だった『トレオ』は、アフガニスタンでイギリス陸軍の軍用犬として功績を上げました。もともとは、人にうなったり噛みついたりすることがあるために、軍がもらい受けた犬だったのです。しかしその後、爆発物探知犬としてハンドラーのデイヴ・ヘイホウ軍曹のもとで働き、目覚ましい活躍をしました。タリバンが道路沿いに仕掛けた爆弾の列を2度も見つけて爆発前の撤去につなげ、多くの命を救ったのです。その勇敢な功績により、トレオは「ディッキン・メダル」と呼ばれる動物のためのヴィクトリア十字勲章（最高の戦功章）を授与されました。

ディッキン・メダルとともにポーズを取る『トレオ』と、ハンドラーのデイヴ・ヘイホウ軍曹

## 魅力的なオールラウンドガンドッグだけでなく、十分運動をさせれば家庭犬にもぴったり

ラブラドール・レトリーバー（P260）とイングリッシュ・スプリンガー・スパニエル（P224）の交雑種で、「スプリンガドール」と呼ばれることもあります。これら2種の血が偶然混ざることは、このようなガンドッグが数多く飼われていた昔ながらの田舎の大きな屋敷では、何百年にわたって起こっていたと考えられます。しかし、ラブラドゥードル（P291）などの意図的な交雑種への最近の強い関心が幸いし、ラブラディンガーの知名度も人気も上がっています。

ラブラディンガーの外見には幅がありますが、ラブラドール・レトリーバーに比べると小さく軽い体型で、頭部もやや細い傾向が現れています。イングリッシュ・スプリンガー・スパニエルよりは大きく、長い肢を持ち、被毛はまっすぐで寝ているか、より長く波立っています。

この犬は優れたガンドッグで、ラブラドール・レトリーバーのように獲物の回収をする訓練も、スパニエルのように獲物を飛び立たせる訓練も可能です。聡明で楽しいことが大好きなので、家庭犬としても適していることもわかっています。

また、愛情深く人にとてもよくなつく犬です。できるだけ人間と一緒にいたがるので、散歩やゲームなどの運動を毎日たくさんして、退屈から問題行動を起こすことのないようにしなければなりません。

- 先端は丸みを帯びた垂れ耳
- 浅いストップ
- 琥珀色の目
- 平らな背
- ブラック
- ホワイトのマーキングがある深い胸
- 飛節にかかる太い尾
- やわらかくウエーブがかった被毛
- 足先がアーチがかったコンパクトな足

犬種の解説 ｜ 交雑種（異犬種交配）

交雑種（異犬種交配）

# パグル Puggle

| 体高 | 体重 | 寿命 |
|---|---|---|
| 25〜38cm | 7〜14kg | 10〜13年 |

レッドもしくはタン
レモン
ブラック

（いずれの色の場合もホワイトが入るパーティーカラーあり。ブラックのマスクが入る場合も）

### 気がやさしくて聡明な犬
### 十分な運動をさせれば理想的な家庭犬に

　パグ（P268）とビーグル（P152）の交雑種で、1990年代にアメリカで作出されました。ブリーダーのそもそもの目的は、ビーグルの温厚な性格を持ちながら、パグのようにコンパクトで、しかしパグによく見られる健康上の問題がない犬を作ることでした。この新しい犬はアメリカ・ケイナイン・ハイブリッド・クラブに登録されています。

　近年は人気が急騰し、アメリカでは「Hottest Dog of 2005（2005年に最も人気を集めた犬種）」に選ばれ、ハリウッドスターなどの著名人の間でも飼われています。2006年には販売された交雑種の半数以上をパグルが占めました。

　今やアメリカでは最も人気のある交雑種であり、2013年にはパグルの子犬が1頭1000ドルもの価格で売られました。

　外見的には鼻ぺちゃのビーグルのようで、たいていはパグのように尾がカールし、顔に黒いマスクがあります。訓練しやすく、元気で愛情豊かな点が特徴で、飼い主によくなつき、人と一緒にいることが大好きな家庭犬になるでしょう。子どもにも寛容で、見知らぬ人や他のペットともすぐに打ち解けます。マンションでの生活にも順応することから、都会でも人気があります。この犬が幸せに暮らすためには、毎日散歩をし、ゲームなども取り入れることが必要です。短毛なので、毎週のブラッシング以外の面倒なグルーミングはほとんど必要ありません。

### 有名人のペット

著名人がこの犬に大きな関心を持ったことが、パグルが一躍有名になった背景にあります。ジェームズ・ギャンドルフィーニ、ジェイク・ジレンホール、ユマ・サーマンや、愛犬家として有名なヘンリー・ウィンクラー（下の写真）は、パグルを飼う著名人の一例です。そうした著名人と一緒にパーティーやテレビ番組、メディア・イベントに登場することで一躍人気に。元気でかわいらしい風貌から人々が興味を持ち、飼い始める人も続出しました。

**若いパグル**

- スクエアなボディ
- 黒毛が少し混じった垂れ耳
- 非常にはっきりしたストップ
- 胸と喉の被毛は明るい色
- 短くダークなマズル
- フォーン
- 短くなめらかなダブル・コート
- コンパクトで丸い足

犬種の解説 ｜ 交雑種（異犬種交配）

# 無作為繁殖犬（雑種）

Random Breeds

## 純血種と同じように、私たち人間に愛情と友情と楽しみをもたらしてくれる犬

　無作為繁殖犬（雑種）は、その起源がわかりません。おそらくは両親も偶然の交配・交尾の結果生まれた犬でしょう。無作為繁殖で生まれた子犬を選ぶことは、犬を飼おうとしている人にとって、宝くじを買うのに似た部分もあります。成長して大人になったときに、どのような外見になるのか予測が難しいからです。しかし、遺伝性疾患を受け継いでいる可能性が純血種よりも低い傾向が見られます。保護施設で暮らす犬の多くは無作為繁殖犬ですが、多くの場合すばらしい家庭犬になります。

先祖のわからない犬たち

**セミロングのやわらかい被毛**
コリーやスパニエルの血が入った犬は、たいてい絹のような被毛を持ちます。肢には飾り毛があり、耳は半立ち耳か頭の近くに垂れていて、やはり飾り毛があります。

タンのマーキングが入り、飾り毛のある肢

ラブラドール・レトリーバーに似た頭部

縁に飾り毛があり、高い位置に付いた垂れ耳

スパニエルに似た飾り毛のある、絹状毛

ボーダー・コリーのように、なめらかな絹状毛

左右が非対称の黒の斑。純血種ではあまり見られない

短毛で覆われた肢の前面

セミロングでウエーブがかった被毛。コリーに典型的に見られる

半立ち耳

長い毛が生えた顎の下側と胸

交雑種（異犬種交配）

**ワイアー・コートと
カーリー・コート**

ワイアー・コートやカーリー・コートを持つ犬は、見た目がサイトハウンド、テリア、あるいは牧羊犬のように見えることがあります。ただ、DNAを調べてみなければ、血統についてはっきりしたことはわかりません。

- 半立ち耳とローズ・イヤーが混ざったような耳
- ワイアー・コート
- グレーハウンドのようなボディ
- 高い位置に付いた立ち耳
- 長く粗い毛が見られるマズルと顎
- 深い胸

- 顔の長い毛は目を覆わない
- やわらかい被毛を持つテリアに似た被毛
- 体全体がもじゃもじゃの毛で覆われている
- やわらかいカーリー・コートに、より濃い色の毛が混じっている。耳の被毛はとくに濃い
- テリアとプードルの血が入っているように思われる被毛

**短毛のダブル・コート**

右の3頭はいずれも短毛のダブル・コートですが、その他の点ではかなり異なります。左端の犬にはラブラドール・レトリーバーの血が入っているようで、右端の犬はジャーマン・シェパード・ドッグに近いように見えます。

- 頭の大きさに比して小さな垂れ耳
- 力強い前躯
- ノルウェジアン・ハウンドを思わせるハールクインの被毛と垂れ耳
- 大きな足
- 太く力強い頸
- 骨太の長い前肢

299

犬種の解説｜交雑種（異犬種交配）

大きな頭と左右が離れた半立ち耳

短く力強い顎を支える広い顎

警戒している状態を表す大きな垂れ耳

がっしりして筋肉質なボディ

ダークなマズル

**短毛のシングル・コート**
短めで幅の広い顎と短く粗い被毛から、これらの犬はスタッフォードシャー・ブル・テリアのような犬と関連があることがうかがえます。右端の犬はほかの2頭よりずっと小型ですが、それでもテリアのような特徴が見られます。

硬い短毛

ボクサーを思わせる大きさ、体型、毛色

**短い肢**
最も小さい個体を使った犬種改良でサイズを縮小していくことが可能ですが、計画性のない交配・交尾によって短足の犬が生まれることもあります。短足の犬は軟骨形成不全（ドワーフィズム／矮小発育症）の症状を起こし、前肢の骨が湾曲することがあります。肢の短い犬にはさまざまなタイプの被毛が見られます。

高く上げられた、毛のふさふさした長い尾

針金状の毛で覆われ、高い位置に付いた耳

ストップが明瞭でマズルが比較的短い

密なダブル・コートはスピッツ・タイプの犬によく見られる

かなり湾曲した前肢（軟骨形成不全）

体の毛より短い肢の毛

典型的なテリアの外見

セミロングで絹のようなトライカラーの被毛

左右が離れた大きな耳

頭部と体を覆うやわらかいカーリー・コート

ジャック・ラッセル・テリアに似た外見と被毛の色。被毛のタイプは異なる

ウェルシュ・コーギーによく似た顔と体型

なめらかなダブル・コートの短毛

やや湾曲した前肢

軟骨形成不全による湾曲が疑われる肢

> **"犬生"謳歌中！**
> 肉体的にも精神的にも十分刺激を与えられる環境なら、このような無作為繁殖犬（雑種）の飼育も、純血種と同じように楽しいものとなるでしょう。

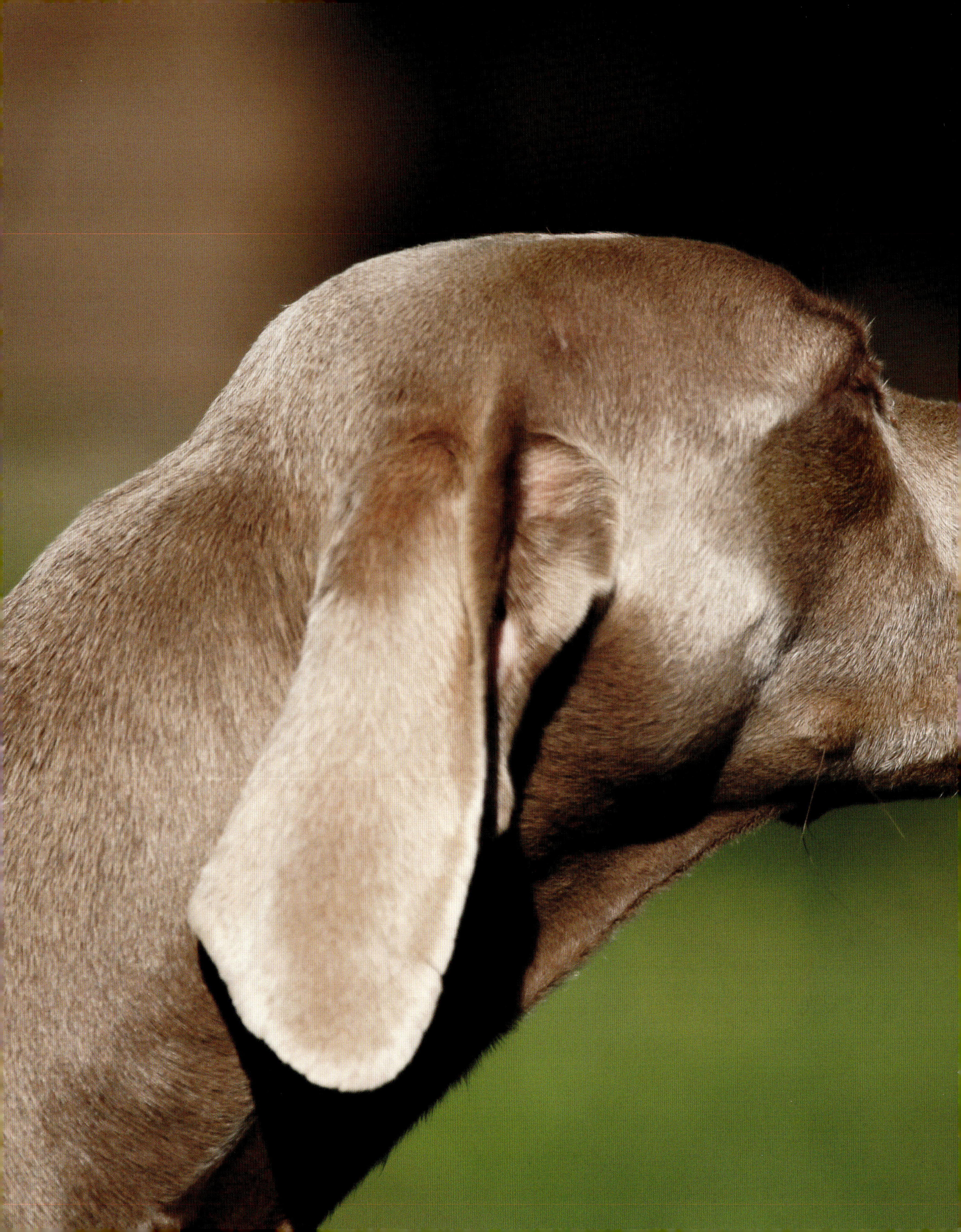

# 第 3 章

# 犬との暮らし方

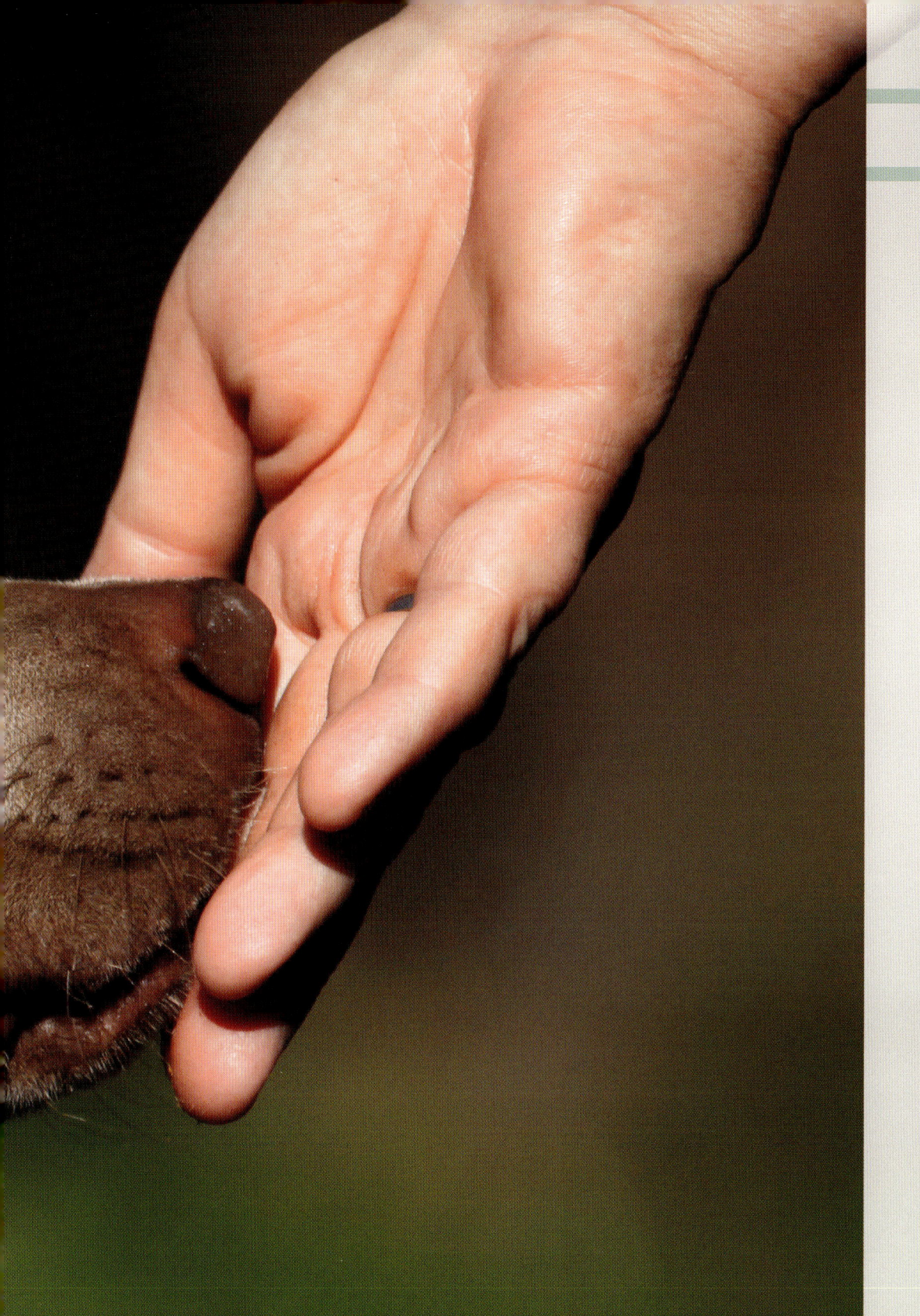

**犬との幸せな暮らしの始め方**
自分に合った犬がどういう犬なのかを慎重に判断しましょう。子犬でしょうか、それとも成犬？ 保護施設から引き取ることもできますね。サイズ・性別・犬種はどうでしょうか。飼う前に正しい選択をすることは、犬との生活を充実したものにするための鍵になります。

# 犬を飼うということ

家族に新しく犬を迎え入れるのは、とてもすてきなこと。しかしそれは責任を伴うことでもあり、計画と準備が必要です。あなたのニーズに最も合うのはどのような犬なのかを考えてみましょう。あなたの家が犬にとって安全な環境であるかどうかを確認する必要もあります。

## 最初に考えたいこと

犬を飼うときは、購入するにしろ里親になるにしろ、それがどういうことなのかをきちんと理解しておくことが重要です。犬の寿命は長ければ20年近くにもなりますが、生涯にわたって愛犬の世話をする覚悟が必要になります。

自分に問いかけてみてください。あなたや家族の誰かに、子犬をしつけ、一緒に遊んであげる時間がありますか？ 犬を飼うための経済的余力はありますか？ あなたの家は犬を飼うのにふさわしい環境ですか？ 他にペットを飼っていますか？ 小さな子どもがいますか？ 家族の誰かに犬アレルギーを持つ人はいませんか？

そして犬種の特徴を理解し、どのような犬が欲しいのかを慎重に考えましょう。外見上魅力を感じる犬種があっても、見た目より性質が重要だということを忘れてはいけません。エネルギーにあふれる活発な犬と付き合うことができるか、子どもに寛容な犬を探しているのか……。大型犬は往々にして世話も訓練も大変です。食事の量も多いので、それだけ出費も大きくなるでしょう。あなたのライフスタイルや生活環境には、ひょっとしたら小型犬のほうがふさわしいのかもしれません。オスとメスではどちらが良いですか？ オスは人に対する愛情表現がより豊かな傾向がありますが、訓練中気が散りやすいのも特徴です。去勢していないオスは攻撃的になることもありますが、子どもに対してはメスのほうが寛容だと考えられています。

犬の年齢はどうでしょうか。子犬を迎えれば、成長しながらあなたの家の生活習慣に合わせることを学習できます。しかし最初は世話をするのが大変で、長時間ひとりで放置することもできません。日中に家族がみな出かけてしまうのなら、成犬を迎えたほうがよいでしょう。

保護施設で暮らす犬の里親になるのは、成犬を迎える一般的な方法のひとつです。動物福祉団体が運営する保護施設もあり、大きさも年齢もさまざまな犬の里親を募集しています。ドッグレースを引退したグレーハウンドやスタッフォードシャー・ブル・テリアなど、扱いに注意を要する犬種を専門にするような保護団体もあります。また犬種クラブで、犬種保護のためのサービスを提供しているところもあります。

保護施設では犬の性質の評価がされていることでしょう。施設にいる犬の多くは、捨てられたり世話をされずに放置された経験があり、施設のスタッフは、そうした犬が愛情にあふれ安心して暮らせる家庭に引き取られることを強く願っています。里親になるには、申し込みをした後に家族そろって面接を受けることを求められるかもしれません。家庭環境の確認のためスタッフが事前に自宅を訪れることもあるでしょう。同時にあなたは何でも質問することができますし、ライフスタイルに合いそうな複数の候補犬に会うこともできます。世話や犬の健康状態、問題行動などについてもスタッフからアドバイスをもらえるでしょう。

## 法的な注意

飼い主は飼い犬が安全に幸せに暮らせるよう責任を負い、多くの国で適切にペットの世話をするように法律上定められていることがあります。飼い犬が安全に暮らすための場所の確保、食餌の世話、散歩など一緒に過ごす時間を取ることは、重要な義務の一部です。愛犬が自分を傷つけるようなことのないように、また他人や動物に危険を及ぼすことのないようにするのも、飼い主としての義務です。

あらかじめペット保険に加入することも検討しましょう。病気やケガの際にとても役に立ちます。

### 犬を迎えるためのチェックリスト

**●室内**
- □ 床は乾いた状態を保ち、濡れた犬はタオルでふいて速やかに乾かす
- □ 玄関のドアは閉めておき、階段にはゲートを付ける
- □ 家具の後ろ、家具と家具の間など、小さなすき間をふさいでおく
- □ すり切れた電気コードは補修する
- □ キャビネットの扉や引き出しにはチャイルドロックを付ける
- □ ふた付きのゴミ箱を使う
- □ 洗剤などは、犬がいたずらできないところに片づける
- □ 薬はキャビネットにしまう
- □ 犬に有毒な植物を処分する
- □ 床や愛犬が足を載せそうな低い場所の表面に、とがったものなど危険がないか確認する
- □ クリスマスの時期などはとくに、壊れそうな装飾品や火のついたロウソクには、犬が近寄れないようにする。花火をするなら、前もって愛犬が落ち着いて過ごせるところを準備する

**●室外**
- □ 生垣やフェンスのすき間、門の下など、愛犬が通れそうなところはふさいでおく
- □ 愛犬に有害な植物は移動または処分する
- □ 愛犬の日よけのスペースを庭に作る
- □ ガレージや物置の扉は閉め、中にある機械や危険性のある道具、不凍液、ペンキ、塗料用シンナーなどの化学溶剤に犬が近づけないようにする
- □ 有害な薬品、肥料などは鍵のかかるキャビネットに片づけるか、犬が届かない高い棚の上に置くようにする
- □ 害虫用の駆除剤など、犬に危険なものが使われたところには、愛犬が近づけないようにしておく
- □ 庭でバーベキューをしているときに犬を単独で放置しない。熱い炭や先のとがった串などで犬がケガをするおそれがある

**犬を迎える準備**
犬を飼うことはすばらしい経験になりますが、大きな責任も伴います。室内や庭の環境を整え、愛犬との生活を安全に楽しく始められるようにしましょう。

犬との暮らし方 ｜ 犬を家に迎える

# 犬を家に迎える

新しい犬を家に迎え入れるのはわくわくする出来事ですが、神経を使うことでもあります。犬にとってはなおさら。事前にできるだけの準備をして、最初の数日は静かに穏やかに過ごせるようにし、愛犬が新しい環境に慣れるのを助けてあげましょう。

## 事前の準備

必要なものは犬が家に来る前に用意しておくのがよいでしょう。まずは、犬の寝床が必要です。子犬なら、最初は丈夫なダンボール箱でもかまいません。排泄物で汚れたり、犬がかじってボロボロになってしまったり、犬が成長して箱が小さくなってしまっても、処分が簡単です。掃除が簡単で少々かじられても問題のない、プラスチック製の犬用ベッドもおすすめです。どちらを選ぶにしても、犬が手足を伸ばせて中で向きを変えられる大きさが必要です。中にはやわらかい素材のタオルや毛布を敷くか、犬用ベッドを入れてやりましょう。やわらかいベッドは関節に問題のあるシニア犬には適していますが、子犬の場合はかじったりその上で排泄してしまうこともあるので、最適とはいえません。子犬を迎えるときは、寝室にダンボール箱かバスケットを置いて寝かせると落ち着きやすいでしょう。

子犬にしろ成犬にしろ、底が丈夫で側面と上部がワイヤーでできた犬用のクレートか、上部が開いた犬用サークルを使うと、犬は中で安心することができる上に安全です。クレートやサークルは、暖かく静かで家族の気配を感じられるところに置き、犬が寂しくないようにしましょう。間違って排泄してしまってもよいように、新聞紙を敷き詰め、その上にベッドやおもちゃを入れます。クレートやサークルは、トイレのしつけが済むまで、短時間ひとりで過ごさせるとき、ケガや病気で静かに安全に過ごす必要があるときなどに、犬が落ち着ける場所となります。クレートの中に長時間入れたままにしたり、罰として閉じ込めてはいけません。

次に大切なのはフード用、水用のボウルです。フード用のボウルは使うたびにきれいに洗い、水用のボウルも毎日洗います。陶製のボウルは丈夫で大型犬の使用にも十分耐えますが、四角いタイプの食器だと、角に残ったフードを食べにくくなります。ステンレス製のボウルは使いやすく洗うのも簡単です。底に滑り止めのゴムが付いた丸いボウルが最適です。プラスチックの容器は子犬や小型犬向けです。引き取りの際にブリーダーや保護施設から説明を受け、当面与えるフードを1週間分くらいは譲ってもらうとよいでしょう。

首輪も必要です。子犬には布製のやわらかい首輪がおすすめです。装着時は首輪と犬の首の間に指が2本入るぐらいのゆとりを持たせます。成長してきつくなりすぎていないかどうか、つねに確認するようにしてください。成犬の場合は布製か革製、力の強い犬の場合はハーネスを使ってもかまいません。

グルーミングに使う基本的な道具も必要です（P319）。短毛種の場合も準備しておきます。散歩中の排泄物を持ち帰るのに、袋を持ち歩くようにしましょう。ペットショップでマナー袋、エチケット袋、ウンチ袋などとして売られています。

陶製のボウル　ステンレス製のボウル

ネームタグ　首輪

リード

**そろえておきたい必需品**
しっかりと安定し食べやすい形のフード用・水用ボウル、装着しやすい布製の首輪と首輪に付けるネームタグ、そして丈夫なリードは、犬を迎える前に準備しておきたい必需品です。

このほか、「名前」も準備をしておく必要がありますね。犬が覚えやすいように短めの名前を選ぶとよいでしょう。犬が混乱しないよう、訓練に使いそうな単語は避けてください。

## 犬にやさしい家

犬を家に連れてくる前に、犬にとって危険になりそうなものがないかどうかを確認します（P305）。逃げ出せそうなすき間など、「犬の目線で」危険性のチェックを。犬は、ドアのすき間や門の下をくぐって、あるいは階段を駆け下りてあっという間に逃げ出してしまうもの。危険なものは犬が近寄れないところに置き、犬が口に入れそうなもの、たとえばのどに詰まる危険のあるゴム風船などは片づけておきましょう。チョコレートなど、人間の食べ物で犬に危険なもの（P344）もあるので要注意です。

### 犬のおもちゃ

追いかけたり噛んだりして、犬が本能を満たす助けになるのがおもちゃです。購入してもよいですし、古いサッカーボールやロープを使って自作することもできます。裂けたり犬がむせたりしない素材のもので、飲み込んでのどを詰まらせることのない大きさのものを選びましょう。悪い習慣に結びつかないように、古着や履き古した靴をおもちゃにするのはやめましょう。

ゴム製の噛むおもちゃ　中にフードを隠せるおもちゃ　引っ張りロープ

子犬が喜ぶやわらかいおもちゃ　くわえて運べるダンベル形のおもちゃ

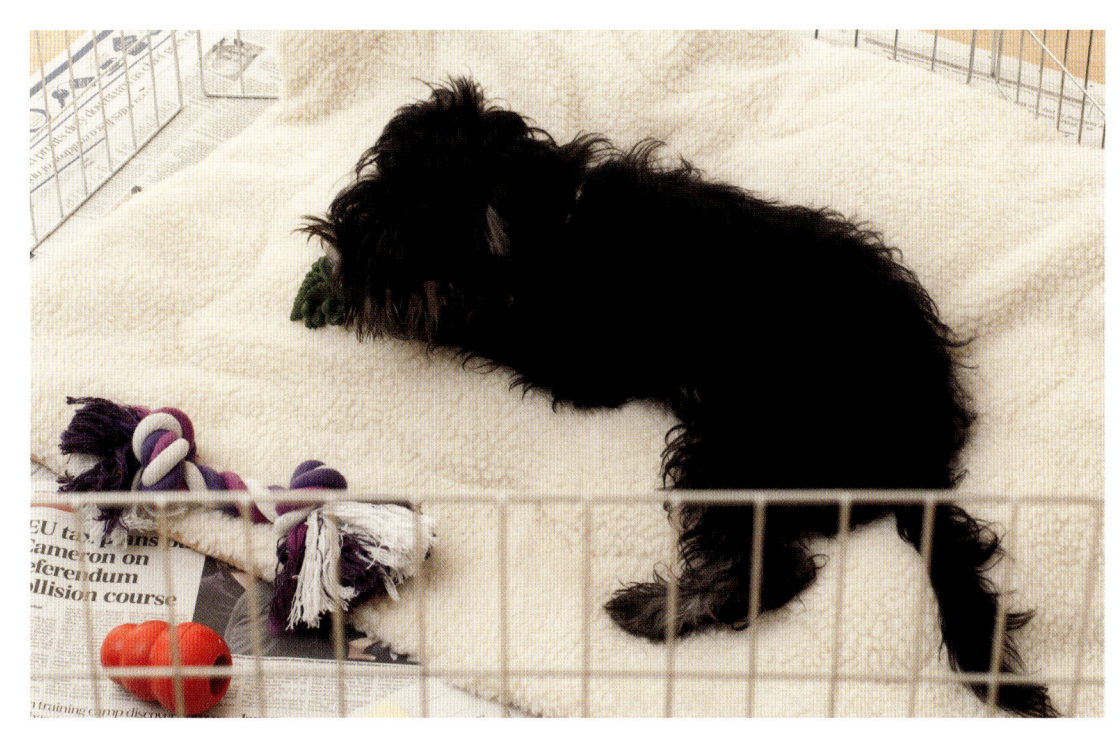

犬を家に迎える

**子犬用サークル** サークルは、暖かくすき間風などが入らない、日中家族の姿が見えるところに設置しましょう。子犬が中で動き回るのに十分な広さのものが必要です。

**小さな子どもに会わせる** 子どもには、犬が落ち着いてから会わせるようにしましょう。まずはあなたがやさしく犬をなでる見本を見せ、それから子どもになでさせましょう。

排泄の可能性があるので、家に着いたらまずは庭や家の外に連れ出しましょう。それから家の中に入れて、中を十分に探検させてやります。最初のうち（少なくとも初日くらい）は、犬が歩き回るのは寝床のまわりに限定し、徐々に慣らしていくようにします。子犬は疲れやすいので、眠そうにしていたらいつでも寝られるようにしておきます。

## 家族に紹介する

犬を家族全員に紹介しましょう。子どもがいる場合、子どもと犬がお互いに慣れるまでの数日間は、必ず近くで見守ります。環境が変わって犬が少し神経質になっていることを子どもに説明し、犬の近くでは静かにさせます。犬がいる部屋に子どもを呼び、まずは静かに座って犬におやつを与えます。犬が疲れたり過剰に興奮したりしないよう、最初の数日間は一緒に遊ぶ時間は短くするとともに、子どもが突然犬をつかんだり抱き上げたりしないよう注意。犬がおびえて噛みつくこともあり得ます。

他にペットがいる場合は、犬が落ち着いてから、1匹ずつ引き合わせるようにします。先住犬を新しい犬に会わせるときは、庭などの中立的な領域を選び、どちらかが緊張した場合に離れられるスペースを確保。やきもちを焼くといけないので、新しい犬をかまう前に先住犬を優先します。猫に紹介するときは、大きめの部屋で犬を押さえつつ、猫のほうから犬に近づけるようにしてやります。猫の逃げ道も確保しておきます。犬が猫の餌を食べてしまう可能性が大きいので、食事の時間をずらしましょう。

## 習慣化のコツ

家族全員で協力して、日々の習慣は初日から確立させていきましょう。食事と排泄は決まった時間にさせ、犬がしてよいこと、出入りしてよい場所についての基本のルールを決めます。

トイレのしつけは、規則的に行って習慣化する

**友達になる** ウサギなどの小動物を家の中や庭で飼っている場合は、犬とは離しておきます。犬を近づけるときは、必ず近くで見守ってください。

ことが失敗防止に役立ちます。食後、寝起き、夜寝る前、そして来客など犬が興奮する出来事の後に、外に連れ出して排泄できるようにします。子犬の場合は1時間に1回は外に連れ出さなければならないでしょう。地面の臭いを嗅いだりくるくる回ったり、しゃがみこんだりするのは排泄のサインなので、すぐに外に連れて行きましょう。排泄が済むまでは飼い主も外にいて、排泄できたらたっぷりほめます。

掃除機などの家電製品は、音が大きくて犬が怖がることがあるので、犬がいるところで電源を入れて音に慣らします。ただし犬が怖がらない距離で、逃げ道を用意した上で始めてください。緊張しているように見えたらやさしいトーンで犬に話しかけるか、おもちゃで注意をそらしましょう。

ひとりでいることは犬にとってはストレスですが、ひとりでいても安全なこと、飼い主が必ず帰ってくると愛犬に学習させる必要があります。犬が落ち着いているときや眠そうにしているときを選び、犬をサークルに入れるか部屋の中に置いて、数分間その場を離れてみましょう。戻ったときにちやほやしてはいけません。犬をひとりにする間は近くで静かに落ち着くのを待ちます。少しずつひとりにする時間を延ばし、数時間いられるようになるまで訓練を。家で留守番をさせるときは、ベッドと飲み水、お気に入りのおもちゃを近くに置いておきましょう。食べ物を隠したおもちゃをひとつ入れておくと、しばらくは気が紛れます。

307

犬との暮らし方 | 新しい環境に慣れる

# 新しい環境に慣れる

新しく迎えた犬は、人や車、他のペットや外の世界にも慣れなければなりません。社交性が身に着いた犬であれば、休暇などもより楽しめるようになります。それは、愛犬を連れて旅行をする場合にも留守番をさせる場合にも当てはまることです。

## 散歩

ワクチンの接種が済んだらいよいよ散歩に連れ出すことができます。生後12週以内にできるだけ多くの状況を経験させておくことはとても重要です。12週を過ぎると子犬はより慎重になり、見知らぬものに出くわすと、逃げようとする本能が先に働くようになります。成犬を迎えた場合、散歩は新しい自分の「テリトリー」を知る機会になります。家畜や野生の生き物など、愛犬がそれまでに経験したことのないものに出会うこともあるでしょう。

## 自信をつける

より広い世界に一歩を踏み出すことは、愛犬にとっては途方もなく大変な経験です。なかには、車や大型のトラックなど恐ろしいものもあるでしょう。自転車やスケートボードに乗った子ども、草原で群れる子羊などには、強烈に気を引かれるかもしれません。愛犬が自信をつけ、どのような状況でも落ち着いていられるには、あなたが愛犬を信頼できるようにならなければなりません。

興味を示してくれる人にはどんどん愛犬を紹介します。子どもがいる場合は、下校時に子犬と一緒に出迎えてみましょう。そうすれば他の子どもたちにも慣れることができます。

他の犬と会わせる場合は、すでにあなたがよく知っている犬から始めます。まずはのんびりおおらかな犬を飼っている人と愛犬連れで一緒に散歩をするとよいでしょう。社会化を学べる子犬のしつけ教室などに参加するのもおすすめです。

家畜や野生の動物がいるところでは、つねにリードを付けておきます。愛犬が静かで落ち着いている場合も同様です。追いかけたいという抑えがたい衝動で突然走り出す可能性は、どのような犬にもあるのです。飼い犬が家畜を追いかけたりしないように注意することは、多くの国で飼い主の義務と定められています。

## 車での旅行

責任ある犬の飼い主として、愛犬を車に乗せるときは愛犬や同乗者の安全に配慮しなければなりません。ワゴン車などの場合は、後部座席の後ろにセーフティーパネルを設置できますから、1時間以内のちょっとしたお出かけならそれで十分です。長い旅行の場合、あるいは大型車なら、移動中は犬をクレートに入れておくとよいでしょう。愛犬を後部座席に乗せて運転する場合は、シートベルトにつなげられるハーネスを付ければ、愛犬を安全に押さえておくことができます。車酔い防止のため、愛犬が車中で滑らずに立てるようにしておきましょう。

車で旅行するための訓練は、エンジンを止めてドアを開けた状態で、愛犬が数分間車中で座っていられるようにすることから始めます。それからエンジンをかけ、ドアを閉めた状態で数分間座っていられる状態

**新しい犬との出会い** 散歩中、見知らぬ犬と知り合う機会を作りましょう。ただし愛犬が動揺を見せたら立ち去るか、先方の飼い主に犬を押さえておいてもらうかリードを付けてもらって通り過ぎるようにします。

### 交通に慣らす

- 車の通行があるところで、(ストレスにならないよう) 十分距離を置いて愛犬を座らせ、音の大きな車など愛犬が驚きそうな光景に慣らしていきましょう。
- 犬が車を追いかけたりしないよう、しゃがんで犬を押さえてください。静かに座れたら、よくほめます。
- 車が通過したらごほうびを与えてほめます。
- 少しずつ車への距離を縮めていきますが、つねに安全な距離を保つようにします。
- 辛抱強く、愛犬が必要とするだけの時間を与えます。

家と外での過ごし方

**居心地の良い旅にするために** 車中で犬が横になったり体勢を変えられるスペースを確保しましょう。クレートを使う場合は毛布や枕を入れ、愛犬が快適に過ごせるようにします。

**安全に運動させる** 他の犬に対して寛容でない犬もいます。愛犬が他の犬と一緒に散歩できる犬かどうか、また臆病な（あるいは気が強い）ところがあるかどうかを、あらかじめペットシッターに伝えておきましょう。見知らぬ犬への反応に影響することがあります。

に持っていきます。それができたら愛犬を乗せて数分間運転し、徐々に移動時間を長くしていきます。走行中に愛犬が窓から頭を出しているのは危険です。移動が長時間になるときは、水と水用のボウルを準備し、少なくとも2時間に1回は水を与え、外で排泄できるようにしましょう。暑い日はなるべくエアコンをつけ、愛犬を車に単独で放置してはいけません（窓を開けた状態でも避けましょう）。暑い日、あるいは直射日光にさらされると、犬はわずかな時間でも熱中症を起こし、死に至ることがあります。よだれを垂らしたり息が荒くなるなどは乗り物酔いのサイン、過剰に吠えたり車の中をかじったりするのは疲労のサインだと思われます。

## 愛犬と休暇を楽しむ

事前にきちんと準備をすれば、愛犬との旅はとても楽しいものになります。旅先が犬連れで大丈夫かどうかの確認は、必ず行ってください。愛犬を連れて外国旅行を計画する場合は、犬連れの車の移動に際して適用されるそれぞれの国の規則を確認しなければなりません。愛犬のための旅行保険に加入し、狂犬病などの予防接種が必要かどうか、航空会社やフェリー会社のペット輸送がどうなっているかも調べます。航空会社によっては、専用のクレートでの輸送になることもあります。ふだん食べているドッグフードやフードボウルなど、使い慣れたものを持って行き、食事、散歩、寝る時間などは、できる限りいつもと同じようにして、愛犬のストレスを最小限にしましょう。

## 留守番をさせる

愛犬を置いて旅行する場合、留守中の世話についてはいくつか選択肢がありますが、あなたがそばにいないことに愛犬が慣れていることが必須。

親戚や友人、近所の誰かに世話をお願いするか、ペットシッターに依頼することもできます。可能であれば事前に何度か愛犬とシッターの家を訪ね、少しでも愛犬を慣らしておきましょう。愛犬にはつねにネームタグを付け、食べ慣れたフード、食事・散歩・就寝時間などに関する情報、それから飼い主とかかりつけの動物病院の連絡先を伝えておきます。

別の選択肢としては、ペットホテルの利用が挙げられます。かかりつけの動物病院やほかの犬の飼い主から信頼できるペットホテルを紹介してもらいましょう。ペットホテルはペットシッターに預けるよりも愛犬にストレスがかかることがあるので、事前に訪ねて預けるのに適しているかどうか確認することをおすすめします。

**複数の犬を預ける** ペットホテルに2頭の犬を預ける際は、一緒の犬舎に入れてもらえるかどうかを確認しましょう。一緒にいれば新しい環境にもなじみやすくなるようです。

309

犬との暮らし方 | バランスの取れた食餌

# バランスの取れた食餌

犬は単に肉類さえ食べられればよい、というわけではありません。健康でバランスが取れていて、体の大きさに合った適切な分量の食餌が必要なのです。犬を飼う多くの人がドッグフードを購入して与えていますが、手作り食を与えることもできます。

## 必要不可欠な栄養素

適切な食餌には、犬が必要とする次の栄養素がすべて含まれていなければなりません。

■**たんぱく質**……細胞の構成要素ともいわれるたんぱく質は、筋肉を作るのを助け体の修復を促します。赤身の肉、卵、チーズなどは良質のたんぱく源です。

■**脂肪**……カロリーが高く食物に風味を添える脂肪には、重要な脂肪酸が含まれています。細胞壁を維持し、成長や創傷の治癒を助ける効果もあります。ビタミンA・D・E・K源でもあり、肉や脂肪分の多い魚、アマニ油、ヒマワリ油などの油類に含まれます。

■**食物繊維**……ジャガイモ、野菜、米などに含まれる食物繊維は食物を膨らませ、愛犬の消化を遅らせ、結果として栄養素を吸収する時間を増やし、排便を助けます。

■**ビタミンとミネラル**……皮膚、骨、血液細胞など愛犬の体の構造の維持に役立ちます。また、食物をエネルギーに変換する化学反応を支え、血液凝固など体の重要な機能を助けています。

■**水分**……人が生きるのに水が不可欠なように、犬にとっても水は不可欠です。愛犬がいつでも新鮮な水を飲めるように、日に2～3回はボウルに水を満たしてあげましょう。

## 市販のドッグフード

市販のドッグフードにはモイスト・タイプ、セミモイスト・タイプ、ドライ・タイプなどがあります。ドライフードは歯や歯茎の健康を保つのに役立ちますが、健康に良い原材料が使われ、必要栄養素が含まれていることを確認しましょう。ドライフードを与えている場合は水をより多く飲むので、水もたっぷり与えるようにしましょう。モイスト・タイプのドッグフードには水分、脂肪分やたんぱく質成分がより多く含まれます。

市販のドッグフードで非常に便利なのは、バラエティーが豊富で選択肢の幅が広いということでしょう。幼犬、シニア犬、妊娠中もしくは授乳中の母犬などのそれぞれに適したフードが売られています。栄養価も明記され、与えるのも簡単です。しかし、市販のフードには防腐剤や着色料など、犬によって有害になるものが原材料に含まれることがあるので、食品ラベルをよく確認しましょう。

## 自然食

パッケージ入りの市販のフードを与えるのではなく、自家製の自然食として生肉を与えることもできます。その場合は、繊維質を補うために、加熱調理した野菜や米などのでんぷん質の食品も追加する必要があります。さらにビタミンを補うための栄養補助食品の追加が必要かどうか、かかりつけの獣医師に相談するとよいでしょう。

生肉をベースにした食餌は野生の犬の食餌に近いものです。保存料やその他の添加物も入っていません。しかし、こうした自然食は慎重にバランスを考える必要があります。また栄養価の一貫性を保つことや、犬によってさまざまに異なる必要エネルギー量に対応することも難しくなります。毎日新鮮な食材で食餌を準備するのにも非常に時間がかかるでしょう。

## 噛むおやつ

噛むおやつを愛犬に与えることで、家具をかじったり手を甘噛みしたりすることの防止に役立ちます。特に歯が成長中の子犬には有効で、愛犬の歯をきれいにし、顎の健康を保つためにも重要な役割を果たします。

### 犬のおやつ

犬を飼う人の多くが、トレーニングのごほうびに、あるいは純粋におやつとして、風味の濃い食べ物を与えています。犬は臭いがあって肉の味がするやわらかいおやつを好んで食べます。いろいろ試して愛犬の好みを確認しましょう。チキンやチーズを使ったおやつは一般的に人気があります。なかには脂肪分が高いものもありますので、定期的におやつを与える場合は食餌の量を調節し、与えすぎに注意しましょう。どんな犬でも1日2～3個のおやつで十分です。市販のおやつはもちろん手作りおやつを用意してもよいですね。

ひと口サイズのおやつ

ソーセージ

チーズ・キューブ

肉のおやつ

モイスト・タイプのおやつ

**バラエティー豊かな市販フード**
犬用フードの選択肢の幅は近年劇的に広がりました。特別に開発された市販のドッグフード（モイスト・タイプ、ドライ・タイプ、セミモイスト・タイプ）から自宅で作れる自然食まで、さまざまなタイプが選べます。

モイスト・タイプ

ドライ・タイプ

自然食

**よい選択肢**
子犬のうちからバランスの取れた食餌を与え、成長期に必要な栄養素をすべて摂取できるようにしてあげましょう。

犬との暮らし方｜食餌の内容を変える

# 食餌の内容を変える

犬に必要な栄養は、成長期の子犬、授乳中の母犬、競技や狩猟で活躍する犬、シニア犬など、ライフステージのどの段階にあるのかによって異なります。健康維持のためには、年齢に応じた適切な栄養摂取が重要です。

## 幼犬

離乳後まもない幼犬には、少量ずつ頻繁に食餌を与える必要があります。初めは1日4回与え、生後6カ月くらいから1日3回にします。子犬の成長は早く、それだけカロリーの高い食餌を必要とするのです。愛犬に適した食餌の量がよくわからないときは、かかりつけの獣医師に相談しましょう。成長に合わせ少しずつ量を増やしていきますが、与えすぎには注意。愛犬が必要な栄養素を偏りなく摂取するためには、市販のパピー（幼犬・子犬）用フードを与えるのがベストかもしれません。

ブリーダーから子犬を購入した場合は、それまで食べていたフードをサンプルとして少し分けてもらいましょう。最初は同じものを与え、時間をかけて変更します。

## 成犬

成犬の食餌は1日2回（朝・夕）で十分です。去勢したオスに必要なカロリーは去勢していないオスに比べて少なくなります。それ以外は、犬の大きさと運動量を考慮して量を決めるとよいでしょう。体重は定期的にチェックしましょう（P314〜315）。

## 作業犬

作業犬、狩猟犬、競技犬には、高たんぱく・高エネルギーで消化しやすい食餌を与え、体力・持久力を最大限発揮できるようにしましょう。しかし、作業犬の場合も食事の分量は通常の成犬と同じにします。ドッグレースやアジリティー競技など短時間の激しい運動をする犬の場合は、脂肪の摂取量をやや多めにします。犬ゾリや狩猟、牧畜・牧羊など持久力が必要な仕事に使う犬の場合は、脂肪分とたんぱく質を多めにします。

**気候を考慮する**　寒い地方や外の犬舎で暮らす犬は、暖かい地方で暮らす犬よりも体温の維持に多くのエネルギーを必要とします。脂肪が多くカロリーの高い食餌を与えることで必要なエネルギー量を満たすことができるでしょう。

## 授乳中の母犬

妊娠しているメスは出産予定の2〜3週間前までは通常の食餌を与えます。出産直前の2〜3週間は、必要なエネルギーが25〜50％増えます。出産間近になると食欲が落ちることもありますが、子犬が産まれるとすぐに戻ります。子犬が最もミルクを必要とする授乳開始後最初の4週間、授乳中の母犬には通常の2〜3倍のカロリーが必要になります。授乳中の母犬用に作られた高カロリーの食餌を、少しずつ回数を多くして与えるようにし

**成長期の子犬**　丈夫な体をつくるため、成長期の子犬にはつねにバランスの取れた食餌を与えましょう。パピー用のドッグフードを選び、成長したら成犬用のフードに切り替えます。

てください。子犬の離乳が始まっても（生後6〜8週）、母犬にはまだ通常以上のカロリーが必要です。授乳が終わるまでは食餌の内容を変えないようにしましょう。

## シニア犬

7歳くらいから、犬はより栄養豊富な食餌を必要とするようになりますが、必要なカロリーは減り始めます。ほとんどの場合、通常の成犬用の食餌の量を少なめにし、ビタミンとミネラルのサプリメントと一緒に与えれば大丈夫です。よりやわらかく、高たんぱく・低脂肪でビタミンとミネラルが追加された市販のシニア犬用フードを与えてもよいでしょう。食餌の回数は3回にする必要があるかもしれません。シニア犬になると新陳代謝率が落ち、肥満になりやすくなるので注意。健康的で適正な体重を維持することは、犬の生活の質の改善及び寿命を延ばすことにつながります。

**授乳中の食餌**

授乳中のメスには成長期の子犬を上回る栄養が必要になります。子犬が成長するにしたがって母乳の産生量が増え、必要なカロリー量も増えるのです。

犬との暮らし方 ｜ 食餌の質と量をチェックする

# 食餌の質と量をチェックする

人と同じように、犬も過食や質の悪い食餌で病気になることがあります。質の良い食餌を適量与え、愛犬がその犬種と大きさに合った適正体重を維持できるようにしましょう。

## 良い食餌の習慣

飼い始めから適切な食餌を習慣づけることは、成長期に起こる食餌に関連した問題の防止に役立ちます。以下のガイドラインに従いましょう。

- 決まった時刻に食餌を与える
- つねに新鮮な水が飲めるようにする
- 食餌ごとに食器を洗う
- 愛犬が食べ終えたら食器は片づける（モイスト・タイプの缶詰食や手作り食のときは、とくに重要）
- 人間と同じものを食べさせない。愛犬に必要な栄養は人間に必要な栄養とは異なる上、人間の食べ物には、チョコレートなど犬にとって有害なものもある（P344）
- 胃の不調を起こさないよう、食餌の内容を変えるときは時間をかける

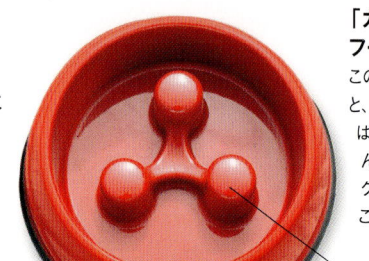

**「ガツガツ食べられない」フードボウル**
このような形状のフードボウルだと、ただ丸いだけのものよりも、犬は一気に食べることができません。ゆっくり食べることで、リラックスした食事の時間を過ごすことができるでしょう。

独特な形の突起

## ガツガツ食べる犬

愛犬があっという間に食餌を平らげてしまうのは自然なことです。野生の世界ではすばやく食べることで群れの他のメンバーに食べ物を取られないようにするのです。まずは早食い防止用のフード・ボウルを試してみるとよいでしょう。ボウルの内側に突起があり、フードを口に入れるのに少し努力が必要で、食べるのが遅くなります。これは消化器官内のガス、嘔吐、消化不良など、消化にまつわる問題の防止に役立ちます。

## 肥満防止

犬は、目の前にあるものは何でもあるだけ食べる傾向があります。次にいつ食べ物にありつけるかわからないからです。定期的にたっぷりごはんが出てくるペットの犬の場合、本能的なこの性質は、肥満が多発する原因になっています。バセット・ハウンド（P146）やダックスフンド（P170）、キャバリア・キング・チャールズ・スパニエル（P278）のように太りやすい犬種もあります。とはいえ、高カロリーのフードを必要以上に食べ、ほとんど運動しなければ、犬種にかかわらずどんな犬でも太ります。食べさせすぎは心臓疾患、糖尿病、関節痛などの原因にもなります。とくに、体が大きいのに肢が細い犬種（たとえばロットワイラーやスタッフォードシャー・ブル・テリア）の場合、重い体で運動をすれば靭帯疾患も起こりえます。

愛犬の肥満防止のため、以下を守りましょう。

- 愛犬の年齢、体の大きさ、活動レベルに合った食餌を心がける（P312〜P313）
- おやつを与える場合はとくに気をつける。食卓にある食べ残しは与えないようにする
- 小型犬は家庭にある体重計で体重を量る。大型犬の場合は動物病院で
- 愛犬の体型に気をつける。気になる場合は毎週写真を撮り、体型の変化をモニターする
- 愛犬が太りすぎてしまった場合は、食餌内容についてかかりつけの獣医師に相談する

**適正体重**
飼い主は愛犬の健康状態を定期的にチェックし、太りすぎややせすぎを防止しなければなりません。体型は犬種によっても異なるものなので、愛犬の犬種の標準的体型を確認しましょう。どのくらいのフードが適量なのかわからない場合は、かかりつけの獣医師に相談しましょう。

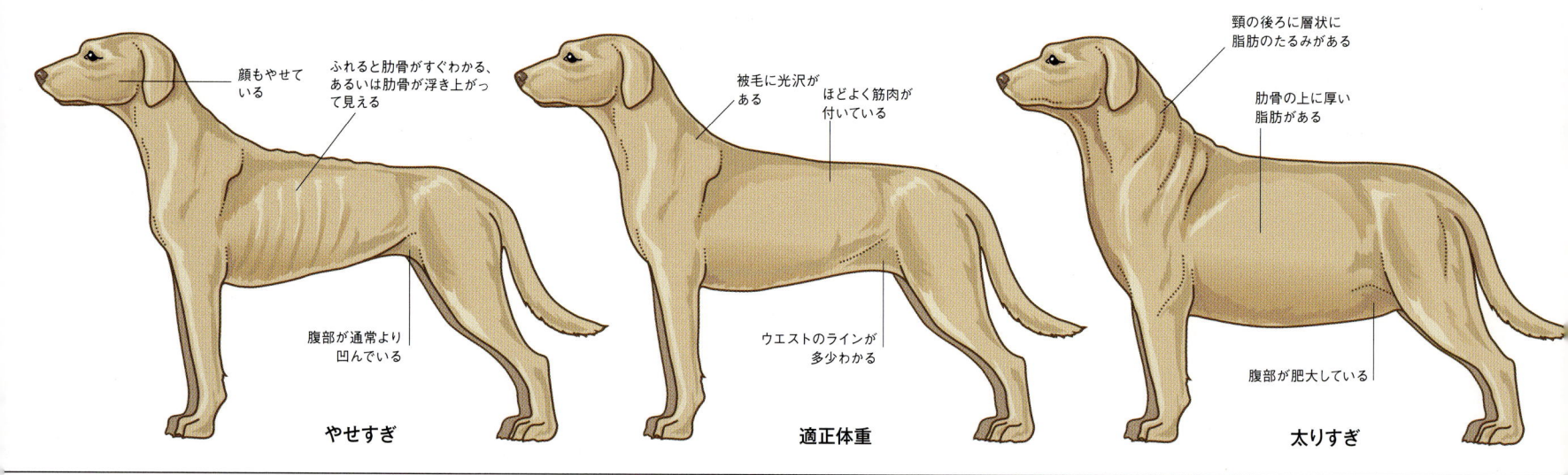

**やせすぎ**
- 顔もやせている
- ふれると肋骨がすぐわかる、あるいは肋骨が浮き上がって見える
- 腹部が通常より凹んでいる

**適正体重**
- 被毛に光沢がある
- ほどよく筋肉が付いている
- ウエストのラインが多少わかる

**太りすぎ**
- 頸の後ろに層状に脂肪のたるみがある
- 肋骨の上に厚い脂肪がある
- 腹部が肥大している

**動物病院で**
動物病院には動物の体重を簡単に量れる体重計があります。愛犬を体重計の上で座らせ、獣医師と正確な体重を確認しましょう。

犬との暮らし方 ｜ 運動について

# 運動について

退屈や欲求不満の解消のため、どんな犬にも運動が必要です。規則的に運動と遊びを取り入れることで、愛犬はあり余るエネルギーを発散でき、より落ち着いて過ごせるようになりますし、飼い主も愛犬との絆を深めることができるでしょう。

## 散歩とゲーム

　犬は毎日規則的に運動することが必要です。子犬の場合は規則的な運動で丈夫な体をつくって学習を強化することができますし、シニア犬なら軽い運動をすることで肥満や関節痛の防止に役立つでしょう。

　もともと狩猟犬、使役犬として作られた犬は、ほかの犬種よりもハイレベルのエネルギーの持ち主です。ヨークシャー・テリア（P190）やパグ（P268）なら30分の散歩を1日2回で十分かもしれませんが、ダルメシアン（P286）やボクサー（P90）には1時間しっかり歩かせるか走らせた上に遊びの時間も必要でしょう。

　愛犬に必要な運動量は、愛犬の一生のなかで変化していくものです。子犬はワクチンの接種後（効果が出るまでに要する期間をおいてから）、短い散歩に連れ出せるようになります。成犬なら長めの散歩に加え、走ったり活動的なゲームをしたりするのが理想です。妊娠中のメス、具合の悪い犬、病み上がりで回復期の犬は、軽い運動を短時間行えばよいでしょう。シニア犬は短時間で軽めの散歩を喜びますが、シニアになっても新しいゲームを覚えることを楽しむ犬もいます。

　運動が不足していると、体重増加や問題行動につながることがあります。異常に活発で興奮しやすく、なかなか落ち着けない犬になってしまうかもしれません。いたずらをするなど他のはけ口を見つけて、精神的肉体的エネルギーを発散させることもあるでしょう。家具をかじったり過剰に吠えたり、気晴らしを求めて逃げ出すこともあるかもしれません。

　運動はあなたの日常生活に無理なく組み入れることが可能です。たとえば学校に子どもを迎えに行くときや近くで買い物をするときに、愛犬を連れて一緒に出かけることができるでしょう。愛犬が遊べる広場や家の庭で運動させるのもおすすめです。以下は気持ちよく運動するためのヒントです。

■「ウォームアップ」や「クールダウン」の時間を設け、愛犬が疲れすぎないよう注意。運動の最後は毎回10分くらいゆっくり歩くようにすれば、クールダウンに

■暑い日は水を持ち歩き、早朝や夕方の涼しい時間帯に運動させる

■寒い季節、短毛種やシニア犬には犬用のジャケットなどを着せ、筋肉が冷えるのを防ぐ

■パッドを傷つけないために、慣れない硬い地面で走らせるのは避ける。真夏のアスファルトなど熱くなる場所は要注意

■愛犬のお気に入りのおもちゃやボールを持って行って、元気よく追いかけさせるゲームを取り入れ、散歩が楽しくなるように配慮。ゲームは愛犬の頭の体操としても効果的

■できるだけ毎日同じ時間帯に運動させて習慣化し、合間に休息を取ることを覚えさせる

## ウォーキングとジョギング

　愛犬自身はもちろん、周りの人や犬の安全のた

**「フェッチ（取ってこい）！」**
このゲームには棒切れではなくおもちゃを使いましょう。「フェッチ」は、呼ばれたら飼い主のところに来るよう愛犬に学習させるのにもよいゲームです。

**家族で楽しむ**
犬の運動に家族みんなが参加することは、非常におすすめです。家族全員が愛犬と緊密な結びつきを作るのにも役立ちます。

### 活動的な生活
エネルギーレベルの高い犬が落ち着いて幸せに暮らすためには、運動も遊びもたくさん必要。広い場所で自由に走り回れることも、とくに犬が若いうちは重要です。

めにも、愛犬がリードを付けて落ち着いて歩けるように訓練しておく必要があります（P326）。それができれば、ウォーキングはほとんどどこでもできる運動です。ジョギングは愛犬と飼い主、両方の健康に役立ちますね。マナー袋を持ち歩き、愛犬の排泄物は必ず持ち帰るようにしましょう。

## フリー・ランニング

広いスペースで自由に走ることは、ウィペット（P128）やグレーハウンド（P126）など、エネルギーレベルの高い犬やドッグレース用の犬には、とくに良い運動です。しかし、愛犬があなたから遠く離れて走って行っても大丈夫だと愛犬を信頼できるようになるためには、まずは呼んだら必ず戻って来るようにトレーニングをする必要があります（P328）。走らせるには、広場やビーチなどで周囲に人があまりいない広いスペースを見つけ、問題になりそうな動物が近くにいないことや犬を自由に走らせてよい場所であることを確認する必要があります。都会の公園ではオフリード禁止のエリアを設けているところがたくさんあります。

走り回っていても犬がつねに飼い主を意識しているように、「かくれんぼ」や「フェッチ（取ってこい）」などのゲームをいくつかするとよいでしょう。障害物を飛び越したり障害の間をくぐり抜けたりするアジリティーのゲームも、犬には大きな楽しみになります。

## 子どもと遊ぶ

犬と子どもは最高の友達になれますが、お互いに慣れるまでは時間がかかります。子どもは遊んでいると夢中になって、犬を少々乱暴に扱ってしまうことがあるので、子どもが犬と一緒にいるときには目を離してはいけません。犬が危険を感じて反撃するような状況を未然に防ぎ、必要ならいつでも割って入って助けてあげなければいけません。犬をいじめたりして犬を動揺させると、噛みつきを誘発してしまう可能性があることを子どもに説明しましょう。また、子犬は疲れやすいこと、眠そうにしていたら寝かせてあげなければいけないことも教えてください。犬は食餌の邪魔をされるのを嫌がるので、愛犬のフードボウルや水の容器の近くでは子どもを遊ばせないようにします。犬に食餌を与える役目は大人に限り、子どもにさせてはいけません。

---

### 遊びの時間

子犬であれ成犬であれ、ゲームは犬が楽しみながら本能を満たすことを可能にします。他の犬と遊べるようになると、子犬は臆病なところや攻撃的なところがあまり出なくなります。愛犬が疲れたり過剰に興奮したりしないよう、ゲームの時間は短くし、同じことばかりせず変化をつけてあげましょう。いつゲームをするのかは必ず飼い主が決め、始めるのも終わるのも飼い主の判断でなければなりません。

**フェッチ（取ってこい）**
犬がエネルギーを発散するのにとてもよいゲームです。飼い主のところにおもちゃを持ち帰れば、飼い主がもう一度おもちゃを投げてくれて、また追いかけられるのだということを愛犬は学習し、同時に回収のスキルを身に着けることができます。

**引っ張りっこ**
このゲームでは引っ張れるおもちゃを使いましょう（P306）。犬より飼い主が勝つ回数を多くして、飼い主が求めたら愛犬はいつでもおもちゃを返さなければなりません。愛犬が飼い主の服や皮膚を噛んだりしたら即座にゲームを止め、静かに向きを変え愛犬に背を向けましょう。

**かくれんぼ**
おもちゃの中におやつを少し隠し、おやつを見つけるために愛犬があたりの臭いを嗅ぎまわるように仕向けます。人が2人いたら、ひとりが犬に「フェッチ」させるためのおもちゃを持って隠れ、もうひとりはその間犬を押さえておきます。おもちゃを持って隠れたほうが犬を呼び、それを合図にもうひとりは犬を放します。犬が隠れている人を見つけたら、おもちゃを投げてあげましょう。

**キーキー鳴るおもちゃ**
犬はキーキー鳴るおもちゃが大好きで、大喜びで追いかけます。音が鳴らなくなるまで噛んでバラバラにしようとするかもしれません。音を出すためのプラスチックでのどを詰まらせる危険もあるので、分解し始めたらおもちゃを取り上げましょう。

犬との暮らし方 | グルーミング（お手入れ）

# グルーミング（お手入れ）

どのようなタイプの犬を飼う場合も、定期的にシャンプーやブラッシングなどのグルーミングをすることは、犬が健康で幸せに暮らすのに不可欠です。愛犬の皮膚や被毛を健康に保ち、汚れや臭い、抜け毛を減らすのに役立ちます。

## グルーミングとは

定期的なグルーミングはどんな犬にも有益ですので、飼い主はその時間を生活に組み込むことが必要です。グルーミングは抜け毛を取りのぞくだけでなく皮膚にも良く、ノミやダニなどの寄生虫が付く可能性を減らすことにもつながります。また、獣医師に見てもらう必要のありそうなしこりや腫れができていないか、ケガをしていないかを確認する機会にもなります。犬にとってはリラックスできる心地よい時間であり、飼い主と愛犬の絆を深めるのにも効果があります。

短毛の犬なら週1回ほどのグルーミングで大丈夫ですが、長毛種の場合はより頻繁な手入れが必要でしょう。毎日のブラッシングが欠かせない犬種もあります。たとえばスパニエルのような毛の長い犬の被毛に、もつれやからみができてしまうと、取りのぞくのは本当に大変です。また、汚れがたまるとすぐに皮膚が炎症を起こすことがあります。

グルーミングをするときは、鼠径部、耳、四肢、胸など、体の他の部位とこすれやすいところほどもつれやからみが起きやすいため、とくに注意しましょう。汚れがたまりやすい足裏や尾の下にも注意が必要です。

グルーミングは重要なことですが、実際に行うときは、あまり夢中になりすぎてはいけません。金属の刃が付いた道具を使うときは、とくに気をつけましょう。犬を手荒に扱ったり同じ部位に集中して手を加えていると、擦過傷と呼ばれる傷ができてしまうことがあります。抜け毛をひと通り取りのぞいたら、ブラッシングは終わりにしましょう。ブラシに付く抜け毛が減って、ブラシの半分ほどしか取れなくなったら、だいたい終了のサインです。

グルーミングはつねに落ち着いてリラックスした状態で行い、力を入れてはいけません。愛犬が不快そうにしていたら、おやつを使うなどして、時間をかけて愛犬をリラックスさせてあげましょう。力ずくでやれば早く終わらせられるかもしれませんが、次回以降のグルーミングがとても難しくなってしまいます。愛犬がグルーミングを不快なことと結びつけ、嫌がるようになってしまうからです。

## 愛犬のシャンプー

どのくらいの頻度で愛犬をシャンプーする必要が

### グルーミングの道具

グルーミングの道具にはさまざまなものがあり、それぞれに特徴があります。たとえばコーム（クシ）には、長さの異なるもの、ハンドルがあるものとないものなどたくさんの種類があります。大切なのは愛犬の被毛のタイプに合ったブラシを選ぶことです。ブラシのヘッドの部分もいろいろな形や大きさがあります。あなたが使いやすく、愛犬に合ったものを慎重に選びましょう。汚れを落とし、雑菌がつかないよう、使用後は毎回道具をきれいに洗いましょう。

- スリッカー・ブラシ（毛すき用）
- ストリッピング・ナイフ（ムダ毛除去用）
- コーム（クシ）
- ハサミ
- 爪切り
- 電動クリッパー（バリカン）
- ディマッティング・コーム（毛玉取り用のクシ）
- ラバーブラシ

**愛犬のグルーミング**
ピンブラシなども使って、定期的にグルーミングをして抜け毛を取りのぞき、ノミ・ダニなどの寄生虫がいないかチェックしましょう。

グルーミング（お手入れ）

**長毛種の犬**
長毛種は、毛のもつれを防ぐために毎日グルーミングをします。ディマッティング・コームを使って毛玉をほぐしておくと、グルーミングしやすくなります。

あるのかは、愛犬の被毛のタイプによります。アンダー・コートの上にオーバー・コートが厚く生えている「ダブル・コート」を持つ長毛種の犬も多くいます。ダブル・コートの犬は必然的に汚れが付きにくいので、それほど頻繁なシャンプーは必要ありません。シングル・コートの短毛種は、こまめにシャンプーする必要があり、3カ月に1回くらいは必要でしょう。プードルのようなカーリー・コートの犬は抜け毛がほとんどないため、より頻繁に、1カ月に1回はシャンプーが必要です。シャンプーをしすぎると被毛が脂分を余計に作り出して埋め合わせをしようとし、臭いが強くなりますので、あまりにもしょっちゅうシャンプーをしないことも大切です。散歩の後、泥だらけになっていても、必ずしもシャンプーは必要ありません。泥が乾くのを待って、ブラッシングで汚れを落としましょう。

**シャンプー・タイム**　愛犬にとってシャンプーが心地よい経験になるようにしましょう。被毛を濡らす前におやつを与えたり、シャンプー中も必要なものはすべて手が届くところにそろえておき、途中で犬を置いて道具を取りに行くようなことは避けます。作業中は、愛犬が落ち着いてリラックスしていることを確認しましょう。

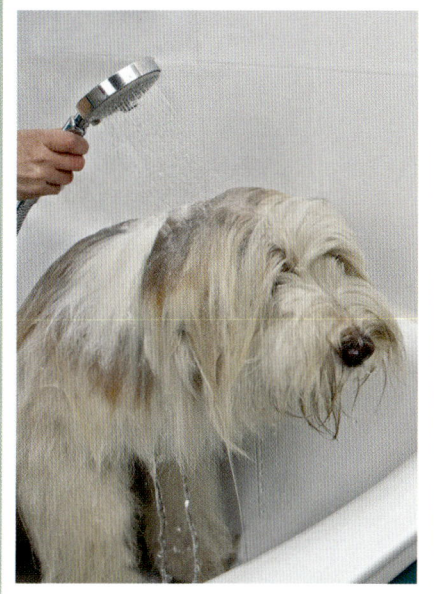

**1** 犬を濡らす前に、お湯の温度を確認しましょう（熱すぎてはいけません）。頭から濡らし始め、尾の先まで全体を濡らします。愛犬の目、耳、鼻にお湯が入らないように注意。

**2** 必ず犬用のシャンプーを使い、適量を付けたらマッサージして被毛全体を泡立てます。

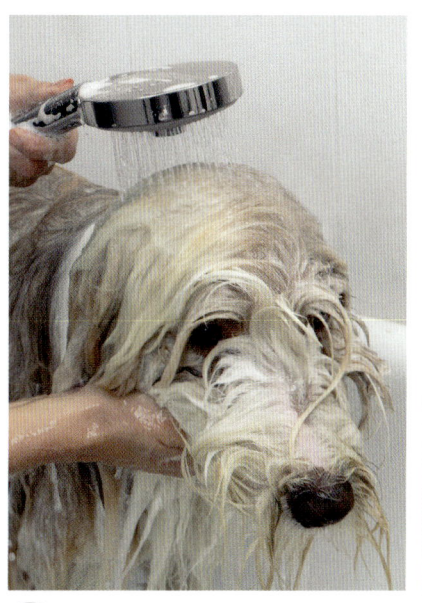

**3** 温かいお湯でしっかりすすぎ、被毛にシャンプーが残らないようにしましょう。被毛にシャンプーが残っていると、皮膚の炎症の原因になります。

**4** 余分な水分は手で絞り、その後全身の水分をタオルでよくふき取って、最後はドライヤーを弱めの温風（犬が音を怖がらない程度）にして、ブラシをかけながら完全に乾かします。

犬との暮らし方 | グルーミング時のチェック

# グルーミング時のチェック

グルーミングは、体の各部位を調べ、定期的な健康チェックに愛犬を慣らすためのよい機会になります。被毛だけではなく、歯、耳、爪も定期的なお手入れが必要です。

## 定期的なチェック

子犬のころから定期的なグルーミングを行って愛犬を慣らし、グルーミング時に健康チェックをできるようにしておきましょう。わずかな変化にもすぐ気づくことで、健康上の問題の早期診断が可能になり、より対処しやすくなる場合もあるのです。

愛犬の体の各部をグルーミングしながら話しかけ、愛犬が安心していられるようにしましょう。「歯／口」や「耳」などの合図も取り入れるとよいでしょう。最初は体型や姿勢に明らかに変わったところがないかどうか確認し、それから傷やしこり、外部寄生虫などがいないかどうか、より念入りに調べます。頭の上と下、ボディの上と下、四肢、尾に沿って手を這わせてみましょう。ところどころ被毛をかき分け、とくにお尻の部分をよく確認します。ノミやノミの糞、死骸などがあったら要注意です。被毛はなめらかな手ざわりで、匂いも心地良くなければいけません。チェックしながら一定のリズムで愛犬をなでてあげると、あなたにも愛犬にも良いスキンシップになるでしょう。

また、目を調べて涙が多すぎたり粘性の目やにが出ていないかどうか確認しましょう（目やには、少しなら出ている状態が普通です）。左右の目をそれぞれ湿らせたコットンでふいて、目やにを取りましょう。下のまぶたをやさしく下げて、まぶたの裏側や虹彩の周りの白目が炎症を起こして赤くなっていないことを確認します。

肛門に便が付いていないか、膨らみがないかもチェックしましょう。メスの場合は外陰部に腫れや分泌物がないことを確認してください。オスの場合は、性器にケガや過度の分泌が見られないか、先端から出血がないかを確認します。

**目の確認**
目がきちんと開き、明るい色であることをつねに確認しましょう。目に問題があったら、速やかに獣医師に見てもらう必要があります。目やにや、犬がしきりに目をかくなどのサインがある場合は、炎症を起こしている可能性があるので要注意です。

グルーミング時のチェック

**歯みがき**
歯ブラシか指歯ブラシを使い、力を入れすぎないように注意して、愛犬の歯をみがきましょう。そのとき一緒に歯や歯茎、口の中の健康チェックも行いましょう。

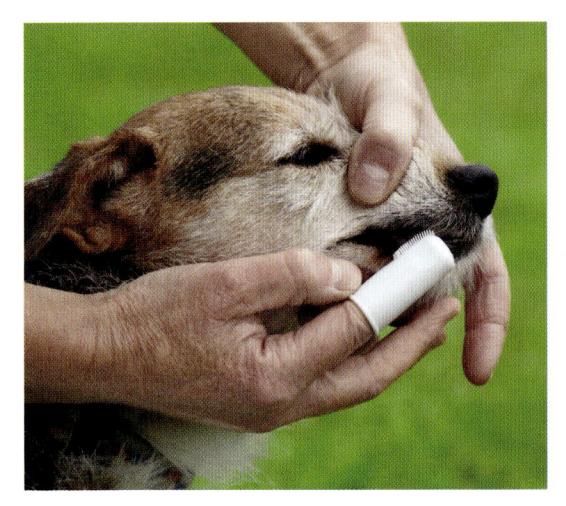

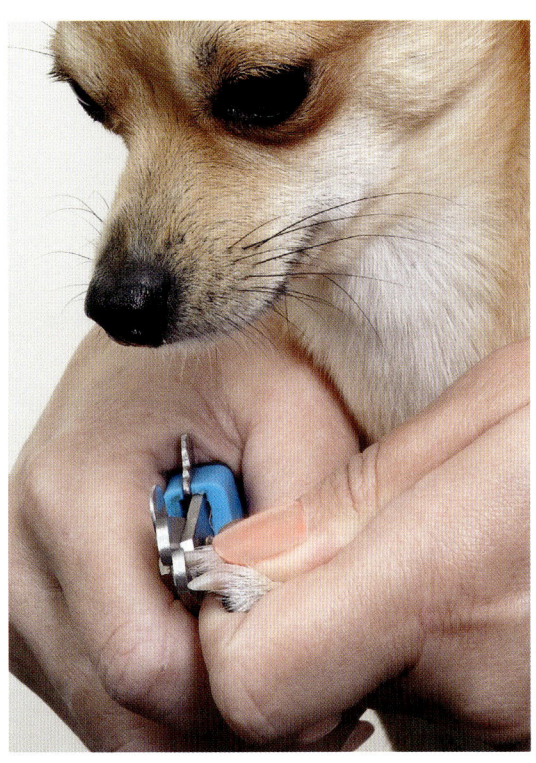

**爪切り**
愛犬の爪を切るときは、血管を切ってしまわないよう、1回に切る長さはわずかにします。足に腫れているところがないか、爪が割れていないかも確認しましょう。

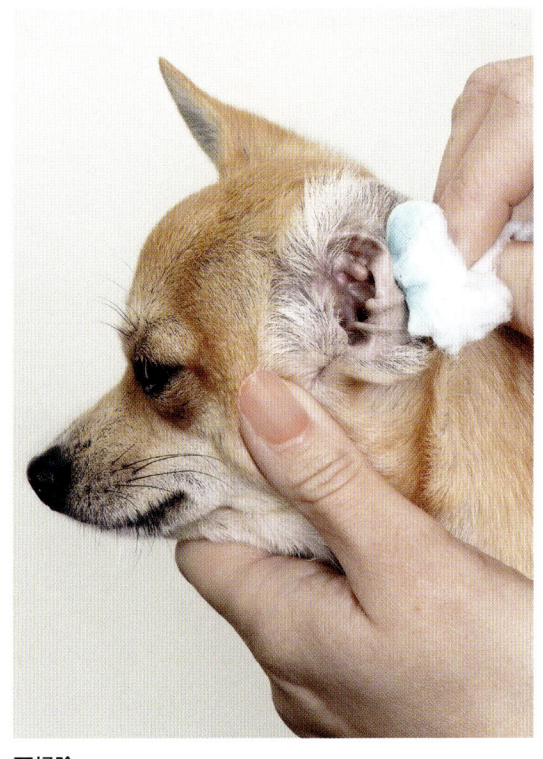

**耳掃除**
耳に、腫れや不快な臭いがないことを確認しましょう。イヤー・クリーナーをコットンに浸し、見えるところをふきます。外耳道にコットンその他の異物を挿入しないようにしましょう。

## 歯みがき

愛犬の口の中を確認したり、歯みがきをしても平気になるようにしつけることもできます。まず、あなたの手を犬の鼻梁の上に置いてその感触に慣らしましょう。その際、親指は顎の下に添え、口を閉じさせます。愛犬がこの状態に慣れたら、もう一方の手で上唇をやさしく上げ、歯の表面が見えるようにします。歯の表面は白いのが理想的ですが、歯茎に沿って茶色の歯石が付いているかもしれません。歯茎は湿り気があって淡いピンク色、息はさわやかな匂いであるべきです。愛犬が落ち着いているようなら、頬の内側に歯ブラシを入れてみましょう。歯みがきが最も必要な部分は、歯茎に沿ったラインと歯の表面。歯ブラシは横にこするのではなく、やさしく円を描いて動かすようにしましょう。

歯みがきは週に1度、必ず犬専用の歯みがき用品を使って行いましょう。指に付ける形の歯ブラシを使うと、より簡単です。中が空洞で剛毛のプラスチックのチューブで、指にかぶせて使うようなタイプもあります。指歯ブラシなら口の周りで動かすのもはるかに簡単で、力を入れすぎることもないでしょう。

犬にとって歯みがきは、最初は違和感のあるもの。ステップごとにおやつを与えて安心させ、将来的に習慣になるよう、愛犬を励ましながら行いましょう。途中で攻撃性や不安な表情が少しでも見えたら中断し、しばらく犬をゆっくりやさしくなでて落ち着かせてから再開します。

## 爪切り

愛犬が小さいうちから足を持ち上げて、慣らすようにしましょう。足の指の間にフォックステール(犬に危険なイネ科の雑草。日本ではチカラシバがよく似て危険な植物)や、明るいオレンジ色のツツガムシ(ダニの一種)が付いていないか、腫れているところはないか、爪が割れていたり長すぎることはないかも確認します。爪は、四肢に完全に体重がかかっているときに、ほんの少し地面にふれるくらいの長さが適当です。

どのくらいの頻度で爪を切る必要があるのかは、愛犬の犬種と生活スタイルによって異なります。たいていの犬は1カ月に1度爪を切れば大丈夫です。

爪には血管と神経が通っているので、そこに当たらないように切ります。爪が白い場合は血管が透けて見えるので、黒い爪の犬に比べて確認が簡単です。爪の中心がピンク色になっているところが血管です。あまり短く切りすぎると血管を切ってしまい、おびただしく出血します。切る瞬間に犬が動かないよう、足をしっかり押さえましょう。血管のすぐ下に爪切りを当てて1回でさっと切ります。万一血管を切ってしまったら止血のため爪に止血剤を塗り、出血が止まるまで強く押さえましょう。

## 耳掃除

耳をさわられて愛犬が痛がるようなら、注意が必要です。耳介に腫れがなく、不快な臭いもなく、見えるところはきれいでなくてはいけません。

愛犬の耳を定期的にチェックし、分泌物や不快な臭い、赤み、炎症、ミミダニのサインなどを見逃さないようにしましょう。これらの症状が見られたら感染症の可能性がありますので、動物病院で診てもらいましょう。1カ月に1度耳掃除をすれば、愛犬の耳を健康に保つことができ、感染症も予防できるでしょう。スパニエルのように耳が垂れている犬の場合、耳掃除はとくに重要です。

犬との暮らし方｜リーダーシップをとる

# リーダーシップをとる

愛犬が行儀のよい犬になるかどうかは、飼い主が愛犬と良い関係を構築できるかどうかにかかっています。愛犬が理解できるように、はっきりと落ち着いてルールを伝えられれば、愛犬は飼い主のリクエストに積極的に応じるようになるでしょう。

## ルールを決める

犬は群れで生きる「パック・アニマル」であり、人間と同じように社会的な交わりを求め、他者と強いつながりをつくります。大昔、犬の先祖は群れで暮らしていました。そのため犬は、尊敬でき、付き従えるリーダーを求めるのです。強いリーダーがいないところでは、犬は手に負えなくなることがあります。生まれつき手に負えないわけではなく、はっきりしたルールと境界線を求める動物なのです。しかし、子犬はそんなルールを生まれつき知っているわけではありません。また成犬であっても、飼い主が守ってほしいと考えるルールをすべて身に着けているわけではないでしょう。

飼い主がまず重要だと思うルールを決め、ごほうびをベースにしたトレーニングなどを使いながら、そのルールの徹底を図り、ルールに違反した行為はすぐにやめさせます。そうすればやがて犬は、どういう行動がOKでどういう行動はダメなのかを学習するでしょう。

あなたの強さや支配性を愛犬に証明する必要などありません。むしろ、そうするとあなたの怒りやイライラを察知して愛犬はおびえ、心を閉ざしてしまうかもしれません。犬にとってよい主人とは、落ち着いて偏りがなく、やさしさを持ち合わせている人です。愛犬が間違った行動を見せたときは、怒ったり怒鳴ったりせずに、間違いだと気づかせてあげることが大切です。良い行動を見せたときにほめて愛情を注ぎ、それで良いのだと伝えてあげることが、愛犬を安心させ、愛されていると感じさせるためには最良の方法です。

愛犬との関係の根底に相互に尊重する気持ちがあれば、飼い主も愛犬もより心が満たされます。何を求められているのかが明快でさえあれば、愛犬は喜んで飼い主の指示に従うようになるでしょう。トレーニングで問題が起こるのは、たいていは飼い主と愛犬のコミュニケーションに問題があるときです。犬には、人と異なるモチベーションの感じ方やニーズがあるものです。犬がどのように学習し、どういう合図なら理解して従えるのかをあなたが理解することで、現実的なゴールを設定できるようになるでしょう。

## コマンドとハンドシグナル

コマンドは便利なトレーニング・ツールのひとつですが、私たちは犬が話し言葉を理解しないということを忘れがちです。犬はいくつかの言葉の響きを覚え、その言葉を聞いたら何をすべきなのかを学習します。しかしそれは、繰り返しトレーニングをすることと、合図の言葉がつねに同じように聞こえることが前提です。新しい言葉を教えるときは、明るく元気な声で訓練することも重要でしょう。

犬はまた、飼い主のボディランゲージを見て状況を判断し、何が求められているのかを理解しようとします。しかし、伝達手段としての「言語」の概念を持たないのと同じように、飼い主が何かを指さしたときに、それが指先以外のどこか別のところに自分の注意を向けようとしているなどとは、犬には理解できないのです。

犬、とくに子犬は、音声によるコマンドよりもハンドシグナルのほうが覚えやすいようです。それは、犬の脳内で言葉の情報を処理する領域がとても小さいからです。ハンドシグナルを覚え、毎回確実にコマンドに従えるようになったら、ハンドシグナルの直前に言葉のコマンドを追加しましょう。何度も繰り返し練習すれば、最終的には言葉だけで反応できるようになります。

犬は一度にひとつのことにしか集中できないことを覚えておきましょう。辛抱強くトレーニングを行い、愛犬がひとつのコマンドを完全に理解できるまでは、新しいトレーニングを始めてはいけません。

**目標に集中する**
訓練中に愛犬が何か別のことに気を取られても、怒ってはいけません。何か別のことをして愛犬の注意を飼い主に戻しましょう。おやつやおもちゃを使い、場合によっては追いかけっこをすれば、愛犬をもう一度やる気にさせられるでしょう。

**ともに、幸せに**
犬が何を自分に求められているのかを知ること、そして飼い主は犬が何を求めているかを理解してその関係を楽しむことが健全だといえるでしょう。

**混乱させない**
コマンドとハンドシグナルを同時に使うと、犬はハンドシグナルのみを覚え、コマンドを無視する傾向があります。

犬との暮らし方 | 基本的なしつけ

# 基本的なしつけ

しつけやトレーニングは、あなたにとっても愛犬にとっても楽しい経験であるべきです。ここでは、しつけ開始に役立つ基本的なコマンドをいくつか紹介しています。不安があるときは、早めにプロのドッグ・トレーナーに相談するようにしましょう。

## しつけのタイミング

犬のしつけでは、考えなければいけないことがたくさんあります。最も重要なのは、しつけのタイミングです。1セッション数分のトレーニングを1日数回行ったほうが、長時間のトレーニングを1日1回するよりもはるかに効果的です。また、あなた自身がリラックスして、時間が十分あるときに行いましょう。そうでないと愛犬が飼い主のストレスを察知し、飼い主を喜ばせようとしながらも、間違ったことをしてしまう可能性が大きくなってしまいます。

タイミングと同じくらい大切なのが、愛犬の心理状態です。運動不足で過剰に興奮している子犬を訓練しようとしても、難しいでしょう。お腹いっぱいの子犬は眠いでしょうし、ごほうびにおやつを与えてもあまりやる気を起こさないでしょう。愛犬の選択肢を限定的にして間違った判断を防止し、しつけが成功する可能性を最大限にしましょう。また、リビングなど静かで愛犬が気を散らすものがない環境で始めます。これは新しいコマンドや難しいコマンドを教えるときはとくに重要です。外でのしつけは、静かで囲いがあり、他の人や犬がいるところから遠く離れた場所で始めます。たくさん練習してうまくいくようになってから、近所の公園など気が散りそうなものがあふれている環境へ移り、レベルを上げていきます。ただし、他の犬がいる場所でのしつけは、ワクチン接種が完了してからにしましょう。

## ごほうびを使ったしつけ

犬のしつけでは、犬が特定の望ましい行動を見せたときにその行為に対して報酬を与える、という状況を作り出します。必ずごほうびに結びつくとわかれば、犬はその行動をどんどん繰り返すようになります。これは同時に、ごほうびにつながらない望ましくない行動がやがてなくなり、ごほうびをもらえる望ましい行動に変わっていくということでもあります。愛犬に望んでいる行動を理解させるには、愛犬が期待する動きを見せたときに、すかさずごほうびを与えることです。ごほうびには、おやつやおもちゃを使った遊びなどがあります。単純にほめて愛情を表現してあげることや、他の犬と遊ばせることでもよいでしょう。ただし、すべての犬が同じごほうびで同じように喜ぶわけではありません。愛犬の意欲をかき立てるものは何か、少し時間をかけて見きわめ、喜ぶものを使いましょう。

ごほうびを使ったしつけで最も簡単な手法のひとつに、おやつを使って愛犬を誘導し、期待する行動に持っていくというやり方があります。ごほうびのおやつは、小さく、やわらかく、愛犬が惹かれる匂い

---

**スワレ／オスワリ** 犬は自分の意思で自然に座るものなので、座ったときにごほうびを与えるのは簡単でしょう。しかし、飼い主のコマンドで座るように教えれば、目の前に気が散りそうなものがある場合でも、すばやく確実に座るようになります。「スワレ」は教えるのが最もやさしいコマンドのひとつで、犬もすぐに覚えます。

**1 はじめに** 愛犬の鼻のすぐ前におやつを持っていき、匂いを嗅がせます。次におやつを鼻先から愛犬の頭の上に動かし、愛犬がおやつにつられて自然に鼻を上げるように誘導します。

**2 おやつを与えてほめる** 愛犬の腰が下がって座る姿勢になったら、やさしくほめてごほうびのおやつを与えましょう。愛犬がそのまま座っていられたらほめ続けて、さらにごほうびを与えます。

**3 ハンドシグナルを入れる** 愛犬の腰が下がって愛犬が座るようになったら、次は飼い主の明快なハンドシグナルに応じて座るように教えます。ハンドシグナルには、手のひらを上にして広げた手を上げる動作を使います。何度か繰り返した後、今度はハンドシグナルの直前に「スワレ」のコマンドを加えましょう。

基本的なしつけ

**ごほうびを与える**
ごほうびのおやつを広げた手にのせて与えるようにすれば、愛犬が誤って飼い主の手を噛んでしまうことを防げます。いろいろな種類のおやつを与えれば、愛犬の意欲はしつけのあいだずっと持続します。ごほうびに優先順位をつけ、たくさんほめたいときにはとっておきのごほうびを使いましょう。

のあるものにします。このしつけは、ごほうびをすばやく与えるほど効果が上がるため、食べるのに何分もかかるものではいけません。複雑な行動をさせるには「シェイピング（反応形成）」と呼ばれる手法を使い、一連の行動を細かい動作に分解し、動作の1つひとつに対してごほうびを与えるようにします。たとえば愛犬を座らせたいときは、愛犬のお尻が地面に少しずつ近づくごとにごほうびを与え、何が期待されているのかを愛犬が理解できるようにするのです。小さな努力が毎回ごほうびにつながれば、愛犬はごほうびにつながったその動作を繰り返すようになります。

トレーニングの時間は短くして、最後は楽しいゲームで終わるようにすれば、愛犬のやる気が持続し、次のトレーニングを楽しみにするようになるでしょう。愛犬がなかなか新しい行動を覚えられないときは、忍耐が大切。より小さな動作に分解し、愛犬が自信を持ってひとつの動作をこなせるようになるまで、次の動作に進んではいけません。

## 良い習慣

どんな犬でも、犬自身の安全のために、散歩な

**フセ**
愛犬が「スワレ」と「マテ」をマスターしたら、次は「フセ（下の写真）」をゆっくりと教えます。まず「スワレ」の姿勢を作り、愛犬がおやつを持った手の動きを追うように地面まで手を下げ、「フセ」の姿勢になるように誘導します。愛犬の両肘が地面に着いたら、すかさずごほうびを与えましょう。確実にさっと伏せるようになったら、下向きに開いた手を下げるハンドシグナルを加え、再度「フセ」の姿勢に誘導します。それができたら、次は音声によるコマンドで伏せるようにしつけます。ハンドシグナルの直前に「フセ」と声をかけましょう。

**マテ** 愛犬が座ることを覚えたら、次は手のひらを下にして手を広げるハンドシグナルで「マテ」ができるようにしつけます。「スワレ」も「マテ」も愛犬の好ましくない行動を制御するのに役立ちます。他の基本的なしつけとは異なり、長めの「マテ（そこに留まれの意）」を教えるのに最適なのは、愛犬が疲れているときです。1カ所にとどまって休めるのは疲れた愛犬には大歓迎で、その場でじっとしている可能性が高くなります。

**1 座らせる** 愛犬に座るように指示を出し、そのまま手のひらを下にして「マテ」と声をかけましょう。それからすかさずほめ、ごほうびをゆっくり与えます。

**2 動きを加える** 愛犬がじっとしていることを確実に覚えたら、ゆっくりと一歩引いて、重心を後ろの足に移し、犬から離れてみましょう。

**3 距離を加える** 愛犬を座らせたまま、その周りで動いてみます。もし愛犬があなたのほうに来てしまったら、落ち着いて元の場所に戻して座らせ、もう一度やってみましょう。徐々に愛犬との距離を広げていきます。

犬との暮らし方｜基本的なしつけ

どでリードを付けて歩けるようにしておくことが必要です。愛犬がリードを引っ張らずに散歩できるようになれば、もっと散歩を楽しめるようになるでしょう。しかし、どのタイミングでこのトレーニングを始めるにしても、しっかり基本のルールを決めておくことがきわめて重要です。新しい景色のなかを歩くことが、愛犬にとってはチャレンジになるかもしれません。リードを付けて歩くしつけでは、最初は1歩ずつ歩くごとにごほうびを与えてもかまいません。上達して上手に歩けるようになったらレベルを上げて、他の犬など愛犬の気を引きそうなものが遠くに見えるところに移動します。愛犬がリードを引っ張り始めたり、完全に注意がそれてしまうようなら、このトレーニングはまだ早いということ。一段階戻り、もう一度もっと静かな場所でチャレンジしましょう。

愛犬が間違ったことをしても、けっして怒ってはいけません。リードを引っ張らずに歩けるようになるには時間がかかるもの。途中で何度も止まらなければいけないでしょうから、散歩の時間を長めに取るとよいでしょう。なかには引っ張り癖のある犬もいます。保護施設から引き取り、すでにある程度の年齢になっている成犬の場合などは、とくにその傾向があるかもしれません。そういうケースでは基本的なしつけがうまくいかないことがあるので、プロのドッグ・トレーナーに相談するとよいでしょう。

首を締めつけるタイプのチェーン・カラーは使わないようにします。チェーン・カラーを使うことで愛犬が学ぶことは何もありません。それどころか、愛犬に重大なケガを負わせる可能性があります。

散歩をしている間、愛犬がずっと飼い主の横をぴったり歩かなくても、リードを引っ張らなければよいのです。しかし、時には愛犬にすぐ横を歩かせることが有益なこともあります。たとえば、歩道で他の人を追い越すときなどです。リードを付けて歩くしつけと同様のやり方で（下の写真）、おやつを使って飼い主のすぐ横を歩かせましょう。並んで歩くことが確実にできるようになったら、少しずつごほうびの回数を減らします。ただし、ほめることは続けましょう。

**新しい世界**
新しい環境での初めてのトレーニングでは、愛犬がとくに喜ぶとっておきのおやつを使うようにしましょう。

**リードを付けて歩く**　リードを引っ張らずに歩くのを子犬に教えることは、悪い習慣が身に着いているかもしれない成犬に教えるよりも簡単です。愛犬が少しでも引っ張ったら歩くのをやめ、飼い主の横の正しい位置に戻ることを促します。最初のうちは2、3歩進むごとに止まらなければならず、もどかしくなることもあると思います。しかし、以下のステップに従えばうまくできるようになるでしょう。

**1 犬を正しい位置につける**　左手に持ったおやつで愛犬を引きつけ、正しい位置に誘導しましょう。愛犬が跳びつかないようにおやつは低い位置に保ち、正しい位置からそれないようにリードは短く持ちましょう。

**2 前進用意**　愛犬の名を楽しげに呼んで愛犬の注意をあなたに向け、おやつを使って脚のすぐ横につけます。犬は立ったままでも、座ってもかまいません。

**3 おやつを使う**　一歩前に出て止まり、愛犬が正しい位置にいる状態でおやつを与えます。愛犬がそのまま横にとどまっていたらもう一歩進み、もう一度ごほうびを与えましょう。

326

**4 練習** 毎回のトレーニングで、ごほうびを与える前の歩数を少しずつ増やしていきましょう。愛犬が飼い主から離れたり、別のものに気を取られたりしたときは、おやつを使ってもう一度正しい位置に誘導します。

犬との暮らし方 | 基本的なしつけ

## しつけ教室について

あなたに犬のしつけの経験がある場合でも、しつけ教室への参加は有意義なことが多くあります（注・ここでいうしつけ教室とは、インストラクターからしつけ方を学びながら、飼い主自身が自分の犬をしつけるタイプの教室）。子犬でも保護施設から引き取った成犬でも同じように、グループでのしつけに参加することで愛犬が得られるものは多く、しつけのスキルをみがくのにも役立ちます。教室では同じような目的を持ったほかの飼い主とも知り合うことができ、犬の飼い主が利用できる地元の施設などについても発見できることがあるでしょう。犬にはそれぞれ個性があり、しつけで効果的なアプローチも少しずつ異なります。経験豊富なドッグ・トレーナーがインストラクターとしてそばにいることで、飼い主の間違いを防ぐことができます。また、グループでのレッスンに参加することで、モチベーションを保ちやすくなります。

しつけ教室は系統立った内容で、参加するすべての飼い主とその愛犬が楽しめるものでなければいけません。安定して自信のある犬は、クラスでもリラックスした動きを見せます。体が硬くなるなど緊張している様子がわずかでも見られたら、それは犬が不安を感じているサインです。神経質な犬、人や他の犬に対して攻撃性を示す犬は、グループでのレッスンには向きません。そうした問題行動は集団の中で悪化することが往々にしてあり、ますます顕著になります。多くの場合、問題を抱えた犬は、問題行動を扱う専門家によるマンツーマンのレッスンを最初に受け、それからグループでのレッスンに進んだほうがうまくいきます。不安がある場合は、しつけ教室に入る前に問い合わせをするとよいでしょう。しつけ教室では、並んで歩くなどの基本的なスキルは必ず教えています。管理された環境で愛犬にすぐ横を歩かせることができれば、ほどなく公共の場でも自信を持って散歩させられるようになるでしょう。

## しつけ教室を選ぶ

しつけ教室は、地域ごとにいくつかあるのが普通です。ほかの愛犬家や、かかりつけの獣医師からアドバイスをもらいましょう。また、日本ペットドッグトレーナーズ協会（JAPDT）などの組織が推薦するドッグ・トレーナーを選ぶのもひとつの目安です。また、決める前に教室を訪ねて様子を見学してみましょう。犬がリラックスしていて、飼い主も楽しめる教室を選ぶようにし、慌ただしく騒がしい環境・教室は避けるようにしましょう。知識と経験が豊富なドッグ・トレーナーなら、友好的・効果的に教室を運営しているはずです。

### しつけ教室を選ぶ際のポイント

- 小さなクラスで、参加している犬は数頭程度
- トレーナー対犬の比率が高い
- ほめる、おやつ、おもちゃなどのごほうびを基本とするしつけ手法
- チョーク・チェーンを使用していない
- 力を使った攻撃的なしつけではない
- 雰囲気がリラックスしている

---

**「コイ」のトレーニング** 愛犬がコマンドに従って来るようにするトレーニングは、散歩中に始めてはいけません。誘惑があまりに多くて、飼い主のコマンドは無視されてしまうでしょう。しかし、家の中や庭で以下の簡単なステップに従った練習をすれば、飼い主のところに戻ることがよりよい選択だと学習するはずです。

**1 ごほうびのおやつを見せて愛犬の気を引く** 愛犬がとくに好きなおやつを使って、飼い主に意識を集中させます。他の人に愛犬の首輪をやさしく持ってもらって食べられないようにしながら、おやつの匂いを嗅がせましょう。

**2 コマンドをかける** 愛犬の注意を引きつけたまま、愛犬から2〜3歩離れます。続いて、しゃがんで愛犬の目線に合わせ、腕をサッと大きく広げて元気よく「コイ」とコマンドをかけ、愛犬を呼びます。飼い主のコマンドに合わせて、もうひとりは首輪から手を離します。

**3 おやつで励ます** 愛犬が飼い主から50cmくらいの位置まで来たら、おやつを使って愛犬を引き寄せ、きちんとあなたのところまで来るように励ましましょう。愛犬が来たら、おやつを使って少し遊び、おやつを取ってどこかに走り去ってしまわないようにします。

**4 ほめてごほうびを与える** おやつを与えるときは、手でやさしく首輪を押さえ、愛犬を軽くたたくか、顎をなでます。飼い主のもとに戻って来るのは本当によいことなのだと愛犬に学習させましょう。

犬との暮らし方｜問題行動

# 問題行動

子犬のうちから基本的なしつけをされている犬は、たいていは喜んで家族にとけ込むものです。しかし、なかには好ましくない行動が身に着いてしまい、さらなるトレーニングや専門家の助けが必要な犬もいます。

## 破壊的な行動

　ものを噛むのは、子犬でも成犬でも自然な行動です。しかし、それが過剰になったり、不適切な物が対象になってしまうと、問題となることがあります。犬の破壊行動は、肉体的な苦痛や、犬が飼い主と離れたときに極度の不安を感じる分離不安のはけ口として現れることがあります。家族との生活がどんなに楽しいものであったとしても、犬は不安障害に襲われることがあります。愛犬に不安障害が見られたら、かかりつけの獣医師のアドバイスをもらうか、動物行動の専門家に相談するとよいでしょう。

　物を噛んだり穴を掘ったりする破壊行動は、それ以外の面は問題ない成犬でも見られることがあります。その犬に刺激が足りていないというサインであるケースもあり、犬が本能を満たすための適切なはけ口を用意することが改善に役立ちます。砂場を用意しておやつを隠し、砂を掘っておやつを見つけさせる、などです。問題行動が犬の本能とつながる場合もあるので、注意しましょう。

　トレーニングの最初の段階では、コマンドとなる言葉と望ましい行動とを関連づけ、タイミングを見計らって望ましい行動をさせるようにします。たとえば家具を噛む犬に対しては、代わりに噛んでよいおもちゃ（食べ物を詰めたもの）を噛むように教えるのです。愛犬がおもちゃで遊び始めたら、はっきりした声で「いい子ね。噛め」と声をかけ、ほめてあげます。この場合、ビター・スプレー（苦味成分で作られた、噛み癖矯正のためのスプレー）を使って家具に苦い味を付けて噛むのを防止するなど、一時的に愛犬の問題行動を制限する措置を取っておくことが大切です。

　合図の言葉と正しい行動をうまく関連づけられれば、愛犬が間違った行動を見せたときにコミュニケーションを取って伝えることができるようになります。ただし、罰を与えてはいけません。愛犬はいたずらをしているわけではなく、ごく自然な行動を見せているだけなのです。家具を噛んでいるところを目撃したら、たとえば手をたたくなどして気を引いて行動を中断させ、「いい子ね。噛め」と言いながら、噛んでもいいおもちゃをあげましょう。

## 無駄吠え

　吠えるのは犬にとってまったく自然な行為ですが、過剰に吠える犬は家庭犬では問題になります。犬は、長時間部屋に閉じ込められたり庭に閉め出されたりすると、吠えることがあるもの。もう少し自由にさせてあげることで、無駄吠えの軽減につながることはよくあります。

　無駄吠えを抑制する最も簡単な方法は、コマンドで吠えるようにしてから、続けて「静かに」のコマンドで吠えるのをやめるように訓練することです。トレーニングの初めにおもちゃを振るなど、愛犬が吠えるきっかけとなっている行為をして、愛犬が吠える直前を見計らって「吠えろ」のコマンドをかけます。吠えたら愛犬をほめ、愛犬に近づき、おやつを愛犬の鼻の前にかざして吠えるのをやめさせます。そこで「静かに」のコマンドの言葉をかけ、おやつを与えましょう。このトレーニングを遊びに取り入れ、引っ張りっこなど愛犬が楽しめる

**噛む問題に対処する**
子犬は、本能的に口を使って周囲を調べるもので、歯が生え変わる時期はとくに多いでしょう。これをけっしてしかってはいけません。しかれば、飼い主から隠れてものを噛むようになるでしょう。

**相手にしない**
愛犬が跳びついたときに大騒ぎするのはやめましょう。相手にしてはいけません。愛犬の足4本すべてがもう一度地面についたらほめる。それだけです。

ゲームで終えるようにしましょう。愛犬が攻撃性から吠えている場合には、このトレーニングは使えません。動物行動学の専門家の助けが必要です。

## 跳びつき

　犬の飼い主からよく聞く不満のひとつに人への跳びつきがありますが、これは飼い主自身が引き起こしている問題の典型でもあります。子犬などは、きわめて自然に人の顔や手に近づこうとするもの。顔や手が人間の愛情の源だと認識しているからです。一方、人が子犬の跳びつきを奨励してしまう

こtoo。子犬が跳びつく姿はかわいらしく、見ていて楽しいからです。しかし、この行動が成犬になっても続いていると問題に発展します。幼い子犬が家にやって来たまさにその日から跳びつかないように教えることで、この問題は防ぐことができます。

すでに人に跳びつくのが習慣になってしまっている成犬の場合はまず、跳びつきは許されないことだと教える必要があります。愛犬が跳びつかないように「スワレ」のコマンドを出して座らせるような簡単な方法もありますが、愛犬が衝動を抑えられない場合は、跳びつきをやめさせるための特別なトレーニングが必要になるでしょう。愛犬に短いリードを付け、他の人にお願いしてあなたと愛犬に向かってゆっくり歩いてきてもらいます。愛犬がおとなしく座っていたらその人はそのまま愛犬に近寄ってほめます。愛犬が興奮して跳びつこうとしたら、離れてもらいます。トレーニングが順調に進めばリードを離しても座っていられるようになりますが、「スワレ」のコマンドをかけて、引き続き愛犬を助けてあげる必要はあるでしょう。

また、家族全員にこのルールを徹底してもらいましょう。素直に座っていても、飼い主の注目を得ようとしてまた跳びつこうとする可能性があるので、一度できたからといってほめて安心してはいけません。

## 脱走

犬はみな、自由に走り回って遊ぶことが大好きです。ですから、犬が苦手な人や他の犬に友好的ではない犬に出会ったときのことを考えて、オフリードでも愛犬が飼い主のところに戻って来る「呼び戻し」ができることが重要なのです。

呼び戻しのトレーニングは、家の中や庭など愛犬の気が散るものがないところで始めましょう。まずは、家の中で「コイ」のコマンドを練習します（P328）。愛犬がすぐに飼い主のところに戻って来るようになったら、屋外でのトレーニングに移りましょう。いつも使っているリードと軽くて長いリードの2種類を首輪に付け、軽いほうのリードの先は飼い主のポケットに入れた状態で散歩に出かけます。安全で広いスペースに来たら、愛犬の目の前でリードを外してやりましょう。愛犬はオフリードで自由になったと思い込むはずです。しかし実際は軽くて長いリードにつながれていて、飼い主がその端を持っているのです。残ったリードは地面を引きずるようにして、引っ張られてピンと張った状態にしないようにします。次に愛犬の名前を呼び、その後すぐに「コイ」のコマンドをかけ、堂々と立って、満面の笑みを浮かべながら腕を振りましょう。飼い主のところに戻れば必ずおやつがもらえて、またほめられるとわかっていれば、愛犬はいつでも喜んで戻って来るはずです。トレーニングには変化をつけ、愛犬がまったく予期していない時に何度も呼び戻すようにしましょう。戻ってきたら、必ず何かごほうびを与えるのを忘れずに。

**攻撃性の段階**
犬が噛みつくのは最終手段で、そこに至るまでにあらゆる種類の警告を発しています。警告がすべて無視されてしまったときだけ、噛んで自己防御する必要性を感じるのです。

## 攻撃性

イライラや苦痛を感じる状況に置かれた場合に、犬が攻撃的になるのは自然な反応です。しかし、ペットとして飼われる犬がどのような状況にも適応するためには、人や他の犬を攻撃することは許されないことを理解させなければなりません。責任ある飼い主としては、どのようなときに愛犬がストレスを感じるのかを注意深く観察し、そういう状況でも愛犬が安心できるように誘導し、攻撃的な反応がエスカレートしてしまうリスクを軽減することが必要です。十分に社会化ができている犬の多くは、苦痛を感じているときや寝ている間に驚かされたときなどのごくまれなケースをのぞき、攻撃性を示すことはありません。攻撃的な犬は、けっして挑発してはいけません。犬がうなる場合は、それ以上近寄ってほしくない、立ち去ってほしいということを訴えているのです。厳しく対応すれば、犬が身を守る必要性を感じ、攻撃性を増す結果を招くだけです。

攻撃的な犬に対しては、まずは外出時にリードや口輪を付けるなどの対策を講じ、動物行動学の専門家の助けを得ることも視野に入れ、かかりつけの獣医師に相談しましょう。

**脱走する犬**
外の世界には、愛犬の脱走意欲をかき立てる誘惑がいっぱいです。それを防ぐために、呼ばれたらすぐに飼い主のところに戻るよう愛犬に学習させておくことが大切です。

犬との暮らし方 | 動物病院

# 動物病院

獣医師による健康チェックは、幼い子犬からシニア犬まで、犬の生涯にわたって必要なことです。定期的な健康診断は、隠れた問題や小さな問題の発見にもつながり、問題が深刻化するのを未然に防ぐことにも役立つでしょう。

## 初めての健康チェック

子犬を迎えたらなるべく早く動物病院に連れて行き、獣医師に健康チェックをお願いしましょう。ワクチン接種が完了していない子犬の場合は診療室まで抱えて連れて行き、床には下ろさないようにします。腕の中から飛び出してしまうといけないので、首輪とリードは付けておきましょう。ペット用キャリーを使うのもよいでしょう。動物病院の待合室には、他の動物もいて騒がしいかもしれませんから、愛犬に声をかけて安心させてあげます。

獣医師にとって、子犬との出会いは楽しいものですので、温かい歓迎を受けるでしょう。動物病院では、子犬が生まれてからのことを細かく質問されるでしょう。生年月日、同じときに生まれた兄弟犬の数、それまでどこでどのように育てられたのか、寄生虫とノミに関して何か処置がされているか、犬種特有の疾患についての検査結果（通常は両親犬の検査結果）があればその内容などです。すでにワクチン接種が終わっている場合は、証明書を提示しましょう。体重測定の後、耳鏡による耳のチェックや心音の確認など、細かい健康チェックに進みます。

マイクロチップが埋め込まれているかどうかの確認もされます。子犬の両肩の間、頸の後ろの皮膚の下にマイクロチップを埋め込むのは、ワクチンの注射を打つのに似た獣医療行為です。マイクロチップが埋め込まれていれば、いつでも愛犬の特定が可能になります。チップをスキャンすると固有の数字が確認できるのですが、この数字は登録したデータベース上の連絡先情報とリンクしているものです。

ワクチン接種が必要な場合は、このタイミングで接種があります。追加のワクチン接種と状況確認のために、次の検診を予約する必要があるかもしれません。最後に食餌やノミ対策、不妊・去勢手術、社会化、しつけ、車での移動などについてアドバイスがあるでしょう。他に必要な情報がある場合は、遠慮せず聞くようにしてください。

**動物病院を訪ねる**
動物病院での最初の経験は、愛犬にとってリラックスして楽しいものにならなければいけません。獣医師が愛犬を調べる間愛犬が落ち着いていられるよう、安心させてあげましょう。

## ワクチン接種

感染症予防のためのワクチン接種は、愛犬のために飼い主ができる最善の措置の1つです。ワクチンの普及によって、パルボウィルスやジステンパーなどの主要な感染症の発生は大きく減りました。狂犬病やレプトスピラなど、その他の感染症の予防にもワクチンは効果があります。妊娠期間中に母犬の免疫は子犬に移行し（母犬のワクチンが有効であることが前提）、この抗体は生後数週間持続しますが、抗体消滅後は子犬にワクチン接種が必要になります。追加接種の時期については、かかりつけの獣医師のすすめに従うとよいでしょう。ワクチンによっては、最初の接種の12カ月後に追加接種を行えば、特定の感染症についてその後最長3年間効力が持続することがあります。

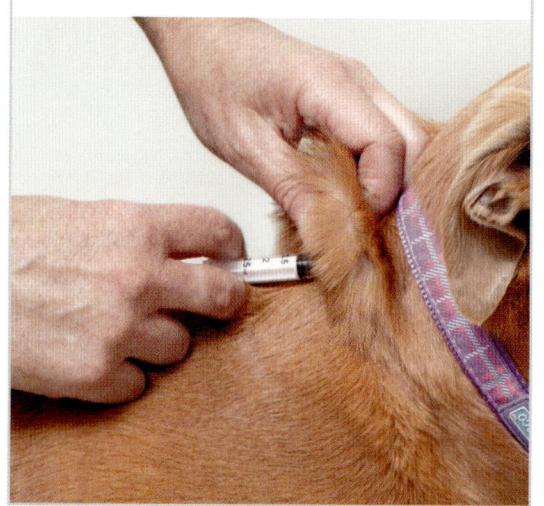

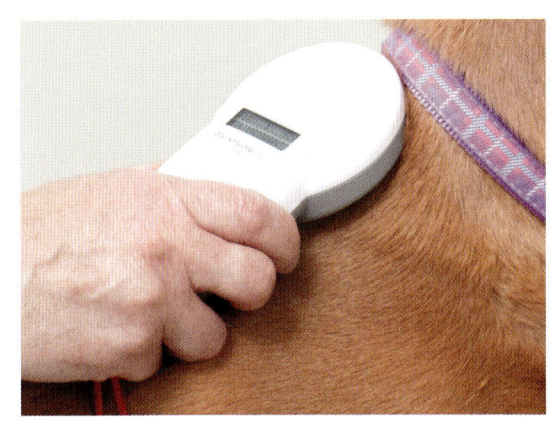

動物病院

**マイクロチップのスキャン**
マイクロチップの番号をスキャナーで読み取れるかどうかの確認はとても大切です。登録された連絡先情報のアップデートを忘れないようにしましょう。

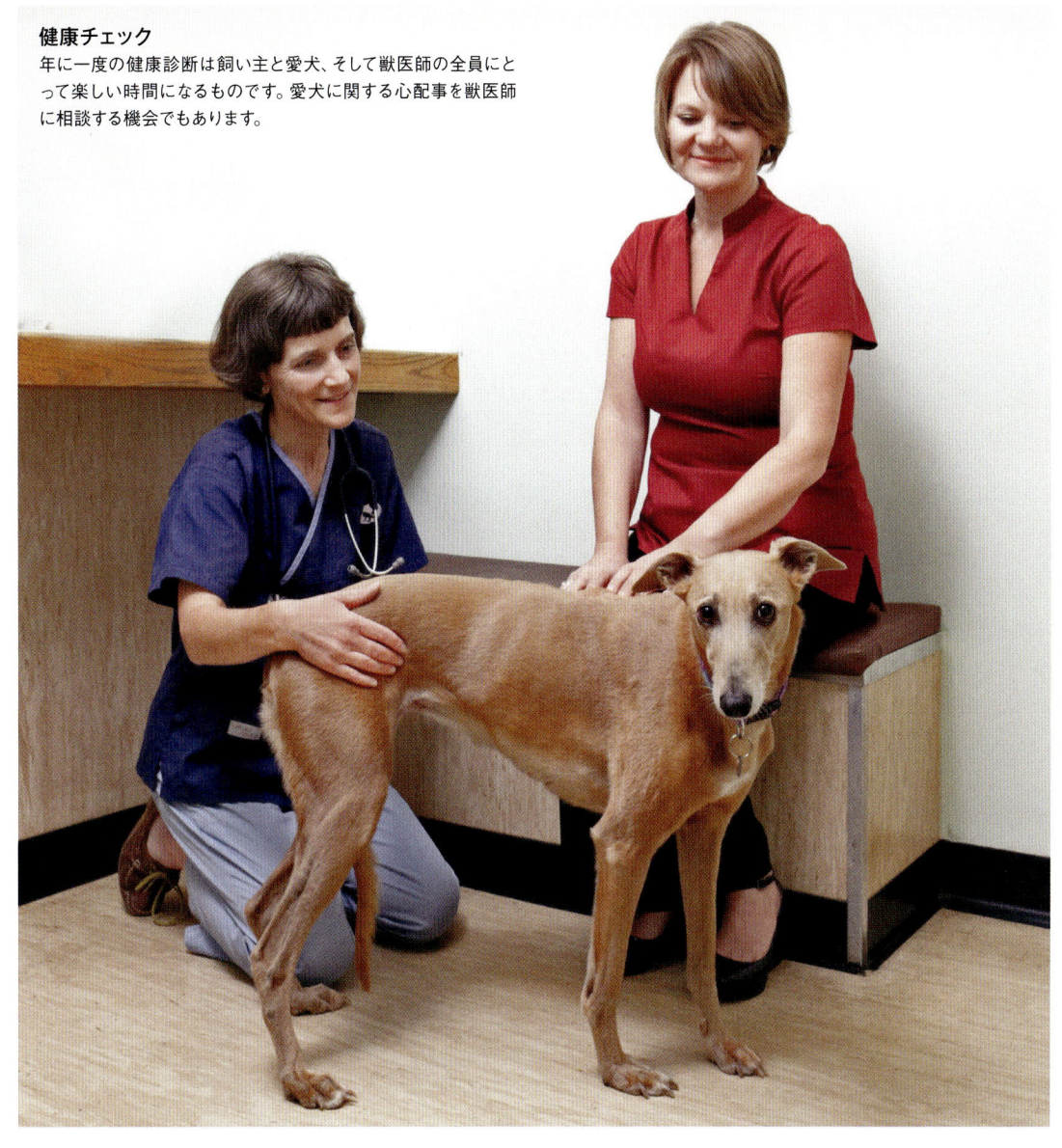

**健康チェック**
年に一度の健康診断は飼い主と愛犬、そして獣医師の全員にとって楽しい時間になるものです。愛犬に関する心配事を獣医師に相談する機会でもあります。

## 追加の健康チェック

　動物病院では、子犬が4〜5カ月になったところでもう一度検診し、順調に成長し、社会性が発達してきているかを確認されることもあります。2度目の検診に訪れれば、あなたも初回のアドバイスについてのフォローアップができますね。2回目の検診では、乳歯から永久歯への生え変わりが順調に起こっているかどうかの確認をするのが普通です。永久歯が口の中の適切な位置に生えて正しい噛み合わせになるように、乳歯を取りのぞかなければいけない場合があるので、この確認は重要です。

## 年1回の健康診断

　あなたが家庭で行う定期的なチェック（P320〜321）に加え、動物病院でも年1回は健康チェックを受けるべきです。動物病院では全身くまなくチェックされます。たとえばのどの渇き具合、食欲、食餌の内容、トイレの習慣、運動についてなど。何か異常が見つかれば、精密検査をすすめられるかもしれません。また、愛犬の尿を取って持って来るように指示されるかもしれません。尿のサンプルで腎臓や膀胱の状態がわかるので、犬にとって、とくにシニア犬の場合、尿検査は重要です。尿はその日の朝早く取り、適当な容器に入れておきます。獣医師からは、他にも体重、体や被毛の状態、回虫や条虫、ノミ、その他の寄生虫対策など、健康に関する一般的な事柄についてアドバイスがあるでしょう。爪が伸びすぎている場合の爪切りやワクチンの効果を持続させるための追加のワクチン接種も、通常検診に含まれます。

　なかには、体を調べられるのを嫌がる犬もいます。その場合は口輪を付け、飼い主は診察室の外で待機し、動物看護師がサポートをしたほうがよいこともあります。飼い主がそばにいないほうが、我慢強く行儀良くしていられる犬がいるからです。

　通常の検診で愛犬の体重を測定していれば、問題のある体重増加や減少が早く特定でき、早期の治療につなげることもできるでしょう。動物病院には、肥満など特定の問題に関するクリニックを設けているところもあります。

## 歯科検診

　口内の健康は、愛犬が食事を楽しむことを可能にするのみならず、健康で幸福に暮らすために重要です。虫歯や口腔内の感染症は体の他の部分の病気につながる恐れがあるからです。歯は年1回の健康診断やその他の受診の際に診てもらえますが、定期的に歯科専門の動物病院に連れて行くのがおすすめです。家庭での歯科衛生に関するアドバイスが受けられて、状態をモニターすることもできるでしょう。愛犬にスケーリング（歯石・歯垢除去）やポリッシング（表面研磨）などの歯科的措置が必要なときも、サポートをお願いできるはずです。

## 不妊・去勢手術

　愛犬に不妊・去勢の手術をしようと考えている場合は、最初の健康診断でアドバイスを求めるのがおすすめ。かかりつけの獣医師から手術の詳細と適切な時期について説明してもらいましょう。犬の不妊・去勢をいつするのがよいのかについての獣医師の意見は、生後数週間〜数カ月まで幅があります。飼い主の多くが術後の後遺症を心配しますが、不安がある場合は愛犬の最初の健康診断で獣医師に相談するとよいでしょう。

犬との暮らし方 | 健康の目安

# 健康の目安

健康な犬は、個体差、犬種、年齢を考慮すれば、見た目とその行動で容易に見分けられるものです。愛犬についての理解が深まれば、調子がよいかどうかの判断は難しくないはずです。

## 健康な犬

明るい目、光沢のある被毛、冷たく濡れた鼻はしばしば健康な犬の典型的な特徴だといわれますが、これらはつねに変わらない指標ではありません。健康にまったく問題がなくても、年齢とともに明るい目には曇りが現れるでしょう。ワイアー・ヘアーの犬なら被毛はつやがあるようには見えませんし、健康な犬の鼻が温かくて乾いていることもよくあります。

愛犬の体型と体重のほうが役に立つ指標で、健康な犬なら一定しています。見慣れない腫れ物や急な体重の減少、腹部膨満などはすべて、健康上の問題の初期症状である可能性があります。体重の増加と成長は、毎週愛犬の体重を測定してグラフにすることで、観測が可能です。成長期には定期的に写真を撮ってデータを補強しましょう。

健康上の変化は愛犬の排泄物や排泄習慣にも現れます。排泄の習慣には個体差がありますが、愛犬の排尿、排便のパターンは一定していなければいけません。愛犬の排泄物の始末をしていれば、頻度や硬さ、色の観点から見た場合、愛犬にとってどういう状態が普通なのかは、すぐわかるようになるでしょう。

健康な犬は元気で油断なく見え、家族やほかの犬、ペットと容易にふれ合えるものです。自由に動き回り、喜んで運動し、運動の後も過度に疲れた様子を見せません。食欲が変わらずあり、いつもと同じくらい水を飲むといったことは、すべて健康のしるしなのです。

油断なく、よく注意している表情をたたえている

尾はいつでも振れる状態

被毛はなめらかでつやがある

楽に立っている

正常な体の輪郭

**健康な犬**
この犬はどこから見ても健康そう。油断のない表情で健康そうに見え、体調も万全で人（犬）生を謳歌するのにパーフェクトな状態にあることがうかがえます。

## 問題に気づく

愛犬に現れるどのような変化も、病気の前兆か

**健康そのもの**
健康で元気な犬は食欲があり、喜んで運動しているのが一目瞭然です。また、いきいきとして探究心旺盛で、よく遊びます。

## 問題の徴候

- 運動を嫌がる。散歩中も無気力で予想外に疲れやすい
- コーディネーション（運動能力の調整・整合）の欠如が見られる、またはものにぶつかる
- 呼吸パターンに変化が見られる、または呼吸時に異常な音がする
- 咳、くしゃみをする
- 傷口の開いた傷がある
- こぶや普通でない腫れがある
- 関節に痛み、膨らみ、熱がある
- 目、まぶたにむくみがある
- 出血が見られる、傷から出血がある、尿に血が混じっている（ピンクの尿、あるいは血の塊が見られる、便や嘔吐物に血が混じっている）
- 足を引きずる、あるいは体に硬さがある
- しきりに頭を振る
- 予想外の体重の減少が見られる
- 体重増加がある。とくに、腹部膨満も同時に起こっている場合は要注意
- 食欲が減退している、またはまったく食べようとしない
- 猛烈に食欲がある、または嗜好に変化が見られる
- 嘔吐する、または食べた直後に食べたものの逆流がある
- 下痢をしている、あるいはなかなか排便できない（便の通過に問題がある）
- 腹部が肥大している
- 排泄時に痛みで鳴く
- かゆみがある（口、目、耳をこする。地面に尻をこすりつける、あるいはしきりに肛門のあたりをなめる。全身をかゆがる）
- 普通でない分泌物が見られる（口、鼻、耳、陰門、陰茎包皮、肛門など、通常は分泌物が見られない開口部から分泌物が見られる、または通常とは異なる臭い、色、濃度の分泌物が見られる）
- 被毛に変化が見られる（光沢がなく手ざわりが脂っぽい、あるいは乾燥しすぎている。被毛の中にノミの糞、ノミそのもの、疥癬、鱗屑などが見られる）
- 脱毛がひどく、ところどころに抜け落ちた部分が見られる
- 被毛の色に変化が見られる（ゆるやかに変化する場合は、古い写真と比較してみないと気づかないこともある）
- 歯茎の色に変化が見られる（色が薄くなってきている、または黄色くなってきている）、歯茎が青みを帯びてきた、歯肉にグレーの分泌物が見られる
- 体温が高い

もしれません。垂れ下がったまぶたのようなささいな徴候も、無視するべきではありません。深刻な病気が隠れているかもしれないのです。胃の不調などの内臓の問題があるかもしれませんし、被毛や皮膚に影響する外的な問題があるかもしれません。その両方の可能性もあります。いつもより寝ている時間が多いとか、喜んで運動する量がいつもより少ないなど、あいまいな徴候しか気づかないかもしれませんし、足を引きずるとか、耳に異物が入ってしきりに頭を振るなど、明らかにおかしなサインに気づくこともあるでしょう。

一般的な疾患の多くは命にかかわるものではなく、簡単に治療できます。早期に気づけば、治療はより容易でしょう。家で処置をしようとする前に、必ずかかりつけの獣医師に相談しましょう。人間なら適切に見える一連の処置も、犬にとっては危険なことがあります。獣医師は通常、診察をした後でなければその後の治療について結論を出さないものですが、電話でもらうアドバイスに従って措置をするだけで済む場合もあるでしょう。問題の説明がつかない場合は、可能性の高いほうから考えられる原因をつぶしていくことになります。

愛犬の病歴を確認し、詳しく診察をした後も、血液検査やレントゲン撮影などさらに検査が必要な場合があるでしょう。深刻な病気と診断されれば、入院や場合によっては手術が必要になり、そうなれば回復にも時間がかかります。とはいえ、よくある病気は、本当に一般的で治療も簡単な病気なのです。かゆみで体をかく犬は、たいていはノミがいるのであって、神経系によくわからない問題があるというケースはあまり多くないでしょう。

あなたもかかりつけの獣医師も、愛犬にできるだけ長く健康的な一生を過ごさせることを望んでいるのです。アドバイスや情報が必要なら、かかりつけの獣医師が喜んで助けてくれるはずです。

**異常に気づく**
愛犬にとってどういう状態が普通なのかを理解しておけば、食餌や運動への関心が薄れているなど、普通でないことが何かある場合に気づくことができるでしょう。それは病気が原因かもしれません。

### 異常なのどの渇き

水の容器の近くなど、ふだんより水が飲めるところに愛犬がいる時間が長い場合、異常なのどの渇きを感じている可能性があります。ボウルの水を一度すべて空け、それから入れる水の量を記録して（mlのレベルで）、1日（24時間）にどのくらいの量の水を飲んだかを量りましょう。24時間後、ボールに残った水を量って差し引きます。飲んだ量を愛犬の体重（kg）で割ってみて、1kg当たり50ml前後なら、通常なのどの渇きといえます。90ml以上の場合は、かかりつけの獣医師に相談しましょう。

犬との暮らし方 ｜ 遺伝性疾患

# 遺伝性疾患

遺伝性疾患とは、遺伝によってある世代から別の世代へと伝わる病気です。遺伝性疾患は純血種により多く見られ、なかには犬種特有の疾患もあります。ここで取り上げているのは、一般的な遺伝性疾患の例です。

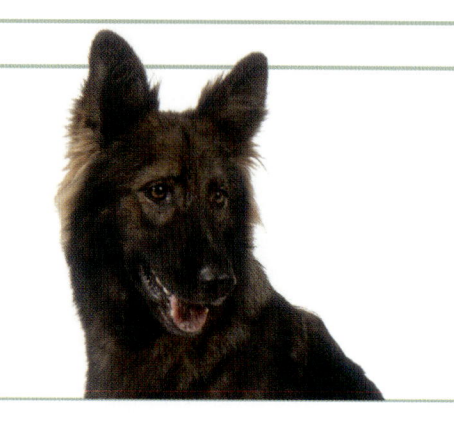

## 病気のリスク

遺伝子プールがより小さく過去に同系交配がまん延していたことで、純血種の犬は交雑種の犬よりも遺伝子疾患の影響を受けやすくなっています。しかし、よりリスクが低いとはいえ、交雑種であっても一方の両親から病気を引き起こす遺伝子を受け継いでいる可能性があります。

## 股関節形成不全・肘形成不全

この2つの疾患は、主に中型〜大型の犬種に現れます。形成不全症では、構造上の欠陥のために股関節もしくは肘関節が安定せず、痛みや跛行が起こります。診断はその犬の病歴、関節の触診、X線検査で行います。

治療には鎮痛、運動の軽減、適正体重の維持などが含まれます。股関節形成不全の場合の股関節全置換術など、外科的治療もいくつか可能性があります。これらの病気にかかりやすい犬種は、一定の年齢に達したら（普通は生後1年経過後）股関節と肘関節の検査を受けるとよいでしょう。

**股関節のレントゲン写真**
股関節形成不全が起きやすいとされる犬種の繁殖を行う場合は、事前に検査をするのが賢明です。検査には犬の股関節のレントゲン写真の評価をすることが含まれます。

### 股関節形成不全の評価

股関節のX線撮影は、犬を仰向けにし、後肢を完全に伸ばした状態で行います。撮影のあいだ、犬の姿勢を保つために鎮静剤を使うことがあります。それぞれの股関節を「正常（ノーマル）」から「重度（シビア）」まで6段階のスコアで評価します。それぞれの股関節についての最高スコアは53で、スコアは低ければ低いほどよく、左右のスコアを足して合計（総スコア）を出します。繁殖目的で選別を行う際は、総スコアがその犬種の最新の平均値を下回る個体を選ぶのがよいでしょう。

## 大動脈弁狭窄症

先天性疾患である大動脈弁狭窄症は、心臓にある大動脈弁口の面積が狭まる病気です。とくに徴候はありませんが、子犬の健康診断で獣医師が聴診器で心音を聴いたときに心雑音が発見されることがあります。X線や超音波などを使った精密検査をすることもありますが、外科的治療を行う犬は少なく、単純に経過を観察することもあります。大動脈弁狭窄症のある犬は、鬱血性心不全を起こすことがあります。

## 血液凝固障害

遺伝性の血液凝固障害で最もよく見られるのが（犬の場合も人の場合も）血友病で、血液凝固に必須な因子の欠損のために頻繁に出血する病気です。問題となる欠陥遺伝子は父親からメスの子犬にも受け継がれますが、その場合、受け継いだメス自身は発症しません。ただし欠陥遺伝子を持っているので、子犬に受け継がれる可能性はあります。血友病は純血種にも交雑種にも見られる疾患です。

フォン・ヴィレブランド病も遺伝性の血液凝固障害で、多くの犬種でオス・メスを問わず見られます。犬種によってはDNA検査が可能です。

## 目の疾患

犬に起こる目の遺伝性疾患には、眼瞼内反症（右の写真）など見てすぐわかる病気や、特殊な機器を使って内部を調べてみないとわからない病気など、いくつかあります。純血種にも交雑種にも現れる目の遺伝性疾患に進行性網膜委縮症（PRA）がありますが、これは、網膜（目の奥にある光受容細胞の層）が変性し、失明に至る疾患です。飼い主は、愛犬が視覚上の問題を見せ始めたときに初めて病気に気がつくことも。病気の初期は、夜間にだけ問題が起こります。PRAの診断は検眼鏡による網膜の検査で行いますが、精密検査をすすめられることもあるでしょう。治療法はなく、発症すると完全失明が避けられません。犬種によっては、DNA検査が可能です。

さまざまなコリー犬種（ラフ・コリー、スムース・

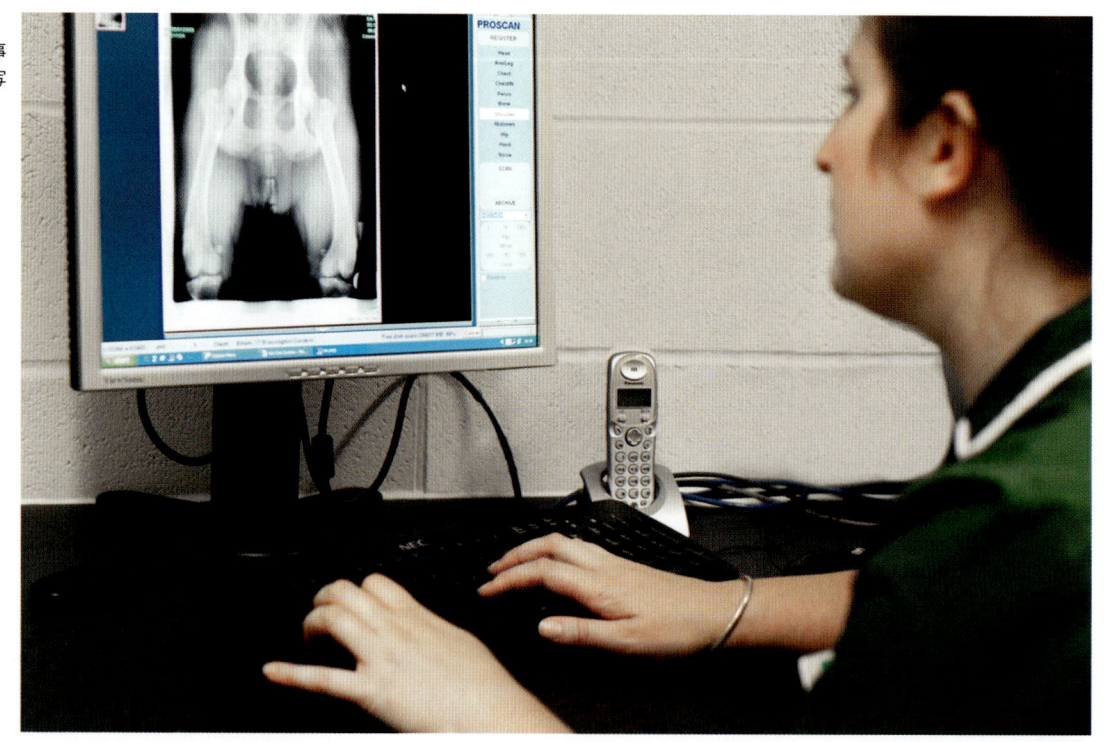

遺伝性疾患

**シャー・ペイに多い目の疾患**
まぶたが内側に巻き込まれた状態になり、痛みを伴う眼瞼内反症はシャー・ペイによく見られる疾患で、通常は非常に幼い子犬に見られます。上下両方の瞼に発症することがあります。

コリー、ボーダー・コリー、シェットランド・シープドッグ、オーストラリアン・シェパードなど）とその他いくつかの犬種に見られるコリーアイ症候群（CEA）は、目の奥にある脈絡膜と呼ばれる組織に異常が認められる疾患です。CEAは生まれてすぐ発見が可能なので、子犬は生後3カ月になる前に検査します。最も軽度のCEAは視覚にほとんど影響しませんが、最も重度のCEAにかかると失明することもあり、DNA検査が可能です。

**遺伝性血液疾患**
フォン・ヴィレブランド病という遺伝性血液凝固障害は、ジャーマン・ショートヘアード・ポインターを含む多くの犬種に見られます。

## 病気の検査

遺伝性疾患の発生を減らすためには、定期検査が重要です。股関節・肘関節形成不全はX線検査で確認します。以前はPRAやCEAなどの目の疾患は目の検査でしか発見できませんでしたが、DNA検査の登場でこの2つの病気やその他の多くの遺伝性疾患の発見の可能性が高まりました。

**コリーアイ症候群**
オーストラリアン・シェパードのようなコリー種は、子犬のうちにCEAの検査を受ける必要があります。成長すると、初期症状が隠れてしまうことがあるからです。

# 寄生虫

どんなにていねいにグルーミングをされている犬でも、皮膚に寄生虫が感染することがあります。また、愛犬の体内に虫が寄生するのもよくあること。寄生虫は侵入後に治療をするというより、しっかり予防をするのが理想的です。

## ノミ

ノミに対しては、年間を通して予防策を講じるべきです。ノミ取りグシで被毛を、とくにお尻のあたりを念入りにとかすことでノミを捕まえ、指とクシの歯で押しつぶして駆除することができます。どちらかというとノミの糞（小さな黒い塊）を見つける可能性のほうが高いかもしれません。対策にはスポットオン駆虫薬（首の後ろに滴下する）や錠剤、首輪タイプの薬剤などが使われます。スプレータイプ、シャンプー、パウダータイプもあります。家にいる他のすべてのペットにも同じタイミングでノミ対策をしましょう。ノミは一生のほとんどをカーペットや家具に潜んで過ごすので、適切な駆除薬を使って家から一掃する必要があります。

## マダニ

マダニの問題は季節性です。多くは春と秋にダニが犬の体に付き、病原菌を伝播することもあります。ある種のマダニは、ネズミやシカなどの哺乳動物を吸血して感染したボレリア・ブルグドルフェリというバクテリアを保有し、人や犬にライム病を引き起こします。

すばやくマダニを退治することで、感染症のリスクを減らせます。ピンセットを使うとダニを愛犬の皮膚のすぐ近くでつかめますが、つぶしてはいけません。やさしくねじって取りのぞきましょう。ダニの口器が犬の体に残ってしまうと抗原抗体反応が起こり、しこりができてしまうことがあります。マダニの多いところに住んでいる、あるいは多い場所を訪れる場合は、スポットオン駆虫薬やダニ対策用の首輪を使って予防策を講じましょう。

## その他のダニ類

犬毛包虫（犬ニキビダニ）は、ほとんどが生後すぐに母犬から子犬に伝播したものです。頭や目の周りの皮膚によく見られますが、体中どこでも発症します。発症すると被毛が薄くなり、カビのような臭いがするようになります。毛包虫は健康な犬の皮膚にもいますが、毛包虫が異常に増えてしまう毛包虫症は、病気のときやストレスを感じているときなど、犬の免疫システムが弱っているときに発症します。重度の場合は毛包虫を駆除するための特別な治療が必要になり、角質が見えなくなるまで続けられます。関連する皮膚感染症がある場合には、抗生物質が必要なこともあります。

見た目がクモのようなヒゼンダニ（疥癬虫）は、キツネから犬に伝播することがよくあります。ヒゼンダニは感染力の強いヒゼンダニ症を発症し、激しいかゆみ、脱毛、皮膚炎が起こります。治療については、かかりつけの獣医師のアドバイスに従いましょう。

明るいオレンジ色をした非寄生性のツツガムシは、夏に野原を駆け回ると犬の体に付きやすく、足指、耳、目の周りの皮膚に見られることの多い虫です。簡単にこすり落とすことができるので、通常はとくに問題になりません。しかし、Seasonal Canine Illness（SCI）と呼ばれる深刻な病気との関連が疑われています（注・SCIは2009年、2010年にイギリスで報告された犬の病気。多くは森を散歩した後の72時間以内に発症し、死に至るこ

**皮膚のかゆみ**　ノミは、犬の皮膚の炎症の原因として最も一般的ですが、ノミ取り用のクシを使っても発見できない場合は、かかりつけの獣医師に他の可能性も確認してもらいましょう。

寄生虫

**健康な家族** 写真の子犬の回虫予防は、子犬が生まれる前に始まりました。母親が妊娠中から始めて、母子ともに生涯にわたって駆虫されることになります。

**カタツムリに潜む危険** 肺吸虫の感染は、犬が意図的あるいは偶然に感染しているカタツムリやナメクジを食べてしまうことで起こります。誤食はたとえば外に放置されたおもちゃや食器にカタツムリやナメクジが付いていたときに起こります。

とも。1980年代にアメリカで見つかったアラバマ・ロッドと呼ばれる病気と同じではないかともされますが、原因はまだ特定されていません)。

## イヌジラミ

イヌジラミが寄生すると、犬はしきりに体をかいたりこすりつけたりします。被毛をかき分けると毛や皮膚に付いているのが確認でき、卵が確認できることもあります。イヌジラミは3週間ほどの寿命の全期間を宿主である犬の体で過ごします。感染した犬との接触やグルーミングに使う道具を介して感染しますが、人への感染はありません。治療については、かかりつけの獣医師に相談しましょう。

## 犬回虫

犬回虫は、成虫になるとスパゲッティのように見える寄生虫です。小腸に寄生して卵を産み、虫卵は糞便に混じって犬の体外に出て1～3週間かけて成長し、人を含む他の動物に対する感染能力を持ちます。感染予防のためには、きちんと犬の糞を処理することが重要です。犬は土壌から、あるいはネズミなどの待機宿主を食べることで感染します。幼犬は、母親の胎内で母親から幼虫が伝播することで感染します。

回虫の予防は妊娠中のメスの駆虫に始まり、出産後は母犬と子犬の両方に対し定期的に駆虫を続けることで行います。駆虫薬として使う薬と駆虫の頻度については獣医師に相談しましょう。

## 瓜実条虫

犬に最もよく見られる瓜実条虫の卵は、中間宿主となるノミによって運ばれ、被毛に付いたノミを落とそうとしてなめた犬がノミを摂取してしまうことで犬が感染します。成虫は平べったい瓜の種状の片節が連なっていて、犬の小腸で成長し、虫卵を持った片節がちぎれて糞便とともに排出されます。愛犬が感染している場合、米粒のような片節が糞便の表面や愛犬の肛門でうごめいているのを見ることがあるでしょう。また、片節で肛門部にかゆみを生じ、愛犬が地面にお尻をこすりつけて前進するような動きを見ることがあるかもしれません。治療には、条虫の駆虫薬とノミ駆除の薬剤の両方が必要です。

動物の内臓、生肉、野生動物、路上の死んだ動物などを食べることで、愛犬が瓜実条虫以外の条虫に感染する可能性もあります。

## 肺吸虫

犬が中間宿主のカタツムリやナメクジを食べてしまうことで感染します。肺吸虫は心臓の右心室と肺動脈で成長し、成長したメスが中に第1期幼虫がいる卵を産み、卵は血液によって肺に運ばれます。肺に入ると卵が孵化し、肺の組織に入り込んで傷つけます。肺吸虫は犬の咳、あるいは糞便とともに排出され、カタツムリやナメクジのさらなる感染源になります。

肺吸虫症の診断は難しいことがあります。症状はさまざまで、無気力、咳、貧血、鼻血、体重減少、食欲不振、嘔吐、下痢などが含まれます。行動に変化が見られることもあります。診断のための検査には気管から採取される液及び糞便の検査、X線検査、血液検査があります。治療薬、予防については、かかりつけの獣医師からアドバイスがあるでしょう。肺吸虫が直接他のペットや人に伝播することはありませんが、犬の糞はすぐに拾うようにしましょう。

## 犬糸条虫（フィラリア）

犬糸条虫は、感染した蚊の吸血によって媒介されます。この寄生虫は犬の心臓、肺、その周囲の血管に寄生し、治療せずに放置すると犬が死亡することもあります。蚊の季節に愛犬が咳をし始めたり運動を嫌がるようになるなどの症状を見せたら、速やかに動物病院で検査を受けるべきです。診断は血液検査で行います。治療は危険性を伴うもので、治療後は数週間安静にする必要があります。通常は、蚊の出る期間にフィラリアの予防薬を服用することで予防が可能です。

### 寄生虫予防

定期的に駆虫をすることで、寄生虫感染の可能性は下がります。愛犬に適した予防法については、かかりつけの獣医師に相談を。理想的な駆虫プランは、生活環境にもよります。たとえば愛犬とよく公共の場を散歩するとか、愛犬が死んだネズミを口に入れてしまうとか、家族に小さな子どもがいる場合には、危険性は高いといえるかもしれません。瓜実条虫感染の予防には、ノミの完全な駆除がカギ。また、駆虫薬を服用する適切な量を知るには、愛犬の体重を測定します。子犬が成長期にあるときは、体重確認はとくに重要です。

犬との暮らし方 | 病気の看病

# 病気の看病

愛犬の具合が悪く、あるいは手術後の回復期にあるために、普通なら自分でできることができず、飼い主の介護が必要になることもあるでしょう。獣医師の指示に従い、疑問や不安があるときはアドバイスを受けながら看病しましょう。

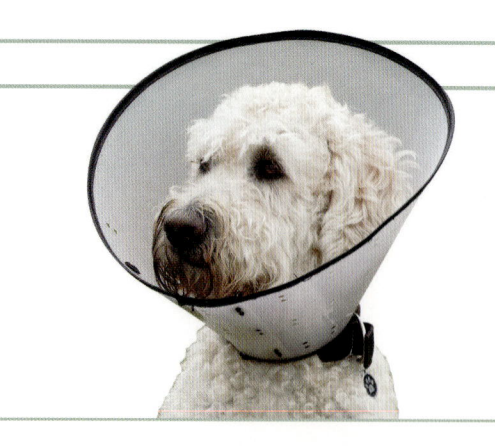

## 術後のホームケア

不妊・去勢などのごく普通の手術の後に、犬がそのまま病院に泊まることはめったにありません。獣医師から必要なことについてアドバイスがあり、鎮痛剤などの薬が処方されて退院となるでしょう。自宅で過ごしていて回復が思わしくない場合は、獣医師に連絡しましょう。

犬が傷をなめるのは傷に良いことだと思われがちですが、実際はむしろ害になります。傷口から雑菌が入って、感染症を起こすこともあるのです。たいていの犬は、エリザベス・カラーを装着しても、普通に生活できます。傷なめ防止用のテープなどでも、傷をなめたり巻いてある包帯を取ったりするのを防止できるでしょう。

排泄のため犬を外に連れ出すときは、ブーツをはかせるか、包帯の上にビニールのカバーを付け、包帯が汚れたり濡れたりしないようにしましょう。愛犬が包帯をしきりに噛んで引っ張ったり、包帯に臭いや汚れが付いてしまった場合は、できるだけ早く獣医師に相談するようにしましょう。

**目薬をさす**
目薬は、親指と人差し指の間に薬を持って点眼しましょう。点眼後は、瞼を閉じさせて2〜3秒優しく押さえ、できたら愛犬をほめてあげましょう。

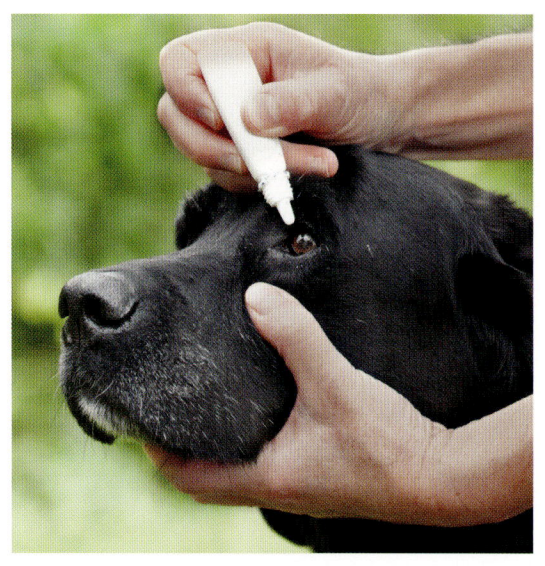

**錠剤、液状の薬を飲ませる**
薬をフードに混ぜるのは、簡単に服用させる方法のひとつです。空腹時に飲ませなければいけない薬、つぶしてはいけない薬などがあるので、獣医師の指示を確認しましょう。1回分を口から直接与えるか、フードに混ぜて飲ませます。

## 投薬

動物病院で処方された薬は、獣医師の指示に従って与えましょう。投薬は子どもにさせず、必ず大人が行います。他のペットが誤って薬を飲まないよう注意してください。薬をフードに混ぜて与える場合は、とくに注意が必要です。抗生剤が出ている場合は、処方された薬を飲み切ることが重要です。液状の薬の場合は、あらかじめ容器をよく振って、薬を完全に混ぜてから与えましょう。

犬が飲み込んだことを確認できるように、薬は口から直接飲ませるのが理想です。難しそうなら、獣医師に相談してみましょう。フードやおやつに混ぜて与えられる薬もあります（空腹時に与えなければいけない場合をのぞく）。錠剤は犬が好きな味が付いている場合をのぞき、砕いてフードに混ぜるのは避けましょう。愛犬がフードを食べようとしなくなれば、薬を飲ませられません。薬を飲んでいて愛犬の胃の調子が悪くなってしまったら（嘔吐や下痢など）、いったん投薬を止めて獣医師に相談しましょう。

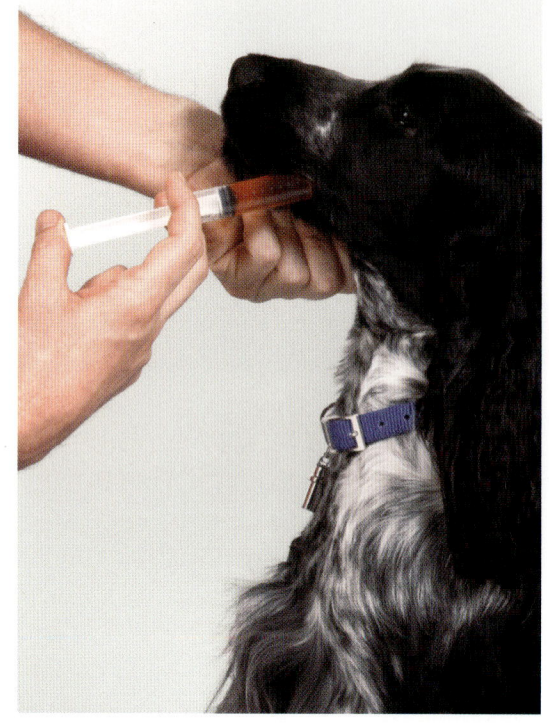

## 食餌と水

愛犬の食器は、食べやすく飲みやすいところに置きましょう。床から少し高さを上げると良いかもしれません。治療の一環で出された療法食を愛犬が食べようとしない場合は、適切な代替食がないか獣医師に相談してみましょう。水分補給のためにすすめられるドリンク剤を飲みたがらないときは、冷やした水または沸かしたお湯をあげたり、フードに水を混ぜてみましょう。

## 休養と運動

手術の後は、休養が必要です。静かで暖かいところにやわらかいベッドを置いて、休ませてあげましょう。家族から離れて静かなところで眠りたい犬もいますし、家族のいるところで休みたい犬もいるので、配慮してください。獣医師からアドバイスがある場合をのぞき、手術後すぐの運動は制限しなければいけませんが、関節や膀胱、腸の働きを促すため、短時間ゆっくりと庭を歩かせることは大切です。

**眠って治す**
手術後、愛犬はいつもより寝ている時間が増えるでしょう。居心地の良い場所で休ませ、回復させてあげましょう。

犬との暮らし方｜応急処置

# 応急処置

犬という動物はもともと探究心旺盛で、私たち人間のように危険を理解できないことがあります。事故が起きるのを完全に防ぐのは不可能ですが、愛犬がケガをしたときなどは救急の措置ができるよう、日ごろから準備をしておきましょう。

## 傷ついた犬への処置

軽いケガならたいていは家庭で処置が可能ですが、大きなケガをした場合は獣医師に診てもらう必要があります。応急処置の基本を理解していれば、獣医師の到着を待つあいだや動物病院に運ぶ前に何らかの処置ができるかもしれません。

応急処置をするときは、口輪が必要なこともあります。痛みや恐怖を感じていると、犬は噛みつくことがあるからです。どうしても必要な場合をのぞき、体は動かさないようにしましょう。

出血している場合、大きな傷からの出血は直接押さえて止めるようにします。ケガをした部分は、できるだけ心臓より上に上げるようにしましょう。

傷ついた犬が意識を失っている場合は、首輪を取り、右側を下にして、頭と頸が体と一直線になる体勢（回復体位）で寝かせます。舌はやさしく引き出して、口の横から外に垂らしておきましょう。

## 傷の手当て

犬が傷を負った場合、けっして自然治癒のみに任せてはいけません。小さな傷でも、感染症の危険があるからです。犬が傷をなめるととくに危険です。愛犬がひどい傷を負った場合は、できるだけ早く獣医師に診てもらいましょう。他の犬やペットにつけられた傷の場合も、同じように感染症の危険がありますので、速やかに獣医師に診てもらうようにしましょう。

小さくて感染症の恐れのないきれいな傷なら、家庭での処置も可能です。生理食塩水（市販の生理食塩水もしくは0.5Lのぬるま湯にティースプーン1杯の塩を溶かしたもの）で傷口をやさしく洗い流し、汚れを落としましょう。できれば包帯をして、傷口を犬がなめないようにしましょう。適当な包帯がない場合、四肢の傷なら靴下やタイツ、胸や腹部の傷ならTシャツで間に合わせ、傷を覆って保護します。包帯を留める際には、安全ピンなどを使わず絆創膏を使いましょう。包帯はきつすぎないように注意し、乾燥した状態を保ちます。また、定期的に交換して傷をチェックしましょう。嫌な臭いがする場合、包帯に分泌物がにじんでいる場合は、必ず獣医師に相談するようにしましょう。

深い傷、広範囲に及ぶ傷は縫合が必要かもしれませんので、急いで獣医師に診てもらわなければいけません。止血のため、できる範囲で包帯を巻きましょう。四肢の傷の場合は傷ついた肢を上に上げ、脱脂綿や布を当てて押さえ、上から包帯を巻きます。止血帯はおすすめできません。傷に異物が付いてしまっている場合は、さらに奥に押し込んでしまわないように十分気をつけます。自分で取りのぞこうとするのはやめましょう。

胸の傷には、生理食塩水または沸騰させて冷ましたお湯に浸した脱脂綿を当て、包帯かTシャツで押さえます。耳介に負った傷からは、犬が頭を振るたびに血が出ることがあります。脱脂綿を傷に当て、耳介を広げて頭に付け、包帯を巻いておきましょう。

アフターケアは傷の性質によって異なります。包帯は獣医師の指示に従い2〜5日おきに交換しなければいけません。包帯は乾いた状態を保つために、犬を外に出す場合は防水性のカバーをしましょう。

## やけど

熱、電気、化学物質が原因で、痛みを伴う、時に深刻な傷を皮膚に負うことがあります。火やアイロンのような熱いものによるやけど、熱い液体によるやけどは、同じように処置します。自分がケガを

**緊急時の耳当て**
耳の傷を保護し、愛犬が掻くのを防止するため、耳介（耳たぶ）を頭にぴったり付けてイヤーバンドをしましょう。古いタイツなどがあれば、適当なイヤーバンドを作れます。

## 足に包帯を巻く方法

やわらかい伸縮タイプの滅菌済み包帯を、足の前側に下向きにあて、足を包んで後ろ側にあて、折ってもう一度足先に下ろして足を包み、足の前側に持っていきます。

脚上から足先に向かって包帯を巻き、下まで巻いたらまた上に向かって巻いていきます。次に、同じ要領で伸縮性のガーゼの包帯を巻きます。

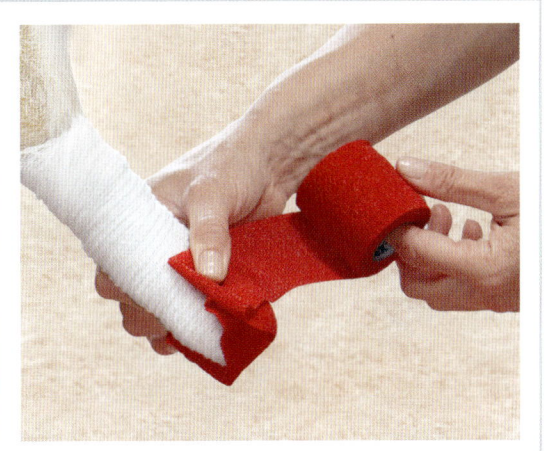

最後に、くっつくタイプの包帯を同じように巻き、しっかり止めるために上の被毛の生えている部分まで持っていきます。

しないように注意しつつ、やけどの原因から犬を離し、獣医師に連絡してアドバイスを求めましょう。火や熱湯によるやけどは見えない深部組織を傷つけていることもあり、深刻な事態になりかねません。安静にして早めに動物病院に連れて行き、鎮痛剤を処方してもらいましょう。やけどが広範囲の場合は、ショック症状の治療が必要かもしれません。

犬が電気コードを噛んで感電し、口の中にやけどをする例もよく見られます。この場合は慌てて犬を離そうとせず、まずは電源を切って犬の処置を行い、急いで獣医師に診てもらいましょう。感電は、危険な合併症を引き起こすこともあります。

### 路上での交通事故

愛犬を事故から守るため、あらゆる予防措置をとりましょう。道路上や道路のそばではつねにリードにつないでおきます。万一事故に遭ってしまったら、助けが到着するまで犬の体を温かくしてあげましょう。愛犬の世話をするために自分が危険な状況に陥らないように注意しましょう。

化学物質によるやけどの場合は、原因の物質にふれないように注意しながら犬の処置を行い、やけどの原因となった物質を特定して書きとめ、急いでかかりつけの獣医師に連絡しましょう。

## 心肺蘇生

犬に心肺蘇生が必要な場合は、飼い主が冷静でいることが重要です。獣医師に電話をしてアドバイスをもらうか、できれば誰か他の人に電話をしてもらい、あなたは急いで犬を回復体位で寝かせます。

犬が呼吸をしていない場合は、人工呼吸を行います。犬の胸壁の上、肩のすぐ後ろの位置で両手を重ね、3～5秒ごとに下側に強く押し、1回押すごとに胸郭がはね返るようにします。この一連の動作を、犬の自発呼吸が戻るまで続けます。

太もも内側の脈にさわって血液循環の確認を行い、前肢の肘のすぐ後ろ、胸の横側にふれて心拍を確認しましょう。心臓が止まっている場合はすぐに心臓マッサージを始めます。小型犬の場合は片手の指を犬の胸の上、肘のすぐ後ろのあたりに置き、もう一方の手で背骨を支えながら、1秒に2回の割合で圧力をかけます。

中型犬の場合は手のひらの付け根が犬の胸の上、肘のすぐ後ろに来るように片方の手を置き、その上にもう一方の手を乗せて、1分間に80～100回くらい下に押します。

大型犬や肥満した犬の場合は、できれば頭が体より低くなるようにして仰向けにし、胸の上、胸骨の下のあたりに片方の手を置き、もう一方の手をその上に置いて、1分間に80～100回くらいの割合で、犬の頭のほうに向かって圧力を加えます。

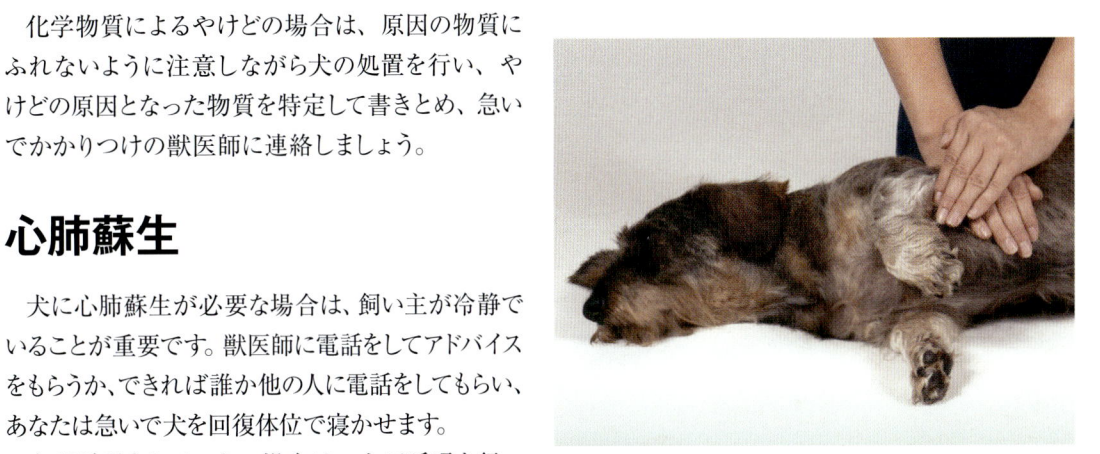

**心肺蘇生**
犬の心臓が止まってしまった場合、蘇生するかどうかは心停止後2～3分以内に蘇生を始められるかどうかに左右されます。心臓マッサージは簡単な技術ですが、血液を循環させ、時に命を救うことにもつながります。

15秒ほど心臓マッサージをしたら、脈を確認しましょう。心拍が戻っていなければ、脈を感じられるまで心臓マッサージを続けます。

## 窒息・食中毒

口に入れられるものなら何でも噛み、食べられそうなものは何でも食べるのは、犬が生まれ持った性分ですが、このために犬は時に厄介な事態に陥ります。愛犬がそうなったら、すばやい対処が必要です。犬はあらゆるものでのどを詰まらせます。骨、ローハイド（牛皮）のチューイング・ガム、子どものおもちゃも危険性があります。口の中に物が詰まってしまうと、犬はよだれを垂らしたり、必死になって前肢で口を引っかいたりします。気道が

ふさがっている場合は、呼吸困難に陥るかもしれません。

詰まったものを愛犬の口から自分で取り出そうとするのは、噛まれる心配がなく、詰まったものをさらに奥に押し込んでしまう危険性がない場合だけにしましょう。詰まったものを取り出すのがさらに難しくなるような心配がないなら、口を閉じないように上下の顎の間に何かを入れておくのは良いアイデアです。ゴムのような弾性のあるものかやわらかい布であれば、歯へのダメージを防げて理想的です。口輪はけっして使ってはいけません。

詰まったものを取り出せない場合や口に傷がついている恐れがある場合は、すぐに動物病院へ連れて行きましょう。

愛犬が飲み込んではいけないものを飲み込んでしまったら、かかりつけの獣医師に連絡してアドバイスをもらいましょう。ごく小さなものなら問題なく排泄されることもありますが、大きなものは取り出す必要があるかもしれません。なるべく、腸に入ってしまう前に胃から取り出します。

食中毒は、犬が犬用の食べ物以外のものをあさっていてよく起こります。愛犬が何か危険なものを食べてしまった心配があるとき、あるいは嘔吐や下痢が収まらずしつこく続くときは、食べたかもしれないもののパッケージなどを取っておき、かかりつけの獣医師に連絡しましょう。

わずかでも愛犬が食べてしまう危険性のあるものは愛犬の届かないところに片づけておくなど、ふだんから予防策を講じましょう。薬剤は人間用、動物用ともすべて注意が必要です。不凍液（エチレン・グリコール）は甘い味がしますが、腎不全を起こします。庭によくありそうな除草剤やナメクジ駆除剤、家庭用洗剤も例外ではありません。ただし、そういった危険なものをすべて犬が近づけない戸棚の中に保管していても、水を流す度に薬剤が流れ出るようになっているトイレの水を、愛犬が飲んでしまうようなこともあるので注意が必要です。

ネズミ駆除のためのおとりの餌は、犬がけっして近寄れないところで使用や保管をしましょう。殺鼠剤の多くは血液凝固プロセスに不可欠なビタミンKの働きを妨げ、皮下出血の原因となりますが、皮下出血はすぐには気づきません。愛犬が殺鼠剤、あるいは殺鼠剤を食べたネズミを食べてしまった、もしくは食べたことが疑われる場合は、殺鼠剤のパッケージを持ってかかりつけの獣医師のところに直行しましょう。

チョコレートは犬が欲しがる食べ物ですが、カカオ含有量の高いものは犬が中毒を起こすことがあります。タマネギ、ニンニク、ワケギを含むタマネギの仲間も、犬にとって有毒です。一般的に、犬のサイズが小さければ小さいほど少しの量で中毒を起こしやすくなります。ブドウは、フレッシュ、ドライ（レーズンなど）のどちらも犬に対して毒性を持つと考えられています。

## 噛傷・刺傷

犬は探究心旺盛で、何でも匂いを嗅ぎます。そのため、毒を持つ動物や昆虫に頭や足を噛まれたり刺されたりすることがよくあります。

ハナバチ、スズメバチなどは、屋内でも屋外でも犬がよく出くわします。愛犬がもしハチに刺されてしまったら、急いでその場から移動させ、さらに刺されるのを防ぎましょう（スズメバチは繰り返し刺す傾向があります）。さらに被毛の中に埋もれた虫がいないかどうか確認し、刺されたところを特定します。ミツバチに刺された場合は針が体に残っているので、毒嚢を押しつぶさずに抜けるようであれば、慎重にピンセットで抜きましょう。重炭酸ソーダ入りの水溶液（ミツバチに刺された場合）、もしくは酢（スズメバチに刺された場合）で刺されたところを洗い流し、抗ヒスタミン軟膏を塗って、犬がなめないように塗ったところを覆っておきましょう。痛みがひどい場合や状態が悪くなるようなら、動物病院に連れて行きましょう。口の中を刺された場合、激しいアレルギー反応（P345）が現れた場合は緊急事態です。

愛犬が毒性を持つヒキガエルに出会うこともあるかもしれません。ヒキガエルは、皮膚腺から毒を分泌します。ヒキガエルをなめたりくわえたりすると、毒素が体内に入ってしまうことがあり、犬は大量によだれを垂らしたり不安そうに見えるようになります。口の中を水でよく洗い、心配な場合は

**ゴミあさり**
食べ物に関連した犬の問題に、ゴミあさりがあります。ペダルを踏んでふたを開けるタイプのゴミ箱など、探究心旺盛な愛犬の鼻に負けないゴミ箱を使いましょう。

**危険な骨のおやつ**
小さい骨は口蓋や歯の間に引っかかり、犬が窒息する危険を招いたり、破片を飲み込んで食道につかえてしまうことがあります。

**茂みに潜む危険**
伸びた雑草の中には、刺したり噛んだりする昆虫や毒を持つヘビなどの危険が潜み、探検中の犬が鼻を突っ込むと姿を現すことがあります。愛犬が噛まれたり刺されたりした場合はすぐに手当てをし、動き回らず静かにさせておきましょう。

### アナフィラキシー・ショック

ある犬が非常に敏感に反応する物質があり、その物質にさらされた直後に非常に激しいアレルギー反応を示すことがまれにあります。ハチの毒はその例ですが、とくに複数回刺された場合に危険性が高まります。「アナフィラキシー・ショック」と呼ばれるこの激しいアレルギー反応は、命にかかわることがあります。アナフィラキシー・ショックの初期症状には嘔吐や興奮性があり、急速に呼吸困難、虚脱、昏睡状態に発展し、死に至ることもあります。アナフィラキシー・ショックに陥った犬を助けるためには、獣医師による速やかな処置が必要で、ただちに動物病院に連れて行かなければなりません。

かかりつけの獣医師に相談しましょう。

毒ヘビの被害は世界中で見られます。毒性はヘビの種類、体に入った毒の量、噛まれた場所によって異なります。蛇に噛まれた場合、症状は2時間以内に急速に現れます。たいていは噛まれたところに刺創が見え、腫れと痛みが出ます。蛇に噛まれると無気力になることがありますが、他にも心拍数が上がる、パンティング（ひどく喘ぐ）、体温が異常に上がる、色の薄い粘膜が見られる、ひどくよだれを垂らす、嘔吐するなどの症状が見られます。重症の場合は、ショック状態や昏睡状態に陥ることもあります。すばやい対応が重要ですので、すぐに動物病院に連れて行きましょう。

## 熱中症・低体温症

犬は体温が上昇しても、人のように汗をかいて体温を下げることができません。気温の高い日に車の中や暑い室内に閉じ込められると、あっという間に熱中症になってしまいます。水が飲めない状態なら、さらに危険です。体温調節機能が停止してしまう危険な状態になると、緊急で獣医師の手当てを受けなければ、20分ほどで死亡してしまうこともあります。熱中症にかかると、パンティング、ぐったりする、口の中が鮮紅色になるなどの症状が現れ、急速に衰弱して虚脱状態に陥り、昏睡状態を経て最終的には死に至ります。まずは犬を涼しいところに移し、濡れたシートやタオルを体にかぶせるか、冷たい水を入れた浴槽に浸けるかホースで水をかけるかの処置をします。氷のうや扇風機も役に立つでしょう。

熱中症は、飼い主が愛犬を車に置き去りにすることでよく起こります。窓を開けておくだけでは十分ではなく、日陰に駐車していても危険です。車の中に複数の犬がいる場合や運動直後で犬の体温がすでに上がっている場合は、リスクがさらに高くなります。

熱中症と逆の症状が低体温症で、体の中心部の体温が危険なほど低いレベルに下がった状態です。冬にすき間風の入る犬舎に閉じ込められたり、気温の低い日に暖房の効いていない車や部屋に置き去りにされたり、冬に池や湖に入ったりすると、低体温症になることがあります。子犬やシニア犬はとくに危険です。低体温症になった犬は体が震え、動きが硬くなり、無気力に見えます。体に毛布をかけて少しずつ温め、獣医師に診せましょう。動物病院では温かい液を直接静脈に注入し、ショック症状の治療が行われます。

## てんかん発作

けいれんや発作は、脳の異常な活動が原因で起こります。若い犬の場合はてんかんが原因であることが多く、シニア犬の場合はいろいろな原因があり得ますが、脳腫瘍の可能性もあります。愛犬が発作を起こしたら、発作が起きたタイミングと、起きたときの状況に関連する情報（たとえばテレビはついていたか、食餌や散歩の直後だったかなど）を記録しておきましょう。

発作は犬がまどろんでいるときに起こることがあり、震えやけいれんなどの症状があります。突然横に倒れ、まるで走っているかのように手足をバタバタさせることもあります。発作は数秒から数分続きます。発作が起こっている間や収まりつつあるときは、犬が攻撃的になることもあります。

数時間、あるいは数日の間に繰り返し発作が起きることもあります。より心配なのは、繰り返し発作が起こり、発作と発作の間に犬の意識が完全には戻らず、もうろうとしている場合です。この状態はてんかん重積状態と呼ばれる緊急事態で、速やかに獣医師に診てもらわなければいけません。

てんかんの治療にはさまざまな薬物が使われますが、発作を抑えるのに適切な容量であることを確認するため、モニタリングが必要です。

**熱中症の危険**
たとえ窓が開いていても、車の中は急速にオーブンのように熱くなることがあり、閉じ込められれば犬は熱中症の危険にさらされることになります。外がそれほど極端な暑さでなくても危険です。

犬との暮らし方 | ブリーディング（繁殖）

# ブリーディング（繁殖）

愛犬に子犬を生ませたいと思うこともあるかもしれませんが、軽々しく決断してはいけません。費用と時間がかかるばかりでなく、保護犬があふれるこの世界に、さらに犬を増やすということにもなるのです。

## 〝理由〞を考える

愛犬に子犬を生ませる前に、生ませたいと思う理由をゆっくり、そして真剣に考えてみましょう。子犬は愛らしいものですから、イメージに夢中になるのは簡単です。しかし生まれた子犬をすべて世話するのは、現実には途方もなく大変なこと。事前にしっかり調べて慎重に計画を立て、評判のよいプロのブリーダーにも相談しましょう。愛犬の出産は行わないという結論に達したら、不妊手術をするのがよいでしょう。

## 妊娠と産前のケア

犬の妊娠期間は63日間ですが、実際の出産は予定日から前後することがあります。かかりつけの獣医師には、交配したことを早めに伝えておきましょう。獣医師からは、妊娠期間中の貴重なアドバイスが受けられ、母犬から子犬に寄生虫をうつすことがないよう、母犬に寄生虫が付かないようにするための方法も、教えてもらえるはずです。

妊娠初期のうちは愛犬の食餌量を増やす必要はありませんが、6週目くらいから毎週10％ほどずつの割合で増やしていきます。この時期になると、必要な運動量も変わってきます。短めの散歩を頻繁にして、激しい運動は避けてください。

## 出産

余裕があるうちに、お産の場所を準備します。どこにするかは重要な問題。愛犬が安心でき、生まれた子犬が家庭の日常の音に慣れるよう、産室は室内にするべきでしょう。とはいえ、子犬が生まれてからあまり人の行き来がない奥まったところに設置する必要もあります。また、温かく湿気が少なく、静かですき間風の入らない状態を保たなければいけません。産箱自体は市販のものでも自分で作ってもかまいません。

出産のことを考えると気が気ではないかもしれませんが、通常は問題が起きることはあまりありません。順調なお産のために重要なのは、何が起こるのかを理解し、問題が起こった場合に対処できるように準備をしておくことです。妊娠した犬の行動には大きな個体差がありますが、出産間近であることを示す兆候があります。出産のおよそ24時間前になると、子宮が子犬を出す準備を始めるために感じる不快感で、母犬は落ち着きがなくなります。食べることを拒み、呼吸がとても深くなり、産箱のベッドを引っかいたり掘ったりします。そのときのために、破ける紙を入れておくのもよいでしょう。出産直前になると静かになり、母犬が第1子を押し出そうとするとお腹の周りの筋肉が収縮するのがわかります。次の子犬が出てくるまで待っている間、生まれた子犬には乳を飲むように促し、母犬には子犬の面倒を見るように促します。最後の子犬が出てからある程度時間が経ち、母犬がリラックスして子犬の世話を始めたら、出産は終了です。

## 産後のケア

出産が無事終わったら、次は産後の母犬に必要なものがそろい、子犬が最善のスタートを切れる環境を作ることに、集中しましょう。

授乳には膨大なエネルギーが必要で、母犬は出

**自然分娩**
分娩が済むと母犬は子犬を包む羊膜を取り、へその緒を噛み切ります。子犬の体を切ってしまいそうなとき、あるいはへその緒をあまりに強く引っ張っている場合は手助けを。

**産室**
愛犬が産室でリラックスできるよう、時間をかけてしっかりと準備を。あなたが愛犬と一緒に産室に入ることにも慣らします。産箱には愛犬のお気に入りのおもちゃや毛布を入れておき、魅力的な場所にしてあげましょう。

# ブリーディング（繁殖）

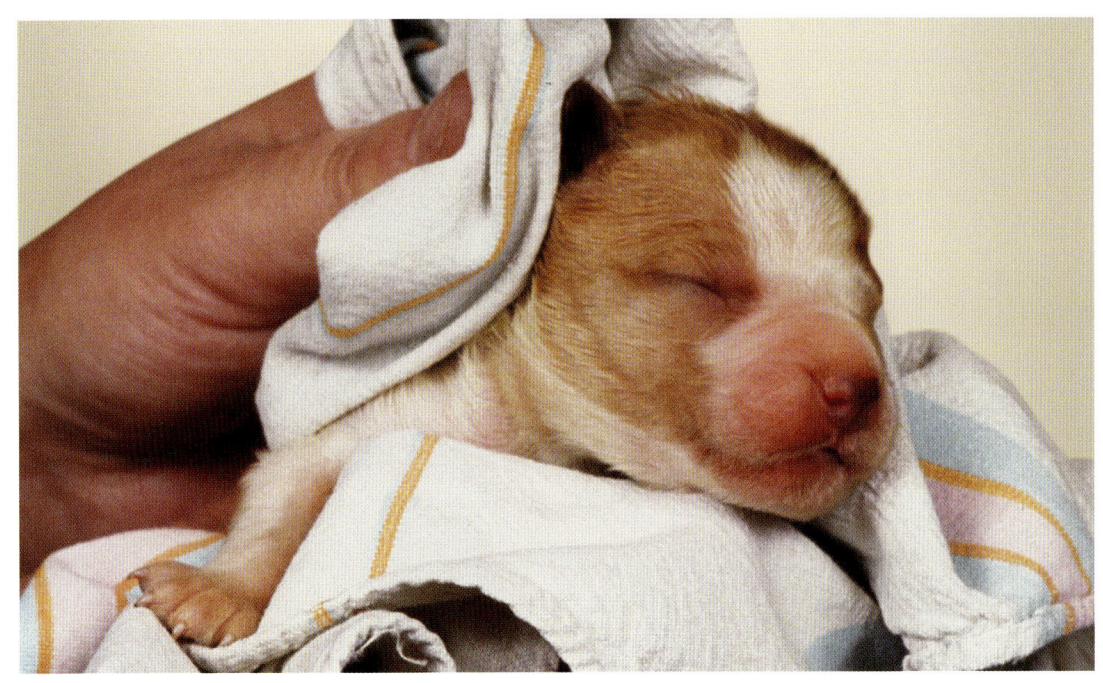

**生まれた子犬**
生まれて来た子犬は状態を確認後、きれいなタオルでふいて乾かして、すぐに母犬のところに戻してあげましょう。

**トイレのしつけ**
あちこちで排泄されると困ります。新聞紙の上で排泄するようにしつけておけば、新しい飼い主はトイレのしつけが格段にやりやすくなるはずです。

### 子犬の新しい家

繁殖の計画や子犬の世話に相当な時間をつぎ込み、子犬にはとても愛着がわいているでしょう。子犬が最良の家庭に行くようにできるだけのことをするのも、あなたの大事な仕事です。

- ケネルクラブや他の犬種クラブに連絡し、広告を検討。かかりつけの動物病院でも宣伝させてもらえる可能性あり
- 新しい飼い主が決まったらそれぞれの飼い主に会って知り合いになり、子犬がそれぞれの家庭環境にすんなり入れるように準備
- 新しい飼い主にはできるだけ子犬を訪ねるようにすすめ、多くの情報を提供して子犬を迎える準備の手助けを。飼育やトレーニングについて、一般的なことと犬種に特有なことを両方伝える

産前のおよそ2倍のカロリーを摂取する必要があります。また、食餌は少しずつにして回数を増やさなければなりません。水もたくさん飲むでしょう。子犬のそばを離れることを嫌がるので、食餌は産箱で与えます。運動は不要で、1日に数回排泄のために少しだけ外に出してあげるくらいで十分です。母犬には母性本能がありますので、飼い主が子犬にしてあげなければいけないことは、最初のうちはそれほどありません。健康で順調に体重が増え、それぞれが母犬の初乳を多少飲むことを確認する以外は、邪魔をしないようにしましょう。初乳は子犬に大事な抗体を移行するためのもので、健康に過ごすためには不可欠です。2週間ほどしたら、子犬が乳を飲むときに母犬の皮膚を傷つけないよう、子犬の爪を切ってあげましょう。

## 子犬の世話

生後2〜3週間経つと、子犬の世話はフルタイムの仕事になります。この時期は子犬にとって最も重要で、してあげなければいけないことは山のようにあります。

子犬にはほどなく歯が生え始めます。歯が生えたら食餌に固形食を加え、乳歯が生えるのを促すために噛むおもちゃを与えましょう。固形食の導入はゆっくり行い、子犬の体が消化に慣れるように、最初はごく少量にします。子犬に必要な栄養素がバランスよく配合されたカロリーの高い子犬用フードを与えるようにしましょう。

このころにいくつかの簡単なルールを教えておくことは、精神的に安定し自信のある子犬になるか、それとも将来問題行動を抱えそうな子犬になるかの大きな分岐点です。新しい飼い主のところに行く前に新聞の上にだけ排泄するようにトレーニングすることは十分可能。それができれば、新しい飼い主のトイレのしつけはかなりやりやすくなるはずです。さらに、毎日それぞれの子犬と一緒に過ごせば、子犬はさわられることに慣れ、「オスワリ」などいくつかの簡単な動作をコマンドで行えるようになるでしょう。

この時期のトレーニングで最も重要なのは、子犬にできるだけ多くの日常を経験させることです。家族の活動にも参加させ、あらゆる年齢の人に適応できるようにすることも大切。子犬の多くは一般家庭に行くことになるでしょうから、最初の数週間に家庭で経験するだろうあらゆる種類の音や景色に慣らしておくことが必要です。生後2〜3週のころは、ほんの少し励ましてあげるだけで新しい経験を喜んで受け入れます。こういった社会化の経験がうまくいけば、自信のある若犬に育っていくことでしょう。

# 用語解説

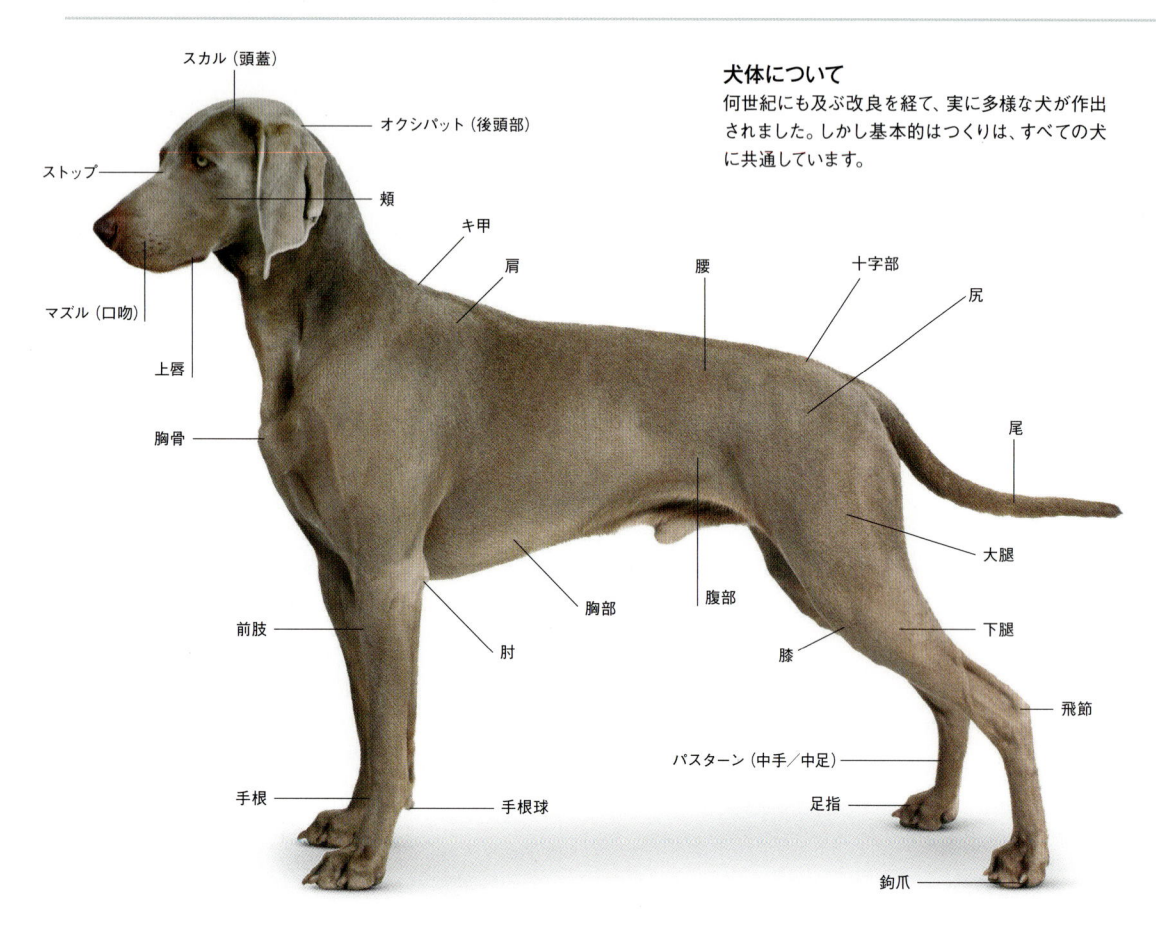

## 犬体について
何世紀にも及ぶ改良を経て、実に多様な犬が作出されました。しかし基本的はつくりは、すべての犬に共通しています。

画像ラベル：スカル（頭蓋）、オクシパット（後頭部）、ストップ、頬、キ甲、肩、腰、十字部、尻、マズル（口吻）、上唇、胸骨、尾、大腿、胸部、腹部、下腿、前肢、肘、膝、飛節、パスターン（中手／中足）、手根、手根球、足指、鉤爪

**顎ひげ（ビアード）** 顎に生えた毛量の多いひげ。ワイアー・ヘアーの犬種では粗い毛質。

**アンダー・コート（下毛）** 羊毛のような、やわらかい下の層の被毛。トップ・コートとともに防寒の役割を果たす。

**アンダーショット** 下顎が上顎よりも突き出ている状態。ブルドッグなどに見られる。

**アーモンド・アイ** アーモンド形の目。コーイケルホンディエやイングリッシュ・スプリンガー・スパニエルなどの犬種に見られる。

**イザベラ** ベルガマスコやドーベルマンなどいくつかの犬種に見られる、フォーンの毛色の一種。

**エレクト・イヤー（立ち耳）** まっすぐぴんと立ち上がり、先端がとがっているか丸みを帯びている耳。

**オッター・テイル** カワウソのような尾で、根元が太く先細りになっている。ラブラドール・レトリーバーなどに見られる尾。

**キ甲** 頸と背が交わる、肩の一番高い部分。犬の体高は地面からキ甲までを垂直に計測した長さ。

**キャンドル・フレーム・イヤー** キャンドル・フレーム（ろうそくの炎）のような形の長くて幅の狭い立ち耳。イングリッシュ・トイ・テリアなどに見られる。

**グリズル** 白と黒が混じり合い、ブルー・グレー（青灰色）あるいはアイアン・グレー（灰白色）のような色合いに見える被毛。テリアで見られることが多い。

**グリフォン（仏語）** 粗い被毛、もしくはワイアー状の被毛を指す。

**グループ** 犬種は主にイギリスのケネルクラブ（KC）、国際畜犬連盟（FCI）、アメリカンケネルクラブ（AKC）によりさまざまなグループに分類される。犬種の機能や用途によるおおまかなグループだが、分類の仕方はすべて異なる。グループの数、名称、そして犬種として公認された犬や各グループに含まれる犬もそれぞれで異なる。

**ケープ** 肩を覆う厚い被毛。

**コンフォメーション（犬体構成）** 犬体各部のバランスで決まる、犬の全体的・外見的印象。

**胡麻（セサミ）** 黒と白が同じ割合で混じり合った毛色。黒胡麻では黒い毛が優勢。赤胡麻では赤が主体で黒の毛が混じり合う。

**サドル** 背に広がる色のダークな部分。馬でいうところの「鞍」をのせる位置。

**シザーズ・バイト（鋏状咬合）** 中頭・長頭の犬の、通常の噛み合わせ。口を閉じたときに、上の切歯（前歯）の内側が下の切歯の外側に接する。

**シクル・テイル（鎌尾）** 背上で半円状（鎌状）に保持される尾。

**尻** ちょうど尾の付け根の上に当たる背の部分。

**スタンダード（犬種標準）** ブリード・スタンダード。犬種に関する詳細な規定。外見、許容される毛色、マーキング、体高・体重の幅などが明確に決められている。

**ストップ** マズルと額の間（両目の中間）にあるくぼみ。ボルゾイなどの長頭種ではストップはほとんどない。アメリカン・コッカー・スパニエルやチワワのような、短頭でドーム形の頭を持つ犬種では、深く非常にはっきりしている。

**スプーンのような足（スプーン・ライク・フィート）** 猫足に似ているが、中指が外側の指よりも長いために形がより楕円形に近い。

**セーブル** 明るい褐色の地色に、毛先が黒い被毛が重なる毛色。

**タック・アップ** 腹部が後躯に向かって巻き上がっている部分。グレーハウンドやウィペットなどの腹部が典型的。

**ダップル** 明るい地色に色の濃い斑が入った毛色。通常はショート・ヘアーの犬種の被毛についてのみ使われる。ロング・ヘアーの犬の場合は「マール」といわれる。

**ダブル・コート** 2層になった被毛。防水性のあるトップ・コートの下に保温性のあるアンダー・コートがある。

**短頭** マズルを短くした結果、幅と長さが同じくらいになった頭部。ブルドッグやボストン・テリア、パグなどに見られる。

## 用語解説

**断耳された耳（クロップト・イヤー）** 手術で耳朶の一部を切り取ったことで、先がとがって立ち上がった耳。現在はイギリスをはじめヨーロッパの一部の国で禁止されているが、断耳する場合は通常生後10〜16週の子犬のうちに行う。

**断尾された尾（ドックト・テイル）** 断尾がスタンダードに規定されている犬種で、決められた長さにすること。通常生後2〜3日の子犬に対して行われる。イギリス及びヨーロッパの一部の国では、ジャーマン・ポインターなどの作業犬をのぞき禁止されている。

**中頭** 長さと幅の比率が短頭と長頭の中間くらいの頭の形。ラブラドール・レトリーバー、ボーダー・コリーなど。

**長頭** 長く幅の狭い頭部。ストップは非常に浅い。ボルゾイはその一例。

**デューラップ** しわになってゆるく垂れ下がったのどの皮膚。ブラッドハウンドのように頸の皮膚が垂れ下がっている場合もある。

**トップ・コート（上毛）** 上側の被毛。オーバー・コート。

**トップノット** 頭頂部にある長い房状の毛。

**トップライン** 耳〜頸〜背〜腰〜尾のライン（側望時）。

**トライカラー** 3色のはっきりした斑がある毛色。通常はブラック＆タン＆ホワイト。

**ドロップ・イヤー（垂れ耳）** 付け根から垂れ下がった耳。レトリーバーなど多くの犬種で見られる耳のタイプ。

**軟骨形成不全症** ドワーフィズム（小人症）の一種で四肢の長骨が外側に曲がっている状態。遺伝子の突然変異で起こるが、このタイプの選択的繁殖が行われ、ダックスフンドのような短足の犬種が作出された。

**猫足（キャット・ライク・フィート）** 丸くて指が引き締まったコンパクトな足。猫の足に似ている。

**バイカラー** 基本の色にホワイトの斑（パッチ）が入った毛色。基本の色は問わない。

**パスターン（中手／中足）** 四肢の下部。前肢は手根骨の下(中手)、後肢は飛節の下(中足)を指す。

**パック（群れ）** 一緒に狩りをする、セントハウンドや一部のテリアの群れのこと。

**ハックニー・ゲイト** ミニチュア・ピンシャーに見られる歩様で、前肢の先を曲げて高く上げるのが特徴。

**発情期** 生殖周期中、メスが交尾可能な期間の前後3週間。古代犬の発情はオオカミと同様年に1回であることが多い。その他の犬種は通常年2回。

**反対咬合** 上下の切歯（前歯）がしっかり噛み合わず、下顎の切歯が上顎の切歯の前にくる。シザーズ・バイトの逆。

**半立ち耳** 耳の先が前方に傾いている立ち耳。コリーなどに見られる。

**ハールクイン** 毛色の一種。白地に不規則な大きさのブラックの斑がある。グレート・デーンに見られる。

**飛節** 後肢の関節で、人間のかかとに当たる部分。犬はつま先立ちで歩き、人間と比べてかかとが高い位置にあることになる。

**フェザー、フェザリング（飾り毛）** 耳の縁や腹部、四肢の裏側、尾の下側などに見られる飾り毛。

**フォアロック** 耳の間で前に垂れた額の毛。

**不妊・去勢手術** 繁殖を避けるために、犬に行う手術。オスは生後6カ月くらい、メスは最初の発情の3カ月後を目安に手術を行う。

**ブラック＆タン** 毛色の一種。ブラックの地色の特定の部位に規則的にタンが入る。通常はボディがブラックで、四肢の先や頬、目の上などにタンが入る。レバー＆タン、ブルー＆タンの被毛でも同じパターンがある。

**ブラケ** ウサギやキツネなど小型の獲物の追跡を専門とする、ヨーロッパのハウンド名に使われる言葉。

**ブランケット／ブランケット・マーキング（毛布斑）** 背からボディの側面にかけて広がる大きな斑。ハウンドのマーキングの形容によく使われる。

**ブリスケット（胸前、胸部）** 胸の下〜前肢の間の部分。

**フリューズ（垂れ下がった上唇）** 通常はマスティフ・タイプの犬に見られる、肉厚で垂れ下がった上唇のことを指す。

**ブリンドル** 毛色のパターンの一種。より明るいタン、ゴールド、グレー、ブラウンなどの地色に、より濃い色のしま模様が入る。

**ブリーチ** 大腿部に見られる長い飾り毛。キュロットともいわれる。

**ブリード（犬種）** 選択育種・改良によって作られた、同じ外見的特徴を持つ犬。各犬種クラブが作成し、KC、FCI、AKCなど国際的に認められた団体によって承認された「スタンダード（犬種標準）」に従っている。

**ブレーズ** 頭頂部近くからマズルにかけて入る、幅広のホワイトのマーキング。

**ベルトン** 被毛のパターンの一種。ホワイトと色のある毛が混じり（ローン）、斑または小斑（ティッキング）があるように見える。

**ペンダント・イヤー** 付け根から垂れ下がった耳。ドロップ・イヤーの極端な例。バセット・ハウンドなどに見られる。

**ボタン・イヤー** 耳の上部分が目のほうに折れて垂れ下がり、耳の穴を覆っている半立ち耳。フォックス・テリアなどに見られる。

**歩様** 歩き方、四肢の運び方。ウォーク、トロットなど数種類ある。

**マスク** 顔にある色の黒い部分で、通常はマズルと目の周囲に見られる。

**マール** 色の濃い斑が入った大理石模様の被毛。ブルー・マール（青みを帯びたグレーの地色にブラックの斑）が最も一般的。シェットランド・シープドッグなどに見られる。

**ラフ** たてがみのように生えた、頸周りの長く厚い被毛。

**鱗屑（りんせつ）** 体から落ちた角質の小さな薄片。フケ。

**裂肉歯（れつにくし）** ハサミのように肉や皮を切り裂き、骨を噛み砕くために使われる、上顎の第4前臼歯と下顎の第1後臼歯。

**狼爪（ろうそう）** デュークロー。足の内側にある、体重のかからない指。グレート・ピレニーズのように後肢が二重狼爪の犬種も存在する。

**ローズ・イヤー** 外側後方に折りたたまれて外耳道の一部が見える、小さな垂れ耳。ウィペットなどに見られる。

# 犬種名索引

KC（ケネルクラブ／イギリス）、FCI（国際畜犬連盟）、AKC（アメリカンケネルクラブ）という表記は、各団体がその犬種を公認していることを意味します。各団体が同じ犬種を公認していても、この本で使われている犬種名とは別名を使用していることがあります。この索引では、別名とその別名を使う団体も掲載しています。FCIが暫定的に承認している犬種がいくつかありますが、その場合はFCI※で示しています。

（団体名の表記がない場合、原産国のケネルクラブで承認された上で3団体のいずれかで承認作業が進められているものがあります。）

※太字の数字は犬種の主な掲載ページを示します（複数ページに掲載されている場合）。

## あ

アイスランド・シープドッグ（AKC）……………… 120
アイディ（FCI）………………………………………… 68
アイヌ犬………………………………… 110（北海道参照）
アイリッシュ・ウォーター・スパニエル（KC,FCI,AKC）
　………………………………… **228**,229,236,243
アイリッシュ・ウルフハウンド（KC, FCI, AKC）
　……………………………………… 133,**134**,135
アイリッシュ・グレン・オブ・イマール・テリア（FCI）……… 193
アイリッシュ・セター（KC, AKC）
　………………………… 240,**242**,**243**,244,259
アイリッシュ・ソフト・コーテッド・ウィートン・テリア（FCI）
　………… 205（ソフトコーテッド・ウィートン・テリア参照）
アイリッシュ・テリア（KC, FCI, AKC）
　……………………………… 185,199,**200**,205
アイリッシュ・レッド・アンド・ホワイト・セター（KC, FCI, AKC）
　………………………………………………… **240**,243
アイリッシュ・レッド・セター（FCI）
　………………… 242,243（アイリッシュ・セター参照）
秋田（KC, AKC）…………………………………… 99,**111**
アクバシュ……………………………………………… 75
アザワク（KC, FCI）………………………………… 137
アゾレス・キャトル・ドッグ
　…………… 89（カオ・デ・フィラ・サン・ミゲル参照）
アッフェンピンシャー（KC, FCI, AKC）…… **218**,219,266
アッペンツェル・キャトル・ドッグ………………… 71
アトラス・シープドッグ……………… 68（アイディ参照）
アナトリアン・シェパード・ドッグ（KC, AKC）…… 74
アフガン・ハウンド（KC, FCI, AKC）……… 24,125,**136**

アフリカン・ライオン・ドッグ
　………………………… 183（ローデシアン・リッジバック参照）
アメリカン・アキタ（FCI）………………………… 99,**111**
アメリカン・イングリッシュ・クーンハウンド（AKC）…… 159
アメリカン・ウォーター・スパニエル（KC, FCI, AKC）……… 229
アメリカン・エスキモー・ドッグ（AKC）………… 116,**121**
アメリカン・コッカー・スパニエル（KC, FCI, AKC）
　………………………………… 19,**222**,245,290
アメリカン・スタッフォードシャー・テリア（FCI, AKC）………… 213
アメリカン・ディンゴ ………… 35（カロライナ・ドッグ参照）
アメリカン・トイ・テリア
　………………………… 210（トイ・フォックス・テリア参照）
アメリカン・ピット・ブル・テリア ……………… 185,213
アメリカン・フォックスハウンド（FCI, AKC）………… 157
アメリカン・ブルドッグ …………………………… 267
アメリカン・ヘアレス・テリア …………………… 212
アラスカン・クリー・カイ ……………………… 99,**104**
アラスカン・ハスキー
　………………… 104（アラスカン・クリー・カイ参照）
アラスカン・マラミュート（KC, FCI, AKC）…… 12,**102**,103
アラパハ・ブルー・ブラッド・ブルドッグ…………… 88
アリエージュ・ハウンド ………… 162（アリエージョワ参照）
アリエージュ・ポインティング・ドッグ…………… 257
アリエージョワ（FCI）……………………………… **162**,163
アルサシアン …… 43（ジャーマン・シェパード・ドッグ参照）
アルトワ・ハウンド………………………………… 162
アルパイン・ダックスブラケ……………………… 169
アルペンレンディッシェ・ダックスブラケ（FCI）
　………………… 169（アルパイン・ダックスブラケ参照）
アングロ=フランセ・ド・プチ・ヴェヌリー（FCI）……… 154
イースト・シベリアン・ライカ …………………… 108
イエムトフント（FCI）
　………… 109（スウィーディッシュ・エルクハウンド参照）

# 犬種名索引

イスタルスキ・オストロドゥラキ・ゴニッチ（FCI） ········· 149
　（イストリアン・ワイアーヘアード・ハウンド参照）
イスタルスキ・クラトコドゥラキ・ゴニッチ（FCI） ········· 150
　（イストリアン・スムースコーテッド・ハウンド参照）
イストリアン・シェパード・ドッグ ················· 49
イストリアン・スムースコーテッド・ハウンド ············· 150
イストリアン・ワイアーヘアード・ハウンド ············· 149
イスランスクール・フィアフンデュル（FCI）
　···············120（アイスランド・シープドッグ参照）
イタリアン・ヴォルピーノ ························ 115
イタリアン・グレーハウンド（KC, AKC） ············· 127
イタリアン・コルソ・ドッグ ······················· 89
イタリアン・スピノーネ（KC） ············· 245, **250**, 251
イタリアン・ポインター ···· 252（ブラッコ・イタリアーノ参照）
イヌイット・ドッグ
　··············· 105（カナディアン・エスキモー・ドッグ参照）
イビザン・ハウンド（KC, AKC） ············· 24, 29, **33**
イリリアン・シェパード・ドッグ
　························· 48（サルプラニナッツ参照）
イリリアン・ハウンド
　········ 179（ボスニアン・ラフコーテッド・ハウンド参照）
イングリッシュ・コッカー・スパニエル（KC, FCI, AKC）
　························· 221, **222**, 223, 290
イングリッシュ・スプリンガー・スパニエル（KC, FCI, AKC）
　················ 221, 222, **224**, **225**, 226, 241, 295
イングリッシュ・セター（KC, FCI, AKC）
　····························· 19, 234, **241**, 243
イングリッシュ・トイ・スパニエル（AKC）
　················ 279（キング・チャールズ・スパニエル参照）
イングリッシュ・トイ・テリア（KC, FCI）
　························· 12, **211**, 212, 275
イングリッシュ・フォックスハウンド（KC, FCI, AKC）
　············ 22, 139, 145, 152, 154, 155, **158**, 159, 167, 169, 255
イングリッシュ・ポインター（KC, FCI）
　························· 183, 221, 245, **254**, **255**
ヴァージニア・ハウンド
　··· 159（アメリカン・イングリッシュ・クーンハウンド参照）
ヴィズラ（AKC） ······ 246, 247（ハンガリアン・ヴィズラ参照）
ウィペット（KC, FCI, AKC） ············ 23, 125, **128**, **129**, 203
ヴィルラード・ハウンド
　··················· 163（ガスコン・サントンジョワ参照）
ヴェスタヨータスペッツ（FCI）
　··················· 60（スウェディッシュ・ヴァルフンド参照）
ウエスト・シベリアン・ライカ ······················ 108
ウエスト・ハイランド・ホワイト・テリア（KC, FCI, AKC）
　················································· 188

ウエストファリアン・ダックスブラケ（FCI） ············· 169
ヴェッターフーン（FCI）
　················ 230（フリージャン・ウォータードッグ参照）
ウェルシュ・コーギー・カーディガン（KC, AKC） ······· 39, 59, **60**
ウェルシュ・コーギー・ペンブローク（KC, AKC）
　····························· **58**, **59**, 64
ウェルシュ・スプリンガー・スパニエル（KC, FCI, AKC） ···· **226**, 234
ウェルシュ・テリア（KC, FCI, AKC） ············· **201**, 204
ウォーターサイド・テリア ····· 199（エアデール・テリア参照）
ヴォストーチノ・シビールスカヤ・ライカ（FCI）
　················ 108（イースト・シベリアン・ライカ参照）
ヴォルピーノ・イタリアーノ（FCI）
　················ 115（イタリアン・ヴォルピーノ参照）
エアデール・テリア（KC, FCI, AKC） ······· 185, **198**, **199**, 200
エストレラ・マウンテン・ドッグ（KC） ················· 49
エパニュール・ナン・コンチネンタル（FCI）
　································· 122（パピヨン参照）
エパニュール・ピカール（FCI）
　························· 239（ピカルディ・スパニエル参照）
エパニュール・フランセ（FCI）
　························· 240（フレンチ・スパニエル参照）
エパニュール・ブルトン（FCI）
　································· 234（ブリタニー参照）
エパニュール・ポン・オードメール（FCI）
　················ 236, 237（ポン・オードメール・スパニエル参照）
エルデーイ・コポー（FCI）
　················ 178（トランシルバニアン・ハウンド参照）
エントレブッフ・マウンテン・ドッグ（KC） ·············· 71
オーヴェルニュ・ポインター（FCI） ····················· 257
オーストラリアン・キャトル・ドッグ（KC, FCI, AKC）
　································· 39, **62**, **63**
オーストラリアン・ケルピー（FCI） ···················· 61
オーストラリアン・シェパード（KC, FCI, AKC）
　································· **68**, 284, 337
オーストラリアン・シルキー・テリア（KC, FCI） ·········· 192
オーストラリアン・テリア（KC, FCI, AKC） ············· 192
オーストラリアン・ヒーラー
　············ 62（オーストラリアン・キャトル・ドッグ参照）
オーストリアン・ピンシャー ························ 218
オーストリアン・ブラック・アンド・タン・ハウンド ········· 150
オールド・イングリッシュ・シープドッグ（KC, FCI, AKC）
　································· **56**, 283
オールド・イングリッシュ・ブルドッグ ················· 267
オールド・デニッシュ・ポインター ····················· 258
オガル・ポルスキ（FCI）
　································· 178（ポーリッシュ・ハウンド参照）

351

犬種名索引

オッターハウンド（KC, FCI, AKC）……… 139,**142,143**,199
オフチャルカ
　………… 57（サウス・ロシアン・シェパード・ドッグ参照）

# か

カーリー・コーテッド・レトリーバー（KC, FCI, AKC）
　………………………………………… 229,**262**,263
甲斐（FCI）………………………………………… 114
カオ・デ・カストロ・ラボレイロ（FCI）
　………………… 49（カストロ・ラボレイロ・ドッグ参照）
カオ・フィラ・デ・サン・ミゲル（FCI）……………… 89
ガスコン・サントンジョワ（FCI）………………… 163
カストロ・ラボレイロ・ドッグ………………………… 49
カタフーラ・レオパード・ドッグ…………………… 157
カタロニアン・シープドッグ（KC）………………… 50
カ・デ・ブー ……………… 86（マヨルカン・マスティフ参照）
カナーン・ドッグ（KC,FCI,AKC）………………… **31,32**
カナディアン・エスキモー・ドッグ（KC）………… 105
カナリアン・ウォーレン・ハウンド………………… 33
カニシュ（FCI）……………… 229,230,276,277
（スタンダード・プードル、コーデッド・プードル、プードル参照）
カネ・コルソ（AKC）‥ 89（イタリアン・コルソ・ドッグ参照）
カネ・コルソ・イタリアーノ（FCI）
　…………………… 89（イタリアン・コルソ・ドッグ参照）
カネ・ダ・パストーレ・ベルガマスコ（FCI）
　…………………………………… 64（ベルガマスコ参照）
カネ・ダ・パストーレ・マレンマーノ・アブルッツェーゼ（FCI）
　………………… 69（マレンマ・シープドッグ参照）
カフカスカヤ・オフチャルカ（FCI）
　……………… 75（コーカシアン・シェパード・ドッグ参照）
ガルゴ・エスパニョール（FCI）
　………………… 133（スパニッシュ・グレーハウンド参照）
カルスト・シェパード・ドッグ………………………… 49
カルヤランカルフコイラ（FCI）
　……………………… 105（カレリアン・ベア・ドッグ参照）
カレリアン・ベア・ドッグ…………………………… 105
カロライナ・ドッグ………………………………… 29,**35**
カンガール・ドッグ…………………………………… 74
ガンドッグ…………………………………… 220,221
ガンメル・ダンスク・ホンゼホント（FCI）
　………………… 258（オールド・デニッシュ・ポインター参照）
キー・レオ…………………………………………… 278
キースホンド（KC, FCI, AKC）………………… 117
紀州（FCI）………………………………………… 115

キャバリア・キング・チャールズ・スパニエル（KC,FCI,AKC）
　…………………………………………… **278**,279
キルネコ・デルエトナ（KC, FCI）………………… 33
キング・シェパード ………………………………… 40
キング・チャールズ・スパニエル（KC, FCI）
　………………………………… 9,265,278,**279**
クーバース（FCI, AKC）
　……………………… 82（ハンガリアン・クーバース参照）
クラスキ・オフチャル（FCI）
　………………… 49（カルスト・シェパード・ドッグ参照）
グラン・アングロ＝フランセ・トリコロール（FCI）………… 167
グラン・アングロ＝フランセ・ブラン・エ・オランジュ（FCI）
　…………………………………………………… 169
グラン・アングロ＝フランセ・ブラン・エ・ノワール（FCI）
　…………………………………………………… 167
グラン・グリフォン・ヴァンデーン（FCI）……… **144**,145,216
グラン・バセット・グリフォン・ヴァンデーン（KC, FCI）
　…………………………………………………… 148
グラン・ブルー・ド・ガスコーニュ（KC, FCI）
　……………………………… 162,163,**164**,165
クランバー・スパニエル（KC, FCI, AKC）………… 227
グリーク・シープドッグ
　………………… 69（ヘレニック・シェパード・ドッグ参照）
グリーンランド・ドッグ（KC）………… 19,24,99,**100**,105
グリフォン・ダレー・ア・ポワール・デュール・コルトハルス
（FCI）………… 249（コルトハルス・グリフォン参照）
グリフォン・ニヴェルネ（FCI）……………………… 145
グリフォン・フォーヴ・ド・ブルターニュ（FCI）…… **144**,149
グリフォン・ブルー・ド・ガスコーニュ（FCI）
　………………… 163（ブルー・ガスコーニュ・グリフォン参照）
グリフォン・ベルジュ（FCI）
　………………… 266（ブリュッセル・グリフォン参照）
グリュンランツフント（FCI）
　…………………… 100（グリーンランド・ドッグ参照）
グレート・スイス・マウンテン・ドッグ（KC, AKC）……… 74
グレート・アングロ＝フレンチ・トライカラー・ハウンド
　…… 167（グラン・アングロ・フランセ・トリコロール参照）
グレート・アングロ＝フレンチ・ホワイト・アンド・オレンジ・ハウンド
　…… 169（グラン・アングロ・フランセ・ブラン・エ・オランジュ参照）
グレート・アングロ＝フレンチ・ホワイト・アンド・ブラック・ハウンド
　…… 167（グラン・アングロ・フランセ・ブラン・エ・ノワール参照）
グレート・スイス・マウンテン・ドッグ（KC, AKC）…… 74
グレート・デーン（KC, AKC）
　………………… 11,46,90,94,**96,97**,135,183
グレーハウンド（KC, FCI, AKC）
　……11,12,93,97,124,125,**126**,128,130,132,176,255,305

# 犬種名索引

グレン・オブ・イマール・テリア (KC, AKC) ……… 193
クロアチアン・シープドッグ …………………………… 48
グローサー・シュヴァイツァー・ゼネンフント (FCI)
　　　　 74（グレート・スイス・マウンテン・ドッグ参照）
グローサー・ミュンスターレンダー・フォルステフント (FCI) …235
グローネンダール (KC) ……………………………… 41
クロノゴルスキー・プラニンスキー・ゴニッチ (FCI)
　　　　 179（モンテネグリン・マウンテン・ハウンド参照）
クロムフォルレンダー (FCI) ……………………… 216
ケアーン・テリア (KC, FCI, AKC) ……… 185,188,**189**,192
ケリー・ブルー・テリア (KC, FCI, AKC) ……… **201**,205
コーイケルホンディエ (KC) ……………………… **238**,244
コーカシアン・シェパード・ドッグ ………………… 75
コーシング ……………………………………………… 24
コーデッド・プードル ………………………………… 230
ゴードン・セター (KC, FCI, AKC) ……………… **240**,243
ゴールデン・レトリーバー (KC, FCI, AKC) ……… **259**,294
ゴールデンドゥードル ……………………………… 288,**294**
交雑種（異犬種交配） ………………………………… 288,289
ゴス・ダトゥラ・カタラ (FCI)
　　　　　 50（カタロニアン・シープドッグ参照）
コッカー・スパニエル (AKC)
　　　　 222（アメリカン・コッカー・スパニエル参照）
コッカープー ………………………………………… 290
コトン・ド・テュレアール (KC, FCI) ……………… 271
コモンドール (KC, FCI, AKC) ……………… 19,**66**,67
コリア・ジンドー・ドッグ（珍島犬）(KC, FCI) … 114
コリー (AKC) ………………………… 52（ラフ・コリー参照）
コルシカ ……………………………………………… 69
コルトハルス・グリフォン (KC) …………………… 249
コンパニオン・ドッグ ……………………………… 265

# さ

ザーパドノ・シビールスカヤ・ライカ (FCI)
　　　　　 108（ウエスト・シベリアン・ライカ参照）
サーロス・ウルフドッグ …………………………… 40
サーロス・ウルフホンド (FCI)
　　　　　 40（サーロス・ウルフドッグ参照）
サイトハウンド ……………………………………… 124,125
サウス・ロシアン・シェパード・ドッグ …………… 56,**57**
サセックス・スパニエル (KC, FCI, AKC) ……… 223,**226**
サモエド (KC, AKC) ………………………… **106,107**,115
サルーキ (KC, FCI, AKC) ……………………… 11,125,**131**
サルプラニナッツ …………………………………… 48
サン・ジェルマン・ポインター …………………… 256
サン・ミゲル・キャトル・ドッグ
　　　　　 89（カオ・フィラ・デ・サン・ミゲル参照）
シー・ズー (KC, FCI, AKC) ……………… 269,**272,273**
シーリハム・テリア (KC, FCI, AKC) ……… 186,**189**,293
シェットランド・シープドッグ (KC, FCI, AKC) …… **55**,337
シェンシー・ドッグ ………………………………… 31
四国 (FCI) …………………………………………… 114
柴 (FCI) ……………………………………………… 114
シベリアン・ハスキー (KC,FCI,AKC) …… 24,98,99,**101**,104
シマロン・ウルグアージョ (FCI ※)
　　　　　　 87（ペロ・シマロン参照）
シャー・ペイ (KC, FCI) ……………………………… 84,85
ジャーマン・ウルフスピッツ ……………………… 115,**117**
ジャーマン・シェパード・ドッグ (KC, AKC)
　　　　　 9,38,40,**42,43**,61,109,176
ジャーマン・スパニエル …………………………… 223
ジャーマン・スピッツ (KC) ………………………… 116
ジャーマン・ハウンド ……………………………… 169,**172**
ジャーマン・ハンティング・テリア ……………… 204
ジャーマン・ピンシャー (KC, AKC) ………… 176,217,**218**
ジャーマン・ポインター (KC, AKC)
　　　　　 11,220,221,235,**245**,249
ジャイアント・シュナウザー (KC, AKC) ……… **46**,200
ジャック・ラッセル・テリア (FCI)
　　　　　 21,184,185,194,**196**,210
シャン・ド・モンターニュ・デ・ピレネー (FCI)
　　　　　 78（ピレニアン・マウンテン・ドッグ参照）
シュヴィーツァー・ニーダーラウフフント
　　　　　 174（ニーダーラウフフント参照）
シュヴィーツァー・ラウフフント …… 173（ラウフフント参照）
シュタバイフーン (FCI)
　　　 239（フリージャン・ポインティング・ドッグ参照）
シュナウザー (KC, FCI) ……………………… **45**,46,219
ショロイツクインツレ (FCI)
　　　　　 37（メキシカン・ヘアレス・ドッグ参照）
シラーシュトーヴァレ (FCI) ……………………… 155
スイス・ハウンド ……………………… 173（ラウフフント参照）
スイス・ビーグル ……………………… 173（ラウフフント参照）
スウェディッシュ・ヴァルフンド (KC, AKC) …… 60
スウェディッシュ・エルクハウンド ……………… 109
スウェディッシュ・フォックスハウンド
　　　　　 155（ハミルトンシュートヴァレ参照）
スウェディッシュ・ラップフンド (KC) …………… 109
スヴェンスク・ラップフント (FCI) ……………… 109
スオメンアヨコイラ (FCI)
　　　　　 156（フィニッシュ・ハウンド参照）

353

## 犬種名索引

スオメンピュスティコルヴァ（FCI）
　……………………… 108（フィニッシュ・スピッツ参照）
スオメンラピンコイラ（FCI）
　……………………… 109（フィニッシュ・ラップフンド参照）
スカイ・テリア（KC, FCI, AKC） ……………… 217
スキッパーキ（KC, FCI, AKC） ………………… 117
スコティッシュ・テリア（KC, FCI, AKC） …… 189
スタッフォードシャー・ブル・テリア（KC, FCI, AKC）
　………………………… 185,**214,215**,292,305
スタンダード・シュナウザー（AKC） ……… **45,46**
スタンダード・ピンシャー
　………………………… 218（ジャーマン・ピンシャー参照）
スタンダード・プードル（KC）
　………………………… 19,**229**,230,265,277,294
スティリアン・ラフヘアード・マウンテン・ハウンド ……… 150
スパニッシュ・ウォーター・ドッグ（KC） ……… 232,233
スパニッシュ・グレーハウンド ………………… 133
スパニッシュ・ハウンド ………………………… 150
スパニッシュ・ポインター ………………… 241,**258**
スパニッシュ・マスティフ ……………………… 88
スピノーネ・イタリアーノ（FCI, AKC）
　………………………… 250（イタリアン・スピノーネ参照）
スプリンガドール ……… 295（ラブラディンガー参照）
スプルスキ・トロボイニ・ゴニッチ（FCI）
　……………… 180（セルビアン・トライカラーハウンド参照）
スムース・コリー（KC） ………………… **54**,337
スモーラントシュトーヴァレ（FCI） ……… **155**,156
スモール・ミュンスターレンダー ………… **235**,239
スルーギ（KC, FCI） ……………………………… 137
スルプスキ・プラニンスキ・ゴニッチ（FCI）
　……………… 179（モンテネグリン・マウンテン・ハウンド参照）
スロヴァキアン・ラフヘアード・ポインター（KC） ……… 253
スロヴェンスキー・クヴァック（FCI） ………… 82
スロヴェンスキー・チュヴァック
　……………………… 82（スロヴェンスキー・クヴァック参照）
スロヴェンスキー・フルボルスティ・スタヴァチ（オハル）（FCI）
　………253（スロバキアン・ラフヘアード・ポインター参照）
スロヴェンスキー・ポインター
　………253（スロバキアン・ラフヘアード・ポインター参照）
セグージョ・イタリアーノ（KC, FCI） ……… 151
セルビアン・トライカラー・ハウンド ………… 180
セルビアン・ハウンド …………………………… 180
セント・バーナーズフント（FCI）
　………………………… 76（セント・バーナード参照）
セント・バーナード（KC, AKC） ………… 9,75,**76**,77
セントハウンド …………………………… 138,139

セント・ヒューバート・ジュラ・ハウンド …… 140
セントラル・エイジアン・シェパード・ドッグ ……… 75
ソフトコーテッド・ウィートン・テリア（KC） …… 185,**205**

## た

タービュレン（KC） ……………………………… 41
タイ・リッジバック（FCI） ……………………… 285
台湾犬（FCI※） …………………………………… 86
ダックスフンド（KC, FCI, AKC） ……… 23,139,**170,171**
ダッチ・シェパード・ドッグ …………………… 44
ダッチ・スハペンドゥス ………………………… 57
ダッチ・スパニエル
　………………………… 230（フリージャン・ウォーター・ドッグ参照）
ダッチ・スモースホンド ………………………… 206
ダッチ・ディーコイ・スパニエル
　………………………… 238（コーイケルホンディエ参照）
タトラ・シェパード・ドッグ …………………… 78
ダルマティンスキ・パス（FCI） ……… 286（ダルメシアン参照）
ダルメシアン（KC, AKC） ……… 19,21,62,265,**286,287**,316
ダンスク＝スヴェンスク・ガルトフント（FCI※）
　……… 284（デニッシュ＝スウェディッシュ・ファームドッグ参照）
ダンディー・ディンモント・テリア（KC, FCI, AKC） ……… 192,**217**
チェコスロヴァキアン・ウルフドッグ ………… 40
チェサピーク・ベイ・レトリーバー（KC, FCI, AKC） ……… 263
チェスキー・テリア（KC, AKC） ……………… 186,187
チェスキー・フォーセク（FCI） ………………… 249
チヌーク ……………………………………………… 105
チベタン・キュイ・アプソ ……………………… 82
チベタン・スパニエル（KC, FCI, AKC） ……… 283
チベタン・テリア（KC, FCI, AKC） ……… 272,**283**
チベタン・マスティフ（KC, AKC） ……… 11,**80,81**,285
チャイニーズ・クレステッド・ドッグ（KC） … 19,265,**280,281**
チャウ・チャウ（KC, FCI, AKC） ……… 19,99,**112,113**,115
チワワ（KC, FCI, AKC） ……… 11,23,264,275,**282**
狆（KC, AKC） …………………………………… 284
ツヴェルク・シュナウツァー（FCI）
　………………………… 219（ミニチュア・シュナウザー参照）
ツヴェルク・スピッツ（FCI） ………… 118（ポメラニアン参照）
ツヴェルク・ピンシャー（FCI）
　………………………… 217（ミニチュア・ピンシャー参照）
ツリーイング・ウォーカー・クーンハウンド（AKC） ……… 161
ディアハウンド（KC, FCI） ……………… **133**,135
デニッシュ＝スウェディッシュ・ファームドッグ ……… 284
テネリフェ・ドッグ ……… 217（ビション・フリーゼ参照）
テリア ……………………………………… **184,185**

テリア・ブラジレイロ（FCI）
　　　　　　　　　　210（ブラジリアン・テリア参照）
ドー・キー（FCI）………80（チベタン・マスティフ参照）
ドーベルマン（KC, FCI）……………**176,177**,305
ドーベルマン・ピンシャー（AKC）
　　　　　　　　　　　176（ドーベルマン参照）
トイ・マンチェスター・テリア……………………211
トイ・フォックス・テリア（AKC）……………210
ドゥンケル（FCI）……………………………156
ドグ・ド・ボルドー（KC, FCI, AKC）
　　　　　　　　　　39,**89**（ボルドー・マスティフ参照）
ドゴ・アルヘンティーノ（FCI）………………87
ドゴ・カナリオ（FCI）……………………………87
土佐（FCI）…………………………………94
トランシルバニアン・ハウンド……………178
ドレーファー（FCI）……………………172
ドレンチェ・パートリッジ・ドッグ…………239
ドレンチェ・パトライスホント（FCI）
　　　　　　239（ドレンチェ・パードリッジ・ドッグ参照）

## な

ナポリタン・マスティフ（KC, AKC）……39,**92**
ニーダーラウフフント…………………174
日本スピッツ（KC）……………………115
日本テリア………………………………210
ニューギニア・シンギング・ドッグ…………29,**32**
ニュージーランド・ハンタウェイ………………61
ニューファンドランド（KC,FCI, AKC）………21,23,75,76,**79**
ノヴァ・スコシア・ダック・トーリング・レトリーバー（KC, FCI, AKC）………………………244
ノーリッチ・テリア（KC, FCI, AKC）………193
ノース・アメリカン・シェパード……………284
ノーフォーク・テリア（KC, FCI, AKC）……185,**192**,193,293
ノルウェジアン・エルクハウンド（KC, AKC）……110
ノルウェジアン・ハウンド……………………156
ノルウェジアン・ブーフント（KC, AKC）……121
ノルウェジアン・ルンデフンド（AKC）………120
ノルスク・ルンデフント（FCI）
　　　　　120（ノルウェジアン・ルンデフンド参照）
ノルディック・スピッツ…………………121
ノルボッテンスペッツ（FCI）
　　　　　　　　121（ノルディック・スピッツ参照）

## は

パーソン・ラッセル・テリア（KC, FCI, AKC）……………………**194,195**,196
バーニーズ・マウンテン・ドッグ（KC, AKC）……72,73
バイエリッシャー・ゲビルクスシュヴァイスフント（FCI）
　　　　175（バヴェリアン・マウンテン・ハウンド参照）
ハイデヴァハテル
　　　　　235（スモール・ミュンスターレンダー参照）
パインティンガー・ハウンド
　　150（スティリアン・ラフヘアード・マウンテン・ハウンド参照）
バヴェリアン・マウンテン・ハウンド（KC）……175
パウダーパフ……………………………280
パグ（KC, FCI, AKC）
　　12,22,23,116,265,266,**268,269**,272,279,297,316
パグル……………………………296,297
バセット・アルティジャン・ノルマン（FCI）……149
バセット・フォーヴ・ド・ブルターニュ（KC, FCI）……149
バセー・ブルー・ド・ガスコーニュ（KC, FCI）……163
バセット・ハウンド（KC, FCI, AKC）………**146,147**,227
バセンジー（KC, FCI, AKC）………17,29,**30,31**
パタデール・テリア……………………213
ハノーヴリアン・ハウンド……………………175
ハノーファリシャー・シュヴァイスフント（FCI）
　　　　　　175（ハノーヴリアン・ハウンド参照）
ハパ・ドッグ……………………………269,270
ハバニーズ（KC, AKC）…………………274
ハバネロ…………274（ハバニーズ参照）
パピヨン（KC, AKC）……………………122,123
ハミルトンシュトーヴァレ（KC, FCI）………155
ハリア（FCI, AKC）……………139,152,**154**
ハルデンシュトーヴァレ（FCI）……………155
ハルデン・ハウンド………155（ハルデンシュートヴァレ参照）
ハルト・ポルスキ（FCI）
　　　　　　130（ポーリッシュ・グレーハウンド参照）
ハンガリアン・ヴィズラ（KC）……221,245,**246**,247
ハンガリアン・クーバース（KC）………………82
ハンガリアン・グレーハウンド……………130
ハンガリアン・ショートヘアード・ポインター
　　　　　　　　246（ハンガリアン・ヴィズラ参照）
ハンガリアン・ハウンド
　　　　　178（トランシルバニアン・ハウンド参照）
ハンガリアン・プーリー（KC）……………19,**65**
ビアデッド・コリー（KC, FCI, AKC）……19,56,**57**
ビーグル（KC, FCI, AKC）………139,**152,153**,154,297
ビーグル・ハリア（FCI）…………………154

### 犬種名索引

ピカルディ・シープドッグ ………………………………… 44
ピカルディ・スパニエル ……………………… 236,**239**
ビション・フリーゼ (KC, AKC) ……… **271**,274,292
ビション・ヨーキー ……………………………………… 292
ピッコロ・レヴリエロ・イタリアーノ (FCI)
　　　　　　…… 127 (イタリアン・グレーハウンド参照)
ヒマラヤン・シープドッグ ……………………………… 285
ヒューゲン・ハウンド …………………………………… 156
ヒューゲンフント (FCI) …… 156 (ヒューゲン・ハウンド参照)
ビリー (FCI) …………………………… **166**,167,169
ピレニアン・シープドッグ (KC) ………………… 18,**50**
ピレニアン・シェパード (AKC)
　　　　　　…………… 50 (ピレニアン・シープドッグ参照)
ピレニアン・マウンテン・ドッグ (KC) ……… 11,39,**78**
ピレニアン・マスティフ (KC) …………………………… 78
プーデルポインター (FCI) ……………………………… 253
プードル (KC, AKC)
　　　　　　……………… 19,219,271,**276**,**277**,291,294
ブービエ・デ・アルデンヌ (FCI) ……………………… 48
ブービエ・デ・フランダース (KC, FCI, AKC) …… 46,**47**
プーミー (FCI) …………………………………………… 65
プーリー (FCI,AKC) ……… 65 (ハンガリアン・プーリー参照)
ファラオ・ハウンド (KC, FCI, AKC) ………… 24,29,**32**
ファレーヌ ………………………………… 122 (パピヨン参照)
フィールド・スパニエル (KC, FCI, AKC) …………… 223
フィニッシュ・スピッツ (KC, AKC) …………………… 108
フィニッシュ・ハウンド ………………………………… 156
フィニッシュ・ラップフンド (KC, AKC) ……………… 109
フィラ・ブラジレイロ (FCI) ……………………………… 87
フォックス・テリア (KC, AKC)
　　　　　　……… 21,185,194,204,**208**,**209**,210,216
フォルモサン・マウンテン・ドッグ ……… 86 (台湾犬参照)
フランセ・トリコロール (FCI) ………………………… 167
フランセ・ブラン・エ・オランジュ (FCI) …………… 169
フランセ・ブラン・エ・ノワール (FCI) ……………… 168
プチ・バセット・グリフォン・ヴァンデーン (KC, FCI, AKC)
　　　　　　…………………………………………………… 148
プチ・ブラバンソン (FCI)
　　　　　　…………… 266 (ブリュッセル・グリフォン参照)
プチ・ブルー・ド・ガスコーニュ (FCI) ……………… 163
ブラジリアン・テリア …………………………………… 210
ブラック・アンド・タン・クーンハウンド (FCI,AKC) …… 160
ブラック・デビル ………… 218 (アッフェンピンシャー参照)
ブラック・ノルウェジアン・エルクハウンド ………… 110
ブラック・フォレスト・ハウンド ……………………… 178

ブラック・ロシアン・テリア (AKC)
　　　　　　………… 200 (ロシアン・ブラック・テリア参照)
ブラッコ・イタリアーノ (KC, FCI) ………… 250,**252**
フラット・コーテッド・レトリーバー (KC, FCI, AKC)
　　　　　　……………………………… 259,**262**,263
ブラッドハウンド (KC、AKC) ………… 12,25,**141**,160
ブランドルブラケ (FCI)
　　　　　　…… 150 (オーストリアン・ブラック・アンド・タン・ハウンド参照)
フリージャン・ウォーター・ドッグ …………………… **230**
フリージャン・ポインティング・ドッグ ……………… 239
ブリアード (KC, AKC) …………………………………… 55
ブリケ・グリフォン・ヴァンデーン (FCI) …………… 145
ブリタニー (KC, AKC) ………………………………… 234
プリミティブ・ドッグ ……………………………… 28,29
ブリュッセル・グリフォン (KC) ……………… **266**,269
ブルー・ガスコーニュ・グリフォン …………………… 163
ブルー・ピカルディ・スパニエル ……………… 236,**239**
ブルーティック・クーンハウンド (AKC) ……… **161**,165
ブルーノ・ジュラ・ハウンド (FCI) …………… **140**,173
ブル・テリア (KC, FCI, AKC) … 21,23,62,185,**197**,199
ブル・ボクサー …………………………………………… 292
フルヴァツキ・オフチャル (FCI)
　　　　　　………… 48 (クロアチアン・シープドッグ参照)
ブルドッグ (KC, FCI, AKC)
　　　　　　…………………… 11,87,90,94,**95**,197,215,267
ブルボネ・ポインティング・ドッグ …………………… 257
ブルマスティフ (KC, FCI, AKC) ………………… 39,**94**
フレンチ・ウォーター・ドッグ ………………… **229**,271
フレンチ・ガスコニー・ポインター …………………… 258
フレンチ・スパニエル …………………………… 239,**240**
フレンチ・トライカラー・ハウンド
　　　　　　……………… 167 (フランセ・トリコロール参照)
フレンチ・ピレニアン・ポインター …………………… 256
フレンチ・ブルドッグ (KC, AKC) …………………… 267
フレンチ・ホワイト・アンド・オレンジ・ハウンド
　　　　　　………… 169 (フランセ・ブラン・エ・オランジュ参照)
フレンチ・ホワイト・アンド・ブラック・ハウンド
　　　　　　………… 168 (フランセ・ブラン・エ・ノワール参照)
プロット・ハウンド ……………………………………… 157
ブロホルマー (FCI) ……………………………… 12,**94**
ペキニーズ (KC, FCI, AKC) …………… 265,269,**270**,272
ベドリントン・テリア (KC, FCI, AKC) ………… 202,203
ペルーヴィアン・インカ・オーキッド …………………… 35
ペルーヴィアン・ヘアレス・ドッグ …………………… 28,**36**
ベルガマスコ (KC) ……………………………………… 64

# 犬種名索引

ベルジアン・グリフォン ……………………266,269（ブリュッセル・グリフォン参照）
ベルジアン・シープドッグ（AKC） ……………………41（グローネンダール参照）
ベルジアン・タービュレン（AKC）……41（タービュレン参照）
ベルジアン・バージ・ドッグ………117（スキッパーキ参照）
ベルジェ・ピカール（FCI） ……………………44（ピカルディ・シープドッグ参照）
ペルディゲーロ・デ・ブルゴス（FCI） ……………………258（スパニッシュ・ポインター参照）
ベルナー・ゼネンフント（FCI） ……………72（バーニーズ・マウンテン・ドッグ参照）
ベルナー・ラウフフント ………173（オーストリアン・ブラック・アンド・タン・ハウンド参照）
ヘレニック・シェパード・ドッグ……………………………69
ヘレニック・ハウンド…………………………………… 181
ペロ・シマロン………………………………………………87
ペロ・シン・ペロ・デル・ペルー（FCI） ……………………36（ペルーヴィアン・ヘアレス・ドッグ参照）
ペロ・デ・アグア・エスパニョール（FCI） ……………………232（スパニッシュ・ウォーター・ドッグ参照）
ペロ・ドゴ・マヨルキン（FCI） ……………………86（マヨルカン・マスティフ参照）
ボイキン・スパニエル（AKC）……………………………223
ポインター（AKC）…………………………………………254
ボーアボール…………………………………………………88
ボスロン（KC, AKC）………………………………………86
ボーダー・コリー（KC, FCI, AKC）………39,**51**,61,337
ボーダー・テリア（KC, FCI, AKC）……………………207
ポーチュギース・ウォーター・ドッグ（KC, AKC）……228
ポーチュギース・ウォッチドッグ ………………………49
ポーチュギース・キャトル・ドッグ ……………………49（カストロ・ラボレイロ・ドッグ参照）
ポーチュギース・シープドッグ ……………………………50
ポーチュギース・ポインティング・ドッグ ……………249
ポーチュギース・ポデンゴ（KC）…………………………34
ポーリッシュ・グレーハウンド…………………………130
ポーリッシュ・ハウンド………………………………… 178
ポーリッシュ・ローランド・シープドッグ（KC, AKC）……57
ボクサー（KC, AKC）……………………**90,91**,292,316
ポサヴァッツ・ハウンド………………………………… 178
ポサヴスキ・ゴニッチ（FCI） ……………………178（ポサヴァッツ・ハウンド参照）
ボサンスキ・オストロドラキ・ゴニッチ＝バラック（FCI） ……………………179（ボスニアン・ラフコーテッド・ハウンド参照）
ボストン・テリア（KC, FCI, AKC）………………………196

ボスニアン・ラフコーテッド・ハウンド ………………179
北海道………………………………………………………110
ポデンゴ・イビセンコ（FCI）……33（イビザン・ハウンド参照）
ポデンゴ・カナリオ（FCI） ……………………33（カナリアン・ウォーレン・ハウンド参照）
ポデンゴ・ポルトゥゲス（FCI） ……………………34（ポーチュギース・ポデンゴ参照）
ポメラニアン（KC, AKC）………………………99,**118**,119
ホフヴァルト（KC, FCI） ……………………………………82
ホランジェ・スムースホント（FCI） ……………………206（ダッチ・スモースホンド参照）
ホランジェ・ヘルデルホント（FCI） ……………………44（ダッチ・シェパード・ドッグ参照）
ホルシュタイン・ハウンド ……………………155（ハミルトン・シュトーヴァレ参照）
ポルスキ・オフチャレク・ニジンニ（FCI） ……………………57（ポーリッシュ・ローランド・シープドッグ参照）
ポルスキ・オフチャレク・ポトハランスキ（FCI） ……………………78（タトラ・シェパード・ドッグ参照）
ポルスレーヌ（FCI）……………………………………… 154
ボルゾイ（KC, AKC）…………………………125,130,**132**
ボルドー・マスティフ……………………………………… 89
ボロニーズ（KC, FCI）……………………………………274
ホワイト・スイス・シェパード・ドッグ…………………74
ポワトヴァン（FCI）……………………………………… 166
ポン・オードメール・スパニエル ……………………236,237

# ま

マウンテン・カー………………………………………… 181
マジャール・アジャール（FCI） ……………………130（ハンガリアン・グレーハウンド参照）
マスティーノ・ナポレターノ（FCI） ……………………92（ナポリタン・マスティフ参照）
マスティフ（KC, FCI, AKC）………21,24,87,**93**,94,95,183
マスティン・エスパニョール（FCI） ……………………88（スパニッシュ・マスティフ参照）
マスティン・デル・ピリネオ（FCI） ……………………78（ピレニアン・マスティフ参照）
マヨルカン・シェパード・ドッグ…………………………86
マヨルカン・マスティフ……………………………………86
マリノア（KC）………………………………………………41
マルチーズ（KC, FCI, AKC）……………………………**274**
マレンマ・シープドッグ（KC）…………………………39,**69**
マンチェスター・テリア（KC, FCI, AKC） …………………………………64,176,211,**212**

# 犬種名索引

ミオリティッチ・シェパード・ドッグ
　　……… 70（ルーマニアン・シェパード・ドッグ参照）
ミニチュア・シュナウザー（KC, AKC）……………… 219
ミニチュア・ピンシャー（KC, AKC）…………… **217**,219
ミニチュア・ブラック・アンド・タン・テリア
　　…………… 211（イングリッシュ・トイ・テリア参照）
ミニチュア・ブル・テリア（KC, FCI, AKC）………… 197
ムーディ（FCI）……………………………………………… 45
無作為繁殖犬（雑種）…………………………………… 298
メキシカン・ヘアレス・ドッグ（KC）………………… 19,**37**
モンキー・ドッグ
　　……………………… 50（ポーチュギース・シープドッグ参照）
モンテネグリン・マウンテン・ハウンド／ユーゴスラヴィアン・
マウンテン・ハウンド ……………………………… **179**,180

## や

ヤークトテリア
　　………………… 204（ジャーマン・ハンティング・テリア参照）
ユーゴスロヴェンスキ・オフチャルスキ・パス・サルプラニナッ
ツ（FCI）………………………… 48（サルプラニナッツ参照）
ユーラシア（KC, FCI）…………………………………… 115
ユジノルースカヤ・オフチャルカ（FCI）
　　……………… 57（サウス・ロシアン・シェパード・ドッグ参照）
ヨークシャー・テリア（KC, FCI, AKC）
　　…………………………… 19,185,**190**,**191**,192,292,316
妖精のサドル（ウェルシュ・コーギー・ペンブローク）……… 59

## ら

ラークノア（KC）…………………………………………… 41
ラージ・ミュンスターレンダー（KC）………………… 235
ラーチャー………………………………………… 289,**290**
ラウフフント……………………………………… **173**,174
ラゴット・ロマノロ（KC, FCI）………………………… 231
ラサ・アプソ（KC, FCI, AKC）…………… **271**,272,278
ラッセル・テリア（AKC）
　　…………………… 196（ジャック・ラッセル・テリア参照）
ラット・テリア……………………………………… 185,**212**
ラピンポロコイラ ………… 109（ラポニアン・ハーダー参照）
ラフ・コリー（KC）………………………… 21,**52**,**53**,54,337
ラフェイロ・ド・アレンテジョ（FCI）
　　……………… 49（ポーチュギース・ウォッチドッグ参照）
ラブラディンガー……………………………………… 295
ラブラドール・レトリーバー（KC, FCI, AKC）
　　………………………………… 21,23,**260**,**261**,291,295

ラブラドゥードル………………………………… 289,**291**
ラポニアン・ハーダー…………………………………… 109
ランカシャー・ヒーラー（KC）…………………………… 64
ランドシーア（FCI）……………………………………… 79
ランプール・グレーハウンド…………………………… 130
リーゼンシュナウツァー（FCI）
　　………………………… 46（ジャイアント・シュナウザー参照）
リトル・ライオン・ドッグ ……………… 274（ローシェン参照）
ルーカス・テリア………………………………… **293**,298
ルースコ＝エウロペイスカヤ・ライカ（FCI）
　　………………… 108（ロシアン＝ヨーロピアン・ライカ参照）
ルーマニアン・シェパード・ドッグ ……………………… 70
ルスキー・チョルニー・テリア（FCI）
　　……………………… 200（ロシアン・ブラック・テリア参照）
ルスキー・トイ（FCI ※）……………………………… 275
レークランド・テリア（KC, FCI, AKC）………… 185,**206**
レオンベルガー（KC, FCI, AKC）……………………… 75
レッドボーン・クーンハウンド（AKC）……………… 160
ロイヤル・ドッグ・オブ・マダガスカル
　　………………………… 271（コトン・ド・テュレアール参照）
ローシェン（KC, AKC）………………………………… 274
ローデシアン・リッジバック（KC, FCI, AKC）…… 182,183
ロシアン・ウルフハウンド……………… 132（ボルゾイ参照）
ロシアン・トイ・テリア………………………………… 275
ロシアン・ブラック・テリア（KC）……………… 185,**200**
ロシアン＝ヨーロピアン・ライカ……………………… 108
ロスベリー・テリア……………………………………… 203
ロットワイラー（KC, FCI, AKC）………… 61,**83**,155,176,200

## わ

ワーキング・ドッグ……………………………………… 38,39
ワイマラナー（KC, FCI, AKC）…………… 176,221,**248**
ワイアー・フォックス・テリア
　　………………………………… 208（フォックス・テリア参照）
ワイアーヘアード・スロヴァキアン・ポインター
　　……… 253（スロヴァキアン・ラフヘアード・ポインター参照）
ワイアーヘアード・ポインティング・グリフォン（AKC）
　　………………………… 249（コルトハルス・グリフォン参照）

# Acknowledgments

**The publisher would like to thank the following people for their assistance with the book:**
Vanessa Hamilton, Namita, Dheeraj Arora, Pankaj Bhatia, Priyabrata Roy Chowdhury, Shipra Jain, Swati Katyal, Nidhi Mehra, Tanvi Nathyal, Gazal Roongta, Vidit Vashisht, Neha Wahi for design assistance; Anna Fischel, Sreshtha Bhattacharya, Vibha Malhotra for editorial assistance; Caroline Hunt for proofreading; Margaret McCormack for the index; Richard Smith (Antiquarian Books, Maps and Prints) www. richardsmithrarebooks.com, for providing images of "Les Chiens Le Gibier et Ses Ennemis", published by the directors of La Manufacture FranÂaise d'Armes et Cycles, Saint-Etienne, in May 1907; C.K. Bryan for scanning images from Lydekker, R. (Ed.) The Royal Natural History vol 1 (1893) London: Frederick Warne.

**The publisher would like to thank the following owners for letting us photograph their dogs:**
Breed name: owner's name/dog's registered name "dog's pet name"
Chow Chow: Gerry Stevens/Maychow Red Emperor at Shifanu "Aslan"; English Pointers: Wendy Gordon/ Hawkfield Sunkissed Sea "Kelt" (orange and white) and Wozopeg Sesame Imphun "Woody" (liver and white); Grand Bleu de Gascognes: Mr and Mrs Parker "Alfie" and "Ruby"; Irish Setters: Sandy Waterton/ Lynwood Kissed by an Angel at Sandstream "Blanche" and Lynwood Strands of Silk at Sandstream "Bronte"; Irish Wolfhound: Carole Goodson/CH Moralach The Gambling Man JW "Cookson"; Pug: Sue Garrand from Lujay/Aspie Zeus "Merlin"; Puggles: Sharyn Prince/"Mario" and "Peach"; Tibetan Mastiffs: J.Springham and L.Hughes from Icebreaker Tibetan Mastiffs/Bheara Chu Tsen "George" and Seng Khri Gunn "Gunn".
Tibetan Mastiff puppies: Shirley Cawthorne from Bheara Tibetan Mastiffs.

**PICTURE CREDITS**
The publisher would like to thank the following for their kind permission to reproduce their photographs:
(Key: a-above; b-below/bottom; c-centre; f-far; l-left; r-right; t-top)

**1 Dreamstime.com**: Cynoclub. **2-3 Ardea:** John Daniels. **4-5 Getty Images:** Hans Surfer / Flickr. **6-7 FLPA:** Mark Raycroft / Minden Pictures. **8 Alamy Images**: Jaina Mishra / Danita Delimont (tr). **Getty Images:** Jim and Jamie Dutcher / National Geographic (cr); Richard Olsenius / National Geographic (bl).
**9 Dorling Kindersley:** Scans from Jardine, W. (Ed.) (**1840**) The Naturalist's Library vol **19** (**2**). **Chatto and Windus:** London (br); Jerry Young (tr/Grey Wolf). **14 Dreamstime.com**: Edward Fielding (cra). **16 Dreamstime.com**: Isselee (tr). **20 Alamy Images**: Mary Evans Picture Library (bl). **Dorling Kindersley:** Judith Miller (tr). **21 Alamy Images**: Susan Isakson (tl); Moviestore collection Ltd (bl, crb). **22 Alamy Images**: Melba Photo Agency (cl). **Corbis:** Bettmann (tr). **Getty Images:** M. Seemuller / De Agostini (bl); George Stubbs / The Bridgeman Art Library (crb). **23 Alamy Images**: Kumar Sriskandan (br). **Getty Images:** Imagno / Hulton Archive (tl). **24 Dreamstime.com**: Vgm (bl). **Getty Images:** Philippe Huguen / AFP (tr); L. Pedicini / De Agostini (c). **25 Getty Images:** Danita Delimont / Gallo Images (t).
**26-27 Getty Images:** E.A. Janes / age fotostock. **28 Alamy Images**: F**369** / Juniors Bildarchiv GmbH.
**31 Alamy Images**: Mary Evans Picture Library (cra). **Fotolia:** Farinoza (br). **34 Alamy Images**: T. Musch / Tierfotoagentur (cr). **36 Corbis:** Kevin Schafer (cr). **37 The Bridgeman Art Library:** Meredith J. Long (cr).
**38 Corbis:** Alexandra Beier / Reuters.
**43 Getty Images:** Hulton Archive / Archive Photos (cra). **46 Fotolia:** rook**76** (cr).
**47 Corbis:** Bettmann (cl). **51 Alamy Images**: Greg Vaughn (cra). **52 Alamy Images**: Moviestore Collection (bc). **53 Alamy Images**: Petra Wegner (tl).
**54 Corbis:** Havakuk Levison / Reuters (cl). **56** The Advertising Archives: (cl). **59 Corbis:** Bettmann (cr). **Fotolia:** Oleksii Sergieiev (c). **63 Getty Images:** Jeffrey L. Jaquish ZingPix / Flickr (br). **66 Dreamstime.com**: Anna Utekhina (clb). **67 Corbis:** National Geographic Society (cr). **68 Dreamstime. com**: Erik Lam (tr).
**70 Corbis:** Gianni Dagli Orti (cl). **73 Alamy Images**: Juniors Bildarchiv GmbH (cr).
**74 Alamy Images**: Rainer / blickwinkel (br); Steimer, C. / Arco Images GmbH (crb).
**75 Animal Photography**: Eva-Maria Kramer (cra, cla). **76 Alamy Images**: Glenn Harper (bc). **77 Dreamstime.com**: Isselee (cla).
**81 Corbis:** REN JF / epa (cr). **83 Fotolia:** cynoclub (cr). **84 The Bridgeman Art Library:** Eleanor Evans Stout and Margaret Stout Gibbs Memorial Fund in Memory of Wilbur D. Peat (bc). **Dreamstime.com**: Dmitry Kalinovsky (clb). **86 Alamy Images**: elwynn / YAY Media AS (bc). **Flickr.com:** Yugan Talovich (bl).
**87 Alamy Images**: Tierfotoagentur / J. Hutfluss (c).
**Animal Photography**: Eva-Maria Kramer (cla). Jessica Snäcka: Sanna Södergren (br). **88 Alamy Images**: eriklam / YAY Media AS (bc). **Animal Photography**: Eva-Maria Kramer (bl). **90 Alamy Images**: Juniors Bildarchiv GmbH (cb). **Getty Images:** David Hannah / Photolibrary (bc). **92 Alamy Images**: AlamyCelebrity (cl). **93 Getty Images:** Eadweard Muybridge / Archive Photos (cr).
**95 Alamy Images**: Mary Evans Picture Library (cr).
**97 Dorling Kindersley:** Lights, Camera, Action / Judith Miller (cra). **Fotolia:** biglama (cl). **98 Corbis:** Alaska Stock.
**100 Getty Images:** Universal Images Group (cra).
**101 Corbis:** Lee Snider / Photo Images (cra). **103 Alamy Images**: North Wind Picture Archives (cr). **Fotolia:** Alexey Kuznetsov (clb). **104** Brian Kravitz: http://www.flickr.com/photos/trpnblies**7/6831821382** (cl). **106 Corbis:** Peter Guttman (bc). **Fotolia:** Eugen Wais (cb). **109 Alamy Images**: imagebroker (cra). Photoshot: Imagebrokers (ca).
**111 Alamy Images**: Alex Segre (cr).
**113 Dreamstime.com**: Waldemar Dabrowski (cl). **Getty Images:** Imagno / Hulton Archive (cr).
**114 Jongsoo Chang "Ddoli"**:Korean Jindo(tr).
**115 Corbis:** Mitsuaki Iwago / Minden Pictures (fcla). Photoshot: Biosphoto / J.-L. Klein & M (cla). **116 akg-images:** (cr). **118 Alamy Images**: D. Bayes / Lebrecht Music and Arts Photo Library (bc). **Dreamstime.com**: Linncurrie (c). **123 The Bridgeman Art Library:** Giraudon (br). **124 Dreamstime.com**: Nico Smit. **126 Corbis:** Hulton-Deutsch Collection (cra). **127 Alamy Images**: Personalities / Interfoto (cr). **128 TopFoto.co.uk:** (bl). **129 Alamy Images**: Petra Wegner (cl). **130 Dorling Kindersley:** T. Morgan **Animal Photography** (cb, bl, br). **131 Dorling Kindersley:** Scans from Lydekker, R. Ed.)The Royal Natural History vol **1** (1893) London: Frederick Warne. (cra). **132 Corbis:** (cl).
**135 Alamy Images**: Wegner, P. / Arco Images GmbH (cl); Robin Weaver (cr). **136 Corbis:** Seoul National University / Handout / Reuters (cl). **138 Alamy Images**: Edward Simons.
**141 Alamy Images**: Mary Evans Picture Library (cr).
**142 Dorling Kindersley:** Scans from Lydekker, R. Ed.)The Royal Natural History vol **1** (1893) London: Frederick Warne. (bl). **144 Dorling Kindersley:** Scans from
"Les Chiens Le Gibier et Ses Ennemis", published by the directors of La Manufacture Française d'Armes et Cycles, Saint-Etienne, in May 1907. (cl). **146 Alamy Images**: Antiques & Collectables (cr). **147 Fotolia:** Eugen Wais. **150 Alamy Images**: K. Luehrs / Tierfotoagentur (bc). Photoshot: Imagebrokers (bl).
**151 Alamy Images**: Lebrecht Music and Arts Photo Library (cl). **152 Alamy Images**: Interfoto (bc).
**Dreamstime.com**: Isselee (cb). **158 TopFoto.co.uk:** Topham Picturepoint (cl). **159 Getty Images:** Edwin Megargee / National Geographic (cl). **165 Dorling Kindersley:** Scans from "Les Chiens Le Gibier et Ses Ennemis", published by the directors of La Manufacture Française d'Armes et Cycles, Saint-Etienne, in May 1907 (cr). **168 Corbis:** Hulton-Deutsch Collection (cl). **169 Animal Photography**: Eva-Maria Kramer (bc, bl, cra). Photoshot: NHPA (cla). **170 Getty Images:** Anthony Barboza / Archive Photos (cr). **171 Fotolia:** Gianni.
**172 Animal Photography**: Sally Anne Thompson (tr, cra, ca).
**173 Dorling Kindersley:** Scans from Jardine, W. (Ed.) (**1840**) The Naturalist's Library vol **19** (**2**). **Chatto and Windus:** London (cr).
**176 Fotolia:** Kerioak (cr). **TopFoto.co.uk:** Topham / Photri (bc). **181 Dreamstime.com**: Joneil (cb). **183 Corbis:** National Geographic Society (cr). **184 Alamy Images**: R. Richter / Tierfotoagentur. **186 Alamy Images**: DBI Studio (bc). **188 Alamy Images**: Lebrecht Music and Arts Photo Library (cl).
**190 Corbis:** Bettmann (bl). **194 The Bridgeman Art Library:** Bonhams, London, UK (bc). **Getty Images:** Life On White / Photodisc (c). **197 Alamy Images**: K. Luehrs / Tierfotoagentur (c). **Fotolia:** CallallooAlexis (cla). **199 Alamy Images**: Juniors Bildarchiv GmbH (c). **Getty Images:** Fox Photos / Hulton Archive (cra).
**201 Dreamstime.com**: Marlonneke (bl). **203 The Bridgeman Art Library:** (cra). **Fotolia:** Eric Isselée (br). **204 Alamy Images**: B. Seiboth / Tierfotoagentur (cr). **205 The Bridgeman Art Library:** Christie's Images (cr). **207 Dreamstime.com**: Marcel De Grijs (cl/BG). **Getty Images:** Jim Frazee / Flickr (cl/Search Dog). **208 Alamy Images**: tbkmedia.de. **209 Dreamstime.com**: Isselee (c). Photoshot: Picture Alliance (cl).
**211 The Bridgeman Art Library:** Museum of London, UK (cl). **213 Corbis:** Eric Planchard / prismapix / ès (bc); Mark Raycroft / Minden Pictures (bl). **215 Alamy Images**: Paul Gregg / African Images (cra). **216 Alamy Images**: Juniors Bildarchiv GmbH (cl). **219 Alamy Images**: S. Schwerdtfeger / Tierfotoagentur (cl). **220 Getty Images:** Nick Ridley / Oxford Scientific. **223** Pamela O. Kadlec: (cra). **224 Alamy Images**: Vmc / Shout (bc). **Fotolia:** Eric Isselée (cb). **227 Dorling Kindersley:** Scans from Lydekker, R. Ed.)The Royal Natural History vol **1** (1893) London: Frederick Warne. (cl). **231 Alamy Images**: Grossemy Vanessa (cr). **232 Alamy Images**: Sami Osenius (bc); Tim Woodcock (cb). **234 Dorling Kindersley:** Scans from "Les Chiens Le Gibier et Ses Ennemis", published by the directors of La Manufacture Française d'Armes et Cycles, Saint-Etienne, in May 1907. (cl). **236 Dorling Kindersley:** Scans from "Les Chiens Le Gibier et Ses Ennemis", published by the directors of La Manufacture Française d'Armes et Cycles, Saint-Etienne, in May 1907. (bl). **238 Corbis:** Francis G. Mayer (cl). **241 Corbis:** Swim Ink **2**, LLC (cl). **243 Alamy Images**: AF Archive (cra). **Fotolia:** glenkar (clb). **244 Alamy Images**: D. Geithner / Tierfotoagentur (cl). **245 Corbis:** Dale Spartas (cl).
**246 Fotolia:** biglama (bc). **Getty Images:** Dan Kitwood / Getty Images News (bl). **248 Corbis:** Christopher Felver (cl). **250 Dorling Kindersley:** Scans from "Les Chiens Le Gibier et Ses Ennemis", published by the directors of La Manufacture Française d'Armes et Cycles, Saint-Etienne, in May 1907. (bc). **Fotolia:** quayside (c). **252 Dorling Kindersley:** Scans from "Les Chiens Le Gibier et Ses Ennemis", published by the directors of La Manufacture Française d'Armes et Cycles, Saint-Etienne, in May 1907. (cl). **255 Alamy Images**: R. Richter / Tierfotoagentur (cl). **Getty Images:** Hablot Knight Browne / The Bridgeman Art Library (cra). **259 Getty Images:** Image Source (cl). **260** The Advertising Archives: (bl). **263 Corbis:** C / B Productions (cl). **264 Corbis:** Yoshihisa Fujita / MottoPet / amanaimages. **266 Mary Evans Picture Library:** Grenville Collins Postcard Collection (cra).
**267 Alamy Images**: Farlap (cla). **269 Dorling Kindersley:** Scans from Lydekker, R. Ed.)The Royal Natural History vol **1** (1893) London: Frederick Warne. (cr). **Dreamstime.com**: Isselee (cl). **270 Mary Evans Picture Library:** (cr). **272 Dreamstime.com**: Isselee (c). **Mary Evans Picture Library:** Thomas Fall (bc).
**275 Dreamstime.com**: Metrjohn (cl).
**276 Alamy Images**: Petra Wegner. **277 Alamy Images**: Petra Wegner (bl, br). **Dorling Kindersley:** Scans from Lydekker, R. Ed.)The Royal Natural History vol **1** (1893) London: Frederick Warne. (cr). **Fotolia:** Dixi_ (cl).
**279 akg-images:** Erich Lessing (cl). **280 Dreamstime.com**: Petr Kirillov. **281 Corbis:** Bettmann (cl). **282 Getty Images:** Vern Evans Photo / Getty Images Entertainment (cr). **286-287 Getty Images:** Datacraft Co Ltd (c). **286 Alamy Images**: Moviestore collection Ltd (bl). **Getty Images:** Datacraft Co Ltd (tr).
**287 Getty Images:** Datacraft Co Ltd (br, fbr). **288 Getty Images:** Photos by Joy Phipps / Flickr Open.
**291 TopFoto.co.uk:** Topham Picturepoint (cl). **293 Getty Images:** Reg Speller / Hulton Archive (cr). **294 Fotolia:** Carola Schubbel (cl). **295 Getty Images:** AFP (cl). **297 Alamy Images**: Donald Bowers / Purestock (cl). **Getty Images:** John Shearer / WireImage (cr). **298 Dorling Kindersley:** Benjy courtesy of The Mayhew Animal Home (cr). **Dreamstime.com**: Aliaksey Hintau (br); Isselee (cl, c).
**299 Dreamstime.com**: Adogslifephoto (cl); Isselee (tr, bl); Vitaly Titov & Maria Sidelnikova (c); Erik Lam (cr, br). **300 Dreamstime.com**: Cosmin - Constantin Sava (cr); Kati1313 (tc); Isselee (tr, c, bl); Erik Lam (bc, crb, br). **301 Alamy Images**: Daniela Hofer / F**1**online digitale Bildagentur GmbH. **302-303 FLPA:** Ramona Richter / Tierfotoagentur. **304 Getty Images:** L. Heather Christenson / Flickr Open. **306 Dreamstime. com**: Hdconnelly (cb). **Fotolia:** Eric Isselee (tr). **309 Fotolia:** Comugnero Silvana (br). **Getty Images:** PM Images /
The Image Bank (tr). **310 Getty Images:** Arco Petra (tr). **311 Alamy Images**: Ken Gillespie Photography.
**312 Alamy Images**: Wayne Hutchinson (br). **Getty Images:** Andersen Ross / Photodisc (ca). **313 Corbis:** Alan Carey. **314 Alamy Images**: F**314** / Juniors Bildarchiv GmbH (tr). **316 Getty Images:** Datacraft Co Ltd (bl). **318 Alamy Images**: Diez, O. / Arco Images GmbH (bl). **Fotolia:** ctvvelve (cb/Clipper). **Getty Images:** Jamie Grill / Iconica (cr). **330 Dreamstime. com**: Moswyn (tr). **Getty Images:** Fry Design Ltd / Photographer's Choice (bl). **331 FLPA:** Erica Olsen (tr).
**332 Fotolia:** Alexander Raths (tr). **335 Getty Images:** Anthony Brawley Photography / Flickr (cr).
**337 Corbis:** Cheryl Ertelt / Visuals Unlimited (cb). **Getty Images:** Mitsuaki Iwago / Minden Pictures (t); Hans Surfer / Flickr (br). **338 Fotolia:** pattie (br). **339 Corbis:** Akira Uchiyama / Amanaimages (tr). **Getty Images:** Created by Lisa Vaughan / Flickr (cla). **341 Getty Images:** R. Brandon Harris / Flickr Open. **346 Dreamstime.com**: Lunary (tr).
**347 FLPA:** Gerard Lacz (tl). **Getty Images:** Datacraft Co Ltd (br)

All other images © Dorling Kindersley
For further information see:
www.dkimages.com

**監修者 神里 洋**
（かみさと ひろし）

一般社団法人ジャパンケネルクラブ（JKC）専務理事、国際畜犬連盟（FCI）アジア地域担当執行委員などを歴任後、現在は学校法人シモゾノ学園理事、FCI・AKU・JKC公認国際全犬種審査員。日本獣医畜産大学（現・日本獣医生命科学大学）卒業。1962年よりアメリカン・コッカー・スパニエルとスコティッシュ・テリアの飼育・繁殖を始め、ドッグ・ショーへの出陳及びハンドリングで活躍。1987年から19年間、JKCの事務局に勤務し、その間もグレート・デーン、イタリアン・グレーハウンド、ミニチュア・ピンシャー、ウィペット、狆の飼育・繁殖を続ける。1987年からはFCI公認国際審査員として海外のドッグ・ショーでの審査を担当、現在まで世界42カ国で審査を行っている。

## ビジュアル犬種百科図鑑

Midori Shobo Co.,Ltd

2016年3月10日　第1刷発行
2019年11月1日　第2刷発行ⓒ

編　者——ドーリング・キンダースリー社編集部
監修者——神里　洋
発行者——森田　猛
発行所——株式会社緑書房
　　　　　〒103-0004
　　　　　東京都中央区東日本橋3丁目4番14号
　　　　　TEL 03-6833-0560
　　　　　http://www.pet-honpo.com/

翻訳——田村明子
日本語版編集——川田央恵、糸賀蓉子、萩野あやこ
編集協力——OFFICE-SANGA（山河宗太、大村優季）、クアドラ（渡邊健一郎）
カバーデザイン・DTP——it design（タカハシイチエ）

落丁・乱丁本は弊社送料負担にてお取り替えいたします。
ISBN 978-4-89531-237-0　Printed and bound in China

本書の複写にかかる複製、上映、譲渡、公衆送信（送信可能化を含む）の各権利は株式会社緑書房が管理の委託を受けています。

**JCOPY** <（一社）出版者著作権管理機構 委託出版物>

本書を無断で複写複製（電子化を含む）することは、著作権法上での例外を除き、禁じられています。
本書を複写される場合は、そのつど事前に、（一社）出版者著作権管理機構（電話03-5244-5088、FAX03-5244-5089、e-mail:info@jcopy.or.jp）の許諾を得てください。また本書を代行業者等の第三者に依頼してスキャンやデジタル化することは、たとえ個人や家庭内の使用であっても一切認められておりません。